导弹制导理论与技术

(第2版)

鲜勇 苏娟 雷刚 李刚 编著

国防工业出版社
·北京·

内 容 简 介

本书主要围绕地地弹道导弹和巡航导弹相关的制导理论与技术讲述，在给出基本概念的基础上，以弹道计算作为制导研究的基本手段，从传统的弹道导弹摄动制导再到显式制导，逐步拓展到近现代导弹的全程制导和组合制导技术，重点介绍了惯性导航、景像匹配导航、天文导航等多种导航技术，符合当前导航制导一体化研究的思路。

本书考虑到实际工作的需要注重工程应用，基本采用工程应用坐标系统下的数学模型，可以作为飞行器设计、控制专业本科和研究生教学用书，也可以作为其他相关专业科研工作者的参考用书。

图书在版编目（CIP）数据

导弹制导理论与技术 / 鲜勇等编著. -- 2 版.
北京 : 国防工业出版社, 2025.6. -- ISBN 978-7-118-13684-5

Ⅰ. TJ765

中国国家版本馆 CIP 数据核字第 20258VR754 号

※

国防工业出版社出版发行

（北京市海淀区紫竹院南路 23 号　邮政编码 100048）

北京富博印刷有限公司印刷

新华书店经售

*

开本 787×1092　1/16　**印张** 16¾　**字数** 378 千字

2025 年 6 月第 2 版第 1 次印刷　**印数** 1—2000 册　**定价** 78.00 元

国防书店：（010）88540777　　书店传真：（010）88540776

发行业务：（010）88540717　　发行传真：（010）88540762

前　　言

自 1944 年德国在第二次世界大战中使用 V-1、V-2 导弹以来，导弹成为各国竞相发展的重要武器，在导航、制导、控制、计算机等技术的发展牵引下，精确制导导弹和弹药成为改变世界军事战争形态的重要武器。进入 21 世纪，随着人工智能技术的迅猛发展，在自动控制为特征的导弹基础上又催生出具备智能任务/航迹规划和智能决策的智能化导弹及蜂群系统，智能化导弹武器已成为智能化战争变革的重要力量。

弹道导弹是导弹家族中一个重要和特殊的成员，具有射程远、飞行速度快、突防能力强、抗干扰能力强等优越特性，可携带核弹头、多种战斗部类型的常规弹头、子母弹头等大规模杀伤性武器，是现代战争中最具威胁性的攻击武器之一。目前，世界上至少有 8 个发达国家和 15 个发展中国家能够制造弹道导弹，有 40 多个国家拥有弹道导弹，弹道导弹已成为影响世界政治格局、左右战场态势，甚至决定战争胜负的重要因素，可以说，弹道导弹技术的发展水平已经成为国防实力的标志和国家地位的重要象征。经过半个多世纪的发展，控制导弹核心能力的制导技术有了长足的进步，推动了导弹总体发展，弹道导弹已能轻易达到 13000km 的洲际射程，并已实现“万里之外取上将首级”的百米级打击精度，而巡航导弹射击精度更是可达米级。精确制导技术的发展催生了反导、反卫等高精技术弹种，现代制导技术的应用和发展使得导弹已经“进化”为一种彻底改变战争形态的精准、高效、可怖的武器。1944 年德国在第二次世界大战中首次使用导弹。两伊战争首开大规模弹道导弹袭城战先例，伊拉克为加速战争结束进程，使用弹道导弹攻击伊朗，伊朗也利用弹道导弹进行了还击，双方共发射各种地地弹道导弹 240 余枚。1991 年 1 月的海湾战争中，以美国为首的多国部队用 9%的精确制导武器（导弹与精确制导弹药）击毁了 80%的目标，美国发射了 288 枚“战斧”巡航导弹和 35 枚空射巡航导弹，伊拉克先后发射了 81 枚“飞毛腿”弹道导弹进行反击，美国首次将反导防御系统用于实战。1998 年 12 月的“沙漠之狐”战争中，使用的精确制导武器已上升到 70%。1999 年 3 月在以美国为首的北约对南联盟科索沃的战争中使用的精确制导武器占全部使用武器的 98%，共发射巡航导弹 238 枚，南联盟发射对空导弹击落巡航导弹 28 枚。在这几场高技术局部战争中，精确制导武器起到了决定性的作用。

制导系统与导航系统、姿态控制系统一起构成导弹飞行控制的核心。制导系统是在导航系统提供的导弹飞行状态参数的基础上，根据一定的制导律计算导弹飞行控制信号，并交由姿态控制系统控制导弹飞行状态或由动力系统控制导弹发动机关机，确保导弹在外干扰条件下能够以一定的精度命中目标。若以人作为比拟，可以形象地称发动机为手脚，导航系统为眼耳，姿态控制系统为拉动手脚的肌肉，而制导系统则为人的大脑。制导系统是导弹射击精度的核心，是影响导弹作战使用快速性和战场适应性等性能指标的关键因素。

作者所在单位多年来一直从事制导理论与技术、导弹射击精度技术和精度分析技术的研究和教学工作，在总结多年来的教学科研经验，借鉴多部权威书籍和资料的基础上，围绕地地弹道导弹和巡航导弹编撰了本书。

由于目前世界范围内导弹种类繁多，采用的制导方式多种多样，并在相关技术的推动下不断发展，因此为便于内容的有序组织和读者学习，本书主要围绕地地弹道导弹和巡航导弹相关的制导理论与技术讲述，在给出基本概念的基础上，以弹道计算作为制导研究的基本手段，从传统的弹道导弹摄动制导到显式制导，逐步拓展到近现代导弹的全程制导和组合制导技术，期间重点介绍惯性导航、景象匹配导航、天文导航等多种导航技术，符合当前导航制导一体化研究的思路。本书在编写的过程中，根据作者多年来的教学经验，本着重思想、重应用的理念，不仅从理论上对制导进行分析推论，还考虑到实际工作需要注重工程应用，基本采用工程应用坐标系统下的数学模型，具有较强的应用性，可以作为飞行器设计、控制专业本科和研究生教材，也可以作为其他相关专业科研工作者的参考书。

本书共分为14章，前9章作为制导理论的基础部分，围绕传统弹道导弹的基本概念、弹道计算基础、摄动制导、显式制导、中末制导和惯性导航的基本理论与技术，形成较为完整的弹道导弹制导理论基础体系。第1章在制导的相关概念基础上，从制导的观点出发分析了导弹的发展历程，简要分析了制导研究所应该考虑的因素，以形成制导理论研究的总体观；第2章以制导系统最重要指标射击精度为主，给出射击精度的概念和不同精度指标之间的关系；第3章给出了制导、控制与弹道计算相关的坐标系的概念及其转换关系，其中特别介绍了导弹物理基准与理论坐标系建立联系的原理与方法；第4章给出了弹道计算的相关模型、计算方法与流程，为制导理论研究、制导精度分析提供了弹道计算（仿真）手段；第5章从最朴素的时间关机、速度关机等制导控制的基本思想出发，逐步过渡到摄动制导理论，重点突出摄动制导理论的研究思想；第6章系统介绍了需要速度、控制速度、虚拟目标等相关概念，并在椭圆弹道的基础上系统建立了显式制导的导引与关机控制模型。前6章是传统弹道导弹制导的基础，随着现代战争对制导精度与突防等性能要求越来越高，中末制导在导弹上迅速发展。第7章介绍了多弹头分导的中制导技术，第8章则介绍了再入飞行器的标称轨迹制导、预测校正制导的理论与方法。鉴于惯性导航系统是弹道导弹最重要的导航系统，是制导系统不可分割的重要组成部分，也是影响导弹射击精度最主要因素，第9章着重介绍弹道导弹常用的惯性导航系统的工作原理、工具误差系数标定原理和工具误差实时补偿原理，建立了平台惯性导航系统、捷联惯性导航系统的测量误差模型，为分析制导工具误差提供了基础模型。至此形成弹道导弹全程惯性制导的基本理论方法。第10章以卫星导航系统基本原理介绍为基础，重点讲述了卡尔曼滤波组合导航与平滑滤波组合导航方法；第11章以天文导航系统为基础，介绍了天文/惯性导航系统的组合导航原理与应用；第12章围绕景象匹配介绍了匹配算法和多种类型的制导系统，在此基础上重点讨论了导弹的导引理论；第13章介绍了地形匹配基本算法原理；第14章在建立干扰建模分析的基础上，建立了落点偏差的解析计算和数值计算模型与方法，为从事制导理论研究的工作者分析制导方法的精度打下基础。近年来，作者在智能制导、智能博弈突防等方面开展了相关研究工作，深刻地感受到人工智能技术的迅猛发展将对制导理论与技术带来深刻的影响，为顺应智能制导技术的发展，作者在第2版中增加了神经网络在线落点预测中制导和卷积神经网络在景象匹配导航中的应用原理介绍。

本书在编撰过程中除采用作者在教学科研中的成果外，还参照了程国采、李连仲、李惠峰、雷虎民、刘新学等老师的有关著作和其他同志发表的文献，在此表示衷心感谢。

由于科学技术的不断发展和编者水平有限，本书难免存在缺点和不足，恳请读者批评指正。

编者

2025.3

目 录

第1章 概　　述

1.1 导弹分类及飞行弹道（航迹）

火箭和导弹是一种无人驾驶的飞行器。火箭是依靠火箭发动机推进的一种飞行器，它携带有飞行时所必需的燃烧剂和氧化剂，因而火箭既可在大气层中飞行，也可翱翔于无大气存在的星际空间，将人造地球卫星、宇宙飞船以及其他有效载荷送入预定轨道。火箭在1232年就开始使用了，当时中国人把火箭作为非制导导弹，驱逐围困北京的蒙古人。15世纪，朝鲜研制了“鬼箭机”火箭，这种火箭带有火药和破片装置，离开发射器后，能够自动在目标附近定时爆炸，1451年改进为一种带车轮的火箭发射器，能够携带多达100枚发射器，并能够在敌人附近定时引发多重爆炸。由于缺乏合适的制导控制系统，火箭后续改进极为缓慢。

1.1.1 现代导弹的发展

第一次世界大战中，飞机作为军用武器引出利用遥控飞机轰炸目标的思想，催生了导弹的概念。导弹是一种装载有战斗部的无人驾驶的可控飞行器，它既可以安装火箭发动机飞出大气层，也可以安装喷气发动机在大气层中航行。1913年，法国工程师勒内·洛林提出一种冲压发动机飞机思想并申请了专利，1926年3月16日，美国戈达德（Robert Hutchings Goddard）博士成功发射了第一枚液体火箭，高度达56m，速度为97km/h，后来戈达德博士第一个发射了超声速火箭，第一个为火箭研制了陀螺控制装置，第一个把尾喷管导流片用于火箭初始阶段的稳定控制，第一个为多级火箭的思想申请了专利，这位著名的火箭专家有句名言：昨天的梦想就是今天的希望、明天的现实。

德国1931年3月14日完成了欧洲首次液体火箭试飞，1932年开始研制军用液体火箭，1936年启动“佩讷明德工程”（位于德国佩讷明德）研发导弹。从本质而言，现代武器（导弹）制导技术源于第二次世界大战期间德国研制的V-1和V-2导弹，其中V-1是一种小型无人驾驶单翼飞机，于1942年春天完成试飞。V-2则是一种单级液体弹道导弹，由沃纳·冯·布劳恩博士和沃尔特·多恩伯格博士（火箭研制所总司令）领导研制，于1942年10月3日首次试验成功。V-2导弹长14m，起飞质量为12873kg，垂直起飞，推力为27125kgf，动力飞行70s，最大加速度6.4g，停火点速度6000英尺/秒，当地弹道倾角约为45°，最大速度为5705km/h，有效射程为354km，战斗部为998kg，在354km射程时落点散布距离为16km，是第一个投入实战运用的弹道导弹。

注：1kgf=9.8N；1英尺=0.3048m。

V-2导弹具备制导控制系统，这是它区别于原始火箭的关键，控制系统执行机构由尾翼和导流片组成，尾翼在大气层内进行控制，喷管中的固体炭导流片在稀薄大气中进行控制，制导系统主要包括一个陀螺组件和一个积分加速度计，姿态控制系统由陀螺组件的方向参考系统和一个时钟驱动的俯仰程序装置组成，积分加速度计则用于测定推力方向（导弹纵对称轴线方向）的加速度，计算出视速度，并在达到预定视速度后实施关机控制。从本质上说，V-2导弹是应用陀螺仪和加速度计进行惯性制导的最原始例子。

第二次世界大战期间还研发了其他导弹，如地地三级液体弹道导弹“大黄酸信使”(Rheinbote)、液体火箭推进无线电控制超声速地空导弹“瀑布”、液体火箭推进的地空导弹“蝴蝶”、液体火箭推进空空导弹X-4等。

第二次世界大战后，美国和苏联在德国导弹研制的基础上开始了军备竞赛，使导弹成为世界军用武器明星，其品种繁多、形式多样。

20世纪50—60年代，美国的“民兵”-Ⅰ、“民兵”-Ⅱ、“宇宙神”D,E,F、“大力神”-Ⅰ、“大力神”-Ⅱ、“北极星”等的制导系统均采用惯性平台制导系统，苏联的SS-6、SS-7、SS-9采用位置捷联系统。制导精度为千米级。

20世纪70—80年代在惯性技术方面取得了多项技术突破，陀螺的精度比原V-2的陀螺精度提高了一个数量级，三轴稳定平台应用气浮陀螺和改进后的摆式积分加速度表，精度也得到提高。更高精度的制导方案也被提出，如Th. Buchhold教授提出了摄动制导方案。弹道导弹主要有“民兵”-Ⅲ、“海神”、“三叉戟”-Ⅰ、“三叉戟”-Ⅱ、SS-17、SS-18、SS-19、SS-N-8、SS-N-17、SS-N-18，这一阶段导弹命中精度有显著提高，主要采用了惯性平台制导系统加末助推修正、工具误差补偿及重力异常补偿等，精度达到百米级。

20世纪80年代后期以来，除使惯性导航技术发展到一个更高阶段外，另一个显著特点是组合（复合）制导技术的广泛应用。这时期的代表型号有美国的“潘兴”Ⅱ、“和平卫士”(MX)，俄罗斯的SS-26、“白杨”-M（SS-27）弹道导弹。美国的“潘兴”Ⅱ导弹采用惯性制导加景象区域相关末制导，圆概率误差达到20~40m；洲际弹道导弹“和平卫士”(MX）采用高级惯性浮球平台制导，命中精度可在100m内，而且可一次携带多达10个子弹头。俄罗斯SS-26战术弹道导弹最大射程为300~500km，采用了改进的全球导航星/惯性导航系统，末制导采用了先进的主动毫米波雷达，圆概率误差小于400m。俄罗斯“白杨”-M（SS-27）弹头在约90km的高度进入大气层时，具有极强的机动能力，在大气层外进行目标特征雷达地形匹配制导，射程在10000km以上，圆概率误差不大于60m。

当前为应对反导防御系统带来的威胁，弹道导弹技术也在发生着深刻的变革，出现了中段机动、末段机动、多弹头分导、弹道滑翔等多种形式，制导方式也由单一系统向组合方式发展。

1.1.2 导弹分类

当今世界导弹品种繁多，有按作战使命和射程远近分类的，也有按所攻击的目标进行分类的，但通常按照发射点和目标点位置将导弹分为地对地、空对空、空对地和地对空四大类，如图1.1所示。

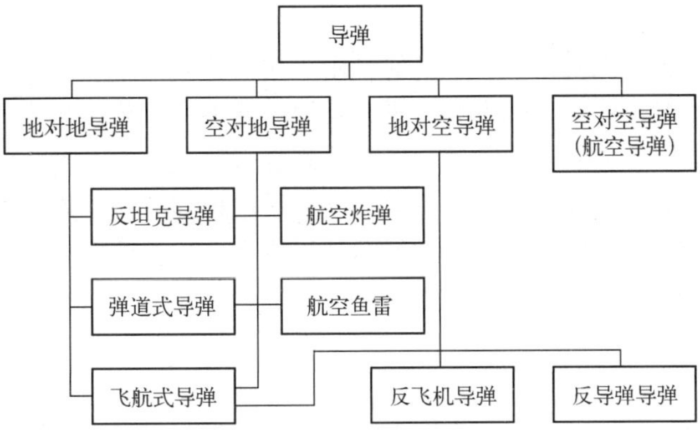

图 1.1　导弹分类

1. 地对地导弹

地对地导弹是指由地面发射攻击地面目标的导弹。这里的“地面”是指陆地表面、水面及地下、水下某一深度。根据这类导弹的任务及其结构特点，又可将它们分为弹道式导弹、飞航式导弹以及反坦克导弹。

弹道式导弹是按预先给定的弹道飞行的，由于其航迹类似于炮弹的弹道，因此这类导弹称为弹道式导弹。

按照射程不同，弹道式导弹又可分为近程（射程为 100~1000km）导弹、中程（射程为 1000~4000km）导弹、远程导弹（射程为 4000~8000km）和洲际（射程为 8000km 以上）导弹。

根据所攻击目标性质的不同，弹道式导弹还可分为战术导弹和战略导弹。战略导弹是以攻击敌方导弹和反导弹基地、军用机场、港口、重要军事仓库、工业和能源基地，以及交通、通信枢纽等战略目标为使命的导弹。战术导弹则是用于地面、海上或空中作战，以完成某个具体战役或战术任务的导弹。

飞航式导弹是一种能机动飞行的有翼导弹，其外形与飞机相似。这种导弹始终在大气层内飞行，并且大部分时间做等速水平飞行。

反坦克导弹也是一种有翼导弹，是用来摧毁敌方坦克、装甲车辆、加固掩体的导弹。这种导弹可以在地面、运输车或直升机上发射以袭击目标。

2. 地对空导弹

地对空导弹也称防空导弹，也是一种有翼导弹。它是从地面或海面发射攻击空中目标，以保卫工业城市、政治中心、军事基地、海港以及大型军舰为目的的导弹。这类导弹根据所攻击目标的类型不同又可分为截击飞机和飞航式导弹的反飞机导弹以及攻击速度很高并在大气层外飞行的弹道式的反导弹导弹。

3. 空对空导弹

空对空导弹是从飞机上发射攻击空中目标的有翼导弹，也称航空反飞机导弹或航空导弹。根据攻击能力不同，又可分为尾部攻击和全向攻击两类。尾部攻击是指导弹只能从目标后方的一定区域内对目标进行攻击，而全向攻击则是指导弹既可以从目标的后方又可以从其前方进行攻击。根据射程的不同，这类导弹又可分为近距格斗（射程小于 10km）导弹和远程攻击（射程为 80~160km）导弹两种。

4. 空对地导弹

空对地导弹是从飞机或直升机上发射，用于攻击地面或海上目标的导弹。根据导弹的任务和设备的特点，这类导弹可分为机载反坦克导弹、机载飞航式导弹、空中发射的弹道式导弹、航空炸弹和航空鱼雷等。机载反坦克导弹与地面发射的飞航式导弹相似，所不同的只是它们从飞机或直升机上发射而已。航空鱼雷与航空炸弹相似，它们并不需要安装发动机，其飞行能量可从发射它们的飞机或直升机上获得。航空鱼雷可攻击水面上的舰艇和水下的潜艇，而航空炸弹则对水陆目标均可毁伤。

1.1.3 飞行轨迹

弹道导弹是按照预定轨迹飞行的，由于其轨迹类似于炮弹的弹道，因此称为弹道式导弹。导弹质心在空间的运动轨迹称为弹道。一般情况下弹道式导弹的弹道如图1.2所示。

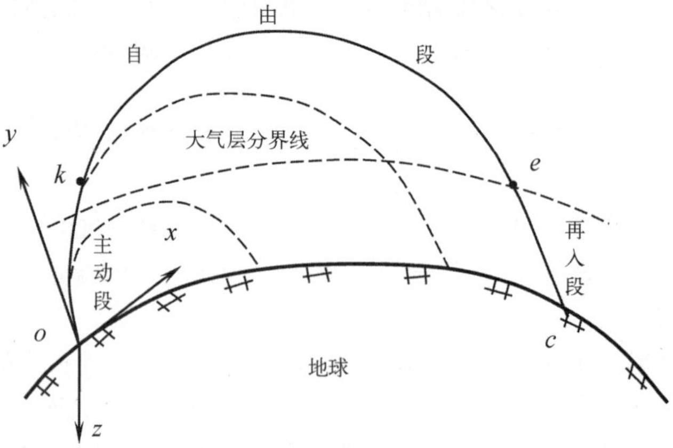

图1.2 导弹弹道分段

根据弹道式导弹在从发射点到目标点的运动过程中的受力情况和飞行特点的不同，可将其弹道分为几段。首先，根据导弹在飞行中发动机和控制系统工作与否，可将其弹道分为动力飞行段（主动段）和无动力飞行段（被动段）两部分。其次，被动段又根据弹头所受空气动力的大小而分为自由飞行段（自由段）和再入大气层飞行段（再入段）两部分。

根据航迹特点，巡航导弹航迹全程一般可分为初始段（起飞段）、巡航段（中段）和俯冲段（末段），其中巡航段飞行时间最长。图1.3所示为地地巡航导弹飞行航迹示意图。

初始段，也称起飞段，指由动力装置把导弹由发射点送到一定高度的那一段弹道。在初始段，首先火箭助推器工作，在导弹达到一定速度和高度、助推器燃料基本耗尽时，助推器脱落，主发动机启动，在导弹达到弹道最高点后降低高度转入巡航飞行。

巡航段，也称飞行中段，它占巡航导弹全部弹道的绝大部分。在该段，巡航导弹处于近乎匀速、等高的巡航飞行状态。但在水平面上，为了绕过山脉高地、穿越山谷地褶、躲避防空阵地，巡航段一般不是直线形。有的巡航导弹有高度不同的几个巡航段，有利于提高射程，并增强突防能力，而较高的突防能力正是巡航导弹立足于现代战争的

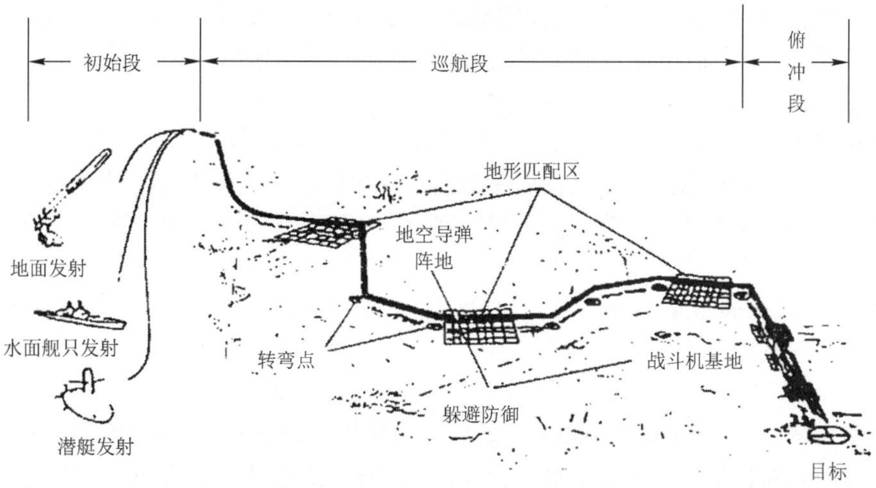

图1.3 地地巡航导弹飞行航迹示意图

优势之一。巡航段的制导又称为中制导，是巡航导弹制导工作时间最长的一段，其制导的目的是在躲避敌方防御的同时保证导弹按要求的精度进入飞行末区，以确保导弹末段制导的顺利进行。

俯冲段也称末段，当巡航导弹接近目标上空进入飞行末区时，导弹由巡航转入向下俯冲，速度不断提高，直到命中目标。末段的制导直接决定了巡航导弹打击的精度。

巡航导弹与弹道导弹不同，它在整个飞行过程中始终处于制导飞行状态（全程制导），其动力装置和制导系统在飞行中始终处于工作状态，控制导弹按照预定的规划航迹飞行。由于巡航导弹作战中，对其射击精度和机动性能要求较高，所以，其全程制导一般根据各段的不同特点，采用不同的制导方案。

1.2 导弹制导常见概念

导弹控制系统是控制导弹按给定程序稳定飞行、保证导弹射击精度、完成检测发射的整套装置，主要由导航、制导、姿态控制等系统构成。

导航（Navigation）。导航的概念最初应用在航海中，后又被广泛应用在飞机、导弹等飞行器中。导弹中导航的概念为确定导弹在给定初始条件下飞行中的状态参数。利用测量仪表及器件测量导弹运动参数，然后利用测量到的参数直接或经过计算间接地把它们表示为指定坐标系中的角度、速度、位置等状态量。这个过程称为导航过程。而由测量、传递、转换及计算等环节组成，并能够给出导弹初始状态和飞行状态量的系统即为弹上导航系统。

制导（Guidance）。制导过程一般为：利用导航状态量，按照给定的制导律，参照预定基准，生成制导指令，操纵导弹推力矢量变化来控制导弹质心运动，达到期望的终端条件时准确关闭发动机，保证弹头落点偏差在允许范围内。由导航状态量的处理、生成制导指令、控制发动机推力矢量等环节组成的系统即为制导系统。

事实上，在地地导弹飞行控制系统中，导航与制导系统常常是融为一体的，即制导系统一般包含导航系统，导航系统提供的导弹运动状态参数是导弹制导的依据。所以，在地地导弹中，“导航”与“制导”概念常常不加区分地应用，具体所指可根据实际情况确定。

姿态控制（Attitude Control）。导弹飞行过程中控制导弹姿态自主稳定和绕质心运动。在导弹飞行时根据给定的飞行程序角控制导弹转弯，克服外界干扰稳定飞行姿态，保证飞行姿态角偏差在允许范围内；根据制导指令控制导弹姿态角，修正飞行轨迹，辅助制导系统完成导弹落点偏差的控制。

惯性制导（Inertial Guidance）。惯性制导是利用惯性器件量测量，经过解算装置如计算机生成制导指令，完成制导功能。由这些硬、软件构成的系统则为惯性制导系统。

组合制导（Integrated Guidance）。组合制导指以惯性导航为基础，利用其他导航装置的量测量对惯性器件的量测量进行校正、对比，经滤波等算法处理，形成误差更小的组合状态量，用以产生制导指令，完成制导功能。根据参与组合制导辅助信息源的不同，又有多种具体的组合制导系统。

复合制导（Composite Guidance）。复合制导是从导弹飞行的时序考虑，在不同节点引入不同组合制导。复合制导也可称为组合制导的不同时段“组合”，如在巡航导弹中，根据航迹特点，在整个航迹中，可分别引入卫星与惯性导航的组合、地形与惯性导航组合以及图像与惯性导航组合等，因此巡航导弹采用的便是复合制导。由于复合制导是组合制导在不同飞行时段的应用，因此许多资料中，并不严格区分复合制导与组合制导，将它们统称为组合制导。简单起见，本书中也不区分复合制导与组合制导，将它们统称为组合制导。

多模制导（Multimode Guidance）。多模制导是战术弹道导弹中经常用到的概念。若把复合制导看作多个制导系统在不同时间节点的“串联”组合，那么，多模制导则是多个制导系统在某时刻的“并联”组合使用。比如在巡航导弹的末段，根据攻击目标的不同特点，可采用主动毫米波雷达/红外成像多模制导。实际上，地地导弹多模制导主要应用在导弹弹头的末制导中，属于末段的“组合制导”。所以，“组合制导”“复合制导”及“多模制导”等概念都是指多种不同的制导手段共用，只是使用的场合和方式不同而已。

精确制导（Precision Guidance）。精确制导目前还无统一定义。一般应用较多的提法是“直接命中概率大于 50%的导弹、制导炮弹、炸弹、鱼雷等制导武器统称为精确制导武器”。精确制导武器的关键在于制导系统。常用的制导系统有指令制导、雷达制导、电视制导、红外制导、激光制导、毫米波制导、地形匹配制导和景象匹配制导、全球定位系统辅助制导等。精确制导武器技术的进一步发展，将会出现能自主探测和识别目标、决定打击的先后次序的灵巧武器和智能武器。精确制导武器主要分为精确制导导弹和精确制导弹药两大类。

陀螺仪（Gyroscope）。利用陀螺效应测量运动物体相对惯性空间的角位移或角速度的仪表称为陀螺仪。经典陀螺仪具有高速旋转的刚体转子，能不依赖外界信息测量出运动物体（运载体）的角运动信息，具有稳定性（定轴性）、进动性特性。陀螺转子高速旋转时，具有抵抗干扰力矩而力图保持转子轴相对惯性空间方位稳定的特性，称为稳定性。当外力矩作用在陀螺仪内环轴上时，陀螺仪绕外环轴转动；当外力矩作用在外环轴上时，陀螺仪绕内环轴转动，这种特性称为进动性。陀螺仪正是利用这两种特性对角运动进行测量的。

加速度计（Accelerometer）。利用检测（惯性）质量的惯性力来测量运动物体线加速度或角加速度的仪表称为加速度计，又称比力计、加速度表或加速度传感器。

标准弹道（Standard Trajectory）。在给定条件下，利用相对标准条件建立的标准弹道方程求解得到的导弹质心运动轨迹称为标准弹道。标准条件主要是指地球物理条件、气象条件和导弹自身物理条件，不同类型、型号的弹道导弹采用的标准条件不尽相同。标准弹道是弹道导弹飞行控制诸元计算的基础，通过标准弹道计算可以确定瞄准方位角、飞行程序角、初始状态参数，通过与干扰弹道联合可求解制导系统所需要的导引方程、关机方程参数，为导弹飞行控制提供控制基准。

干扰（Interference）。导弹实际条件与标准条件的偏差称为干扰。制导的目的就是要使导弹克服外界干扰，使导弹能以一定的精度命中目标。主要包括发动机额定推力偏差、推力偏斜、起飞质量偏差、大气参数偏差、导弹几何外形偏差、推进剂秒耗量偏差、引力异常等。

干扰弹道（Interference Trajectory）。在干扰条件（实际条件）下，求解与之对应的干扰弹道方程组得到的质心运动轨迹称为干扰弹道。干扰弹道是分析制导精度、姿态控制稳定性、性能评估、诸元计算的基础。

1.3　导弹制导分类及制导方法概述

1.3.1　制导作用及分类

制导是导弹控制系统的核心任务之一，导弹控制的主要任务可分为两大部分：一是控制导弹有效载荷的投掷精度，保证弹头落点的密集度。该任务由制导实现。二是对导弹飞行实施姿态控制，保证在各种飞行条件下的稳定性。该任务由姿态控制系统完成。另外，在导弹发射前在地面对导弹进行可靠准确的检测、操纵发射、初始对准等也是导弹控制系统的任务。地地导弹控制系统的主要任务组成如图 1.4 所示。

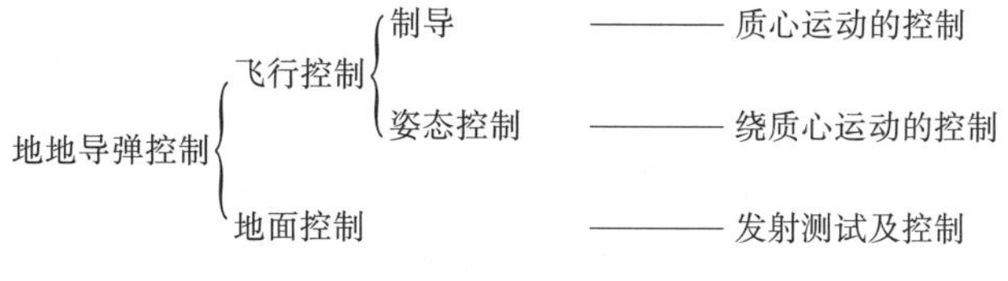

图 1.4　地地导弹控制系统的主要任务组成

姿态控制系统控制导弹弹体绕质心运动，一是确保导弹飞行过程中的姿态稳定，二是使导弹在主动段、自由段和再入段飞行期间能稳定地沿预定程序弹道飞行，三是根据制导系统发出的导引指令修正导引偏差，三者综合产生姿态控制信号，改变控制力方向，消除导弹对射面的偏离和弹体的滚动，从而实现导弹绕质心运动的控制。显然，通过姿态控制系统可保证导弹飞行的稳定性，这也是导弹实施制导的前提和保障。

导弹制导系统控制导弹质心运动。对于弹道导弹制导来说，首先需要通过建立导弹动力学、运动学等方程构成的弹道模型解算从发射点至目标点的标准弹道，确定瞄准方位角、飞行程序角（导弹俯仰角随时间变化的函数）及各种控制参数所组成的诸元，导弹发射前根据给定的诸元进行瞄准，并将诸元量装订到弹载计算机，制导系统根据导弹飞行中的状态解算控制量，控制导弹沿给定的标准弹道飞行，当确定导弹以当前状态通过自由飞行能以要求的精度通过目标时，发出发动机关机指令，此后导弹按惯性弹道飞行直至命中目标，这种只在主动段制导的方式称为主动段制导。弹道导弹制导时一般通过惯性导航系统实时采集导弹飞行状态参数，主动段惯性制导导弹射击精度主要取决于惯性导航系统的精度。随着对射击精度、突防等要求的不断提高，弹道导弹在中段和再入段也在逐步引入制导，形成全程制导。

巡航导弹航迹一般分为助推段、中段和末段，采用全程制导。巡航导弹在中制导过程中，主要采用惯性导航，由于惯性导航误差随时间累积增大，为确保制导精度，巡航导弹会在间隔一定的时间进入误差修正区（如地形匹配修正区），利用修正信息对惯性导航间断或不间断地修正，中段制导的任务是确保导弹沿规划航迹管道飞行并以要求精度进入目标末区，这也是保证末制导实施的前提，末制导的任务则是精确地把导弹引导向目标。因此，从制导系统的作用来看，“导弹”概念比“飞弹”概念可以更准确地描述导弹与其他飞行器的不同。

根据敏感导弹飞行偏差和形成制导指令方法的不同，地地导弹制导系统可分为自主制导系统、自导引制导系统和遥控制导系统三大类，如图1.5所示。这三大类制导系统又可构成不同的组合制导系统。

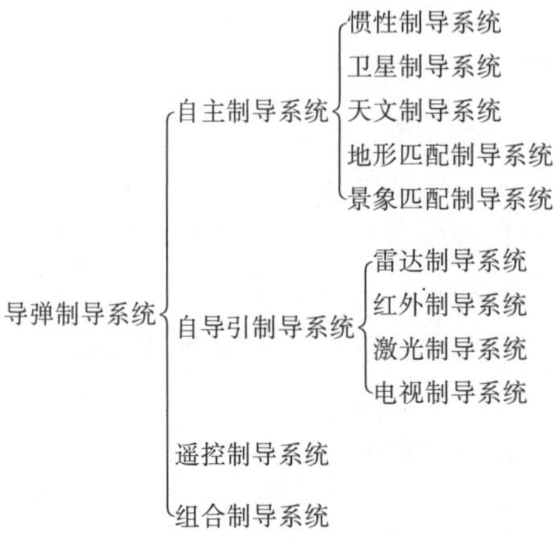

图1.5　导弹制导系统主要分类

（1）自主制导系统。自主制导系统的制导信号完全由弹上制导设备测量提供，导弹根据制导律可自主地攻击目标。采用这种制导系统的导弹，由于与目标或地面指挥系统等不发生任何联系，所以隐蔽性好、抗干扰能力强。地地弹道导弹和地地巡航导弹主要采用自主制导系统，即依靠制导系统自身实现导航、制导功能。目前，地地导弹中常见自主式制导系统有惯性制导系统、卫星制导系统、天文/星光制导系统、地形/景象匹配配制导系统以及由这些系统构成的组合（复合）制导系统等。

（2）自导引制导系统。自导引制导又称寻的制导，是利用目标辐射或反射的能量（如电磁波、红外线、可见光等），通过弹上测量装置测出目标与导弹的相对运动参数，按确定的关系直接形成制导命令，使导弹自动飞向目标。与自主制导系统只能攻击预先设定的固定目标不同，自导引制导系统可攻击运动目标，制导精度也较高。自导引制导可分为主动、半主动和被动 3 种制导方式。自导引制导系统需要建立导弹与目标之间的观测信道，存在作用距离短、易受干扰等缺点。

自导引制导系统一般应用在空空、地空及空地战术导弹中。不过随着目前导弹向“一弹多用”“精确打击”方向发展，随着对地地导弹射击精度和突防能力要求的不断提高以及攻击地面、海上移动目标的需要，一些自导引制导技术，如红外成像、毫米波、激光雷达及合成孔径雷达（SAR），也开始在地地弹道导弹和地地巡航导弹制导的末段得到应用。

（3）遥控制导系统。该系统由导弹以外的指挥系统向导弹发送制导信息，引导导弹飞向目标。遥控制导的精度较高，且作用距离比自导引制导要远，但制导精度随导弹与指挥系统间的距离增长而降低。由于存在导弹与指挥系统间通信，容易受到干扰。遥控制导系统多用于空空、空地，以及反坦克导弹中。另外，近年来应用在战术弹道导弹、巡航导弹中的“人在回路中”制导技术也属于遥控制导。

1.3.2　制导实现方法概述

制导系统为克服外界干扰，确保导弹以一定的精度命中目标，必须能够实时获取导弹运动状态，并能利用各种力和力矩控制导弹飞行，因此制导系统一般由测量装置、解算装置及执行机构等部分组成，如图 1.6 所示。

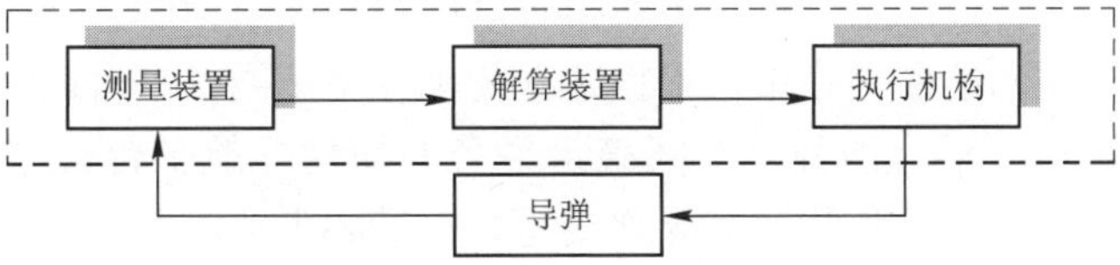

图 1.6　地地导弹制导系统组成

测量装置测量出导弹质心的运动参数，并敏感出导弹的姿态信息；解算装置根据测量装置获得的信息，确定导弹的导航参数，并按一定的制导算法形成制导指令；执行机构根据制导信息和控制指令操作导弹动作。

地地弹道导弹制导方法主要有 3 种，即摄动制导、外干扰补偿制导和显式制导。考虑到摄动理论是外干扰补偿制导理论的基础，所以本书中把外干扰补偿制导归于摄动制导中讨论。摄动制导也称 δ 制导，是根据导弹实际飞行只是相对标准弹道的“摄动”这一特点提出的，基本方法是将控制泛函在标准弹道附近展开为运动参数增量的泰勒级数，小振动是摄动制导应用的基础。而在大干扰情况下，摄动制导的线性特性基础就难以成立，此时可考虑采用显式制导。显式制导是根据导弹的现时运动参数按控制泛函的显函数表达式进行实时制导计算。该方法从理论上看，具有应用范围广、机动性强等优点。

不同的测量装置，可以构成不同的制导系统。目前，在地地导弹自主式制导中普遍采用的主要有惯性导航系统、卫星导航系统、天文导航系统、地形辅助导航系统、景象匹配导航系统等。

1942年，德国在V-2导弹上第一次应用了惯性导航装置，惯性导航系统（inertial navigation system）从20世纪60年代开始被大量投入使用。惯性导航系统主要由加速度计和陀螺仪两大类惯性器件构成，可测量导弹运动的视加速度和角速度，通过导航解算获得导弹运动速度、位置和姿态等信息，供导弹制导和姿态控制系统进行制导和控制运算，控制导弹按预定轨迹或实时生成的轨迹飞行。

惯性导航系统具有的显著优点如下。

（1）可提供包括三维位置、三维速度与飞行姿态的多维信息。

（2）具有完全自主性，不依赖外部信息，隐蔽性好、不会被干扰。

（3）可在空中、地面，甚至水下环境使用。

（4）数据更新率高。

（5）短时导航精度高。

因此，直到今天，惯性导航系统仍是军事武器平台采用的主要制导方式，即使采用其他导航系统，也是以惯性导航系统为主，其他导航系统只作为修正惯性导航系统、提高惯性导航系统测量精度的辅助手段。惯性导航系统的不足在于仪表测量误差会随着时间的增长而累积，使得导航计算误差越来越大。

惯性导航系统目前主要有两大类实现方案，即平台式惯性导航方案和捷联式惯性导航方案。

平台式惯性导航系统，以实体的物理稳定平台所确定的平台坐标系来精确地模拟实现某选定的制导（导航）坐标系，从而获得制导所需的导航数据。平台式惯性导航系统中的测量仪表工作环境稳定，所以可获得较高的惯性导航精度，一般应用在飞行时间较长的远程弹道导弹和巡航导弹中。根据建立的坐标系不同，平台惯性导航又可分为空间稳定平台和当地水平平台两种。空间稳定平台的惯性导航平台台体相对惯性空间稳定，通常应用在飞行时间不长的弹道导弹或运载火箭的主动段上。当地水平平台则可始终跟踪飞行器所在点的当地水平面，通常应用在沿地球表面飞行的飞行器如巡航导弹或飞机上。

捷联式惯性导航系统，将惯性测量仪表直接安装在载体上，通过计算机所产生的“数学平台”来替代物理平台，以实现惯性基准。由此带来的好处是可靠性高、体积小和造价低，尤其随着激光陀螺和数字陀螺技术的迅速发展，捷联惯性导航系统将会有广阔的前景。根据所用陀螺仪的不同，捷联惯性导航又可分为位置捷联惯性导航和速率捷联惯性导航。位置捷联惯性导航系统中采用的自由陀螺仪输出的是角位移信号；而速率陀螺惯性导航系统中采用的速率陀螺仪输出的是角速率信号。

采用惯性导航系统的弹道导弹射击误差主要由惯性系统测量误差引起，表1.1所列为美国部分远程导弹精度/制导系统比较，图1.7为对应曲线。从表1.1和图1.7可知，美国空军所属远程导弹全部采用惯性导航系统，1965—1970年，导弹的命中精度指数（射程/CEP）呈线性增长趋势，但到20世纪70年代后期，精度指数的增长趋势有所减缓。MX导弹采用的高级浮球平台测量精度水平已趋于惯性导航系统的测量极限，而为此付出的成本也是惯性导航系统的最高纪录。

表 1.1　部分美国远程及洲际弹道导弹精度/制导系统比较

导弹型号	制导系统	射程 /km	CEP /km	精度指数	参考价 /万美元	服役时间
阿特拉斯（空）	INS	10000	1.85	5405	n/a	1959
大力神（空）	INS（陀螺平台）	11700	0.93	12580	n/a	1963
民兵Ⅰ（空）	INS（陀螺平台）	9500	1.60	5937	n/a	1963
北极星（海）	INS（陀螺平台）	4600	1.30	3538	n/a	1964
民兵Ⅱ（空）	INS（陀螺平台）	11000	0.56	19643	n/a	1965
民兵Ⅲ（空）	INS（陀螺平台）	13000	0.18	71038	420（1978 年）	1970
海神（海）	INS（陀螺平台）	4600	0.56	8214	n/a	1971
三叉戟Ⅰ（海）	星光/INS（陀螺平台）	7400	0.45	16444	1500（1985 年）	1979
MX（空）	INS（浮球平台）	11100	0.12	90983	6000（1987 年）	1986
三叉戟Ⅱ（海）	GPS/INS（陀螺平台）	11100	0.035	317142	3300（1987 年）	1989

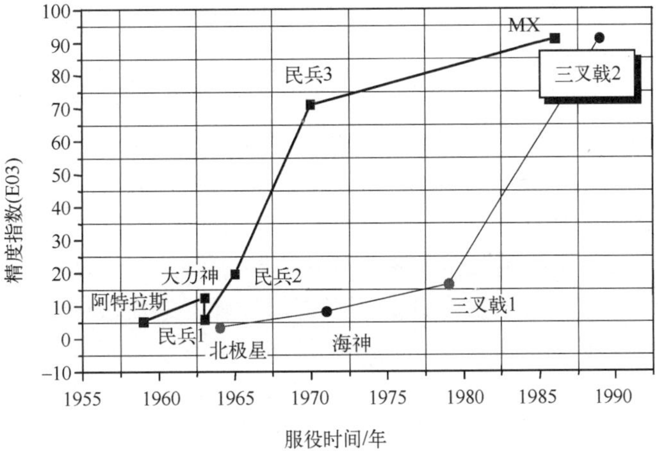

方形—空军装备；圆形—海军装备。

图 1.7　美国部分远程导弹精度/制导系统比较

因此，应从系统设计的角度采用其他的制导技术分担惯性器件的压力，一个比较现实可行的方法便是采用组合（复合）制导方法。

卫星导航系统（satellite navigation system）是近年来被广泛注意的导航系统，其投入使用的时间虽短，却取得了飞速发展。卫星导航系统的优点是可为全球任何地方的陆、海、空、天的各类载体提供全天候 24h 的连续高精度的位置、速度，甚至姿态信息。

目前的导航卫星主要有美国的全球定位系统（global position system，GPS）、俄罗斯的全球导航卫星系统（global navigation satellite system，GLONASS）和中国的“北斗”

卫星导航系统。

卫星导航的基本原理是围绕地球运动的多个人造地球卫星连续向地球表面发射经过编码调制的连续波无线电信号，编码中载有卫星信号的准确发射时间及不同的时间卫星在空中的位置信息（星历）。导弹弹载接收机在接收到卫星发出的无线电信号后，测量出信号到达的时间，进而确定接收机与卫星间的距离（伪距）。当测出导弹距3颗卫星的距离时，便可确定导弹三维位置，根据多普勒频移变化，还可算出导弹的三维速度。卫星导航系统需要通过接收卫星所发出的无线电信号来导航，因此其抗干扰能力较弱。

天文导航系统（astronomical navigation system）是利用对星体的观测，根据星体在天空中的固有运动规律提供的信息来确定导弹在空间的运动参数，进而完成导弹的制导。古代的航海家早就采用星体导航，但直到20世纪70年代末，这种技术才被应用在飞行器上。天文导航采用的测量元件主要是星光跟踪器和六分仪。由于六分仪只能在夜晚使用，所以一般应用在航天飞机等飞行器上，导弹上应用较少。导弹中主要采用星光跟踪器。星光跟踪器根据计算机的指令自动跟踪恒星体，用以修正导弹的发射位置、方位以及飞行中修正平台的漂移。这种导航系统提供的高精度位置、姿态信息具有完全自主性，不辐射任何信号，也不受外界干扰影响。

地形辅助导航系统（terrain aided navigation system）是一种利用地形特征信息进行导航的系统。地形高度数据匹配系统是利用地形等高线匹配来确定导弹的地理位置，用以修正惯性导航长时单层透气产生的导航误差。它一般由雷达高度表、气压高度表、计算机及地形数据存储设备等组成，要求所用的地形必须满足一定的条件，在平原、海洋甚至地形起伏较大的高山区域都不能使用。

景象匹配系统则是将弹上传感器如电视摄像机等获得的目标周围景物图像或导弹飞行航迹沿途景物图像与预存的基准图在计算机中进行匹配比较，得到导弹相对目标或预定弹道的纵横向偏差，从而通过偏差修正将导弹导向目标。根据地形辅助导航系统和景象匹配系统的特点，它们分别被广泛应用在巡航导弹的巡航段中制导和末区的末制导中，如美国“战斧”巡航导弹的中末制导系统即采用了地形辅助导航系统和景象匹配系统。

表1.2所列为部分巡航导弹精度/制导系统比较。

表1.2　部分巡航导弹精度/制导系统比较

<table>
<tr><th>导弹型号</th><th>制导系统</th><th>射程/km</th><th>CEP/m</th><th>雷达反射面积/m²</th><th>战斗部</th><th>国别</th></tr>
<tr><td>AGM-86B（空）</td><td rowspan="2">惯性+地形</td><td>3000</td><td>100</td><td rowspan="6">0.05~0.1</td><td rowspan="2">200kt TNT 核弹头</td><td rowspan="6">美国</td></tr>
<tr><td>战斧 BGM-109A（海）</td><td>2500</td><td>30~80</td></tr>
<tr><td>战斧 BGM-109C（海）</td><td rowspan="2">惯性+地形+景象</td><td>1300</td><td rowspan="2">15~18</td><td>454kg 常规</td></tr>
<tr><td>战斧 BGM-109D（海）</td><td>875</td><td>545kg 常规</td></tr>
<tr><td>战斧 BGM-109G（陆）</td><td>惯性+主动雷达末制导</td><td>2500</td><td>30~80</td><td>10~50kt 核弹头</td></tr>
<tr><td>战斧 BGM-109B（海）</td><td>地形+激光雷达+GPS</td><td>556</td><td>命中概率90%~95%</td><td>450kg 常规</td></tr>
</table>

续表

导弹型号	制导系统	射程 /km	CEP /m	雷达反射面积/m^2	战斗部	国别
SSC-X-4 弹弓（陆）	惯性+地形	3000	150		200kt 核弹头	俄罗斯
SS-N-19 海滩（海）	指令修正或惯性+主动雷达末制导	550（马赫数 2.5）			核/常规	
SS-N-21 大力士（海）	惯性+地形	3000	150		200kt 核弹头	
AS-6 王鱼（空）	指令修正或惯性+主动（被动）雷达末制导	400（马赫数 3）			核（A） 常规（B） 核/常规（C）	
AS-X-15C 撑杆（空）	惯性+地形+主动雷达末制导	600（马赫数 3）	18~26		410kg 常规	
AS-19 考拉（空）	光电导航+地形	3700			核弹头	

以上导航系统，除惯性导航系统外，其他导航系统在地地导弹中目前都不具备完全自主独立导航或制导的能力。地地导弹目前仍以惯性导航系统为主，然后根据不同的应用环境，利用其他各种导航系统提供的信息辅助惯性导航系统，达到在整体上提高导弹制导精度的目的。如目前地地巡航导弹主要采用惯性导航系统，辅以卫星导航系统、地形/景象辅助系统等，地地弹道导弹更是以惯性导航系统作为最主要的制导系统，必要时辅以天文导航系统、卫星导航系统等。

采用组合（复合）制导，即利用现有其他导航系统辅助惯性导航系统，通过对惯性导航系统的校正，达到最终提高综合导航系统精度的目的。由于这种方式充分利用了现有导航测量设备，主要采用软件技术手段来提高导航系统精度，因此具有成本低、周期短、技术成熟等优点，实践也证明这种综合导航技术行之有效。如表 1.1 所列，美国“三叉戟” Ⅰ 弹道导弹采用星光与惯性导航组合制导方案，射击精度比“海神”导弹还要高，而其射程比“海神”导弹远 60%。苏联的 SS-N-8 弹道导弹采用星光与惯性导航组合方案，将原单独惯性导航所能达到的圆概率偏差 1.48km，减小到了组合后的 0.46km。美国海军“三叉戟” Ⅱ 导弹由于采用了 GPS 与惯性导航系统（INS）的综合技术，CEP 精度达到 121．92 m，使得导弹命中精度指数锐增到与空军王牌 MX 导弹并驾齐驱，甚至超过了 MX 导弹的精度水平，而其研制成本仅为 MX 导弹的 1/2。

考虑到地地导弹末制导技术的发展和现代作战的需要，自导引制导技术也已逐步引入弹道导弹末制导中，自导引制导方法可分为两大类，即两点法和三点法。两点法是用来确定导弹和目标两点在空间相互位置的导引方法，具体又可分为追踪法、固定前置角法、比例接近法等。其中应用较广的是比例接近法。三点法是用来确定导弹、目标和命令站三点在空间的导引制导方法，一般应用在遥控制导中。

根据导引头硬件的不同，主要有雷达、红外、激光和电视导引装置。雷达制导是利用目标辐射或反射到导弹或弹头上的电磁波来探测目标，并从电磁波中提取高精度的目标位置、速度等信息，然后根据制导律自动导引导弹攻击摧毁目标。红外制导则是利用弹上制导设备接收目标辐射的红外能量，实现对目标的“跟踪”，进而产生制导指令，将导弹或弹头自导引向目标。

1.4 地地导弹作战对制导系统的要求

现代地地导弹作战，不仅要求导弹制导设备体积小、重量轻，而且要求制导精度高、反应时间短、生存能力强、抗干扰性能好，且具有较高的可靠性及可维修性等。

1.4.1 制导精度

导弹制导精度是制导系统的最重要指标。虽然，从武器性能指标来讲，机动性、可靠性等对导弹至关重要，但导弹制导的中心问题是制导精度问题。射击精度是导弹最重要的性能指标之一，也是提高打击效果的最有效手段。对于点目标而言，一般弹道导弹杀伤力 K（杀伤概率）与射击精度 CEP（圆概率偏差）、弹头威力 Y（当量）及发射导弹发数 n 之间的关系为

$$K \propto \frac{nY^{2/3}}{\mathrm{CEP}^2} \tag{1.1}$$

显然，若精度不变，发射同样发数的导弹，弹头当量增加 10 倍，杀伤概率可增加 4.64 倍；而当弹头当量不变，同样数量的导弹发数，精度提高 10 倍，则导弹杀伤力提高 100 倍。另外，统计分析还表明，对于同一目标，在导弹威力相同的情况下，提高导弹射击精度可大幅度减少为摧毁该目标所需发射的导弹数，如若取得对目标同样的打击程度，精度提高一倍，弹头当量可减少为原来的 1/7。事实上，随着军事目标抗打击能力的不断提高和导弹的常规化、小型化，单纯依靠增加导弹弹头威力或增加导弹发射数量已经行不通。另外，目前世界冲突多发生在局部地区，精确制导还可避免导弹的打击危及目标附近的设施。因此，世界各国在提高导弹的射击精度上都不惜投入了大量的物力和人力，并已经取得了长足的进步。

影响导弹射击精度的因素较多，总体上可分为制导误差和非制导误差，其中制导误差又可分为制导方法误差和制导工具误差。如对于某远程弹道导弹，主要误差源引起的导弹落点散布分配如表 1.2 所列。不难看出，制导误差（包括制导工具误差和方法误差）是影响导弹打击精度的主要因素。

1. 制导方法误差

导弹不能命中目标，原因之一在于飞行条件如发动机性能、弹体结构参数、大气模型、地球模型、飞行程序等偏离设计条件，这些偏差因素又产生作用在导弹上的力和力矩的偏差即干扰力和干扰力矩，综合作用结果使得实际弹道偏离设计的标准弹道或规划航迹。制导系统的引入，就是为了敏感、消除外界干扰因素的影响，控制导弹按照预先设计要求命中目标。原则上讲，制导系统应完全消除这些干扰因素造成的命中误差，而事实上由于条件限制和弹上实现的必要性，制导方法即制导律设计常进行必要的某些简化，另外计算机实现也会产生不可避免的舍入，因而在弹上制导律作用下，上述外干扰仍产生一定的导弹命中误差，这类误差为方法误差。设计制导方案时，应致力于设计最佳制导率，尽量减小方法误差。

2. 制导工具误差

制导系统的引入虽极大地减小了外干扰作用引起的误差，但制导又必须以导弹飞行状态参数为基础，飞行状态参数的获取必须依赖测量系统，因此制导系统在消除外干扰影响的同时又引入了测量工具误差，即制导系统仪表如加速度表（计）、陀螺仪、陀螺平台、计算装置的测量误差，另外制导律的执行机构要实现制导律也会产生动作误差，这类误差称为制导工具误差。由于测量仪器制造中材料、工艺、环境等方面的条件限制，与方法误差相比，制导工具误差对导弹射击精度的影响更大。对于射程为 10000km 的洲际导弹，若要求导弹的圆概率偏差在 1000m 以内，则相应要求陀螺的漂移不大于 0.02（°）/h，加速度表的零偏误差不大于 0.01cm/s^2（$10^{-5}g_0$）。陀螺转子的轴承摩擦、转子支撑结构的非对称性等都会造成陀螺的漂移，即使矩合力矩处有 0.1μg 的灰尘，也会产生 0.02（°）/h 左右的漂移。因此，惯性导航器件的材料及其加工工艺水平等都直接影响惯性导航器件的测量精度。但即使采用最完善的材料和最精密的加工方法，惯性导航器件的测量误差仍会存在。减小制导工具误差的首要手段是通过新材料、新工艺等研制高精度的新型惯性导航仪表。事实上，这也是到目前为止，国内外普遍采取的方法。采用该方法提高导弹的制导精度，伴随着的是大量的人力、财力和物力的投入，而且随着惯性导航精度趋于“极限”，单纯依靠该方法提高惯性导航的精度已经很难。组合（复合）制导的出现，为提高导弹的制导精度开辟了一个新的途径。

3. 非制导误差

非制导误差主要包括初始位置误差、后效误差、目标点位误差、重力异常误差、再入误差等。

初始位置误差指发射点导弹的水平位置和高度偏差。考虑到发射点水平位置误差引起的初始速度误差很小，所以一般认为发射点水平位置误差对导弹命中误差的影响是单一的，通过分析还发现发射点水平位置误差将引起等量的纵向命中偏差。高度误差的影响则与发射点纬度、射程远近等多种因素有关，对于中近程导弹，一般会导致 2~3 倍的落点偏差；而对于远程导弹，则可引起 4~7 倍的落点偏差。

当关机指令发出后，发动机推力并不能立即降为零，而是产生“滞后效应”，实际推力衰减的情况与标定情况的衰减存在差异，进而产生导弹命中偏差。由于发动机推力后效偏差引起的命中误差称为后效误差，也称推力截止误差。

因目标点定位测量误差产生的偏差称为目标点位误差，它是由大地测量和地球物理测量引起的。

在引力加速度计算时，总把地球看成匀质的椭球体，但实际上，地球是非匀质的，这样产生的引力加速度计算误差称为重力异常误差。重力异常误差对低空飞行的导弹影响较大，导弹飞行越高其影响也越小。

由于再入时的弹头质量不平衡以及大气密度和风速的变化引起的命中误差称为再入误差。再入误差是由于导弹再入大气时，高速飞行而引起的弹体烧蚀、粒子云侵蚀等因素而造成弹头外形、质量等偏离设计条件而造成的落点偏差。该类误差一般只有通过引入再入制导加以消除。再入制导也称末制导。引入再入制导的另一个作用是提高导弹的突防能力。这对于提高导弹攻防对抗能力具有重要意义。

导弹的落点散布常用对应的圆概率偏差 CEP 表示。表 1.3 对应的 CEP 为美国 20 世纪六七十年代的制导精度水平，目前地地导弹的射击精度已可达到较高水平。美国第一枚洲际弹道导弹“宇宙神”在1955年研制初期时的精度为9.3km左右，而目前其MX导弹利用浮球高级惯性参考平台，可在射程11100km情况下保证落点圆概率偏差CEP在100m以内；俄罗斯“白杨”-M弹道导弹，在射程达10000km时，圆概率误差不大于110m，进行突防机动时，圆概率误差不大于60m；在海湾及科索沃战争中出尽风头的美国“战斧”巡航导弹，射击精度可达10m以内。射击精度的不断提高，使得精确打击甚至“点穴”攻击成为可能，这对于武器使用者来说，无论在战略上还是战术上，都具有重要意义。

表1.3　主要误差源对导弹落点影响（洲际导弹10000km最小能量弹道）

误差分类			纵向偏差/m	横向偏差/m
制导工具误差	惯性导航仪表误差	加速度表零偏 $1\times10^{-5}g_0$	200	30
		加速度表比例误差 10^{-5}	600	
		加速度表安装误差2″	200	
		陀螺固定零偏0.02（°）/h	400	130
		陀螺质量不平衡漂移0.02（°）/(h·g)	700	220
		振动引起陀螺漂移	200	70
	初始瞄准误差	航向对准误差20″		650
		垂直调向误差4″	260	90
初始位置误差		高度误差100m	350	
		水平位置误差100m	100	
制导方程和计算误差			100	25
引力异常误差（取 $2\times10^{-4}m/s^2$）			50	50
后效误差			200	30
再入误差			300	200
目标定位误差			200	200
最大总误差			1230	765
总圆概率偏差CEP			0.59×(1230+765)=1177(m)	

提高制导精度的另一个发展趋势是采用精确自导引末制导技术。雷达、激光、红外等自导引技术在战术导弹中早已得到广泛应用，自导引制导虽然作用距离和自主性都不如自主制导，但其机动性能和精度都高于自主制导。地地导弹若想攻击地上或海面上移动目标，或者使导弹命中精度小于10m（CEP），便应考虑在地地导弹末段采用自导引制导方式。

1.4.2　适应能力

随着越来越多的制导方式出现，制导系统能否适应不同的飞行环境成为考虑制导系统能否应用的一个重要因素。如地形匹配制导就不适用于高空和太空飞行器的制导，而基于可见光的景象匹配制导方法显然不适用于阴、雨、雪等不良天气条件，基于红外的景象匹配不能用于传统的惯性再入弹道导弹（有可能用于具有再入末段机动减速能力的导弹）等。

同时，由于有的制导系统在不同的飞行条件下可能会有不同的制导能力和精度，因此其适应能力问题还应该考虑其对不同飞行条件的适应性。如采用 SAR 景象匹配制导时，不同弹道方位角产生的雷达图像将会有较大的不同，显然不同的攻击方向会影响其匹配制导效果，甚至导致任务失败。因此，在研究制导方法时必须考虑其适应能力，明确其适用条件。

1.4.3　反应时间

反应时间，一般由防御的指挥、控制、通信系统和制导系统的性能决定。其中主要包括导弹发射准备时间及后续打击反应时间。对于目前陆、海、空、天多维高技术条件下战争，发射准备时间短可以减少发射装置暴露时间，提高生存能力；发射准备时间短，意味着可以在尽量短的时间内完成对敌方的打击，从而取得最优打击效果，如目前俄罗斯 SS-21 战术弹道导弹的作战反应时间仅为 15min；发射时间短，也可使得作战部队尽快从战区撤离到安全地带，以防对方打击。战术导弹往往要对敌方进行多次打击，较快的后续反应时间则可确保对目标连续打击的时效性。

对于地地导弹，其反应时间除受附属保障系统性能影响外，相当程度上取决于制导系统。采用惯性制导系统的弹道导弹必须通过调平、瞄准来建立惯性系统测量基准，如使用地面基准传递的传统瞄准方法，则发射准备时间必然较长，若采用发射后自瞄准技术，可大大缩短发射前地面准备时间；又如导弹的显式制导方法相对于摄动制导方法，可减少地面导弹诸元的装订量，相应缩短发射反应时间；对于巡航导弹采用惯性导航与卫星导航系统的组合制导方法替代惯性导航与地形辅助匹配系统的组合，则可大大减少发射前任务规划时间。

1.4.4　生存能力

导弹的生存能力问题从导弹发射直到命中目标一直存在，主要包括导弹运输转载途中的生存能力、发射场坪生存能力、飞行突防能力和发射后发射装置的生存能力。从导弹发射来说，机动和隐蔽是提高导弹生存能力的主要手段，如地下井发射。但这些都是被动方式。美国 MIT 的物理学家奇皮斯研究认为，当导弹圆概率偏差 CEP 下降到 150～15m 时，可以确信地下井将被摧毁。

制导系统的设计对导弹地面生存能力的提高有着显著的影响，如制导系统依赖地面传递瞄准基准，必然增加发射准备时间，降低生存能力，若制导系统能够实现自主定位定向，或依赖辅助导航系统自主校正导航误差，则可以实现无预设阵地的随机机动快速发射，显然将大大提高导弹生存能力。

1.4.5　突防能力

随着反导防御系统相关技术的日趋完善、系统的逐步部署，弹道导弹突防能力成为确保其作战能力的重要因素。制导系统设计是提高导弹突防能力的关键，如采用机动发射、多弹头分导、多模制导、末段机动等。

弹头机动再入制导，是公认的提高导弹突防能力的有效措施之一。如“潘兴”Ⅱ导弹头体分离后，通过调整弹头姿态，可以减小雷达反射截面，当弹头再入到15~20km高度时，弹头开始拉动并机动飞行，然后进行雷达景象匹配末制导。弹头在再入过程中的上拉下压、机动飞行，使反导预警系统无法预测其飞行弹道进行拦截，只要用2或3枚这种导弹，就可封锁2级以上的机场，封锁概率达80%。美国的“民兵”Ⅲ导弹，其所带的诱饵和子弹头具有同样的弹道特性，且可模拟子弹头发回雷达波信号，再入大气层空域后能形成多个在飞行弹道性能和雷达反射特性上与子弹头同样的假目标。“白杨”-M导弹具有特殊的飞行弹道，弹头在约90km的高度再入大气层时，具有极强的机动能力，能在以飞行弹道为圆心的5km范围内实施纵向和侧向机动，以提高突防时的反拦截概率。

多弹头是利用一发导弹搭载多个弹头，在反导防御系统拦截之前，按制导要求逐一释放所有的弹头，这些弹头可以沿不同的弹道命中同一个或不同的目标，这样，将增加防御的难度。美国和苏联的许多远程和洲际弹道导弹采用了该技术，如美国MX导弹可一次携带10个弹头；“民兵”Ⅲ导弹一次可携带3个弹头，其所带的诱饵和子弹头具有同样的弹道特性，且可模拟子弹头发回雷达波信号，再入大气层空域后能形成多个在飞行弹道性能和雷达反射特性上与子弹头同样的假目标；美国的“海神”导弹，在其14个子弹头中，4个子弹头装有诱饵和干扰机，干扰机发出功率强大的干扰信号，使探测防御雷达无法发现其他子弹头；“三叉戟”Ⅱ导弹一次可携带多达20个子弹头。苏联的SS-18弹道导弹可一次携带8~14枚弹头；SS-19可携带6枚弹头。

子母式弹群突防方法是把以往的大弹分成多个小弹，使散布的破坏面积增大，即多个系统简单、威力大的子弹跟随一个控制精度高、易于隐身的母弹去打击一个目标。母弹有高精度的制导系统，不装战斗部，且大小只有弹道导弹的1/3~1/4。子弹接收或敏感母弹的信息，只有简单的跟随控制与操纵系统，战斗部大。子母式随进弹群这种突防模式的优点是，能造成半饱和攻击态势，突防能力大大提高，破坏威力半径大大增加，投掷载荷成倍增长，成本却很低。该突防方法广泛应用于中近程战术弹道导弹和某些型号的巡航导弹中。

1.4.6 抗干扰能力

现代战争中，战场干扰是导弹作战必然要面对的环境。如海湾和科索沃战争，对敌方的全面干扰贯穿于战争的始终。选择制导方法时，必须要考虑制导系统的抗干扰能力。如地地导弹应尽量采用抗干扰能力强的主动制导方式。

由于导航卫星距离地面遥远，导航信号到达地面时比较弱，因此引入GPS或其他无线电导航系统参与制导，必须考虑如何增强系统抗干扰问题。据报道，俄罗斯曾于1999年研制了一种便携式GPS干扰机，功率为8W，其有效干扰距离为240km，可应用于对“战斧”巡航导弹GPS接收机的干扰。美国”战斧”巡航导弹从第二代开始使用GPS，从第三代（BLOCK3）开始，GPS设备中增加了抗干扰措施。

1.4.7 可靠性和可维修性

制导系统在给定的时间内和一定条件下，不发生故障的工作能力，称为制导系统的可靠性。它取决于系统内部组件、元件的可靠性及由结构上决定的对其他组件、元件及整个系统的影响。地地导弹制导系统工作的环境是多变的，例如在运输、导弹发射及飞行中，受到振动、冲击和加速度等影响以及化学等物质的侵害等，都可能使元件变质、失效，影响系统的可靠度。

需要指出的是，随着对导弹制导要求越来越高，基于人工智能技术（如神经网络、模糊逻辑、遗传算法等）的智能制导也正在逐步受到重视，甚至提出了生物制导。这些技术的发展无疑将极大地提高导弹制导的综合性能。

1.5 地地导弹制导发展

纵观地地导弹的发展历史，制导技术的提高和发展很大程度上决定了地地导弹的发展。

从世界上第一枚弹道导弹 V-2 发展到今天，弹道导弹制导系统的发展和精度水平可以分为 3 个阶段，其制导精度由最初的千米级提高到了十米级。

1. 第 1 阶段的制导系统

早期液体弹道导弹的制导系统采用无线电-惯性制导系统，制导律采用摄动制导，导弹沿标准弹道飞行。最早出现的地地导弹是德国研制的巡航导弹 V-1、弹道导弹 V-2，采用的是简单的惯性导航方案，如对于射程 300km 的 V-2 导弹，其落点偏差达 10km 左右。其纵向采用惯性制导，横向采用无线电横偏校正系统。德国当时就曾研制了捷联惯性导航和陀螺稳定平台惯性导航两种惯性导航方案，由于捷联系统先于平台系统研制成功，因而最终采用了捷联惯性系统。捷联式惯性导航方案所用的惯性器件包括两个二自由度陀螺仪（垂直陀螺仪和水平陀螺仪）及一个摆式加速度表，并将它们安装在与弹体固连的底板上。其中垂直陀螺仪提供导弹的偏航和滚动信息；水平陀螺仪提供导弹的俯仰信息。当时惯性导航器件精度较低，陀螺仪漂移率约为 10（°）/h，加速度计精度为 10^{-3}。

由于惯性制导是自主式制导，抗干扰能力强，更具军事优势，因而在随后的型号研制中发展迅速。20 世纪 50—60 年代，如美国的“民兵”-Ⅱ，“民兵”-Ⅱ，“宇宙神”D,E,F，“大力神”-Ⅰ，“大力神”-Ⅱ，“北极星”等导弹的制导系统均采用惯性平台制导系统，苏联的 SS-6、SS-7、SS-9 导弹采用了位置捷联系统。其制导精度为千米级。

2. 第 2 阶段的制导系统

20 世纪 70—80 年代在惯性技术方面取得了多项技术突破，如采用的气浮陀螺的精度比原 V-2 的陀螺精度提高了一个数量级。三轴稳定平台应用气浮陀螺和改进后的摆式积分加速度表，精度也得到提高。与此同时，美国 MIT 还研究了液浮支撑技术，研制出的液浮陀螺被应用在导弹惯性导航系统中。弹道导弹主要有“民兵”-Ⅲ、“海神”、“三叉戟”-Ⅰ、“三叉戟”-Ⅱ、SS-17、SS-18、SS-19、SS-N-8、SS-N-17、SS-N-18，这一阶段导弹命中精度有显著提高，主要采用了惯性平台制导系统加末助推修正、工具误差补偿及重力异常补偿等，精度达到百米级。

在研制较高精度的惯性器件的同时，更高精度的制导方案也被提出。如 Th. Buchhold

教授提出了把导弹约束在其飞行标准弹道上的 Delta 最小制导方法即直到现在仍被广泛采用的摄动制导方案。对于推力终止，使用了改进后的 V-2 关机条件来关机；横向制导则设计了一个置零系统，利用横向速度和位移信息作为偏航控制通道的附加输入信号，控制导弹的横向偏移。

到 20 世纪 70 年代初，科技工业水平的提高，尤其是计算机技术的发展，极大地提高了制导计算的效率，早期制约制导计算的瓶颈迎刃而解，从而推进了制导方法的发展，如出现了迭代制导方法。在这一时期，主要提高了制导精度、改进了突防能力和生存能力、增强了导弹的机动性能等。如在“民兵”Ⅰ基础上改进的“民兵”Ⅱ、“民兵”Ⅲ则采用了集成度较高的计算机完成制导计算，陀螺稳定平台制导方案的广泛利用，则使得惯性制导的精度大幅度提高，该时期多弹头技术也得到了广泛应用，如“民兵”Ⅲ导弹的命中精度可达 200m 左右（CEP），一次可投射 3 个弹头。

3. 第 3 阶段的制导系统

20 世纪 80 年代后期以来，进入第 3 个阶段，精度达到十米级，除使惯性导航技术发展到一个更高阶段外，另一个显著特点是组合（复合）制导技术的广泛应用。这一时期的代表有美国的“潘兴”Ⅱ、“和平卫士”（MX），俄罗斯的 SS-26、“白杨”-M（SS-27）弹道导弹。

美国的“潘兴”Ⅱ导弹采用惯性制导加景象区域相关末制导，弹上雷达区域制导系统可实时产生环形（距离和方位）强度图像，然后与由侦察照片产生的基准图像相关，可使圆概率误差达到 20~40m；采用高级惯性浮球平台制导的洲际弹道导弹“和平卫士”（MX）的命中精度可在 100m 以内，被认为已基本接近惯性导航测量精度的极限，而且可一次携带多达 10 个子弹头。

俄军 SS-26 战术弹道导弹最大射程为 300~500km，圆概率误差小于 400m。为提高制导精度，该弹的中制导采用了改进的全球导航星/惯性导航系统，末制导采用了先进的主动毫米波雷达。导弹装在一辆机动运输-起竖-发射车上，发射准备时间小于 30min，其安全飞行系统可使导弹能够在地面风速高达 70km/h 的环境条件下安全发射。

号称为俄罗斯“杀手锏”的“白杨”-M（SS-27）是世界上唯一以公路机动部署的洲际弹道导弹，也是 20 世纪 90 年代部署的世界上技术性能最先进的新型陆基单弹头战略弹道导弹。“白杨”-M 导弹具有特殊的飞行弹道，弹头在约 90km 的高度再入大气层时，具有极强的机动能力，能在以飞行弹道为圆心的 5km 范围内实施纵向和侧向机动，以提高突防时的反拦截概率。其机动再入能力包括：预先装定机动程序，保持弹头良好的空气动力外形；在大气层外进行目标特征雷达地形匹配时实施弹头减速，从而避免影响精度。“白杨”-M 的射程在 10000km 以上，圆概率误差不大于 60m。

与弹道导弹持续迅速发展相比，地地巡航导弹的发展并不太顺利。

美国、苏联在第二次世界大战后开始在 V-1 基础上研制更先进的巡航导弹。美国把巡航导弹置于重要地位优先发展，先后研制出“斗牛士”“天狮星”“鲨蛇”和“大猎犬”等十几种型号。这一时期的巡航导弹性能较差，主要表现在体积大、飞行速度低、机动性差、突防能力差、易被对方拦截和命中精度低等方面。由于弹道导弹技术的迅速发展，美国把研制重点逐渐转向弹道导弹，到 20 世纪 50 年代末基本上停止了巡航导弹的发展，已部署的巡航导弹也大部分在 60 年代初相继退役。

苏联在第二次世界大战后则一直致力于巡航导弹的发展，基本上是与发展弹道导弹同时进行的，先后研制出多种型号，其特点是以发展战术巡航导弹为主，并且多用于执行反舰任务。

20 世纪 70 年代初，美国重新开始发展巡航导弹，使巡航导弹进入新的发展时期。巡航导弹重新被看好的主要原因是：①1967 年 10 月 21 日，埃及使用苏制舰载 SS-N-2 巡航导弹击沉了以色列的“埃拉特”号驱逐舰，使各国重新重视巡航导弹的作用；②1972 年 5 月，美国和苏联在第一阶段限制战略武器谈判时，未能就限制苏联的 SS-N-3C 巡航导弹问题达成协议；③技术的发展为研制先进巡航导弹提供了可能。这些原因促使美国把发展新型巡航导弹列入重要武器计划。苏联也不甘落后，奋起直追。美国、苏联相继研制出多种型号巡航导弹，现役巡航导弹大多是在这一时期开始研制的。

研制巡航导弹的技术很复杂，这也是约束其发展的原因之一。20 世纪 80 年代以来虽然英国、法国、印度等国相继提出发展巡航导弹，但目前只有美国和俄罗斯装备了战略巡航导弹和远程常规巡航导弹，典型的有美国的“战斧”BGM-109 系列巡航导弹、AGM-86B 空中发射巡航导弹，苏联的 SS-N-21 巡航导弹等。这些巡航导弹最突出的特点是突防能力较强，命中精度较高，成为其武器装备库中的一种“杀手锏”，如“战斧”巡航导弹于 80 年代中期开始服役，目前已有 5 种型号，其命中精度在 30m 左右，能有效地攻击各种硬目标。在海湾战争中，美军共发射 288 枚 BGM-109C/D“战斧”导弹，发射成功率达 98%，成为美军夜间攻击、远距精确打击武器的典型代表，发挥了巨大的作用。

目前，地地巡航导弹的主要制导方式普遍采用惯性导航+地形匹配或者惯性导航+地形匹配+景象匹配的组合制导方式。由于巡航导弹飞行时间远长于弹道导弹，单纯采用惯性导航无法满足精度要求，因此，利用地形高度特征信息对惯性导航误差不断进行修正，以保证导弹沿规划航迹飞行。地形高度辅助一般可使得导弹命中偏差在 30m 左右。随着对导弹命中精度的不断提高，比如要求精确打击，仅引入地形高度特征修正无法满足要求，为此，又引入了景象匹配方式，形成惯性制导+地形匹配+景象匹配，在导弹飞行的巡航段采用地形匹配，到了距离目标不远的地方，开始启动精度更高的景象匹配。景象匹配制导可将导弹落点偏差控制在几米之内。

值得指出的是，由于采用地形辅助的巡航导弹组合制导需要选择特征地形作为定位区，在平时需要积累大量数据，而且在广阔的大海、沙漠和平原地区也较难精确定位，所以缺陷较突出。另外，景象匹配也存在受气候条件及地面能见度影响。在科索沃战争中，南斯拉夫就曾利用人造烟雾，有效地降低了美国巡航导弹的命中精度。

目前，对现有巡航导弹制导方法的改进办法主要有两种：一种方法是在中段采用卫星导航信息修正惯性制导的误差，根据卫星导航系统确定导弹在任一时刻所在的位置的速度，可使制导精度有较大幅度的提高。在海湾战争中，美国针对沙漠中地形特征不明显特点，对“战斧”C 巡航导弹的制导系统进行了改进，采用全球定位系统和惯性导航系统（GPS/INS）进行中制导以弥补地形辅助制导的不足，通过 GPS 系统可随时确定导弹的三维空间位置和飞行速度，使导弹不偏离航向，控制导弹从不同方向攻击目标，同时大大缩短任务规划时间。另一种方法是对现有的末制导进行改进。一种末制导改进方法是改进现有景象匹配制导方法和性能，如美国在海湾战争中就针对“战斧”C

巡航导弹的景象匹配末制导系统原有相关算法进行了改进，改进后的数字景象匹配区域相关器向导弹显示飞向目标途中的路标数字图像，减少季节和昼夜变化对制导精度的影响，增大了有效景象区域，可准确进入一个足球门大小的空间。如果目标发生变化(如目标被炸毁)，弹上计算机仍能识别部分景象，准确计算出导航飞行姿态和修正数据。这些措施使“战斧”C 导弹的精度大大提高，在达到 2000km 的射程时，圆概率误差不大于 10m。另一种末制导改进办法是采用红外成像制导、毫米波雷达、激光雷达或合成孔径雷达自动寻的作为末制导，这些自导引制导系统不仅可以提高制导精度，而且可使导弹具备在较恶劣气象条件下对多种地面目标的作战能力。据报道，美国在新型“战斧”巡航导弹上利用 GPS 接收机和卫星上的合成孔径雷达（SAR）产生的图像进行中制导，利用红外成像进行末制导，SAR 图像不受天气条件的影响，最终导弹可达到圆概率误差小于 5m 的精度。

新型“战斧”导弹还具备飞行中重新瞄准的能力，导弹头部安装用于战斗损伤情况评估的摄像机，提供目标被破坏的实时电视图像，并可指示导弹是否击中目标。通过前视电视摄像机拍摄导弹接近目标的过程及导弹撞击目标时的最后一帧图像，导弹的发射人员可判断出导弹是否击中目标，第二枚导弹扫描第一枚导弹的爆炸区，向发射人员提供进一步的数据，供其决定是让第二枚导弹再攻击该目标，还是转而攻击其他目标。

通过以上导弹制导的发展特点可以看出，除致力于研制、改进和提高惯性导航技术外，组合（复合）制导技术、机动制导技术、多弹头技术、智能制导技术等将是下阶段导弹制导技术的主要发展方向。

第 2 章　射击精度基本概念

命中精度是评价导弹作战能力的主要性能指标之一。它不仅是导弹设计方案优化和定型的依据，而且是作战火力打击计划、作战流程等制定的基础。

2.1　落点偏差

对于弹道导弹，制导精度常用满足其他条件下的命中点位置误差来描述。由于导弹运动中受各种内外干扰作用，使得实际飞行弹道偏离标准弹道，偏离结果即是落点偏差。

弹道导弹飞行轨迹相对其他各类的导弹而言具有特殊性，其弹道可分为有发动机控制的主动段，在真空飞行的自由段和调整再入大气层后的再入段，其中导弹在自由段和再入段的飞行是按主动段关机点所确定的惯性弹道飞行，可统称为被动段。主动段飞行时间短、飞行距离近，被动段弹道占全弹道的 80%~90%，因此可以说弹道形状主要由被动段形成。导弹在被动段，特别是在自由段飞行时，只受指向地心的引力作用，而导弹在关机点的速度方向一定是指向目标方向的，导弹在被动段的飞行被约束在由关机点速度矢量和地球引力矢量所构成的平面内，因此从整体上看弹道导弹的弹道是一个平面弹道（当然由于地球旋转影响，弹道有所弯曲，但不影响平面弹道整体形状）。鉴于此，弹道导弹落点偏差的概念定义也不同于一般导弹采用的脱靶量（弹着点与目标的距离），而是采用反映弹道导弹特点的纵向落点偏差和横向落点偏差来定义。如图 2.1

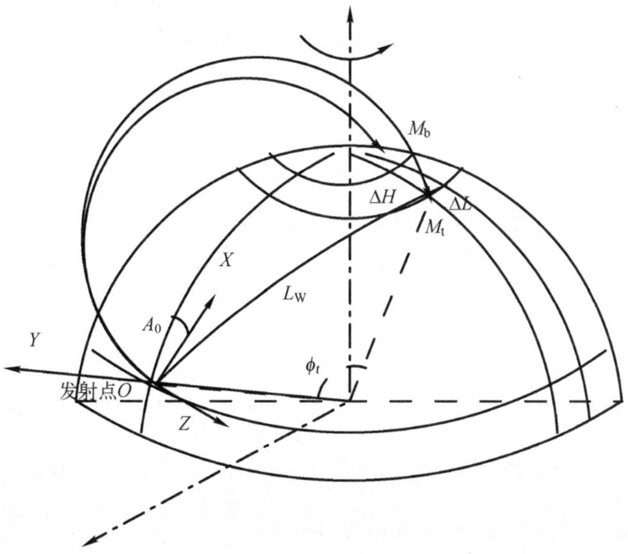

图 2.1　弹道导弹落点偏差

所示，M_t为实际弹道落点，M_b为标准弹道落点，由该两点的经纬度便可确定导弹落点纵向偏差 ΔL（实际落点与目标间圆弧在射面方向的分量）和落点横向偏差 ΔH（实际落点与目标间圆弧在垂直射面方向的分量）。

落点偏差可直接利用球面上实际落点与预计落点间几何关系确定，也可直接利用主动段终点弹道参数计算。

2.1.1 几何关系法计算落点偏差

设对应实际弹道落点和标准弹道落点的经纬度分别为$(\lambda_t、B_t)$和$(\lambda_b、B_b)$，发射点的经纬度为$(\lambda_f、B_f)$。

由下式可计算发射点与标准落点之间射程角 ϕ_b（射程角即落点的地心矢径与发射点地心矢径之间的夹角）：

$$\cos\phi_b = \sin B_b \sin B_f + \cos B_b \cos B_f \cos(\lambda_f - \lambda_f) \tag{2.1}$$

落点相对发射点的方位角即落点方位角为

$$\begin{cases} \sin\psi_b = \cos B_b \sin(\lambda_b - \lambda_f)/\sin\phi_b \\ \cos\psi_b = (\sin B_b - \cos\phi_b \sin\phi_f)/(\sin\phi_b \cos\phi_f) \end{cases} \tag{2.2}$$

同样，可求得实际弹道落点的射程角 ϕ_t和方位角 ψ_t。

若视地球为半径为 R_0圆球，则可求得导弹的实际射程 L 及导弹落点纵向偏差 ΔL、横向偏差 ΔH，有

$$\begin{cases} L = R_0\phi_t \\ \Delta L = R_0(\phi_t - \phi_b) \\ \Delta H = R_0 \sin\phi_t \sin(\psi_t - \psi_b) \end{cases} \tag{2.3}$$

若要求精度更高，可将地球视为椭球体，利用贝塞尔或巴乌曼大地解算方法解算。

2.1.2 利用主动段终点弹道参数计算落点偏差

对于仅有主动段制导的弹道导弹，其落点完全取决于导弹主动段终点参数，因此根据扰动所引起的主动段终点偏差便可计算导弹落点偏差。具体来说该类方法又有两种算法：

一种方法是分别利用标准弹道和实际弹道主动段终点参数，利用椭圆理论和弹道解析法，分别解算标准弹道和实际弹道，从而解算落点偏差。该方法精度不高，计算复杂。另一种方法是根据摄动理论，利用如下公式计算：

$$\Delta L = \frac{\partial L}{\partial v_x}\Delta v_x + \frac{\partial L}{\partial v_y}\Delta v_y + \frac{\partial L}{\partial v_z}\Delta v_z + \frac{\partial L}{\partial x}\Delta x + \frac{\partial L}{\partial y}\Delta y + \frac{\partial L}{\partial z}\Delta z + \frac{\partial L}{\partial t}\Delta t \tag{2.4}$$

$$\Delta H = \frac{\partial H}{\partial v_x}\Delta v_x + \frac{\partial H}{\partial v_y}\Delta v_y + \frac{\partial H}{\partial v_z}\Delta v_z + \frac{\partial H}{\partial x}\Delta x + \frac{\partial H}{\partial y}\Delta y + \frac{\partial H}{\partial z}\Delta z + \frac{\partial H}{\partial t}\Delta t \tag{2.5}$$

式中：Δv_α，$\Delta\alpha$，$\Delta t(\alpha = x, y, z)$为发射惯性坐标系 α 方向实际弹道主动段终点弹道参数相对标准弹道主动段终点弹道参数之差；偏导数$\frac{\partial H}{\partial v_\alpha}$，$\frac{\partial H}{\partial \alpha}$，$\frac{\partial H}{\partial t}$为射程偏差误差系数，其物理意义为单位运动参数偏差引起的落点偏差大小。

2.1.3　落点偏差的精确计算方法

落点偏差的精确计算方法主要为相对比较成熟的巴乌曼及贝赛尔方法，具体内容本书中不再加以描述，读者可以参阅相关书籍及教材。

2.2　导弹落点散布的描述

导弹的运动受多种干扰因素作用，而干扰包括常值干扰和不确定的随机干扰，对于常值干扰的影响，如果预先通过分析和试验知道其值及其变化规律，一般可根据其规律进行修正或补偿（如通过惯性导航系统单元标定求得工具误差系数后，在弹上对测量误差进行实时补偿），所以，最终引起导弹落点偏差的大部分是随机干扰，即由于干扰因素的不同，预先不可确切知道其大小和变化规律，不同次发射的导弹的落点和制导系统的误差范围的中心点是有差别的，因此，描述导弹的落点散布须以概率为基础。一般情况下，实际落点相对标准值的偏差不大，多发导弹的实际落点将分布在标准落点周围附近，而且离标准点越近则越密集。

常值干扰可以认为是系统误差干扰。系统误差的特征是在同一条件下，多次重复同一试验时，得到的误差的绝对值和符号保持不变，或者在条件改变时，误差按一定的规律变化。由系统误差的特性可知，在多次重复试验时，系统误差不具有抵偿性，它是一个固定值或服从某一确定规律变化。

随机干扰则是随机误差。随机误差具有 4 个特性：①对称性，绝对值相等的正误差与负误差出现的次数相等；②单峰性，绝对值小的误差比绝对值大的误差出现的次数多；③有界性，在一定条件下，随机误差的绝对值不会超过一定的界限；④抵偿性，随着数据个数的增加，随机误差的算术平均值趋于零。在研究影响导弹落点偏差的干扰因素时，我们可以根据以上几个特性，加上原理分析来考查该干扰是否属于随机干扰。

值得注意的是，系统误差和随机误差之间的界限并不是绝对的，有些干扰因素在技术条件不成熟或认识不足的情况下只能作为随机误差来对待，当技术条件成熟、认知达到一定程度后，原来认为的随机误差可以变为系统误差。其中一个典型的例子是惯性系统的测量误差，在弹道导弹出现的初期，由于对惯性系统误差认识的不足、误差补偿的技术条件不成熟（如计算机未在弹上应用时），只能将惯性系统的工具误差作为随机误差来对待，随着计算机在导弹上的广泛应用、惯性系统单元标定技术的实现，原来无法补偿的工具误差通过弹上实时补偿技术得到了修正，这部分随机误差“变”为了系统误差而被校正。随机惯性系统在线标定技术的应用，更多的工具误差被系统的修正，从而大大提高了导弹的射击精度。

鉴于导弹的落点偏差是由系统干扰和随机干扰两类因素引起的，因此导弹命中精度由射击准确度和射击密集度两类指标构成。

（1）射击准确度（firing accuracy）：导弹平均弹着点（爆炸点）对目标瞄准点的偏离程度。在同一条件下，由多次射击的各处弹着点（爆炸点）偏差所得的平均值，是衡量射击准确度的尺度。距离概率偏差：其数值的大小在于导弹的制导方法及其系统仪器仪表的制造精度；目标位置测量的误差；射击诸元计算与操作调整误差等。系统误差为导弹散布中心偏离目标瞄准点距离大小的射击准确度，这种误差不随一次射击若干发导弹的具体哪一发而改变。在图2.2中所有弹着点的平均点为X点，其偏离目标点M的程度即为射击准确度。

（2）射击密集度（density of fire）（散布度）：导弹的实际弹着点（或爆炸点）对平均弹着点（散布误差）的偏离值。弹着点是集中在某一个有限空间面积上的特性表征。常以圆概率偏差（CEP）或概率偏差（E）为单位。当系统误差很小，仅有散布误差的条件下，射击密集度就是导弹的命中精度。通常，导弹射击密集度主要与制导系统中随机误差的大小有关。在图2.2中小黑点为弹着点，这些弹着点偏离平均弹着点X的程度即为射击密集度。

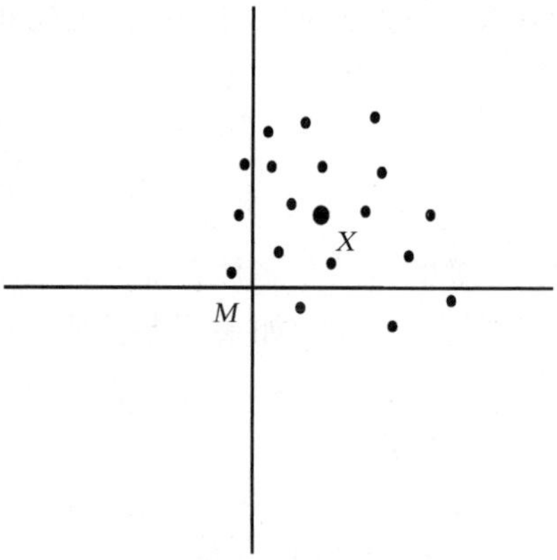

图2.2　射击准确度和密集度

图2.3（a）表示准确度和密集度都较大，图2.3（b）表示准确度大而密集度小，图2.3（c）则表示准确度和密集度都小。

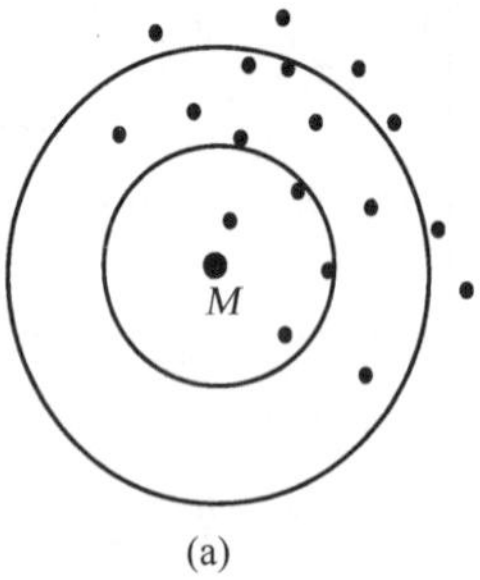

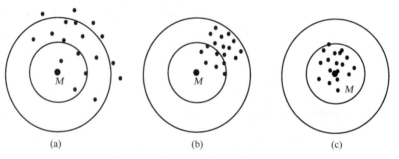

图2.3　射击准确度和密集度对比示意图

理论上，表征系统误差的射击准确度可以通过制导方法予以减小或消除，如惯性系统的常值漂移、安装误差等，通过工具误差补偿对其中的系统误差部分进行了修正，减小了系统误差。某些系统误差在人们认识程度不够时，难以消除，但这部分系统误差一般较小，也难以将其从随机误差中分离出来。为此人们在分析射击精度时，往往不计系统误差带来的准确度，而只考虑由于随机误差引起的射击密集度。

落点的随机散布可用概率分布函数来描述，即采用导弹命中目标点的概率大小来表示落点精度。根据概率论的中心极限定理，从统计角度考虑，可以认为落点偏差的概率分布是正态分布。

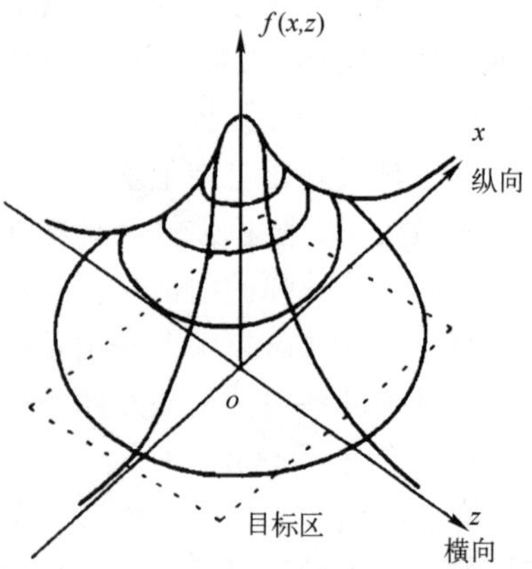

图2.4　导弹落点平面内散布

地地导弹攻击地面目标的射击误差可用在目标二维平面内的双变量分布概率密度函数描述，如图2.4所示，设o点为目标区的中心，落点在ox轴的分布称为纵向散布即射程偏差；落点在oz轴的分布称为横向散布即横向偏差。

根据概率论，射程误差概率密度函数为

$$f(x)=\frac{1}{\sqrt{2\pi}\sigma_x}e^{\frac{(x-m_L)^2}{2\sigma_x^2}} \tag{2.6}$$

式中：m_L为射程分布相对目标中心的期望值。

当射程与横程方向误差独立且相对目标中心期望值都为零时，概率密度函数为

$$f(x,z)=\frac{1}{\sqrt{2\pi}\sigma_x\sigma_z}e^{\frac{1}{2}\left(\frac{x^2}{\sigma_x^2}+\frac{z^2}{\sigma_z^2}\right)} \tag{2.7}$$

式中：σ_x，σ_z 分别为落点沿射程和横程方向的散布程度，这两个值越小，实际落点越靠近目标。

2.3　精度指标及其相互间的关系

常值干扰引起的系统误差预先可以修正，即认为散布中心与目标瞄准点重合，所以导弹定型命中精度实质上是射击密集度。

射击密集度与落点散布规律有关，而落点散布由一系列的随机干扰因素产生，且认为这些干扰因素彼此独立。虽然每一种干扰因素在数值上无法预先知道，但它们有一定的规律性，即认为由它们引起的落点散布的概率分布属于正态分布规律。

2.3.1　均方根误差

在数理统计学中，均方根误差也称标准差，是衡量落点散布大小的重要尺度之一，常用 σ 表示。均方根误差是指在导弹落点散布区域内，散布中心前后或左右一个均方根偏差的区间长度。若用 $D(x)$ 表示随机变量 x 的方差，则均方根误差 σ_x 为

$$\sigma_x=\sqrt{D(x)} \tag{2.8}$$

等精度测量时，标准差为

$$\sigma=\sqrt{\frac{\sigma_1^2+\sigma_2^2+\cdots+\sigma_n^2}{n}}=\sqrt{\frac{\sum_{i=1}^{n}\sigma_i^2}{n}} \tag{2.9}$$

式中：n 为测量次数（n 应满足充分大的条件）；$\sigma_i=R_i-R$ 为测得值 R_i 与被测量的真值 R 之差，称为真误差。

在大多数情况下，我们并不知道被测量的真值，此时在有限次测量情况下，可以用残余误差 v_i 代替真误差 σ_i，求得标准差，即

$$v_i=R_i-\overline{R} \tag{2.10}$$

式中：$\overline{R}=\frac{\sum_{i=1}^{n}R_i}{n}$ 为测量值的算术值。

$$\sigma=\sqrt{\frac{v_1^2+v_2^2+\cdots+v_n^2}{n-1}}=\sqrt{\frac{\sum_{i=1}^{n}v_i^2}{n-1}} \tag{2.11}$$

对于导弹落点偏差的统计而言，上式为当多次测量得到导弹落点偏差后对均方差的统计结果。

2.3.2 导弹射击误差的均方根误差

导弹全射程 L_w 对目标点的偏差（包括射程偏差 ΔL 和横程偏差 ΔH）是实际发射飞行条件的函数，即为实际发射时的大气参数、重力、发动机推力、飞行中空气动力系数等条件的函数。

若用 $\lambda_i(i=1,2,\cdots,n)$ 表示这些实际参数（λ_i 相互独立），用 L_w 表示导弹飞行全射程，则有

$$L_w=L_w(\lambda_1,\lambda_2,\cdots,\lambda_n) \tag{2.12}$$

由于各种干扰量都是小量，因此其射程偏差可以用函数的一阶摄动偏差表示，即

$$\Delta L=\frac{\partial L}{\partial\lambda_1}\Delta\lambda_1+\frac{\partial L}{\partial\lambda_2}\Delta\lambda_2+\cdots+\frac{\partial L}{\partial\lambda_n}\Delta\lambda_n \tag{2.13}$$

上式称为射程误差传递公式，各偏导数为各干扰量的误差传递系数。

若以 m 组随机干扰代替上式中的各项偏差，则得到射程的随机偏差为

$$\begin{cases}\delta L_1=\dfrac{\partial L}{\partial\lambda_1}\delta\lambda_{11}+\dfrac{\partial L}{\partial\lambda_2}\delta\lambda_{21}+\cdots+\dfrac{\partial L}{\partial\lambda_n}\delta\lambda_{n1}\\ \delta L_2=\dfrac{\partial L}{\partial\lambda_1}\delta\lambda_{12}+\dfrac{\partial L}{\partial\lambda_2}\delta\lambda_{22}+\cdots+\dfrac{\partial L}{\partial\lambda_n}\delta\lambda_{n2}\\ \quad\vdots\\ \delta L_m=\dfrac{\partial L}{\partial\lambda_1}\delta\lambda_{1m}+\dfrac{\partial L}{\partial\lambda_2}\delta\lambda_{2m}+\cdots+\dfrac{\partial L}{\partial\lambda_n}\delta\lambda_{nm}\end{cases} \tag{2.14}$$

每个方程平方，有

$$\begin{cases}\delta L_1^2=\left(\dfrac{\partial L}{\partial\lambda_1}\right)^2\delta\lambda_{11}^2+\left(\dfrac{\partial L}{\partial\lambda_2}\right)^2\delta\lambda_{21}^2+\cdots+\left(\dfrac{\partial L}{\partial\lambda_n}\right)^2\delta\lambda_{n1}^2+2\sum\limits_{1\leqslant i<j}^{n}\left(\dfrac{\partial L}{\partial\lambda_i}\dfrac{\partial L}{\partial\lambda_j}\delta\lambda_{i1}\delta\lambda_{j1}\right)\\ \delta L_2^2=\left(\dfrac{\partial L}{\partial\lambda_1}\right)^2\delta\lambda_{12}^2+\left(\dfrac{\partial L}{\partial\lambda_2}\right)^2\delta\lambda_{22}^2+\cdots+\left(\dfrac{\partial L}{\partial\lambda_n}\right)^2\delta\lambda_{n2}^2+2\sum\limits_{1\leqslant i<j}^{n}\left(\dfrac{\partial L}{\partial\lambda_i}\dfrac{\partial L}{\partial\lambda_j}\delta\lambda_{i2}\delta\lambda_{j2}\right)\\ \quad\vdots\\ \delta L_m^2=\left(\dfrac{\partial L}{\partial\lambda_1}\right)^2\delta\lambda_{1m}^2+\left(\dfrac{\partial L}{\partial\lambda_2}\right)^2\delta\lambda_{2m}^2+\cdots+\left(\dfrac{\partial L}{\partial\lambda_n}\right)^2\delta\lambda_{nm}^2+2\sum\limits_{1\leqslant i<j}^{n}\left(\dfrac{\partial L}{\partial\lambda_i}\dfrac{\partial L}{\partial\lambda_j}\delta\lambda_{im}\delta\lambda_{jm}\right)\end{cases} \tag{2.15}$$

利用上式求方差：

$$\sigma_L^2=\left(\frac{\partial L}{\partial\lambda_1}\right)^2\sigma_{\lambda1}^2+\left(\frac{\partial L}{\partial\lambda_2}\right)^2\sigma_{\lambda2}^2+\cdots+\left(\frac{\partial L}{\partial\lambda_n}\right)^2\sigma_{\lambda n}^2+2\sum_{1\leqslant i<j}^{n}\left(\frac{\partial L}{\partial\lambda_i}\frac{\partial L}{\partial\lambda_j}\frac{\sum\limits_{k=1}^{m}\delta\lambda_{ik}\delta\lambda_{jk}}{N}\right) \tag{2.16}$$

定义相关系数 $\rho_{ij}=\dfrac{\sum\limits_{k=1}^{m}\delta\lambda_{ik}\delta\lambda_{jk}}{\sigma_{\lambda i}\sigma_{\lambda j}}$，则

$$\sigma_L^2 = \left(\frac{\partial L}{\partial \lambda_1}\right)^2 \sigma_{\lambda 1}^2 + \left(\frac{\partial L}{\partial \lambda_2}\right)^2 \sigma_{\lambda 2}^2 + \cdots + \left(\frac{\partial L}{\partial \lambda_n}\right)^2 \sigma_{\lambda n}^2 + 2\sum_{1 \leqslant i < j}^{n} \left(\frac{\partial L}{\partial \lambda_i} \frac{\partial L}{\partial \lambda_j} \rho_{ij} \sigma_{\lambda i} \sigma_{\lambda j}\right) \quad (2.17)$$

若各随机干扰相互独立，且当 m 适当大时，相关系数 $\rho_{ij}=0$，则方差公式简化为

$$\sigma_L^2 = \left(\frac{\partial L}{\partial \lambda_1}\right)^2 \sigma_{\lambda 1}^2 + \left(\frac{\partial L}{\partial \lambda_2}\right)^2 \sigma_{\lambda 2}^2 + \cdots + \left(\frac{\partial L}{\partial \lambda_n}\right)^2 \sigma_{\lambda n}^2 \quad (2.18)$$

由于各随机干扰相互独立，令

$$\sigma_{L\lambda 1} = \frac{\partial L}{\partial \lambda_1} \sigma_{\lambda 1} \quad (2.19)$$

则标准差为

$$\sigma_L = \sqrt{\sigma_{L\lambda 1}^2 + \sigma_{L\lambda 2}^2 + \cdots + \sigma_{L\lambda n}^2} \quad (2.20)$$

同理，最大射程误差为

$$\delta_{L\max} = \sqrt{\delta_{L\lambda 1\max}^2 + \delta_{L\lambda 2\max}^2 + \cdots + \delta_{L\lambda n\max}^2} \quad (2.21)$$

最大横程误差为

$$\delta_{H\max} = \sqrt{\delta_{H\lambda 1\max}^2 + \delta_{H\lambda 2\max}^2 + \cdots + \delta_{H\lambda n\max}^2} \quad (2.22)$$

导弹理论总命中精度评估时，首先需要知道各分系统设计、制造及分系统试验确定出的各分系统精度，然后再对导弹总命中精度在理论上是否满足要求进行评估。由于各分系统误差因素及外界干扰的客观存在，以及其表现值所具有的随机性，所以评估各因素对总命中精度影响时，认为各干扰因素间彼此独立，用古典方法分析导弹各飞行弹道段的误差因素的影响。若有 n 个误差因素，通过理论弹道计算得各弹道段各种误差因素取最大值时的纵向偏差和横向偏差 $\Delta L_{i\max}$ 及 $\Delta H_{i\max}$，则可按下式求出导弹落点总偏差最大值：

$$\begin{cases} \Delta L_{\max} = \sqrt{\sum_{i=1}^{n} \Delta L_{i\max}^2} \\ \Delta H_{\max} = \sqrt{\sum_{i=1}^{n} \Delta H_{i\max}^2} \end{cases} \quad (2.23)$$

通常定义最大公算偏差是弹落点以 99.306% 的概率出现在其区域长度的一半，因此根据 $\Delta L_{\max}$、$\Delta H_{\max}$ 可求出公算偏差值：

$$\begin{cases} B_L = \frac{1}{4} \Delta L_{\max} \\ B_H = \frac{1}{4} \Delta H_{\max} \end{cases} \quad (2.24)$$

若导弹落点纵向偏差为 ΔL，横向偏差为 ΔH，则纵、横向分布规律用均方根 σ_L、σ_H 可表示为

$$\begin{cases} f(\Delta L) = \frac{1}{\sqrt{2\pi}\sigma_L} \exp\left[-\frac{1}{2}\left(\frac{\Delta L}{\sigma_L}\right)^2\right] \\ f(\Delta H) = \frac{1}{\sqrt{2\pi}\sigma_H} \exp\left[-\frac{1}{2}\left(\frac{\Delta H}{\sigma_H}\right)^2\right] \end{cases} \quad (2.25)$$

当 $\sigma_L = \sigma_H = \sigma$ 时，根据概率论知识不难导出以散布中心为圆心，以 R 为半径的圆目

标命中概率为

$$P=1-\exp\left[-\frac{1}{2}\left(\frac{R}{\sigma}\right)^2\right] \tag{2.26}$$

导弹落入散布中心前后各一个 σ 区间内的落点概率为0.683，前后各2个 σ 区域内的落点概率为0.956，前后各3个 σ 区域内的概率为0.997。

2.3.3 公算偏差

公算偏差的定义为：有50%落点在某一范围的边界值。即对于一维分布，概率分布值

$$P(x)=\int_{-B_L}^{B_L} f(x)\,\mathrm{d}x=0.5 \tag{2.27}$$

时，变量 B_L 称为公算偏差。

公算偏差与均方根误差间的关系为

$$\begin{cases} B_L=0.6745\sigma_L \\ B_H=0.6745\sigma_H \end{cases} \tag{2.28}$$

由计算表明，导弹落在纵向或横向方向上的1个、2个、3个和4个公算偏差范围内的概率分别为0.25、0.677、0.916、0.996。

2.3.4 圆概率偏差

圆概率偏差（CEP）更常用来表示导弹落点散布度。圆概率偏差的定义为：有50%的导弹落在以目标中心为圆心、半径为 R 的圆内，则 R 称为圆概率偏差，即

$$P(R)=\int_0^x\int_0^z f(x)\,\mathrm{d}x\mathrm{d}z=0.5 \tag{2.29}$$

实际应用中，圆概率偏差可通过标准偏差求取。令 $\sigma_x=\sigma_z=\sigma$，即落点分布为圆形，且假设 σ_x 与 σ_z 相互独立，将上式表示为极坐标形式：

$$f(x,z)=\frac{1}{\sqrt{2\pi}\sigma^2}\mathrm{e}^{-\frac{R^2}{2\sigma^2}} \tag{2.30}$$

$$P(R)=\frac{\sqrt{2\pi}}{\sigma^2}\int_0^R\int_0^{2\pi}\mathrm{e}^{-\frac{R^2}{2\sigma^2}}R\,\mathrm{d}R\,\mathrm{d}\theta \tag{2.31}$$

式中：$R^2=x^2+z^2$；$x=R\cos\theta$；$z=R\sin\theta$。

对式（2.31）积分，得圆概率偏差为

$$P(0.5)=1-\mathrm{e}^{-\frac{R^2}{2\sigma^2}}=0.5 \tag{2.32}$$

由此可得

$$\frac{R^2}{\sigma^2}=1.38629 \tag{2.33}$$

进而得到

$$\mathrm{CEP}=R=1.1774\sigma \tag{2.34}$$

又得 R 与 B 关系式为

$$\mathrm{CEP}=R=1.75B \tag{2.35}$$

由计算可知，弹头落入 1 倍 CEP 范围内的概率为 0.5，2 倍 CEP 范围内的概率为 0.937，3 倍 CEP 范围内的概率为 0.9982。

通常导弹的落点散布不一定具备圆散布特性（$\sigma_L \neq \sigma_H$），因此无法严格确定半数必中圆半径 R，但由于用 R 作精度指标比较方便，故仍同样定义一个散布圆使命中该圆的概率为 0.5，将该等价圆的半径仍记为 R，则

$$P = P\{(\Delta L, \Delta H) \in C_R\} \tag{2.36}$$

$$\mathrm{CEP} = 0.568\sigma_L + 0.609\sigma_H, \quad \sigma_H > 0.348\sigma_L \tag{2.37}$$

$$\mathrm{CEP} = 0.676\sigma_L + 0.84\frac{\sigma^2{}_H}{\sigma_L}, \quad \sigma_H < 0.348\sigma_L \tag{2.38}$$

或者近似为

$$\mathrm{CEP} \approx \frac{3}{5}(\sigma_L + \sigma_H) \tag{2.39}$$

在导弹精度表示中，还习惯用最大偏差（射程最大偏差 $\Delta L_{\max}$ 和横程最大偏差 $\Delta H_{\max}$）衡量导弹落点散布度。最大偏差的意义为：有 99.3%的导弹落在由最大偏差作为半长轴（$\Delta L_{\max} = 2.7\sigma_L$）和半短轴（$\Delta H_{\max} = 2.7\sigma_H$）构成的椭圆中。计算各随机干扰造成的落点最大偏差一般采用“合成法”，即首先计算各干扰（$i = 1,2,\cdots,n$）因素造成的各最大偏差（$\Delta L_{i\max}, \Delta H_{i\max}$），然后利用下式“合成”：

$$\Delta L_{\max} = \sqrt{\sum_{i=1}^{n} \Delta L_{i\max}^2} \tag{2.40}$$

$$\Delta H_{\max} = \sqrt{\sum_{i=1}^{n} \Delta H^2{}_{i\max}} \tag{2.41}$$

最大偏差与公算偏差、圆概率偏差之间的换算关系为

$$\text{最大偏差} = 4 \times \text{公算偏差} = 2.7 \times \text{标准偏差}$$

或

$$\text{标准偏差} = 1.4826 \times \text{公算偏差}$$

$$\mathrm{CEP} = 1.1774 \times \text{标准偏差} = 1.746 \times \text{公算偏差}$$

以上偏差对应的概率值分别为

$$\begin{cases} P(|x| \leqslant \sigma) = \int_{-\sigma}^{0} f(x)\,\mathrm{d}x = 0.6745 \\ P(|x| \leqslant 2.7\sigma) = \int_{-2.7\sigma}^{2.7\sigma} f(x)\,\mathrm{d}x = 0.993 \\ P(|x| \leqslant 3\sigma) = \int_{-3\sigma}^{3\sigma} f(x)\,\mathrm{d}x = 0.9973 \end{cases} \tag{2.42}$$

通常工程设计中将 $\pm 3\sigma$ 称为极限偏差。

在国外有些文献和资料中，也采用球概率偏差 SEP 的概念描述导弹的命中精度。球概率偏差 SEP 的定义为：有 50%的导弹落在以目标中心为球心、半径为 R 的圆内，则 R 称为球概率偏差，即

$$P(R) = \int_0^x \int_0^y \int_0^z f(x)\,\mathrm{d}x\mathrm{d}z = 0.5 \tag{2.43}$$

如果地地导弹打击的是地面上一定高度的目标，利用 SEP 可更客观地描述命中效果。

第3章 坐标系与基准建立

在现实世界中，由于描述不同的力、力矩、速度、位置、角度等量的数学模型在不同的坐标系基准下表示的复杂程度不同，为更容易表示其数学模型，往往在不同的更为方便的坐标系下对对象进行描述，如描述火车的运动显然将坐标系建立在地球表面合适，若描述火车上走动的人相对火车的运动则在火车上建立坐标系更为方便，若将两个运动的描述都放到以太阳为中心的坐标系，则显然增大了描述问题的难度。在研究物体和导弹运动特性和规律时，同样也需要建立多个坐标系来描述弹道方程。但是为了最终问题的求解，必须将不同坐标系所描述的同一物理量统一到同一个坐标系中，该过程称为坐标系转换。

3.1 常用坐标系

研究导弹运动规律时，往往需要建立发射坐标系、发射惯性坐标系、弹体坐标系、速度坐标系、地心直角坐标系。

1. 发射坐标系

地地弹道式导弹的发射点和目标点均在地球上，观察和讨论其运动时也是相对地球而言的。为此，首先定义固连于地球，且随之转动的发射坐标系，并将它作为讨论导弹运动规律的基本参考系。

定义的发射坐标系的坐标原点取于导弹发射点 o；oy 取过发射点的铅垂线（准确的定义应为参考椭球体法线，但是由于在绝大多数地区铅垂线与法线之差对导弹射击精度的影响很小，简便起见多用铅垂线），向上为正，其延长线与赤道平面的夹角 B_T 称为天文纬度，而轴所在的天文子午面与起始天文子午面之间的二面角 λ_T 称为发射点天文经度；ox 与 oy 垂直，且指向瞄准方向，它与发射点天文子午面正北方向构成的夹角 A_T 称为天文瞄准方位角；oz 与 ox、oy 构成右手直角坐标系（图3.1）。在弹道学理论中，常将 xoy 平面称为射击平面，简称射面。

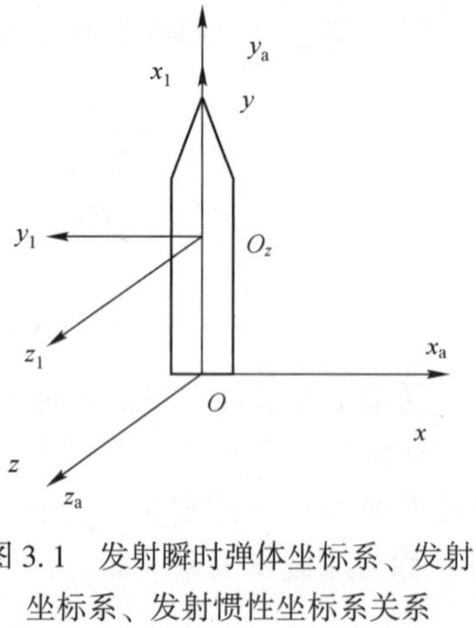

图3.1 发射瞬时弹体坐标系、发射坐标系、发射惯性坐标系关系

由于地球形状不对称、质量分布不均匀，铅垂线在不同的位置具有不同的方向，在使用铅垂线为基准建立的发射坐标系进行弹道和制导运算时，难以用统一的标准建立坐标系统，因此在弹道和制导运算时往往以正常旋转椭球法线系统代替铅垂线系统用于建立发射坐标系，以法线为基

准建立发射坐标系时，oy 与该点的法线重合，这时发射点的天文经纬度和天文瞄准方位角分别为大地纬度 B_d、大地经度 L_d 和大地瞄准方位角 A_{mz}。以法线为基准和以铅垂线为基准的两个发射坐标系之间的差异可以用垂线偏差来表征。

有了发射坐标系，就可较方便地用来描述运动中的导弹质心任一时刻相对地球的位置和速度，同时也可用来描述地球对导弹的引力问题。

假设导弹某时刻位于空间 m 点，那么该点位置既可以用 m 点在发射坐标系中的坐标(x,y,z)来表示，也可用 m 点对地心的矢径 $\boldsymbol{r}$ 来确定。可得 $\boldsymbol{r}=\boldsymbol{R}_0+\overrightarrow{om}$或

$$\boldsymbol{r}=(R_{ox}+x)\boldsymbol{x}^0+(R_{oy}+y)\boldsymbol{y}^0+(R_{oz}+z)\boldsymbol{z}^0 \tag{3.1}$$

式中：R_{ox}，R_{oy}，R_{oz}为发射点地心矢径 $\boldsymbol{R}_0$ 在发射坐标系各轴上的投影；$\boldsymbol{x}^0$，$\boldsymbol{y}^0$，$\boldsymbol{z}^0$ 为发射坐标系各轴的单位矢量。

矢量 $\boldsymbol{r}$ 大小及其方向余弦可表示为

$$\begin{cases} r=\sqrt{(R_{ox}+x)^2+(R_{oy}+y)^2+(R_{oz}+z)^2} \\ \cos(r,x)=\dfrac{R_{ox}+x}{r} \\ \cos(r,y)=\dfrac{R_{oy}+y}{r} \\ \cos(r,z)=\dfrac{R_{oz}+z}{r} \end{cases} \tag{3.2}$$

在确定了飞行导弹质心相对发射坐标系的矢径后，描述其质心相对该坐标系的速度也就容易确定了。因此，发射坐标系在研究导弹相对地面运动的规律时是一个较为方便的参考系，一般在计算弹道时均采用发射坐标系。

2. 发射惯性坐标系

发射坐标系为动坐标系，只有当不计地球旋转时，它才能成为发射惯性坐标系，或称初始发射坐标系，本书简称惯性坐标系，表示为 $ox_ay_az_a$。一般取导弹离开发射台瞬时的发射坐标系为发射惯性坐标系，即起飞瞬时不再随着地球旋转的发射坐标系为发射惯性坐标系。

3. 弹体坐标系

为描述飞行导弹相对地球的运动姿态，同时也为方便描述与导弹弹体固连的发动机产生的推力、控制力等，引进一个固连于弹体且随导弹一起运动的直角坐标系 $o_zx_1y_1z_1$，该坐标系称为弹体坐标系。

坐标系原点取在导弹质心 o_z 上；o_zx_1 轴与弹体纵对称轴一致，指向弹头方向；o_zy_1 垂直于 o_zx_1，且位于导弹主纵对称面内，指向上方；o_zz_1 与 o_zx_1、o_zy_1 构成右手直角坐标系（图 3.1）。由于导弹一般为轴对称体，因此纵对称面有多个，而 $o_zx_1y_1$ 所在的主纵对称面一般专指某一个对称面。对于有尾翼和燃气舵的导弹，一般选取 I—III 尾翼（燃气舵）所在的纵对称面为主纵对称面，对于依靠发动机喷管偏转产生控制力和力矩的导弹，有选取Ⅰ-Ⅲ喷管中轴线所在的对称面作为主纵对称面的，也有采用Ⅰ-Ⅱ喷管中线与Ⅲ-Ⅳ喷管中线连线所在对称面为主纵对称面的。

弹体坐标系的引入，不但方便地描述飞行导弹相对地球的运动姿态，而且由于发动

机的推力方向和控制力的方向分别与弹体坐标系的 x_1、y_1 及 z_1 轴方向一致，用这个坐标系来描述推力和控制力也是十分简便的。

由于弹道式导弹导航系统、姿态控制的执行机构都是固连在弹体上的，导航系统获得的导航参数必须是相对发射惯性坐标系的，制导和姿态控制系统计算得到的控制量也需要由发射惯性系转换到弹体坐标系才能执行，因此导弹发射前必须准确建立弹体系与发射惯性系之间的关系，因而在发射时，必须对其进行发射定向工作。一般情况下发射瞬时导弹纵对称面在射击平面内，因此弹体坐标系的 o_zx_1 必然与发射坐标系的 oy 重合；而弹体坐标系的 o_zy_1 则应指向射击瞄准方向的反方向，至于 o_zz_1，则自然与 oz 同向（图 3.1）。

4. 速度坐标系

坐标系原点取在导弹质心 o_z；o_zx_c 方向与导弹速度矢量 $\boldsymbol{V}$ 一致；o_zy_c 在导弹纵对称平面内，垂直于 o_zx_c，指向上方；o_zz_c 与 o_zx_c、o_zy_c 构成右手直角坐标系，如图 3.2 所示。

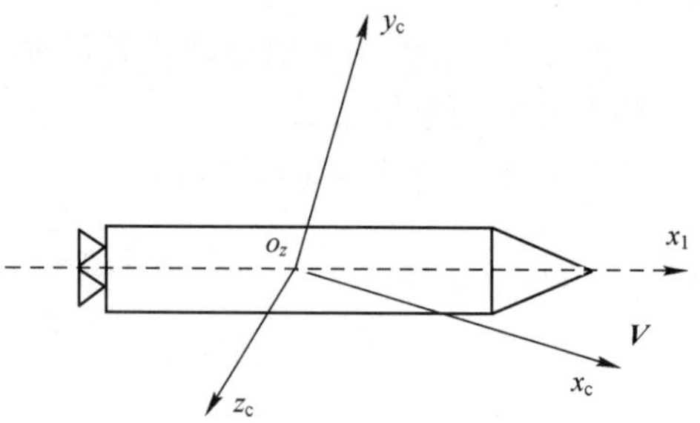

图 3.2　速度坐标系

由图 3.3 可以看出发射坐标系与速度坐标系间的关系。

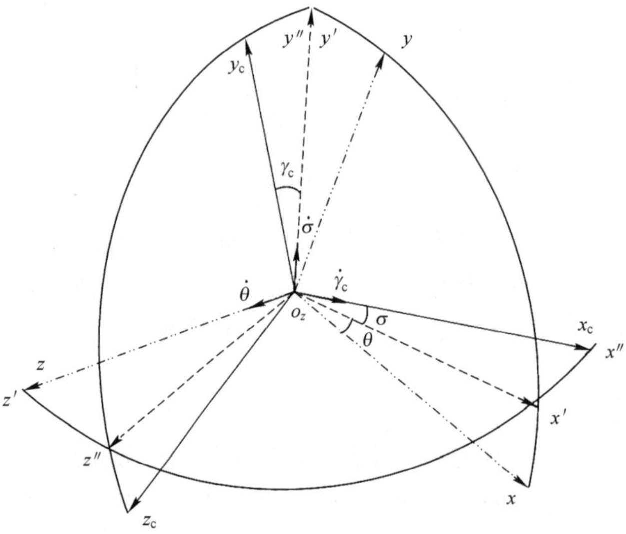

图 3.3　发射坐标系与速度坐标系间的关系

5. 地心直角坐标系

坐标原点 o_e 取地球中心，o_ez_e 垂直于地球赤道平面，指向北极；o_ex_e、o_ey_e 位于地球赤道平面内，其中 o_ex_e 沿着地球赤道平面与格林尼治（Greenwich）子午面的交线，指向外，o_ey_e 方向由右手法则确定。此坐标系随着地球以角速度 $\omega_e=\dfrac{2\pi}{86164}=7.292116\times10^{-5}$(rad/s)旋转，飞行器的位置可用直角坐标 x_e、y_e、z_e 表示，也可用球坐标的地心距离 r、地心纬度 ϕ_s、地心经度 λ_s 表示，两者关系为

$$\begin{cases}r^2=x_e^2+y_e^2+z_e^2\\ \tan\lambda_s=y_e/x_e\\ \sin\phi_s=z_e/r\end{cases}$$

3.2　坐标系转换

在建立两坐标系间关系时，我们认为两个坐标系原点已经经过平移位于同一点，则一个坐标系按不同的坐标轴，最多经过 3 次连续旋转即可得到另一个坐标系，每经过一次旋转，就可以得到表征两个坐标系关系的一个坐标旋转矩阵，称为初等旋转矩阵。

3.2.1　初等旋转矩阵

设某矢量在坐标系 A、B 中的三轴投影分别为 $[x_A\quad y_A\quad z_A]^{\mathrm{T}}$ 和 $[x_B\quad y_B\quad z_B]^{\mathrm{T}}$，则当坐标系 A 绕其 X 轴逆时针转过 α 后与坐标系 B 重合，则有初等旋转矩阵（左乘一个转移矩阵）

$$\begin{bmatrix}x_B\\ y_B\\ z_B\end{bmatrix}=\begin{bmatrix}1 & 0 & 0\\ 0 & \cos\alpha & \sin\alpha\\ 0 & -\sin\alpha & \cos\alpha\end{bmatrix}\begin{bmatrix}x_A\\ y_A\\ z_A\end{bmatrix} \tag{3.3}$$

当坐标系 A 绕其 Y 轴逆时针转过 α 后与坐标系 B 重合，则有初等旋转矩阵

$$\begin{bmatrix}x_B\\ y_B\\ z_B\end{bmatrix}=\begin{bmatrix}\cos\alpha & 0 & -\sin\alpha\\ 0 & 1 & 0\\ \sin\alpha & 0 & \cos\alpha\end{bmatrix}\begin{bmatrix}x_A\\ y_A\\ z_A\end{bmatrix} \tag{3.4}$$

当坐标系 A 绕其 Z 轴逆时针转过 α 后与坐标系 B 重合，则有初等旋转矩阵

$$\begin{bmatrix}x_B\\ y_B\\ z_B\end{bmatrix}=\begin{bmatrix}\cos\alpha & \sin\alpha & 0\\ -\sin\alpha & \cos\alpha & 0\\ 0 & 0 & 1\end{bmatrix}\begin{bmatrix}x_A\\ y_A\\ z_A\end{bmatrix} \tag{3.5}$$

上述 3 个初等旋转矩阵中，旋转轴所对应的矩阵对角线元素为 1，其他位置则分别为正弦和余弦，除去绕 Y 轴逆时针转时的初等旋转矩阵中在初等旋转矩阵中正弦的负号在右上角外，其他两个初等旋转矩阵的正弦负号均在左下角。当旋转方向由逆时针改变为顺时针时，我们只需要将初等旋转矩阵中的两个 $\sin\alpha$ 函数的正负号对调即可。

当坐标系 A 需要经过多次旋转才能与坐标系 B 重合时，只需要按照给定的旋转顺序左乘初等旋转矩阵即可，每次旋转的角称为欧拉角。在两个坐标系关系一定的情况下，不同的旋转顺序对应不同的欧拉角，旋转顺序可以任意确定，但原则上应该遵循以下原则。

（1）欧拉角有明显的物理意义，如发射系与弹体系之间的俯仰角、偏航角、滚动角。

（2）欧拉角是便于测量的或者可以计算的。

（3）遵循工程界的传统习惯。

下面以弹体坐标系与发射坐标系之间的关系进行说明两个坐标系是如何通过初等旋转矩阵获得坐标转换矩阵的。

3.2.2 发射坐标系与弹体坐标系坐标转换矩阵

设弹体坐标系 $o_1x_1y_1z_1$ 与发射坐标系 $oxyz$ 坐标原点经过平移重合于点 o。

（1）第一次旋转。

将平移后的 $oxyz$ 坐标系绕 oz 逆时针（从 oz 正方向看）以角速度 $\dot{\phi}$ 旋转 ϕ 角得坐标系 $ox'y'z'$。为今后叙述方便，我们将用符号“$oxyz \xrightarrow{(z逆\phi)} ox'y'z'$”表示，如图3.4所示。根据初等旋转矩阵得坐标系 $oxyz$ 到坐标系 $ox'y'z'$ 转换矩阵为

$$\begin{bmatrix} x' \\ y' \\ z' \end{bmatrix} = \boldsymbol{A}_3(f) \begin{bmatrix} x \\ y \\ z \end{bmatrix} \tag{3.6}$$

其中，方向余弦矩阵 $\boldsymbol{A}_3(f)$ 为

$$\boldsymbol{A}_3(f) = \begin{bmatrix} \cos f & \sin f & 0 \\ -\sin f & \cos f & 0 \\ 0 & 0 & 1 \end{bmatrix} \tag{3.7}$$

（2）第二次旋转。

将坐标系 $ox'y'z'$ 绕 oy' 逆时针以角速度 $\dot{\psi}$ 旋转 ψ 角得新坐标系 $ox''y''z''$（$ox'y'z' \xrightarrow{(y'逆\psi)} ox''y''z''$）。坐标系 $ox'y'z'$ 到坐标系 $ox''y''z''$ 转换矩阵为

$$\begin{bmatrix} x'' \\ y'' \\ z'' \end{bmatrix} = \boldsymbol{A}_2(\psi) \begin{bmatrix} x' \\ y' \\ z' \end{bmatrix} \tag{3.8}$$

或

$$[\boldsymbol{x}''] = \boldsymbol{A}_2(\psi)[\boldsymbol{x}'] \tag{3.9}$$

其中

$$\boldsymbol{A}_2(\psi) = \begin{bmatrix} \cos\psi & 0 & -\sin\psi \\ 0 & 1 & 0 \\ \sin\psi & 0 & \cos\psi \end{bmatrix} \tag{3.10}$$

（3）第三次旋转。

将坐标系 $ox''y''z''$ 绕 ox'' 逆时针以角速度 $\dot{\gamma}$ 旋转 γ 角，使 oy_1 与 oy'' 重合，oz_1 与 oz'' 重合，即可得坐标系 $ox_1y_1z_1$，（$ox''y''z'' \xrightarrow{(x''逆\gamma)} ox_1y_1z_1$）。坐标系 $ox''y''z''$ 到坐标系 $ox_1y_1z_1$ 转换矩阵为

$$\begin{bmatrix} x_1 \\ y_1 \\ z_1 \end{bmatrix} = \boldsymbol{A}_1(\gamma) \begin{bmatrix} x'' \\ y'' \\ z'' \end{bmatrix} \tag{3.11}$$

其中

$$\boldsymbol{A}_1(\gamma)=\begin{bmatrix}1 & 0 & 0\\ 0 & \cos\gamma & \sin\gamma\\ 0 & -\sin\gamma & \cos\gamma\end{bmatrix} \tag{3.12}$$

根据初等变换矩阵关系，很容易得出 $ox_1y_1z_1$ 坐标系与 $oxyz$ 坐标系间的方向余弦矩阵关系为

$$\begin{bmatrix}x_1\\ y_1\\ z_1\end{bmatrix}=\boldsymbol{A}\begin{bmatrix}x\\ y\\ z\end{bmatrix} \tag{3.13}$$

其中

$$\begin{aligned}\boldsymbol{A}&=\boldsymbol{A}_1(\gamma)\times\boldsymbol{A}_2(\psi)\times\boldsymbol{A}_3(f)\\ &=\begin{bmatrix}\cos\gamma & \sin\gamma & 0\\ -\sin\gamma & \cos\gamma & 0\\ 0 & 0 & 1\end{bmatrix}\begin{bmatrix}\cos\psi & 0 & -\sin\psi\\ 0 & 1 & 0\\ \sin\psi & 0 & \cos\psi\end{bmatrix}\begin{bmatrix}1 & 0 & 0\\ 0 & \cos f & \sin f\\ 0 & -\sin f & \cos f\end{bmatrix}\end{aligned} \tag{3.14}$$

$$\boldsymbol{A}=\begin{bmatrix}\cos f\cos\psi & \sin f\cos\psi & -\sin\psi\\ \cos f\sin\psi\sin\gamma-\sin f\cos\gamma & \sin f\sin\psi\sin\gamma+\cos f\cos\gamma & \cos\psi\sin\gamma\\ \cos f\sin\psi\cos\gamma+\sin f\sin\gamma & \sin f\sin\psi\cos\gamma-\cos f\sin\gamma & \cos\psi\cos\gamma\end{bmatrix} \tag{3.15}$$

由于两坐标系均为正交坐标系，因而它们间的坐标方向余弦矩阵为正交矩阵。根据正交矩阵的“逆矩阵等于其转置矩阵”的特性，由式（3.14）不难得出发射坐标系与弹体坐标系间的矩阵式为

$$\begin{bmatrix}x\\ y\\ z\end{bmatrix}=\boldsymbol{A}^{\mathrm{T}}\begin{bmatrix}x_1\\ y_1\\ z_1\end{bmatrix} \tag{3.16}$$

式中：$\boldsymbol{A}^{\mathrm{T}}$ 为 $\boldsymbol{A}$ 的转置矩阵，即

$$\boldsymbol{A}^{\mathrm{T}}=\begin{bmatrix}\cos f\cos\psi & \cos f\sin\psi\sin\gamma-\sin f\cos\gamma & \cos f\sin\psi\cos\gamma+\sin f\sin\gamma\\ \sin f\cos\psi & \sin f\sin\psi\sin\gamma+\cos f\cos\gamma & \sin f\sin\psi\cos\gamma-\cos f\sin\gamma\\ -\sin\psi & \cos\psi\sin\gamma & \cos\psi\cos\gamma\end{bmatrix} \tag{3.17}$$

从上面不难看出，弹体坐标系与发射坐标系间的坐标关系取决于 ϕ、ψ 及 γ 三个欧拉角。也就是说，导弹相对发射坐标系的飞行姿态完全由 ϕ、ψ 及 γ 确定。在弹道学中，将角度 ϕ、ψ 及 γ 分别称为导弹俯仰角、偏航角及滚动角，统称为导弹相对地球的飞行姿态角。

（1）俯仰角 ϕ：导弹纵对称轴 o_zx_1 在 xo_zy 平面内的投影与 o_zx 之间的夹角。且规定：当纵轴 o_zx_1 在射面 xo_zy 内的投影在 o_zx 的上方时，定义为正，反之为负。俯仰角 ϕ 实质上是描述飞行导弹相对地面下俯（弹体低头）或上仰（弹体抬头）程度的一个物理量。

（2）偏航角 ψ：导弹纵轴 o_zx_1 与 xo_zy 平面间的夹角。且规定：当 o_zx_1 在射面的左边（顺 o_zx 轴正方向看去）时，它定义为正，反之为负。偏航角 ψ 实质上是描述飞行导弹偏离射面程度的一个物理量。

（3）滚动角 γ：导弹横轴 o_zz_1 与 x_1o_zz 平面间的夹角。且当横轴 o_zz_1 在 x_1o_zz 平面之

下时，它定义为正，反之为负。滚动角 γ 实质上是描述弹体绕其纵轴 $o_z x_1$ 滚转程度的一个物理量。

尽管发射坐标系经过3次旋转后与弹体坐标系重合，但也不要忘记，这纯属于为研究问题方便而人为分开的。事实上，这3次转动是同时进行的，因而导弹相对地面旋转角速度的合矢量 $\boldsymbol{\omega}_1$ 应为

$$\boldsymbol{\omega}_1=\dot{\boldsymbol{\phi}}+\dot{\boldsymbol{\psi}}+\dot{\boldsymbol{\gamma}} \tag{3.18}$$

根据图3.4，可得 $\boldsymbol{\omega}_1$ 在弹体坐标系各轴上的投影为

$$\begin{cases}\omega_{x1}=-\dot{\phi}\sin\psi+\dot{\gamma}\\ \omega_{y1}=\dot{\phi}\cos\psi\sin\dot{\gamma}+\dot{\psi}\cos\gamma\\ \omega_{z1}=\dot{\phi}\cos\psi\cos\gamma-\dot{\psi}\sin\gamma\end{cases} \tag{3.19}$$

$$\begin{cases}\dot{\phi}=\dfrac{\omega_{y1}\sin\gamma+\omega_{z1}\cos\gamma}{\cos\psi}\\ \dot{\psi}=\dfrac{\omega_{y1}-\dot{\phi}\cos\psi\sin\gamma}{\cos\gamma}\\ \dot{\gamma}=\omega_{x1}+\dot{\phi}\sin\psi\end{cases} \tag{3.20}$$

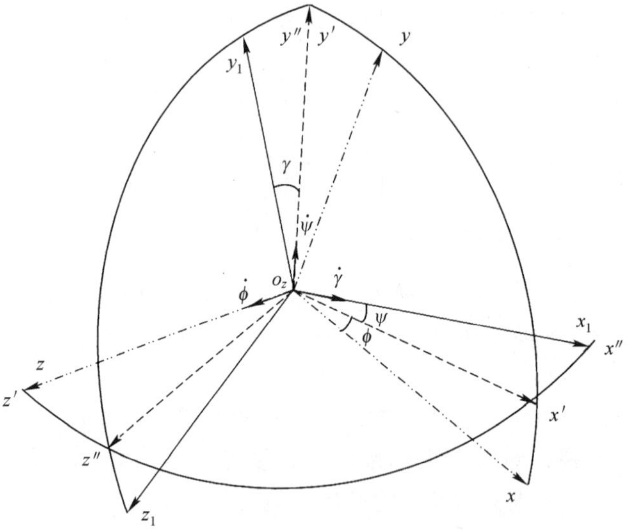

图3.4　发射坐标系与弹体坐标系间关系

在弹载计算机中，也可采用四元数计算转换矩阵。设导弹在惯性坐标系中的位置为 (x,y,z)，在弹体坐标系中对应参数为 (x_1,y_1,z_1)，利用四元数表示的两坐标参数转换公式为

$$\begin{bmatrix}x\\y\\z\end{bmatrix}=\begin{bmatrix}q_0^2+q_1^2-q_2^2-q_3^2 & 2(q_1q_2-q_0q_3) & 2(q_1q_3+q_0q_2)\\ 2(q_1q_2+q_0q_3) & q_0^2+q_2^2-q_1^2-q_3^2 & 2(q_2q_3-q_0q_1)\\ 2(q_1q_3-q_0q_2) & 2(q_2q_3+q_0q_1) & q_0^2+q_3^2-q_1^2-q_2^2\end{bmatrix}\begin{bmatrix}x_1\\y_1\\z_1\end{bmatrix} \tag{3.21}$$

比较用欧拉角与用四元数表示的坐标转换公式（参见坐标转换），不难得到四元数与欧拉角之间的关系为

$$\begin{cases}\tan\phi=\dfrac{\sin\phi\cos\psi}{\cos\phi\cos\psi}=\dfrac{2(q_1q_2+q_0q_3)}{q_0^2+q_1^2-q_2^2-q_3^2}\\ \sin\psi=-2(q_1q_3-q_0q_2)\\ \tan\gamma=\dfrac{\sin\gamma\cos\psi}{\cos\gamma\cos\psi}=\dfrac{2(q_0q_1+q_2q_3)}{q_0^2+q_3^2-q_1^2-q_2^2}\end{cases} \tag{3.22}$$

四元数的计算常采用递推算法，即

$$\begin{bmatrix}q_0\\q_1\\q_2\\q_3\end{bmatrix}_{(n+1)h}=\begin{bmatrix}q_0&-q_1&-q_2&-q_3\\q_1&q_0&-q_3&q_2\\q_2&q_3&q_0&-q_1\\q_3&-q_2&q_1&q_0\end{bmatrix}_{nh}\begin{bmatrix}1-\dfrac{\Delta\theta_0^2}{8}\\ \Delta\theta_{x1}\left(\dfrac{1}{2}-\dfrac{\Delta\theta_0^2}{48}\right)\\ \Delta\theta_{y1}\left(\dfrac{1}{2}-\dfrac{\Delta\theta_0^2}{48}\right)\\ \Delta\theta_{z1}\left(\dfrac{1}{2}-\dfrac{\Delta\theta_0^2}{48}\right)\end{bmatrix}_T \tag{3.23}$$

式中：h，T 分别为积分步长和采样周期；$\Delta\theta_0=\sqrt{\Delta\theta_{x1}^2+\Delta\theta_{y1}^2+\Delta\theta_{z1}^2}$，$\Delta\theta_{x1}$、$\Delta\theta_{y1}$、$\Delta\theta_{z1}$是根据速率陀螺测量得到的角速度得到的在一个积分步长内的姿态角增量，即

$$\begin{cases}\Delta\theta_{x1}=\displaystyle\int_{nh}^{(n+1)h}\omega_{x1}\mathrm{d}t\\ \Delta\theta_{y1}=\displaystyle\int_{nh}^{(n+1)h}\omega_{y1}\mathrm{d}t\\ \Delta\theta_{z1}=\displaystyle\int_{nh}^{(n+1)h}\omega_{z1}\mathrm{d}t\end{cases} \tag{3.24}$$

由此可见，四元数可以采用递推法进行计算，即只要给定初值，就可以求得当前时刻的四元数。四元数的初值根据弹体坐标系与惯性坐标系的初始关系（导弹起飞瞬时）求得。

理想情况下，即初始姿态 $\Delta\phi_0$、ψ_0、γ_0 等于零时，导弹起飞瞬时弹体坐标系与惯性坐标系的转换矩阵可表示为

$$\boldsymbol{A}=\begin{bmatrix}0&-1&0\\1&0&0\\0&0&1\end{bmatrix} \tag{3.25}$$

比较式（3.23）与式（3.25），便可求得

$$\begin{cases}q_0=\sqrt{2.0}/2.0\\ q_1=0.0\\ q_2=0.0\\ q_3=\sqrt{2.0}/2.0\end{cases} \tag{3.26}$$

3.2.3 惯性坐标系与发射坐标系间的关系

$ox^ay^az^a$ 为惯性坐标系，B_T 和 A_T 分别为发射点天文纬度和天文瞄准方位角；$oxyz$ 为发射坐标系，发射瞬时它与惯性坐标系重合，在导弹起飞后的 t 时刻，发射坐标系相对惯性坐标系的旋转角度为 ωt，其中 ω 为地球自转角速度。将惯性坐标系经不同坐标轴按一定方向和顺序旋转后与发射坐标系重合，得到两坐标系间的方向余弦矩阵式为

$$[\boldsymbol{x}^a]=\boldsymbol{A}'[\boldsymbol{x}] \tag{3.27}$$

其中

$$\boldsymbol{A}'=\begin{bmatrix} a'_{11} & a'_{12} & a'_{13} \\ a'_{21} & a'_{22} & a'_{23} \\ a'_{31} & a'_{32} & a'_{33} \end{bmatrix} \tag{3.28}$$

对于矩阵元素 a'_{11}，有

$$\begin{aligned} a'_{11} &= \cos^2A_T\cos^2B_T+\sin^2B_T\cos^2A_T\cos\omega t+\sin B_T\cos A_T\sin A_T\sin\omega t \\ &\quad -\sin A_T\sin B_T\cos A_T\sin\omega t+\sin^2A_T\cos\omega t \\ &= \cos^2A_T\cos^2B_T+\sin^2B_T\cos^2A_T\cos\omega t+\sin^2A_T\cos\omega t \end{aligned} \tag{3.29}$$

由于地球自转角速度 ω 比较小，导弹主动段飞行时间也不长，因而常将上式简化，将 $\cos\omega t$ 及 $\sin\omega t$ 展成泰勒级数，且略去其三阶以上各高阶项，得

$$\begin{cases} a'_{11}=1-\dfrac{1}{2}(\omega^2-\omega_x^2)t^2 \\ a'_{12}=\dfrac{1}{2}\omega_x\omega_y t^2-\omega_z t \\ a'_{13}=\dfrac{1}{2}\omega_x\omega_z t^2+\omega_y t \\ a'_{21}=\dfrac{1}{2}\omega_x\omega_y t^2+\omega_z t \\ a'_{22}=1-\dfrac{1}{2}(\omega^2-\omega_y^2)t^2 \\ a'_{23}=\dfrac{1}{2}\omega_y\omega_z t^2-\omega_x t \\ a'_{31}=\dfrac{1}{2}\omega_x\omega_z t^2-\omega_y t \\ a'_{32}=\dfrac{1}{2}\omega_z\omega_y t^2+\omega_x t \\ a'_{33}=1-\dfrac{1}{2}(\omega^2-\omega_z^2)t^2 \end{cases} \tag{3.30}$$

如果只考虑 $\cos\omega t$ 以及 $\sin\omega t$ 泰勒展开式中的一阶项，则上式简化为

$$\begin{cases} a'_{11}=a'_{22}=a'_{33}=1 \\ a'_{12}=-a'_{21}=-\omega_z t \\ a'_{13}=-a'_{31}=\omega_y t \\ a'_{23}=-a'_{32}=-\omega_x t \end{cases} \tag{3.31}$$

$$\begin{cases} \omega_x=\omega\cos B_{\mathrm{T}}\cos A_{\mathrm{T}} \\ \omega_y=\omega\sin B_{\mathrm{T}} \\ \omega_x=-\omega\cos B_{\mathrm{T}}\sin A_{\mathrm{T}} \end{cases} \tag{3.32}$$

3.2.4　惯性坐标系与弹体坐标系间的关系

前面定义并讨论了导弹相对于发射坐标系的 3 个姿态角 ϕ、ψ 及 γ 和发射坐标系与弹体坐标系间的关系。但是弹上控制系统的测量元件在测量导弹飞行姿态时并不是以发射坐标系为基准，而是以惯性坐标系为基准，因此，由弹上测量元件测出的姿态角是相对于惯性坐标系的姿态角。类似于 ϕ、ψ 及 γ 的定义，我们把弹上测量元件测出的姿态角用$\widetilde{\phi}$、$\widetilde{\psi}$及$\widetilde{\gamma}$表示，且分别称为相对惯性坐标系的绝对俯仰角、偏航角和滚动角。

由于惯性坐标系与弹体坐标系间的关系和发射坐标系与弹体坐标系间的关系相似，因而只要将发射坐标系与弹体坐标系间的方向余弦关系式（3.15）之 ϕ、ψ 及 γ 换为$\widetilde{\phi}$、$\widetilde{\psi}$及$\widetilde{\gamma}$，即可得惯性坐标系与弹体坐标系间的方向余弦关系式。

3.2.5　发射坐标系与速度坐标系间的关系

速度坐标系与发射坐标间的关系同发射坐标系与弹体坐标系间的关系完全一样，因此只要将式（3.15）中之角度 ϕ、ψ 及 γ 分别换成角 θ、σ 和 γ_{c}，即可得到发射坐标系与速度坐标系间的坐标变换式。

$$\begin{bmatrix} x \\ y \\ z \end{bmatrix}=\begin{bmatrix} c_{11} & c_{12} & c_{13} \\ c_{21} & c_{22} & c_{23} \\ c_{31} & c_{32} & c_{33} \end{bmatrix}\begin{bmatrix} x_{\mathrm{c}} \\ y_{\mathrm{c}} \\ z_{\mathrm{c}} \end{bmatrix} \tag{3.33}$$

其中

$$\begin{cases} c_{11}=\cos\theta\cos\sigma \\ c_{12}=-\sin\theta\cos\gamma_{\mathrm{c}}+\cos\theta\sin\sigma\sin\gamma_{\mathrm{c}} \\ c_{13}=\sin\theta\sin\gamma_{\mathrm{c}}+\cos\theta\sin\sigma\cos\gamma_{\mathrm{c}} \\ c_{21}=\sin\theta\cos\sigma \\ c_{22}=\cos\theta\cos\gamma_{\mathrm{c}}+\sin\theta\sin\sigma\sin\gamma_{\mathrm{c}} \\ c_{23}=-\cos\theta\sin\gamma_{\mathrm{c}}+\sin\theta\sin\sigma\cos\gamma_{\mathrm{c}} \\ c_{31}=-\sin\sigma \\ c_{32}=\cos\sigma\sin\gamma_{\mathrm{c}} \\ c_{33}=\cos\sigma\cos\gamma_{\mathrm{c}} \end{cases} \tag{3.34}$$

描述发射坐标系与速度坐标系间关系的角度 θ、σ 和 γ_{c} 分别称为弹道倾角、弹道偏角和倾斜角，其定义如下：

弹道倾角 θ：速度矢量 $\boldsymbol{V}$ 在 xo_zy 平面（射面）内的投影与 ox 间的夹角。当投影在 ox 之上方时，θ 角为正，反之为负。

弹道偏角 σ：速度矢量 $\boldsymbol{V}$ 与 xo_zy 平面间的夹角。当速度矢量 $\boldsymbol{V}$ 在 xo_zy 平面左边（沿 ox 正方向看去）时，σ 为正，反之为负。

倾斜角 γ_c：o_zz_c 与 x_co_zz 平面间的夹角。当 o_zz_c 在 x_co_zz 平面下方时，γ_c 为正，反之为负。

根据定义，弹道倾角 θ 是衡量导弹速度矢量 $\boldsymbol{V}$ 相对发射点水平面倾斜程度的一个标志，而弹道偏角 σ 则是衡量导弹速度矢量 $\boldsymbol{V}$ 偏离射面程度的尺度，至于倾斜角 γ_c 则是衡量处于导弹纵对称面内的 o_zy_c 轴相对射面倾斜程度的一个量。

在主动段，由于导弹在控制系统作用下飞行，角度 σ 及 γ_c 一般均比较小，因而有时可略去不计。

3.2.6 弹体坐标系与速度坐标系间的关系

从速度坐标系定义可知，由于 o_zy_c 与 o_zy_1 在同一平面内，这样，两坐标系间关系只需用两个欧拉角来描述。换言之，速度坐标系只要按照一定顺序旋转两次便可得到弹体坐标系。

$$\begin{bmatrix} x_1 \\ y_1 \\ z_1 \end{bmatrix} = \begin{bmatrix} \cos\alpha\cos\beta & \sin\alpha & -\cos\alpha\sin\beta \\ -\sin\alpha\cos\beta & \cos\alpha & \sin\alpha\sin\beta \\ \sin\beta & 0 & \cos\beta \end{bmatrix} \begin{bmatrix} x_c \\ y_c \\ z_c \end{bmatrix} \tag{3.35}$$

欧拉角 α 和 β 分别称为冲角（或攻角）和侧滑角，其定义及几何意义如下。

攻角 α：是指导弹速度矢 $\boldsymbol{V}$ 在导弹纵对称平面 $x_1o_zy_1$ 内的投影与弹体轴 o_zx_1 间的夹角。当其投影在 o_zx_1 下方时，α 为正，反之为负。

侧滑角 β：是指导弹速度矢 $\boldsymbol{V}$ 与弹体纵对称面 $x_1o_zy_1$ 间的夹角。当速度矢 $\boldsymbol{V}$ 在纵对称面右边（沿 o_zx_1 正向看去）时，β 为正，反之为负。

3.3 水平基准的建立

弹道导弹制导控制的基准是标准弹道参数，而标准弹道参数是在理论建立的发射惯性坐标系下计算得到的，因此制导控制要以发射惯性坐标系为基准坐标系，所以发射前必须为导弹给定发射惯性坐标系。所谓理论建立的发射惯性坐标系是“摸不着、看不见”，如发射惯性坐标系的 oy_a 沿发射点在参考椭球体的法线方向，那么如何为导弹给定发射惯性坐标系呢？一般通过为导弹惯性导航系统建立水平基准和射向基准来实现。

惯性导航系统是弹道导弹在制导过程中所使用主要导航系统，无论是捷联惯性导航系统还是平台惯性导航系统，其坐标系的定义都只与加速度计、陀螺仪的安装方向相关，与外界的绝对世界无关，因此惯性导航系统的参考测量坐标系只能通过人为的方式给予确定。我们暂时认为装在导弹上的惯性导航系统的测量坐标系与弹体坐标系相同，就可以通过惯性导航系统建立基准来实现弹体坐标系与发射惯性坐标系的对准：一是水平基准建立，使面 $o_zy_1z_1$ 与面 ox_ay_a 平行；二是射向基准建立，在水平基准建立的基础上，使 o_zy_1 与 ox_a 平行。

弹道导弹起飞时（导航计算 0 时刻）弹体坐标系 $o_zx_1y_1z_1$ 与惯性坐标系 $ox_ay_az_a$ 必须保持一定的关系，从而确保平台惯性系统或捷联惯性系统导航初始状态与弹道计算所采用的惯性坐标系统一致，即弹体系 o_zx_1 与惯性坐标系 oy_a 重合，$o_zy_1z_1$ 平行于当地水平面，o_zy_1 平行于 ox_a 且方向相反（ox_a 指向射击方向）。

由此可见，导弹发射前必须将弹体坐标系进行初始对准，在导弹发射时是分两个步骤完成的：一是水平基准确定，使弹体保持垂直状态（或确定其水平状态）；二是射向基准确定（瞄准），使 o_zy_1 指向射击方向的反方向（或确定其与射击方向的状态夹角）。本节介绍弹体垂直状态的确定，下一节介绍瞄准。

平台惯性导航系统和捷联惯性导航系统是弹道导弹导航测量装置，其基本原理将在后续章节中进行讨论。初始对准就是为惯性导航系统确定初始的导航基准（坐标系各轴指向），惯性导航系统安装于弹体上，其 3 个测量轴与弹体坐标系保持确定关系，发射时平台惯性系统 $ox_{ins}y_{ins}z_{ins}$ 三个测量轴与惯性坐标系三个轴在理论上应该是平行的（图 3.5），而捷联惯性系统 $ox_{sins}y_{sins}z_{sins}$ 三个轴则与弹体坐标系三个轴理论上平行（图 3.6）。下面以捷联惯性导航系统为例介绍水平基准的确定原理。

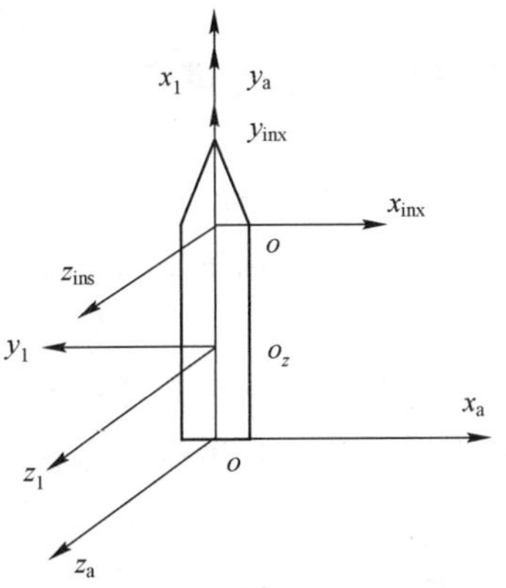

图 3.5　平台惯性坐标系统关系图

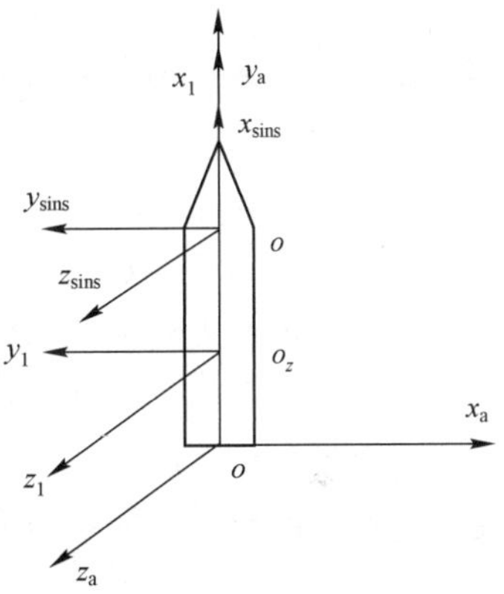

图 3.6　捷联惯性坐标系统关系图

当导弹处于垂直状态时，安装于弹体上的捷联惯性系统 $oy_{sins}z_{sins}$ 平面应处于当地水平状态，若 $oy_{sins}z_{sins}$ 平面不平行于当地水平面，则可以用俯仰角 $\Delta\phi_0$（理论上发射时 $\phi_0=90°$）和偏航角 ψ_0 来描述，此时地球重力加速度在水平面两个方向上的分量为

$$\begin{cases} g_{yins}=g_0\sin\Delta\phi_0 \\ g_{zins}=g_0\sin\psi_0 \end{cases} \tag{3.36}$$

式中：g_0 为发射点当地重力加速度。

捷联惯性系统中的 y 向和 z 向加速度计将分别敏感到与重力加速度方向相反的视加速度 $\dot{W}_y$ 和 $\dot{W}_z$ 为

$$\begin{cases} \dot{W}_y=-g_0\sin\Delta\phi_0 \\ \dot{W}_z=-g_0\sin\psi_0 \end{cases} \tag{3.37}$$

若捷联惯性系统加速度计的输出经过误差补偿后得到视加速度，即可计算出不水

平度

$$
\begin{aligned}
\Delta\phi_0 &= \arcsin\left(\frac{\dot{W}_y}{-g_0}\right) \\
\psi_0 &= \arcsin\left(\frac{\dot{W}_z}{-g_0}\right)
\end{aligned} \tag{3.38}
$$

将其装订到弹上制导系统，若采用四元数法表征惯性坐标系（初始发射坐标系）与弹体坐标系关系，当初始姿态 $\Delta\phi_0$、ψ_0 不等于零，而 $\gamma=0$ 时，四元数初值为

$$
\begin{cases}
q_0 = \dfrac{\sqrt{2}}{2}\left(1-\dfrac{\Delta\phi_0}{2}\right) \\
q_1 = -\dfrac{1}{2}\psi_0 q_0 \\
q_2 = \dfrac{1}{2}\psi_0 q_0 \\
q_3 = \dfrac{\sqrt{2}}{2}\left(1+\dfrac{\Delta\phi_0}{2}\right)
\end{cases} \tag{3.39}
$$

以此作为初值得到弹体坐标系与惯性坐标系的转换矩阵，考虑了不水平度的影响，因此消除了不水平度对导航精确度（射击精度）的影响。当然，由于导弹起竖时受环境的影响，会产生晃动和震动，影响加速度计的测量，直接计算会造成较大的误差，实际应用时必须考虑晃动和震动对水平基准的标定影响。同时，由于加速度计不可避免地存在测量工具误差，也将影响水平基准的标定。

对于平台惯性系统而言，当加速度计测量出不水平度后，平台惯性系统将通过内部的反馈稳定回路将平台台面调整到水平状态，导弹弹体的不水平度则成为制导的一种外部干扰，其影响通过制导可以加以消除。

3.4 射向基准的建立

射向基准的建立是为建立弹体坐标系与惯性坐标系关系的步骤之一，核心是确保平台惯性系统或捷联惯性系统导航初始基准与弹道计算所采用的惯性坐标系统一致，即通过水平基准确定使弹体系 $o_z x_1$ 与惯性坐标系 oy_a 重合，$o_z y_1 z_1$ 平行于当地水平面，通过射向基准的建立使 $o_z y_1$ 平行于 ox_a 且方向相反（ox_a 指向射击方向）。

导弹在发射前都要进行瞄准操作，要理解瞄准的实质，则先要了解大地方位角、目标瞄准点、射击方位角等概念。

过发射点和目标点的大地线与正北方向的夹角称为大地方位角，常用 A_d 表示。当考虑地球自转和扁率时，由于导弹运动时受地球自转等因素的影响，瞄准时不是直接瞄向目标点，而是向偏离过发射点和目标点的大圆弧与正北方向夹角的某一点实施瞄准，导弹才能命中目标点，习惯称导弹瞄准方向所对应的点为“目标瞄准点”，如图3.7所示。瞄准方位角即为过发射点与目标瞄准点的大地线与正北方向的夹角，用 A_{mz} 表示，

其大小是通过弹道迭代计算得到的。也可理解为过发射点和“目标瞄准点”的发射平面与大地正北方向的夹角。显然，当不考虑地球自转、扁率和其他因素影响时，射击方位角 A_{mz} 就是大地方位角。

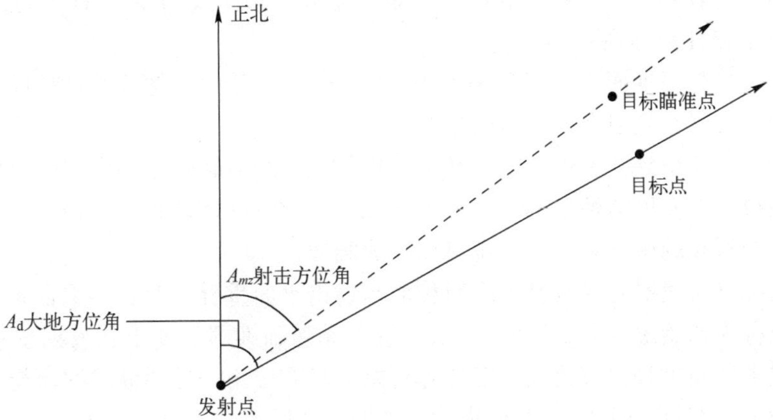

图 3.7　射击方位角与大地方位角

弹道导弹发射一般采用预设阵地的发射方式，发射阵地除需要通过大地测量获得发射点坐标（经度、纬度、高程）外，还需要建立能够完成射向基准确定的点位和相应数据。从基本原理上来说，通过地面方位基准向导弹传递射向基准的发射阵地一般需要建立 3 个点位（发射点 O、瞄准点 A、标杆点 B），并且需要事前测量出标杆点与瞄准点连线与正北的夹角 A_S，称为大地方位边方位角，如图 3.8 所示。

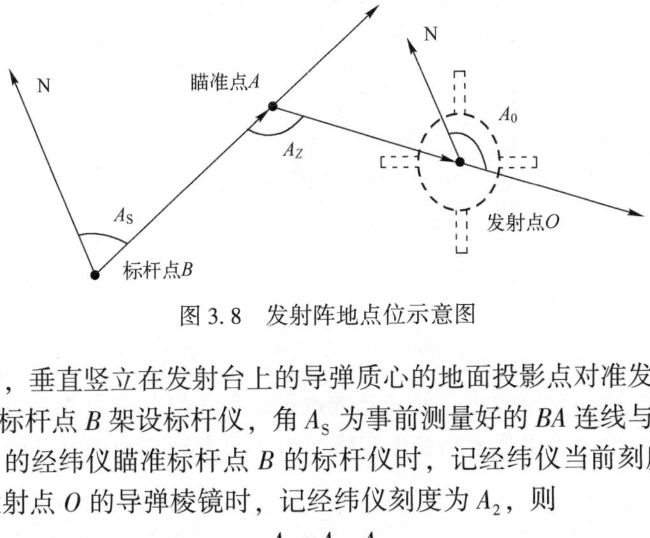

图 3.8　发射阵地点位示意图

导弹起竖后，垂直竖立在发射台上的导弹质心的地面投影点对准发射点 O，瞄准点 A 架设经纬仪，标杆点 B 架设标杆仪，角 A_S 为事前测量好的 BA 连线与正北的夹角，当架设在瞄准点 A 的经纬仪瞄准标杆点 B 的标杆仪时，记经纬仪当前刻度为 A_1，转动经纬仪瞄准位于发射点 O 的导弹棱镜时，记经纬仪刻度为 A_2，则

$$A_Z = A_1 - A_2$$

可得导弹瞄准方位角 A_0：

$$A_0 = 180° + A_S - A_Z \tag{3.40}$$

实际操作时，可以根据瞄准点 A 的经纬仪瞄准标杆点 B 时的经纬仪刻度 A_1、诸元计算给定的瞄准方位角 A_0，计算得到经纬仪从 $\overrightarrow{AB}$ 线转动角度差 A_Z：

$$A_Z = 180° - A_0 + A_S \tag{3.41}$$

因此可以让经纬仪在刻度 A_1 的状态下再逆时针转动 A_Z，此时经纬仪视线所代表的方位角即为导弹瞄准方位角 A_0，然后转动导弹，让经纬仪发出的光通过弹上惯性导航系统棱镜反射回到经纬仪重合时，即完成了瞄准。其中物理存在的捷联惯性导航系统棱镜的法线即可代表弹体坐标系的 $o_z x_1$，瞄准方位角 A_0 则代表了诸元计算时建立的理论坐标系（发射惯性坐标系）的 oy_a。

对于转动导弹对准而言，有几种方法实现：一是对于采用捷联惯性导航系统的热发射弹道导弹，可以在发射台上直接转动弹体，完成瞄准；二是对于采用平台式惯性导航系统的筒式发射弹道导弹，可以通过转动惯性导航系统旋转轴，在发射前首先完成平台惯性导航系统对准发射惯性坐标系，导弹起飞后再控制弹体转动，使弹体坐标系与平台惯性导航系统所在的坐标系重合，也可以完成瞄准。

一般情况下，发射时要求导弹纵对称面与射击平面重合。两者不重合时，则存在一夹角，该角称为初始滚动角，用 γ_0 表示。所以导弹瞄准即是要求在发射前将导弹主纵对称面与射击平面重合，或精确测定导弹初始准直方位角。导弹纵对称面与大地北方向的夹角称为初始准直方位角，用 A_0 表示，如图 3.9 所示。

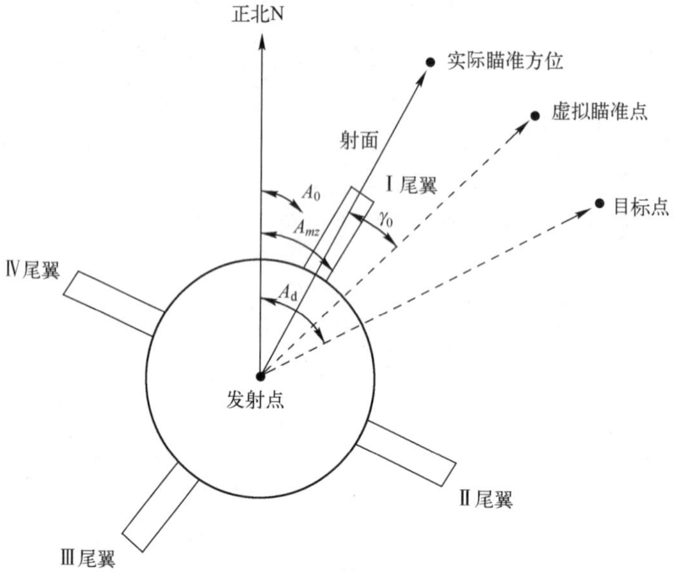

图 3.9　射击方位角与射击平面关系图

随着技术的发展，为导弹建立射向基准也可以采用寻北仪寻北后再将射向基准传递到弹上的方法，也可以采用弹上高精度陀螺仪自主寻北建立射向基准的方法。

第 4 章　弹道导弹弹道模型与计算方法

早期，弹道导弹攻击目标一般表征为某个给定的坐标，导弹发射前必须也只能根据发射点坐标和目标点坐标，利用导弹运动微分方程组仿真导弹飞行过程，尽可能真实地计算出导弹飞行的轨迹——弹道，导弹飞行控制就是以质心坐标为控制对象的对导弹实施的制导控制。由于弹道计算涉及导弹飞行环境的数学描述、受力和力矩的数学描述、控制系统的数学描述，往往是一组复杂的微分方程组，很难用解析计算的方法解算出来，因此一般采用数值计算方法。数值计算方法除计算量比解析法多以外，在计算精度和灵活性等方面都远远优于解析计算方法。

4.1　弹 道 分 段

根据弹道导弹从发射点到目标点的运动过程中的受力情况和制导控制特点的不同，可将其弹道分为几段。首先，根据导弹在飞行中发动机和控制系统工作与否，可将其弹道分为动力飞行段（简称主动段）和无动力飞行段（简称被动段）两部分。其次，在被动段则又根据弹头所受空气动力的情况而分为自由飞行段（简称自由段）和再入大气层飞行段（简称再入段）两部分。

下面分别叙述导弹在其各段弹道上的飞行特点。

1. 主动段

这是从导弹离开发射台到头体分离为止的一段弹道。在这段弹道上，由于发动机和控制系统一直工作，因而称之为主动段。该段的飞行特点是：作用在弹上的力和力矩有地球引力、空气动力、发动机推力、控制力以及它们相对导弹质心所产生的相应力矩。推力主要用来克服地球引力和空气阻力并使导弹作加速运动；而控制力则主要产生控制力矩，以便在控制系统作用下使导弹按给定的飞行程序飞行，确保导弹按预定的弹道稳定地飞向目标。通常，导弹在主动段的飞行时间并不长，一般约在几十至几百秒的范围内。

2. 被动段

从头体分离到弹头落地的一段弹道称为被动段弹道。在无控制的情况下，弹头依靠在主动段终点所获得的能量作惯性飞行。虽然在此段不对弹头进行控制，但作用在其上的力是可以相当精确地计量的，因而基本上可较准确地掌握弹头的运动，以保证其在一定的射击精度要求下命中目标。若在弹头上安装姿态控制系统，即进行中制导和末制导时，导弹的射击精度可大大提高。

在被动段，根据弹头在运动中所受的空气动力大小又可分为不计大气影响的自由飞行段和计大气影响的再入段两部分。由于空气密度随高度的增加而连续地减小，因而要想截然地划出一条有无空气的大气层边界是不可能的。但从大气对导弹飞行参数影响显著与否出发，又需根据实际情况划定一条大气边界线或大气边界层。一般来说，对于中近程弹道导弹通常以主动段关机点高度作为划分自由段和再入段的标准高度，大约50~70km。

3. 自由段

由于主动段终点高度较高，而大气密度又随着高度的增加而迅速降低，因而可认为在自由段上弹头是在相当稀薄的大气中飞行。这时作用在弹头上的空气动力远远小于其他作用力（地球引力和地转惯性力等），因而可以不考虑空气动力，即认为弹头是在真空中飞行，故自由段也称真空段。自由段弹道为椭圆弹道的一部分，且其弹道约占全部弹道的80%~90%以上。

4. 再入段

再入段就是指弹头重新进入稠密大气层的一段弹道。当弹头高速进入大气层时，由于大气对弹头的作用不仅使弹头承受强烈的气动加热而出现高温，也将使弹头受到巨大的气动阻力，从而使其速度迅速减小。因此，再入段弹道与其自由段弹道有着完全不同的特点。

需要指出的是，弹头在自由段飞行时，由于不受空气动力矩和控制力矩的作用，因而不会保持其分离时的运动姿态，而可能是以一定的角速度绕其质心自由地进行翻转运动。现代弹道导弹弹头在自由段飞行时都要进行姿态稳定控制、再入零攻角控制和自旋控制，确保弹头再入大气层后以小攻角姿态进入。弹头重新进入大气层时，由于大气阻滞作用的逐渐增大，加之头部静稳定性的作用，才使其任意翻转受到制动，并以一定的速度稳定地飞向目标。

随着对导弹射击精度和突防能力要求的提高，再入机动与末制导将是一个时期内研究的热点。

（1）第一代再入飞行器。20世纪50年代早期，有效载荷的大气层再入技术仍然是洲际弹道导弹（ICBM）研制中最困难的问题之一。1954年，美国研制了使用铜作为防热层（热沉式防热）的再入飞行器MK2，采用头锥半径非常大的形状，通过增大阻力，使飞行器在进入高热流与动压区前将速度降低到合理范围。第一代再入飞行器的弹道系数β（质量与气动阻力之比）较小。

（2）第二代再入飞行器。第二代再入飞行器采用新的高温升华型烧蚀材料，质量减小1/3，一般为锥形弹头。

（3）第三代再入飞行器。第三代再入飞行器主要解决突防问题，采用细长钝头锥形，减小气动阻力，提高速度并减小落点散布。同时，机动再入技术也从无到有，可产生10~20倍的重力加速度，采用空气舵控制装置，如海基“三叉戟”Ⅱ。助推/滑翔再入飞行器（Boost-Glide RV，BGRV）具有细长双锥体的高升阻比气动布局（L/D）≈3.5，采用稳定裙控制装置。

4.2 标准弹道计算模型

弹道导弹标准弹道是在标准弹道条件下，依据标准弹道模型计算的弹道。标准弹道是进行诸元计算和实际干扰弹道计算的基础，也是研究制导方法、分析制导误差的基础。其模型主要涉及弹道分段、推力/控制力（力矩）模型、气动力（力矩）模型、标准大气模型、引力模型、科里奥利力模型、牵连力模型、制导模型、姿态控制模型、数值积分模型等。

4.2.1　标准弹道条件

标准弹道是在标准条件下，利用标准弹道模型计算得到的导弹质心运动轨迹。标准弹道条件主要包括地球物理条件、大气条件和导弹自身物理条件。

1. 地球物理模型

地球物理模型主要用于计算引力、牵连力、科里奥利惯性力，同时也用于计算地球大地问题（大地距离、方位角与坐标的正确与反解）。因此地球物理条件主要指：

（1）地球形状（认为地球为圆球还是均质椭球体）；

（2）地球旋转角速度（可以认为不旋转，或认为以常角速度旋转）；

（3）重力加速度。

一般情况下，地球物理模型涉及地球引力常数 fM、椭球体长半轴 a、第一偏心率 e^2、第二偏心率 e'^2、椭球体扁率系数 μ、地球形状动力学系数 J_2、地球自转角速度 ω、椭球体扁率 α_e、地球平均半径 $\widetilde{R}$、质量与重量换算常数 g_0。

以 IAG-75 正常椭球体地球模型为例，当声明一个地球模型时赋予以下数据，则得到 IAG-75 正常椭球体实例：

地球引力常数：$fM=3.986005\times10^{14}\mathrm{m}^3/\mathrm{s}^2$

椭球体长半轴：$a=6378140\mathrm{m}$

第一偏心率：$e^2=0.006694385$

第二偏心率：$e'^2=0.0067395018$

椭球体扁率系数：$\mu=26.33281\times10^{24}\mathrm{m}^5/\mathrm{s}^2$

地球形状动力学系数：$J_2=1.08263\times10^{-3}$

地球自转角速度：$\omega=7.292115\times10^{-5}\mathrm{rad/s}$

椭球体扁率：$\alpha_e=1/298.257=0.00335281$

地球平均半径：$\widetilde{R}=6371000\mathrm{m}$

质量与重量换算常数：$g_0=9.80665\mathrm{m/s}^2$

2. 标准大气模型

在空气动力计算过程中，需要用到标准大气模型。大气模型可分为静止大气模型和风场模型。

大气模型一般是根据一些地区对大气的多年观测数据拟合得到的，不同的静止大气模型具有不同的拟合模型和不同的参数。常用的大气模型为 1976 国际标准大气模型，模型和参数请参阅相关资料。

对于风场而言，不同地区、时间、高度，风速和风向都是不同的，其数学模型一般是利用真实大气历年统计值再进行曲线拟合得到的，同样我们也只能以某一风场的历年统计数据作为对象属性，而将曲线拟合的数学模型作为方法，得到某一个大气风的计算模型。

3. 导弹物理条件

导弹物理条件主要是指涉及弹道计算的导弹总体参数，诸如导弹几何尺寸，空气动力系数，导弹重量，发动机系统的推力和秒流量，发动机安装角，控制系统的放大系数，压心和质心位置等。通常这些参数都是设计指标或平均参数。

4.2.2 主动段运动方程

根据牛顿第二定律，物体加速度的大小与物体所受的作用力成正比，与物体的质量成反比，加速度的方向与合外力的方向相同，即

$$\boldsymbol{F}=m\boldsymbol{a} \tag{4.1}$$

写成速度微分形式，有

$$\frac{\mathrm{d}v}{\mathrm{d}t}=\frac{a}{m} \tag{4.2}$$

若对上式积分即可得到物体运动速度，再对速度进行积分则可以得到物体质心位置。因此，导弹质心运动状态的求取也就变为根据牛顿第二定律开展的积分运算。由于导弹运动是在三维空间进行的，可将运动方程分解到三维空间坐标系下。

同时，结合受力分析，导弹在主动段运动时受推力、控制力、气动力和引力作用，则弹道导弹主动段在发射坐标系下的一般形式的运动微分方程组为

$$\begin{cases}\dot{V}_x=\dfrac{P_x+R_x+G_x+F_{ex}+F_{cx}}{m}\\ \dot{V}_y=\dfrac{P_y+R_y+G_y+F_{ey}+F_{cy}}{m}\\ \dot{V}_z=\dfrac{P_z+R_z+G_z+F_{ez}+F_{cz}}{m}\end{cases} \tag{4.3}$$

$$\begin{cases}\dot{x}=V_x\\ \dot{y}=V_y\\ \dot{z}=V_z\end{cases} \tag{4.4}$$

$$\dot{m}=\dot{m}(t) \tag{4.5}$$

$$\dot{t}=1 \tag{4.6}$$

式中：$\boldsymbol{P}$ 为推力及控制力；$\boldsymbol{R}$ 为空气动力；$\boldsymbol{G}$ 为地用地球引力；$\boldsymbol{F}_c$ 为科里奥利惯性力；$\boldsymbol{F}_e$ 为牵连惯性力。

同理，对于导弹转动运动，根据导弹所受合外力矩，可写出主动段角运动方程组：

$$\begin{cases}I_{x_1}\dfrac{\mathrm{d}\omega_{x_1}}{\mathrm{d}t}=\sum M_{x_1}\\ I_{y_1}\dfrac{\mathrm{d}\omega_{y_1}}{\mathrm{d}t}=\sum M_{y_1}\\ I_{z_1}\dfrac{\mathrm{d}\omega_{z_1}}{\mathrm{d}t}=\sum M_{z_1}\end{cases} \tag{4.7}$$

$$\begin{cases}\dfrac{\mathrm{d}\gamma}{\mathrm{d}t}=\omega_{x1}+\omega_{z1}\psi\\ \dfrac{\mathrm{d}\psi}{\mathrm{d}t}=\omega_{y1}-\omega_{x1}\gamma\\ \dfrac{\mathrm{d}\phi}{\mathrm{d}t}=\omega_{z1}+\omega_{y1}\gamma\end{cases}\tag{4.8}$$

由于姿态运算需要了解导弹姿态控制系统相关模型和参数，但在制导理论研究的过程中，导弹往往还没有设计出来，通常缺乏导弹姿态控制相关资料，因此在制导理论的研究过程中，可以采用“瞬时平衡”假设。

（1）导弹绕弹体轴的转动是无惯性的。

（2）导弹控制系统工作是理想的，无误差和时间延迟。

（3）不考虑各种干扰对姿态运动的影响。

即忽略姿态控制过程，认为导弹可以按制导与姿态控制系统的要求，瞬时完成姿态变换过程，作用在导弹上的力矩在每一个瞬时都是平衡的，因此在导弹方案设计阶段，上述角运动方程就可以先不考虑了。

姿态关系以飞行程序角 ϕ_{cx} 为核心进行计算，有

$$\begin{cases}\widetilde{\phi}=\phi+\omega_z t\\ \widetilde{\psi}=\psi+\omega_y t\cos\phi-\omega_x t\sin\phi\\ \widetilde{\gamma}=\gamma+\omega_y t\sin\phi+\omega_x t\cos\phi\end{cases}\tag{4.9}$$

其中：$\widetilde{\phi}=\phi_{cx}$，$\widetilde{\psi}=0$，$\widetilde{\gamma}=0$。$\phi_{cx}$ 为时间的函数，可以根据射程和控制需要事前设定。

描述导弹运动姿态和速度方向的 8 个欧拉角 ϕ、ψ、γ、θ、σ、γ_c、α、β 中，实际上仅有 5 个角是独立的，因此它们间的关系式可以通过坐标系转换和几何方法求得。应用几何方法求得欧拉角间的关系式为

$$\begin{cases}\phi=\theta+\alpha\\ \psi=\sigma+\beta\\ \gamma=\gamma_c\end{cases}\tag{4.10}$$

弹道倾角 θ 和弹道偏角 σ 与速度 $\boldsymbol{V}$ 也有一定联系，其关系式为

$$\begin{cases}\theta=\arcsin\dfrac{V_y}{\sqrt{V_x^2+V_y^2}}\\ \sigma=-\arcsin\dfrac{V_z}{V}\\ h=\sqrt{x^2+(\widetilde{R}+y)^2+z^2}-\widetilde{R}\\ m=m_0-\dot{m}t\end{cases}\tag{4.11}$$

上述 7 个微分方程，共有 7 个未知量：V_x、V_y、V_z、x、y、z、m。该方程组为非线性变系数常微分方程组，在给出的初始条件、终端条件和具体的关机方程下，应用数值积分方法解算上述方程组即可求出满足初始条件和关机条件的主动段终点运动参数。

4.2.3 被动段运动方程

在自由段，导弹一般只受地球引力作用，如果把地球视为均质圆球体（地球引力场为有心力场），那么导弹将按照椭圆弹道规律飞行。在再入段，导弹除受地球引力作用外，同时还受空气动力和空气动力矩的作用。由于气动加热引起的烧蚀作用，不仅使导弹质量发生变化，而且使其外部形状产生变形，从而引起气动力和气动力矩急剧变化，因此导弹的再入段运动是十分复杂的。为讨论方便，通常是将导弹作为一个质量集中于质心的质点来研究，此时导弹受地球引力和空气阻力作用。

如果讨论导弹相对转动着的地球的运动时，则还需考虑因地球旋转而产生的牵连惯性力和科里奥利惯性力的影响。根据质点动力学理论，相对发射坐标系的被动段运动方程的表达式为

$$\begin{bmatrix}\dot{V}_x\\ \dot{V}_y\\ \dot{V}_z\end{bmatrix}=\frac{1}{m}\begin{bmatrix}X_x\\ X_y\\ X_z\end{bmatrix}+\begin{bmatrix}g_x+\dot{V}_{ex}+\dot{V}_{cx}\\ g_y+\dot{V}_{ey}+\dot{V}_{cy}\\ g_z+\dot{V}_{ez}+\dot{V}_{cz}\end{bmatrix} \tag{4.12}$$

式中：$\boldsymbol{X}=C_{x\mathrm{dt}}q_{\mathrm{dt}}S_{m\mathrm{dt}}$为弹头阻力，其方向与$\boldsymbol{V}$方向相反；$C_{x\mathrm{dt}}$为头部阻力系数；$S_{m\mathrm{dt}}$为头部最大横截面积；$q_{\mathrm{dt}}$为头部速度头；$m=G_{\mathrm{dt}}/\tilde{g}_0$为头部质量；$X_i(i=x,y,z)$为$\boldsymbol{X}$在发射坐标系各轴上的分量；$g_i,\dot{V}_{ei},\dot{V}_{ci}(i=x,y,z)$的物理意义和计算方法与主动段的相同。

由发射坐标系与速度坐标系间的方向余弦矩阵可得气动阻力在发射坐标系各轴上的分量：

$$\begin{cases}X_x=-C_{x\mathrm{dt}}q_{\mathrm{dt}}S_{m\mathrm{dt}}\cos\theta\cos\sigma\\ X_y=-C_{x\mathrm{dt}}q_{\mathrm{dt}}S_{m\mathrm{dt}}\sin\theta\cos\sigma\\ X_z=C_{x\mathrm{dt}}q_{\mathrm{dt}}S_{m\mathrm{dt}}\sin\sigma\end{cases} \tag{4.13}$$

当σ很小时，有

$$\begin{cases}X_x=-C_{x\mathrm{dt}}q_{\mathrm{dt}}S_{m\mathrm{dt}}\cos\theta\\ X_y=-C_{x\mathrm{dt}}q_{\mathrm{dt}}S_{m\mathrm{dt}}\sin\theta\\ X_z=C_{x\mathrm{dt}}q_{\mathrm{dt}}S_{m\mathrm{dt}}\sin\sigma\end{cases} \tag{4.14}$$

其中

$$\begin{cases}\sin\theta=\dfrac{V_y}{\sqrt{V_x^2+V_y^2}}\approx\dfrac{V_y}{V}\\ \cos\theta=\dfrac{V_x}{\sqrt{V_x^2+V_y^2}}\approx\dfrac{V_x}{V}\\ \sin\sigma=-\dfrac{V_z}{V}\end{cases} \tag{4.15}$$

因此，被动段动力学方程为

$$\begin{bmatrix}\dot{V}_x\\\dot{V}_y\\\dot{V}_z\end{bmatrix}=-\frac{1}{2m}C_{x\mathrm{dt}}\rho S_{\mathrm{mdt}}V\begin{bmatrix}V_x\\V_y\\V_z\end{bmatrix}+\begin{bmatrix}g_x+\dot{V}_{\mathrm{e}x}+\dot{V}_{\mathrm{c}x}\\g_y+\dot{V}_{\mathrm{e}y}+\dot{V}_{\mathrm{c}y}\\g_z+\dot{V}_{\mathrm{e}z}+\dot{V}_{\mathrm{c}z}\end{bmatrix} \tag{4.16}$$

运动学方程为

$$\begin{bmatrix}\dot{x}\\\dot{y}\\\dot{z}\end{bmatrix}=\begin{bmatrix}V_x\\V_y\\V_z\end{bmatrix} \tag{4.17}$$

式（4.13）~式（4.17）即为相对发射坐标系的被动段弹道方程组。

被动段弹道方程组仍为非线性变系数常微分方程组，在给定的初始条件和终端条件下，应用数值积分方法可求出其数值解，从而获得被动段运动参数的数值及其运动规律。

4.2.4　发动机推力/控制力（力矩）模型

弹道计算涉及发动机推力、控制力、秒耗量、质心位置、转动惯量等的计算，这些量的计算都与发动机有关，可以将它们归结到一个类。

对于液体或固体火箭发动机，其推力、秒耗量、质心位置、转动惯量等的计算方法基本相同，都是在试车数据的基础上利用插值函数计算得到的，不同之处在于数据不同。

1. 发动机推力模型

发动机推力模型可表示为

$$P=P_0+S_{\mathrm{a}}p_0\left(1-\frac{p}{p_0}\right) \tag{4.18}$$

式中：P_0 为地面额定条件下的发动机实测推力，称为地面额定推力，可根据发动机地面试车数据通过插值计算得到；$S_{\mathrm{a}}p_0\left(1-\frac{p}{p_0}\right)$随高度而变化，称为发动机推力高度特性修正项；$p_0$ 为地面标准大气压力。

2. 控制力及控制力矩模型

导弹采用不同的控制方式，其控制力模型不同，一般弹道导弹的控制力由燃气舵、摆动喷管（发动机）或二次喷射等方式产生，横向和法向控制力均可表示为控制力梯度的函数：

$$\begin{cases}Y_{1C}=R'\delta_\phi\\Z_{1C}=-R'\delta_\psi\end{cases} \tag{4.19}$$

式中：R'为控制力梯度，与当量舵偏角有关，可通过地面试车数据插值计算得到；$\delta_i(i=\phi,\psi,\gamma)$为当量摆动角。

控制力矩可表示为

$$
\begin{cases}
M_{z1c}=-R'(X_{ry}-X_z)\delta_\phi=M_{z1c}^{\delta}\delta_\phi\\
M_{y1c}=-R'(X_{ry}-X_z)\delta_\psi=M_{y1c}^{\delta}\delta_\psi\\
M_{x1c}=-R'Z_{ry}\delta_\gamma=M_{x1c}^{\delta}\delta_\gamma
\end{cases}
\tag{4.20}
$$

式中：X_{ry}，X_z 分别为控制力作用点和导弹质心至弹头理论尖端的距离；Z_{ry} 为控制力作用点至弹体纵对称轴的距离。

3. 秒耗量模型

根据地面试车数据插值计算得到。

4. 质心位置

根据地面试车数据插值计算得到。

5. 转动惯量

根据地面试车数据插值计算得到。

对于发动机对象，可将各种不同的函数和模型看作方法，而将发动机的试车数据看作属性，其属性反映了发动机推力大小、燃料消耗量等特性。

4.2.5 空气动力（力矩）模型

导弹空气动力计算模型是相同的，但与导弹本身的空气动力特性密切相关，而这些特性主要反映为：俯仰气动力系数；偏航气动力系数；滚动气动力系数；导弹最大横截面积。

空气动力计算模型可表示为

$$
\begin{cases}
X=C_X qS_m\\
Y=C_y qS_m=C_y^{\alpha}\alpha qS_m\\
Z=C_Z qS_m=C_Z^{\beta}\beta qS_m
\end{cases}
\tag{4.21}
$$

式中：X，Y，Z 分别为空气阻力、升力和侧滑力，X 沿 $\boldsymbol{V}$ 的负方向；C_X，C_y，C_Z 分别为阻力系数、升力系数和侧滑力系数；C_y^{α}，C_Z^{β} 分别称为升力系数对冲角的导数和侧滑力系数对侧滑角的导数，且 $C_y^{\alpha}=-C_Z^{\beta}$；$q=\frac{1}{2}\rho V^2$ 为速度头（或速压）；ρ，V 分别为大气密度和导弹相对空气的运动速度；α，β 分别为冲角（攻角）和侧滑角；S_m 为导弹最大横截面积。

空气动力矩的计算可以在计算出的空气动力基础上分别乘以各自的力臂（气动力中心距导弹质心距离）得到。

4.2.6 引力模型

弹道导弹所用的地球模型是与其射程大小和精度要求相关的，不同型号的弹道导弹所用的地球模型是不同的，但总的来说一般都将地球形状视为旋转的正常椭球体，不同的地球模型就是指所采用的椭球体常数不同，而其引力及大地问题的计算公式则大致相同，如椭球体的引力计算模型为

$$
\begin{cases}
g_r=-f_m/r^2+\mu(5.0\sin^2\phi_s-1.0)/r^4\\
g_q=-2.0\mu\sin\phi_s/r^4
\end{cases}
\tag{4.22}
$$

式中：g_r，g_q 分别为当前点的引力和离心力；f_m 为引力常数，μ 为地球扁率系数，与所选择的椭球体有关；ϕ_s 为地心纬度；r 为地心距。

一般地，引力加速度矢 $\boldsymbol{g}$ 在发射坐标系各轴上的投影式为

$$\begin{bmatrix} g_x \\ g_y \\ g_z \end{bmatrix} = \frac{g_r}{r}\begin{bmatrix} r_x \\ r_y \\ r_z \end{bmatrix} + \frac{g_\omega}{\omega}\begin{bmatrix} \omega_x \\ \omega_y \\ \omega_z \end{bmatrix} \tag{4.23}$$

其中

$$\begin{bmatrix} r_x \\ r_y \\ r_z \end{bmatrix} = \begin{bmatrix} R_{ox} \\ R_{oy} \\ R_{oz} \end{bmatrix} + \begin{bmatrix} x \\ y \\ z \end{bmatrix} \tag{4.24}$$

$$r = [\, r_x^2 + r_y^2 + r_z^2 \,]^{\frac{1}{2}} \tag{4.25}$$

$$\begin{cases} g_r = -\dfrac{fM}{r^2} + \dfrac{M}{r^4}(5\sin\phi_d - 1) \\ g_\omega = -\dfrac{2M}{r^4}\sin\phi_d \end{cases} \tag{4.26}$$

$$\begin{cases} \sin\phi_d \; \dfrac{\omega_x r_x + \omega_y r_y + \omega_z r_z}{\omega \cdot r} \\ R = \dfrac{a}{\sqrt{1 + e'^2 \sin^2\phi_d}} \end{cases} \tag{4.27}$$

$$\begin{bmatrix} R_{ox} \\ R_{oy} \\ R_{oz} \end{bmatrix} = R_o \begin{bmatrix} -\sin\mu_o \cos A_{mz} \\ \cos\mu_o \\ \sin\mu_o \sin A_{mz} \end{bmatrix} \tag{4.28}$$

$$\begin{bmatrix} \omega_x \\ \omega_y \\ \omega_z \end{bmatrix} = \omega \begin{bmatrix} \cos B_0 \cos A_{mz} \\ \sin B_0 \\ -\cos B_0 \sin A_{mz} \end{bmatrix} \tag{4.29}$$

引力加速度矢 $\boldsymbol{g}$ 在惯性坐标系各轴上的分量为

$$\begin{bmatrix} g_{x_a} \\ g_{y_a} \\ g_{z_a} \end{bmatrix} = \frac{g_{r_a}}{r_a}\begin{bmatrix} r_{x_a} \\ r_{y_a} \\ r_{z_a} \end{bmatrix} + \frac{g_\omega}{\omega}\begin{bmatrix} \omega_{x_a} \\ \omega_{y_a} \\ \omega_{z_a} \end{bmatrix} \tag{4.30}$$

其中：g_{r_a}，g_ω 计算式与式（4.24）~式（4.29）相同，不同的仅是式中各自变量为惯性坐标系的值。

4.2.7　科里奥利力模型

地地弹道导弹的发射点和目标点均位于地球上，而地球又不停地绕其自转轴由西向东转动，所以当相对于发射坐标系建立导弹质心运动方程和研究其运动规律时，就必须涉及因地球自转而产生的科里奥利惯性力和牵连惯性力。

在发射坐标系中，导弹的科里奥利加速度 $\dot{\boldsymbol{W}}_c$ 和科里奥利惯性力 $\boldsymbol{F}_c$ 分别为

$$\begin{cases}\dot{\boldsymbol{W}}_c = 2\boldsymbol{\omega}\times\boldsymbol{V} = 2\begin{bmatrix}\boldsymbol{x}^0 & \boldsymbol{y}^0 & \boldsymbol{z}^0\\ \omega_x & \omega_y & \omega_z\\ V_x & V_y & V_z\end{bmatrix}\\ \boldsymbol{F}_c = -m\dot{\boldsymbol{W}}_c\end{cases} \tag{4.31}$$

式中：m 为导弹瞬时质量；$\boldsymbol{x}^0$，$\boldsymbol{y}^0$，$\boldsymbol{z}^0$ 为发射坐标系各轴的单位矢量；$V_j(j=x,y,z)$ 为导弹质心相对地球的运动速度矢 $\boldsymbol{V}$ 在发射坐标系各轴上的分量；$\omega_j(j=x,y,z)$ 为地球自转角速度矢 ω 在发射坐标系各轴上的分量，即

$$\begin{cases}\omega_x = \omega\cos B_T\cos A_T\\ \omega_y = \omega\sin B_T\\ \omega_z = -\omega\cos B_T\sin A_T\end{cases} \tag{4.32}$$

式中：B_T，A_T 分别为发射点天文纬度和天文瞄准方位角。

在弹道计算中，为方便起见，用符号 $\dot{\boldsymbol{V}}_c$ 代替 $-\dot{\boldsymbol{W}}_c$，即

$$\dot{\boldsymbol{V}}_c = -\dot{\boldsymbol{W}}_c \tag{4.33}$$

且令

$$\begin{cases}b_{12} = -b_{21} = 2\omega_z\\ b_{31} = -b_{13} = 2\omega_y\\ b_{23} = -b_{32} = 2\omega_x\end{cases} \tag{4.34}$$

则 $\dot{\boldsymbol{V}}_c$ 在发射坐标系各轴上的分量为

$$\begin{cases}\dot{V}_{cx} = b_{12}V_y + b_{13}V_z\\ \dot{V}_{cy} = b_{21}V_x + b_{23}V_z\\ \dot{V}_{cz} = b_{31}V_x + b_{32}V_y\end{cases} \tag{4.35}$$

或

$$\begin{bmatrix}\dot{V}_{cx}\\ \dot{V}_{cy}\\ \dot{V}_{cz}\end{bmatrix} = \begin{bmatrix}0 & b_{12} & b_{13}\\ b_{21} & 0 & b_{23}\\ b_{31} & b_{32} & 0\end{bmatrix}\begin{bmatrix}V_x\\ V_y\\ V_z\end{bmatrix} \tag{4.36}$$

于是，科里奥利惯性力 F_c 在发射坐标系各轴上的投影为

$$\boldsymbol{F}_{cj} = m\dot{\boldsymbol{V}}_{cj}\quad (j=x,y,z) \tag{4.37}$$

4.2.8 牵连力模型

导弹相对旋转着的地球运动时，除产生科里奥利惯性力外，同时还产生牵连惯性力。导弹某瞬时的牵连惯性力 $\boldsymbol{F}_e$ 和牵连加速度 $\dot{\boldsymbol{W}}_e$ 为

$$\begin{cases}\dot{\boldsymbol{W}}_e = \boldsymbol{\omega}\times(\boldsymbol{\omega}\times\boldsymbol{r}) = (\boldsymbol{\omega}\cdot\boldsymbol{r})\boldsymbol{\omega} - \omega^2\boldsymbol{r}\\ \boldsymbol{F}_e = -m\dot{\boldsymbol{W}}_e\end{cases} \tag{4.38}$$

式中：$\boldsymbol{r}$ 为导弹质心的地心矢径。

当用符号 $\dot{\boldsymbol{V}}_e$ 代替 $-\dot{\boldsymbol{W}}_e$ 时，有

$$\begin{cases}\dot{\boldsymbol{V}}_e = \omega^2\boldsymbol{r} - (\boldsymbol{\omega}\cdot\boldsymbol{r})\boldsymbol{\omega} \\ \boldsymbol{F}_e = m\dot{\boldsymbol{V}}_e\end{cases} \tag{4.39}$$

且令

$$\begin{cases}a_{11} = \omega^2 - \omega_x^2 \\ a_{12} = a_{21} = -\omega_x\omega_y \\ a_{13} = a_{31} = -\omega_x\omega_z \\ a_{22} = \omega^2 - \omega_y^2 \\ a_{23} = a_{32} = -\omega_y\omega_z \\ a_{33} = \omega^2 - \omega_z^2\end{cases} \tag{4.40}$$

则得

$$\left.\begin{cases}\dot{V}_{ex} = a_{11}(R_{0x}+x) + a_{12}(R_{0y}+y) + a_{13}(R_{0z}+z) \\ \dot{V}_{ey} = a_{21}(R_{0x}+x) + a_{22}(R_{0y}+y) + a_{23}(R_{0z}+z) \\ \dot{V}_{ez} = a_{31}(R_{0x}+x) + a_{32}(R_{0y}+y) + a_{33}(R_{0z}+z)\end{cases}\right\} \tag{4.41}$$

或

$$\begin{bmatrix}\dot{V}_{ex} \\ \dot{V}_{ey} \\ \dot{V}_{ez}\end{bmatrix} = \begin{bmatrix}a_{11} & a_{12} & a_{13} \\ a_{21} & a_{22} & a_{23} \\ a_{31} & a_{32} & a_{33}\end{bmatrix}\begin{bmatrix}R_{0x}+x \\ R_{0y}+y \\ R_{0z}+z\end{bmatrix} \tag{4.42}$$

这样，牵连惯性力 $\boldsymbol{F}_e$ 在发射坐标系各轴上的投影可表示为

$$\boldsymbol{F}_{ej} = m\dot{\boldsymbol{V}}_{ej} \quad (j = x, y, z) \tag{4.43}$$

4.2.9　关机控制

弹道导弹关机控制是实现纵向射程控制的关键。由于弹道计算目的的不同，目前在弹道计算中的关机控制方式较多，对于摄动制导，目前广泛使用的关机方式主要有以下两种。

1. 按关机方程关机

具体关机方程形式参见后续章节。

2. 按时间关机

关机方程为 $t_k = \tilde{t}_k$（式中，$\tilde{t}_k$ 为标准弹道关机时刻）。一般地，当通过迭代方法确定标准弹道时，采用时间关机方案，待标准弹道确定，研究制导方法时再在此标准弹道基础上，加入相关的制导方案开展研究。

关机类应包括多种关机方程，针对不同的要求，使用不同的关机方式，并赋予不同的数据。

4.2.10 导引

在主动段制导中，导引的作用主要是为了将导弹控制在标准弹道附近，以使导弹沿预定弹道飞行或满足摄动关机方程的需要。弹道导弹中，导引分为法向导引和横向导引，法向导引是为了控制导弹沿法向的运动，横向导引是为了控制导弹沿横向的运动，具体导引方程参见后续章节。

4.2.11 标准函数

弹道计算中要使用大量的通用函数。

1. 插值函数

一元两点插值、一元三点插值、二元三点插值。

2. 数值积分

标准弹道方程组一般采用数值积分方法解算，这里主要介绍弹道计算常用的两种数值积分方法，即龙格库塔法和阿达姆斯法。

1）*龙格库塔法*

若给定的一阶常微分方程组的初值问题为

$$\begin{cases} y_1' = f_1(t, y_1, y_2, \cdots, y_m), & y_1(t_0) = y_{10} \\ y_2' = f_2(t, y_1, y_2, \cdots, y_m), & y_2(t_0) = y_{20} \\ \vdots \\ y_m' = f_{\mathrm{m}}(t, y_1, y_2, \cdots, y_m), & y_m(t_0) = y_{m0} \end{cases} \tag{4.44}$$

通常，在弹道学中将式（4.44）中等号右边的函数 f_i 称为右函数。解算此初始问题的龙格库塔法的数学计算式为

$$y_{i,j+1} = y_{i,j} + \frac{h}{6}(K_{1i} + 2K_{2i} + 2K_{3i} + K_{4i}) \tag{4.45}$$

式中：下标 $j+1$ 表示当前步的值，j 表示上一步的值。

其中

$$\begin{cases} K_{1i} = f_i(t_j, y_{1,j}, y_{2,j}, \cdots, y_{m,j}) \\ K_{2i} = f_i\left(t_j + \frac{h}{2}, y_{1,j} + \frac{h}{2}K_{11}, \cdots, y_{m,j} + \frac{h}{2}K_{1m}\right) \\ K_{3i} = f_i\left(t_j + \frac{h}{2}, y_{1,j} + \frac{h}{2}K_{21}, \cdots, y_{m,j} + \frac{h}{2}K_{2m}\right) \\ K_{4i} = f_i(t_j + h, y_{1,j} + hK_{31}, \cdots, y_{m,j} + hK_{3m}) \end{cases}, \quad i = 1, 2, \cdots, m \tag{4.46}$$

这里：$y_{i,j+1}$ 为第 i 个因变量 y_i 在第 $t_{j+1} = t_j + h$ 时刻的值；h 为积分步长。

2）*阿达姆斯法*

若给定的一阶常微分方程组的初值问题为

$$\begin{cases} y_1' = f_1(t, y_1, y_2, \cdots, y_m), & y_1(t_0) = y_{10} \\ y_2' = f_2(t, y_1, y_2, \cdots, y_m), & y_2(t_0) = y_{20} \\ \vdots \\ y_m' = f_{\mathrm{m}}(t, y_1, y_2, \cdots, y_m), & y_m(t_0) = y_{m0} \end{cases} \tag{4.47}$$

阿达姆斯法采用先计算一个预报解，再在预报解的基础上用一个公式解算校正解的方法，因此阿达姆斯法也称预报校正法。阿达姆斯法的数学计算式如下。

预报公式：

$$\bar{y}_{i,j+1}=y_{i,j}+[55f_{j,j}-59f_{i,j-1}+37f_{i,j-2}-9f_{i,j-3}]\frac{h}{24} \tag{4.48}$$

校正公式：

$$y_{i,j+1}=y_{i,j}+[9f_{j,j+1}+19f_{i,j}-5f_{i,j-1}+f_{i,j-2}]\frac{h}{24} \tag{4.49}$$

其中

$$\begin{cases} f_{i,k}=f_i(t_k,y_{1,k},y_{2,k},\cdots,y_{m,k}), & k=j-3,j-2,j-1,j \\ f_{i,j+1}=f_i(t_{j+1},\bar{y}_{1,j+1},\bar{y}_{2,j+1},\cdots,\bar{y}_{m,j+1}), & i=1,2,\cdots,m \end{cases} \tag{4.50}$$

对比龙格库塔法和阿达姆斯法，龙格库塔法积分一步需要计算 4 次右函数（求 $K_{1i},K_{2i},K_{3i},K_{4i}$），而阿达姆斯法只需计算 2 次右函数（预报时求 $f_{i,j}$，校正时求 $f_{i,j+1}$），其他的值利用以前的计算结果。在弹道解算中，右函数的计算量是非常大的，因此可见阿达姆斯法的计算量要比龙格库塔法少很多，其运算速度也比龙格库塔法快得多。

从式（4.48）中知，阿达姆斯法计算时需要前 4 步的结果，但自身不能提供开始 4 步的结果，需要依靠其他方法首先进行前 4 步的计算。

综上所述，龙格库塔法计算速度慢，但容易进行起步计算；阿达姆斯法计算速度快，但不能进行起步计算。为了提高弹道计算速度，一般采用龙格库塔法计算开始四步的值，然后转由阿达姆斯法进行积分计算，其计算过程见图 4.1。这种计算方法称为龙格库塔转阿达姆斯法。

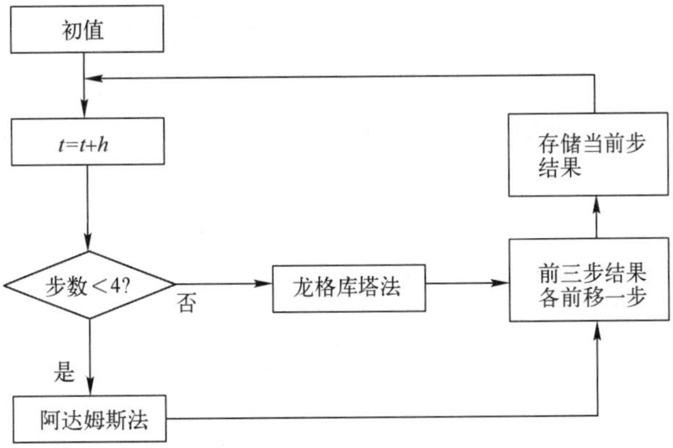

图 4.1　数值积分算法流程

4.2.12　坐标转换

弹道计算中涉及许多坐标系，不同的力、力矩分别表示在不同的坐标系中，弹道解算时需要将其转换到一个统一的坐标系统中，因此需要坐标转换。坐标转换方法是将要转换的坐标乘以相应的坐标转换矩阵，就可以得到对应坐标系统下的坐标。

主要转换矩阵有：发射坐标系与惯性坐标系间转换矩阵；发射坐标系与弹体坐标系间转换矩阵；速度坐标系与弹体坐标系间转换矩阵；发射坐标系与地心直角坐标系间转换矩阵。

4.3 弹道计算流程

弹道计算实质是对由牛顿第二定律导出的微分方程组的积分，而对弹道微分方程组的积分有两大核心环节：一是对微分方程组中的力和力矩的计算，通常称为右函数的计算，涉及各种力的模型、力矩模型、坐标系转换模型、标准弹道条件模型和控制模型；二是对微分方程组的数值积分计算，通常采用龙格库塔法、阿达姆斯法等。

弹道微分方程组的数值积分是分步进行的，也就是将弹道积分划分为关于时间的微小片段，一段一段递推计算，一个微小片段基本过程可归纳为以下几个步骤。

（1）状态确定。通过上一步积分运算，获得导弹当前片断起始时刻的速度、位置和姿态。

（2）大气参数计算。根据导弹位置信息利用标准大气模型计算获得压强、密度、温度、风速等。

（3）推力计算。火箭发动机推力是由总体设计部门根据发动机地面试车数据给出的关于时间的数表，通过插值运算、气压高度修正后得到的。

（4）控制力计算。控制力的计算是在控制系统给定的发动机控制量（燃气舵、摇摆喷管等量）的基础上，通过地面试车数据插值计算得到。

（5）气动力计算。气动力是根据导弹飞行高度、速度、姿态，在风洞试验数据的基础上计算得到。

（6）力矩计算。在力的计算基础上，根据导弹自身物理条件所确定的力学环境计算得到。

（7）引力计算。在标准地球物理条件下，利用导弹位置状态，根据引力模型计算得到。

（8）力的坐标系转换。由于力的计算一般在方便计算的不同坐标系下计算得到，而弹道计算一般在发射坐标系或发射惯性坐标系下进行，因此需要将各种力的计算结果转换到统一的坐标系下。

（9）姿态控制运算。根据导弹飞行时间，由飞行程序角标准数据确定标准飞行程序角，与当前姿态角求差获得姿态偏差，代入姿态控制方程获得控制量。

（10）数值积分。通过数值积分求取当前时间片断终点时刻的状态值。

如此递推积分，直到导弹命中目标。在弹道计算过程中，由于导弹各飞行阶段的飞行环境不同，发动机形式不同，因此力和力矩的计算必须按弹道分段计算，下面以一级固体火箭为动力系统的弹道导弹为例给出标准弹道计算流程，如图4.2~图4.4所示。

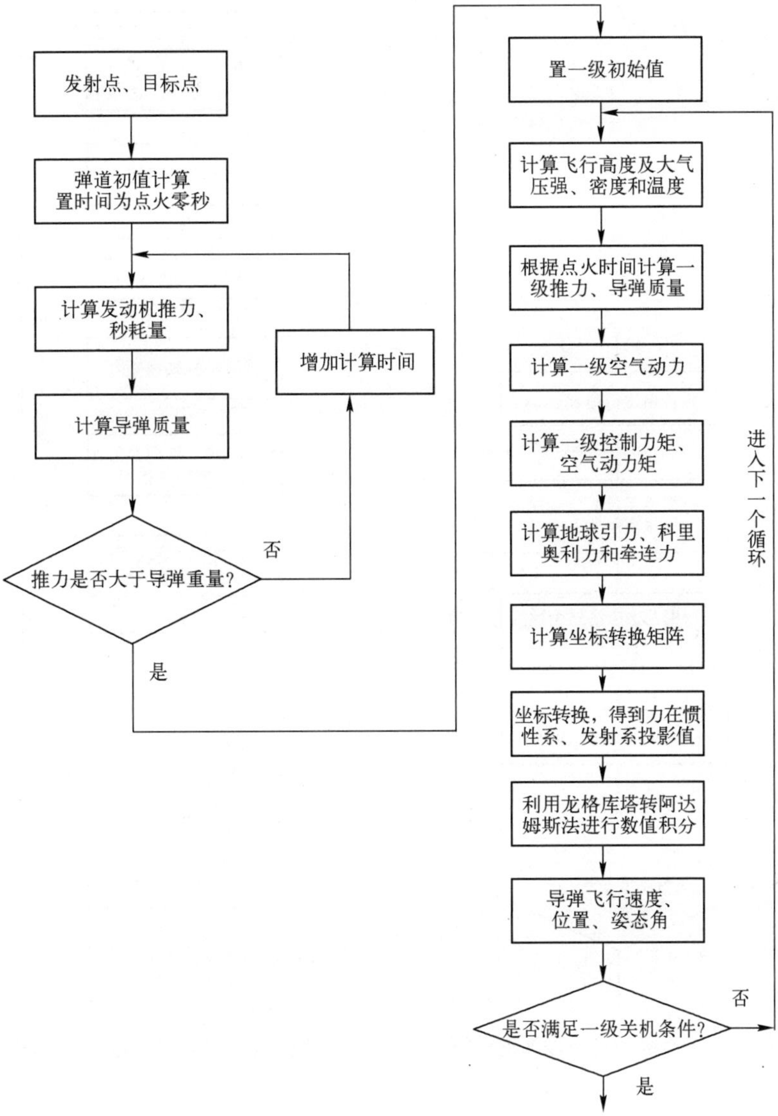

图 4.2　起飞段和一级段弹道计算流程图

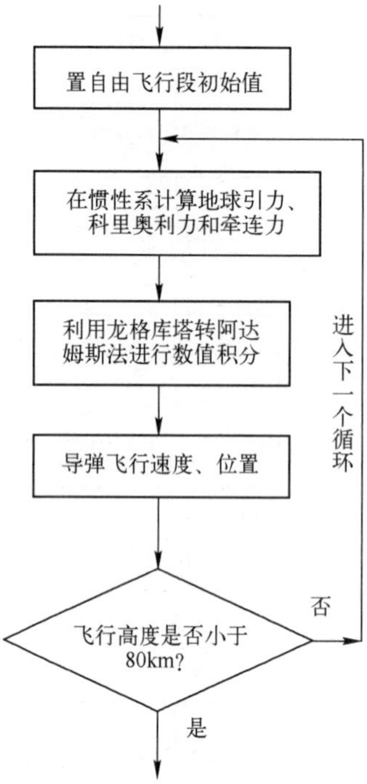

图4.3　末修级和自由段弹道计算流程

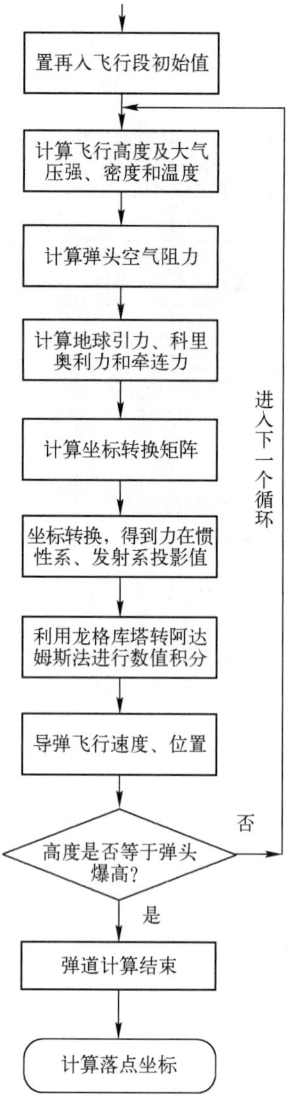

图4.4　再入段弹道计算流程

第 5 章　弹道导弹摄动制导

弹道导弹的制导是以标准弹道为依据，根据导弹飞行状态和命中目标的要求来进行控制的，因此实际弹道一般不会偏离标准弹道过大，这就为摄动制导创造了条件。

5.1　制导的一般理论

从弹道导弹弹道特性上可知弹道具有平面特性，因此弹道的落点偏差控制也可分为射击平面内的射程控制和垂直于射击平面的横向偏差控制。

弹道导弹制导方法是随着技术的发展而发展的，从最简便易行的时间关机、视速度关机、速度关机再到摄动关机。

5.1.1　按时间关机的射程控制方案

若弹道导弹在飞行过程中无任何干扰，则其飞行状态在姿态控制系统作用下按给定程序进行转弯，则其飞行弹道严格按标准弹道飞行，此时只需要使用按时间关机的射程控制方案就可以实现射程的控制，是最简单的一种射程控制方案。如果弹道解算中的标准射程所对应的关机时间为 $\tilde{t}_k$，那么实际飞行中的导弹，只要在实际关机时间 t_k 满足

$$t_k=\tilde{t}_k \tag{5.1}$$

的条件下实施关机，即可实现控制射程的目的。式（5.1）称为按时间关机的射程控制方程。

按式（5.1）进行射程控制的原理示意图如图 5.1 所示。由图可知，这种射程控制器只有一个计时装置和一个判断装置组成，因此该方案具有结构简单、方便易行的优点。

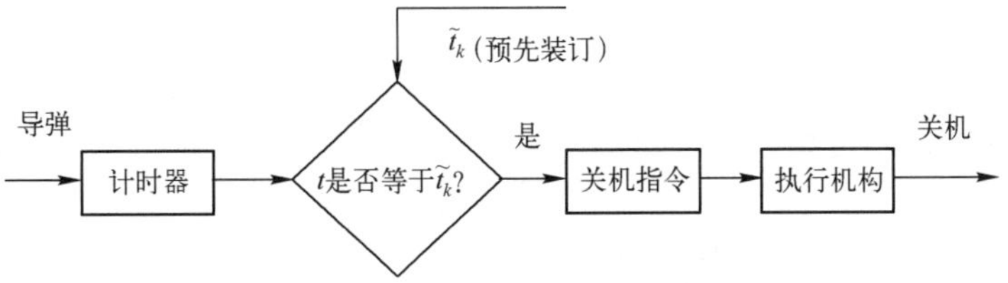

图 5.1　按时间关机射程控制原理图

与其他控制方案比较，按时间关机的控制方案射击精度是最低的。由于干扰的影响，关机点实际参数与标准参数间必然存在一定的偏差，从而产生射程偏差。在所有干扰因素中，发动机推力偏差是较大的一项，若发动机推力偏差为+10%，按时间关机控制必然造成关机点速度和位置比标准弹道关机点值偏大，直接影响射击精度。

根据射程偏差的计算公式（2.4）可知，关机点参数引起的落点纵向偏差为

$$\begin{aligned}\delta L &= \frac{\partial L}{\partial V_x}\delta V_{x_k}+\frac{\partial L}{\partial V_y}\delta V_{y_k}+\frac{\partial L}{\partial V_z}\delta V_{z_k}+\frac{\partial L}{\partial x}\delta x_k+\frac{\partial L}{\partial y}\delta y_k+\frac{\partial L}{\partial z}\delta z_k \\ &= \frac{\partial L}{\partial V}\delta V_k+\frac{\partial L}{\partial \theta}\delta\theta_k+\frac{\partial L}{\partial x}\delta x_k+\frac{\partial L}{\partial y}\delta y_k+\frac{\partial L}{\partial z}\delta z_k\end{aligned} \tag{5.2}$$

由式（5.2）清楚地看出，射程偏差的大小不仅与 δx_{ik} 有关，而且还与射程误差系数相联系。经计算表明，在诸系数中，$\dfrac{\partial L}{\partial V_k}$ 值最大，如某导弹的各射程误差系数值约为

$$\frac{\partial L}{\partial V_{xk}}=6000\mathrm{m/(m/s)},\quad \frac{\partial L}{\partial V_{yk}}=2100\mathrm{m/(m/s)}$$

$$\frac{\partial L}{\partial V_{zk}}=36\mathrm{m/(m/s)},\quad \frac{\partial L}{\partial x_k}=2.7\mathrm{m/m}$$

$$\frac{\partial L}{\partial y_k}=2.1\mathrm{m/m},\quad \frac{\partial L}{\partial z_k}=0.3\mathrm{m/m}$$

显然，即使是关机点速度偏差 $\delta V_{ik}(i=x,y,z)$ 均为 1m/s，由此所引起的射程偏差约达 8.1km，这表明，关机点速度偏差是影响射程偏差的主要因素。

5.1.2 按发动机推进剂消耗量关机方案分析

当分析导弹最大射程时，往往是按“推进剂消耗量”控制发动机关机，即当导弹发动机推进剂耗尽标准推进剂量时，导弹关机。这里的“推进剂”可以指液体发动机燃烧剂，也可指固体发动机的装填药。

如果设实际推进剂为 Q，标准推进剂为 $\widetilde{Q}$，则按“推进剂消耗量”控制发动机关机，即

$$Q(t_k)-\widetilde{Q}(\tilde{t}_k)=0 \tag{5.3}$$

根据变分理论，将 $Q(t_k)$ 在标准关机时刻展开，取其线性主部，则有

$$\begin{cases}Q(\tilde{t}_k)-\dot{G}(\tilde{t}_k)\Delta t_k-\widetilde{Q}(\tilde{t}_k)=0\\ Q_0-\dot{G}\tilde{t}_k-\dot{G}(\tilde{t}_k)\Delta t_k-\widetilde{Q}_0+\widetilde{\dot{G}}\tilde{t}_k=0\\ \delta Q_0-\delta\dot{G}\tilde{t}_k-\dot{G}(\tilde{t}_k)\Delta t_k=0\end{cases} \tag{5.4}$$

式中：Q_0 为初始推进剂额定量；$\dot{G}$ 为推进剂秒流量。

由式（5.4）不难得到关机时间偏差

$$\Delta t_k=t_k-\tilde{t}_k=\frac{1}{\dot{G}(\tilde{t}_k)}(\delta Q_0-\delta\dot{G}\tilde{t}_k) \tag{5.5}$$

根据等时变分理论，若设关机点等时运动参数偏差为 $\delta\dot{\boldsymbol{r}}_k$ 和 $\delta\boldsymbol{r}_k$，对应的实际关机点运动参数偏差为 $\Delta\dot{\boldsymbol{r}}_k$ 和 $\Delta\boldsymbol{r}_k$，则

$$\begin{aligned}\Delta\dot{\boldsymbol{r}}_k &= \dot{\boldsymbol{r}}(\tilde{t}_k+\Delta t_k)-\widetilde{\dot{\boldsymbol{r}}}(\tilde{t}_k)\\ &= \dot{\boldsymbol{r}}(\tilde{t}_k)+\ddot{\boldsymbol{r}}(\tilde{t}_k)\Delta t_k-\widetilde{\dot{\boldsymbol{r}}}(\tilde{t}_k)\\ &= \delta\dot{\boldsymbol{r}}_k+\ddot{\boldsymbol{r}}(\tilde{t}_k)\Delta t_k\end{aligned} \tag{5.6}$$

同样

$$\Delta \boldsymbol{r}_k = \boldsymbol{r}(\tilde{t}_k) + \dot{\boldsymbol{r}}(\tilde{t}_k)\Delta t_k - \tilde{\boldsymbol{r}}(\tilde{t}_k) = \delta \boldsymbol{r}_k + \dot{\boldsymbol{r}}(\tilde{t}_k)\Delta t_k \tag{5.7}$$

实际关机时间与标准关机时间不同而引起的射程偏差为

$$\Delta L = \delta L + \dot{L}(\tilde{t}_k)\Delta t_k \tag{5.8}$$

式中

$$\dot{L}(\tilde{t}_k) = \left[\frac{\partial L}{\partial v_x}\dot{v}_x + \frac{\partial L}{\partial v_y}\dot{v}_y + \frac{\partial L}{\partial v_z}\dot{v}_z + \frac{\partial L}{\partial x}\dot{x} + \frac{\partial L}{\partial y}\dot{y} + \frac{\partial L}{\partial z}\dot{z}\right]_{\tilde{t}_k} \tag{5.9}$$

可根据标准弹道确定。

把对应按消耗量关机的关机时间偏差 Δt_k 代入式中，便可分析得到对应发动机耗尽关机方案的射程偏差。

5.1.3　按速度关机的射程控制方案

既然关机点速度偏差是影响射程偏差的主要因素，如果安装在弹上的测量仪表能够实时地对导弹实际飞行速度进行测量，并不断地与发射前装订在弹上的标准速度值 $\tilde{V}_k$ 进行比较，当 $V_k = \tilde{V}_k$ 时发出关机指令，控制发动机关机，那么便能达到更精确控制射程的目的。这种方案的射程控制方程为

$$V_k = \tilde{V}_k \tag{5.10}$$

按此方程控制关机的原理图如 5.2 所示。

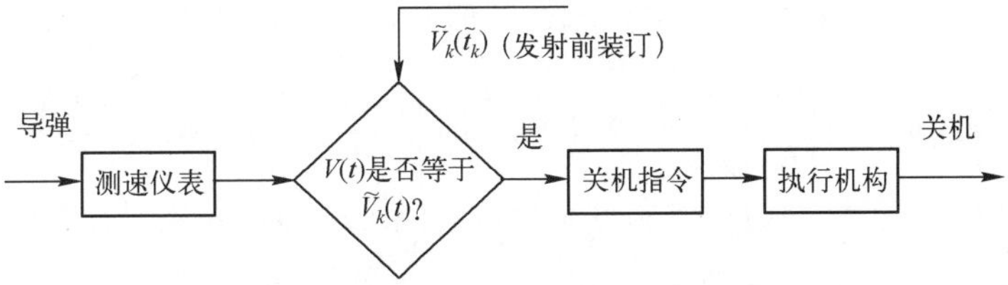

图 5.2　按速度关机射程控制原理图

按这种控制方案控制发动机关机时，尽管实际关机点速度 V_k 与标准关机点速度 $\tilde{V}_k$ 相等，但由于外界干扰因素的影响，其实际关机时间 t_k 与标准关机时间 $\tilde{t}_k$ 必然不一致，即产生关机时间偏差 $\Delta t_k = t_k - \tilde{t}_k$。此偏差导致关机点其他参数产生偏差，从而引起射程偏差。

根据式（5.4），则实际关机点速度和速度偏差分别为

$$V_k = V_k(\tilde{t}_k) + \dot{\tilde{V}}_k \Delta t_k \tag{5.11}$$

及

$$\begin{aligned}\Delta V_k &= V_k - \tilde{V}_k \\ &= \delta V_k + \dot{\tilde{V}}_k \Delta t_k\end{aligned} \tag{5.12}$$

其中，符号 δ 的量表示等时偏差，即实际弹道与标准弹道在同一时刻的偏差（时刻相同，各参数不同）；符号 Δ 的量表示全偏差，与等时偏差对应的是全偏差表示实际弹道与标准弹道在不同时刻的偏差（时刻不同、各参数也不同），具体描述请参见 5.3

节。当 $\Delta V_k=0$ 时，关机时间偏差为

$$\Delta t_k=t_k-\tilde{t}_k=-\frac{\delta V_k}{\dot{\tilde{V}}_k} \tag{5.13}$$

将此式代入式（5.12），则得射程偏差为

$$\Delta L=\delta L+\dot{L}\Delta t_k=\delta L-\frac{\dot{L}}{\dot{\tilde{V}}_k}\delta V_k \tag{5.14}$$

式中

$$\begin{cases}\delta L=\dfrac{\partial L}{\partial V_k}\delta V_k+\dfrac{\partial L}{\partial \theta_k}\delta\theta_k+\dfrac{\partial L}{\partial x_k}\delta x_k+\dfrac{\partial L}{\partial y_k}\delta y_k+\dfrac{\partial L}{\partial z_k}\delta z_k\\ \dot{L}=\dfrac{\mathrm{d}L}{\mathrm{d}t}=\dfrac{\partial L}{\partial V_k}\dot{\tilde{V}}_k+\dfrac{\partial L}{\partial \theta_k}\dot{\tilde{\theta}}_k+\dfrac{\partial L}{\partial x_k}\dot{\tilde{x}}_k+\dfrac{\partial L}{\partial y_k}\dot{\tilde{y}}_k+\dfrac{\partial L}{\partial z_k}\dot{\tilde{z}}_k+\dfrac{\partial L}{\partial t_k}\end{cases} \tag{5.15}$$

进一步整理式（5.14），且令

$$\left(\frac{\partial L}{\partial V_k}\right)^*=\frac{1}{\dot{\tilde{V}}_k}\left(\frac{\partial L}{\partial \theta_k}\dot{\tilde{\theta}}_k+\frac{\partial L}{\partial x_k}\dot{\tilde{x}}_k+\frac{\partial L}{\partial y_k}\dot{\tilde{y}}_k+\frac{\partial L}{\partial z_k}\dot{\tilde{z}}_k+\frac{\partial L}{\partial t_k}\right) \tag{5.16}$$

则有

$$\Delta L=\left(\frac{\partial L}{\partial V_k}\right)^*\delta V_k+\frac{\partial L}{\partial \theta_k}\delta\theta_k+\frac{\partial L}{\partial x_k}\delta x_k+\frac{\partial L}{\partial y_k}\delta y_k+\frac{\partial L}{\partial z_k}\delta z_k \tag{5.17}$$

将上式与式（5.2）比较，对于弹道导弹而言，一般情况下 $\left|\left(\dfrac{\partial L}{\partial V_k}\right)^*\right|\ll\left|\dfrac{\partial L}{\partial V_k}\right|$。如某导弹，$\dfrac{\partial L}{\partial V_k}=9040\text{s}$，而 $\left(\dfrac{\partial L}{\partial V_k}\right)^*=-214.6\text{s}$，即 $\left|\left(\dfrac{\partial L}{\partial V_x}\right)^*\delta V_k\right|\ll\left|\left(\dfrac{\partial L}{\partial V_k}\right)^*\delta V_k\right|$。由此可以得出结论：按速度关机的射程控制方案比按时间关机的射程控制方案所产生的射程偏差要小。

这一事实也可定性地予以说明。导弹在主动段飞行过程中，如果发动机推力偏差为+10%，则实际飞行速度 $V(t)$ 大于标准速度 $\tilde{V}(t)$（图5.3），当采用按时间关机的射程控制方案时，由于关机点速度 $V_k>\tilde{V}_k$（$\delta V_k>0$），因而 $\delta L>0$；若采用按速度关机的射程控制方案，则因 $V>\tilde{V}$，实际关机时间比标准关机时间提前 $\Delta t_k=t_k-\tilde{t}_k$（$\Delta t_k<0$），因此射程减小，即 $\Delta L<\delta L$。相反，当实际飞行速度 $V(t)$ 小于标准速度 $\tilde{V}(t)$ 时，若按时间关机，则因 $V_k<\tilde{V}_k$，有 $\delta L<0$；若按速度关机，则必须使发动机多工作一段时间（$\Delta t_k>0$）才能达到，因而射程增大，即 $|\Delta L|<|\delta L|$。所以，按速度关机的射程控制方案，无论 $\Delta t_k<0$ 还是 $\Delta t_k>0$，都能使射程偏差减小，这是因为时间偏差 Δt_k 对射程偏差起补偿作用的结果。将 Δt_k 称为时间补偿。

尽管按速度关机时的射程偏差比按时间关机时的射程偏差小，但其偏差仍然存在。此外，要实现按速度关机的射程控制方案，就必须在弹上安装测速装置，对于惯性系统而言，直接测量的量是视加速度，而不是速度，要得到速度必须在弹上实时计算引力加速度并进行积分。若弹上无计算装置，则无法实现速度控制方案，在这种情况下，由速度控制方案变化处理得到视速度射程控制方案。

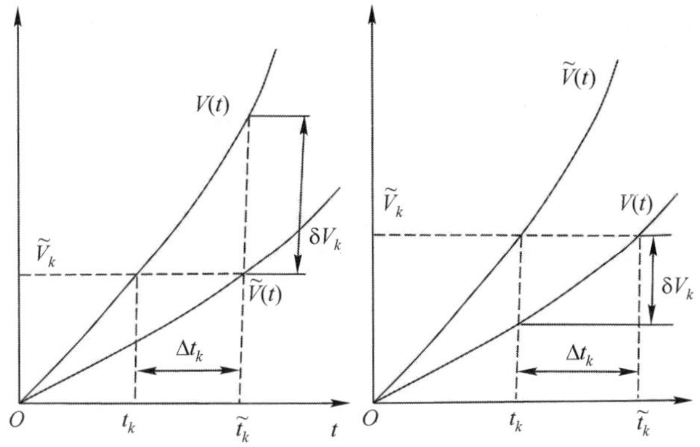

图 5.3　时间补偿原理图

5.1.4　按视速度关机的射程控制方案

在惯性制导中，由于加速度表在弹上安装位置的不同，构成了不同的控制方案。加速度表安装在惯性陀螺平台上，并以此为基准测算视加速度和视速度而对导弹进行控制的方案，称为平台计算机惯性制导方案。而加速度表固连于弹体，并据此为基础测算视加速度和视速度而进行控制的方案，则称为捷联惯性制导方案。

实现捷联式制导方案的控制系统，称为捷联惯性制导系统，通常由陀螺仪、加速度表和计算装置等器件组成。加速度表敏感轴与弹体坐标系轴平行，用以测量视加速度在弹体坐标系各轴上的分量；导弹的姿态，可由双自由度陀螺仪测量，也可用双轴或单轴的速率积分陀螺仪测量姿态角增量，经过复杂的计算求得。前者称为位置捷联惯性制导方案，后者则称为速率捷联惯性制导方案。如果只沿弹体纵对称轴安装一只加速度表的捷联射程制导方案，则称为简单捷联射程控制方案。

简单捷联射程控制方案也称按轴向视速度关机的射程控制方案。实现这种关机方式的关键是测量弹体纵轴方向上的视加速度分量，因此在弹上必须安装一只其敏感轴与弹体纵轴平行的加速度表，实时地敏感飞行中的实际轴向视加速度，并经计算装置计算和比较，当关机点视速度值 W_{x1k} 等于其装订值 $\widetilde{W}_{x1k}$，即

$$W_{x1k}=\widetilde{W}_{x1k} \tag{5.18}$$

时，发出关机指令，控制发动机关机，实现对导弹射程的控制。式（5.18）称为简单捷联式关机方程（或称按轴向视速度关机的射程控制方程）。按此方案控制发动机关机的工作示意图如图 5.4 所示。

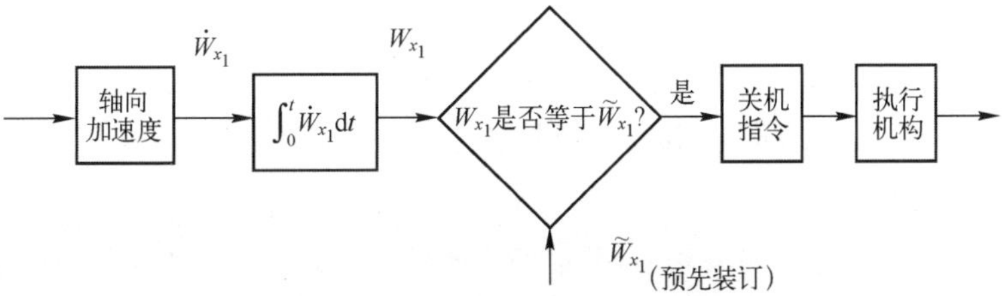

图 5.4　简单捷联射程控制原理图

导弹实际飞行绝对加速度 $\dot{\boldsymbol{V}}$、视加速度 $\dot{\boldsymbol{W}}$ 和引力加速度 $\boldsymbol{g}$ 之间有关系式

$$\dot{\boldsymbol{V}}=\dot{\boldsymbol{W}}+\boldsymbol{g} \tag{5.19}$$

在弹体纵轴上的投影为

$$\dot{V}_{x_1}=\dot{W}_{x_1}+g_{x_1} \tag{5.20}$$

由图 5.5 可得

$$\begin{cases}\dot{V}_{x_1}=\dot{V}\cos\alpha+V\dot{\theta}\sin\alpha \\ g_{x_1}=-g\sin\phi\end{cases} \tag{5.21}$$

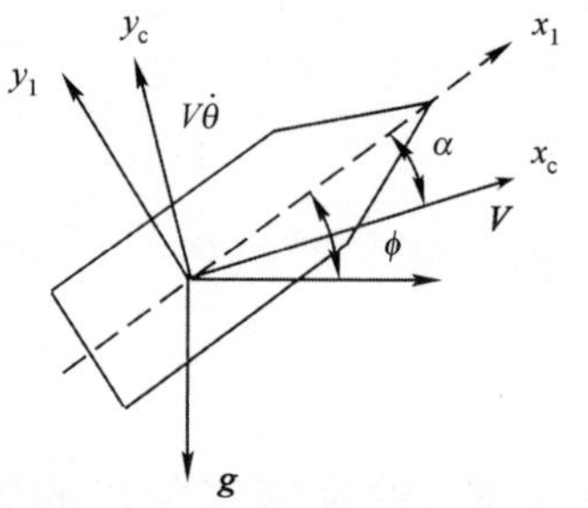

图 5.5　加速度关系图

在 α 很小时，近似认为 $\sin\alpha\approx\alpha$，$\cos\alpha\approx 1-\dfrac{\alpha}{2}$，因而

$$\dot{W}_{x_1}=\dot{V}+\dot{I}_1 \tag{5.22}$$

积分，得

$$W_{x_1}=V+I_1(t) \tag{5.23}$$

其中

$$\begin{cases}\dot{I}_1=\left(V\dot{\theta}-\dfrac{\dot{V}}{2}\alpha\right)\alpha+g\sin\phi \\ I_1=\displaystyle\int_0^t\dot{I}_1(t)\,\mathrm{d}t=\int_0^t\left[\left(V\dot{\theta}-\dfrac{\dot{V}}{2}\alpha\right)\alpha+g\sin\phi\right]\mathrm{d}t\end{cases} \tag{5.24}$$

由式（5.20）和式（5.23）可以看出，视速度 W_{x_1} 与绝对速度 V 间只相差一个 $I_1(t)$，而 $I_1(t)$ 又与参数 $\dot{V}$、$\dot{\theta}$、α 及 ϕ 有关，即 I_1 反映了切向干扰和法向干扰对视速度值的影响。

对于主动段关机点参数而言，有

$$\begin{cases}\dot{W}_{x1k}=\dot{V}_{x1k}+\dot{I}_{1k} \\ W_{x1k}=V_{x1k}+I_{1k}\end{cases} \tag{5.25}$$

计算表明，$\dot{I}_{1k}>0$、$I_{1k}>0$，而 $I_{1k}\ll V_k$，即 W_{x1k} 与 V_k 只相差一个小量 I_{1k}。因而，既然按速度关机能实现对导弹射程的控制，那么按视速度关机的射程控制方案同样也是可行的方案。即关机方程取 $W_{x1k}=\widetilde{W}_{x1k}$，其落点偏差可如下分析。

根据式（5.20）及式（5.25），主动段终点轴向视速度 W_{x1k} 及其全偏差 ΔW_{x1k} 可表示为

$$\begin{cases}W_{x1k}=W_{x_1}(\tilde{t}_k)+\dot{\widetilde{W}}_{x1k}\Delta t_k \\ \Delta W_{x1k}=W_{x_1}(t_k)-\widetilde{W}_{x_1}(\tilde{t}_k)=\delta W_{x1k}+\dot{\widetilde{W}}_{x1k}\Delta t_k\end{cases} \tag{5.26}$$

由于

$$\delta W_{x1k}=\delta V_k+\delta I_{1k} \tag{5.27}$$

及 $W_{x1k}=\widetilde{W}_{x1k}$，故得时间补偿

$$\Delta t_k = -\frac{\delta W_{x1k}}{\dot{\widetilde{W}}_{x1k}} = -\frac{\delta V_k}{\dot{\widetilde{W}}_{x1k}} - \frac{\delta I_{1k}}{\dot{\widetilde{W}}_{x1k}} \tag{5.28}$$

代入式（5.14），于是，按简单捷联式射程控制方案关机时的射程偏差为

$$\begin{aligned}\Delta L &= \delta L + \dot{L}\Delta t_k \\ &= \delta L - \frac{\dot{L}}{\dot{\widetilde{W}}_{x1k}}\delta W_{x1k} \\ &= \delta L - \frac{\dot{L}}{\dot{\widetilde{W}}_{x1k}}\delta V_k - \frac{\dot{L}}{\dot{\widetilde{W}}_{x1k}}\delta I_{1k}\end{aligned} \tag{5.29}$$

由上式看出，也正是因为有时间补偿的作用，所以按这种控制方案关机的射程偏差同样比按时间关机时的射程偏差要小得多。但其与按速度关机的射程控制方案比较，当 $\dot{\widetilde{W}}_{x1k} \approx \dot{\widetilde{V}}_k$ 时，则因按轴向视速度关机的时间补偿比按速度关机的时间补偿多一项 $-\frac{\delta I_{1k}}{\dot{\widetilde{W}}_{x1k}}$ 而必然产生射程偏差。

按轴向视速度关机射程控制方案的射程偏差式为

$$\Delta L_2 = \Delta L_1 + \left[\frac{\partial L}{\partial V_k} - \left(\frac{\partial L}{\partial V_k}\right)^*\right]\frac{\dot{\widetilde{V}}_k}{\dot{\widetilde{W}}_{x1k}}\left(\frac{\dot{\widetilde{I}}_{1k}}{\dot{\widetilde{W}}_{x1k}}\delta V_k - \delta I_{1k}\right) \tag{5.30}$$

式中：ΔL_2 为按轴向视速度关机方案关机时产生的射程偏差，ΔL_1 为按速度关机方案关机时产生的射程偏差。

由上式看出，按轴向视速度关机的射程偏差比按速度关机的射程偏差大，其偏差值大小与 $\left[\frac{\partial L}{\partial V_k} - \left(\frac{\partial L}{\partial V_k}\right)^*\right]$ 成比例，而且取决于主动段飞行时反映切向干扰因素影响的 δV_k 和法向干扰因素影响的 δI_{1k}。

由于按时间、视速度和速度的关机方案在存在干扰时，落点偏差都比较大，因此当惯性测量系统发展到一定的阶段，弹上具备计算功能后，具有更高精度的摄动制导就应运而生了。

5.1.5　摄动制导控制方案

摄动理论（也称小偏差理论）是弹道导弹摄动制导的理论基础。基于摄动理论提出的摄动制导方法是目前弹道导弹制导中广泛应用的方法之一。

根据弹道学理论，导弹弹道描述了导弹质心运动的轨迹，从标准弹道的定义可知，由于导弹飞行环境及其受力情况是异常复杂的，不可能精确描述，因此标准弹道通常是在给定的标准弹道条件下，采用一组运动微分方程描述。给定发射点与目标点位置、飞行环境、导弹结构特征、发动机推力等参数后，通过对该运动微分方程组的弹道解算，可获得唯一的弹道参数。但这仅是理论上解算的计算弹道。实际上，导弹实际飞行中的运动远没有如此简单，比如：环境气象条件无法预先确定；由于制造原因，导弹弹体特性参数都是不完全相同的，而又无法对每发弹的所有特征参数进行现场测量；也不可能

对每发导弹都进行风洞吹风来获取空气动力系数；导弹计算给定的发动机推力曲线也是根据试车台实验和理论计算的结果，与每个发动机实际值相比也有偏差；不同的导弹其运动微分方程模型也不尽相同；等等。所以，我们所能够确定的只是相对给定的发射条件，计算出的所谓导弹的“实际弹道”。

但该计算“实际弹道”的确有其作为实际弹道的合理性。因为虽然无法完全精确地给定每发导弹的初始参数条件，但可以给出最能够与某类导弹对应的实际初始条件最接近的“平均条件”。与平均条件类似，也可建立最能反映导弹实际运动的“平均导弹方程”。我们有理由相信，利用该平均条件解算平均弹道方程得到的弹道，就是我们所要求的最能够反映实际飞行弹道的“平均弹道”。

我们称该“平均条件”为标准条件或标称条件；“平均导弹方程”称为标准弹道方程。利用标准弹道方程在标准条件下计算出来的“平均弹道”称为标准弹道或标称弹道。标准弹道反映了导弹质心运动的“平均”运动规律，实际弹道应在该标准弹道附近做小振幅的“摆动”。

一般标准条件选取考虑3个主要方面：地球物理条件、气象条件、导弹自身条件。标准条件和标准弹道方程直接决定了标准弹道。标准条件和标准弹道方程随着研究问题的内容和性质不同而有所不同，但原则是应能保证实际运动弹道对标准弹道保持小偏差。这些值一般通过导弹定型实验，选取实验的平均值。

标准弹道方程组是在标准条件下建立的描述导弹质心运动的导弹运动微分方程组。规定了标准条件之后，还需根据研究问题的内容和性质，选择某些方程组作为标准弹道方程。不同型号的导弹，其标准方程组的选取方法也不相同。例如，对于近程导弹的标准弹道计算，通常可以不考虑地球旋转和扁率的影响，而对于远程导弹来说，则必须考虑它们的影响。

所谓“摄动”，又称“扰动”，是指实际弹道飞行条件和标准弹道飞行条件的偏差。如果以 $\widetilde{\lambda}_i$ 表示标准飞行条件，λ_i 表示实际飞行条件，则

$$\delta\lambda_i=\lambda_i-\widetilde{\lambda}_i \tag{5.31}$$

即为“扰动”或“摄动”。

扰动是通过改变作用在弹上的力和力矩来影响弹的运动的。以发动机安装偏差所引起的扰动为例。由于发动机安装偏差存在，发动机有效推力矢量会偏离弹体轴，进而引起推力矢量在偏离轴向的干扰力和由此干扰力产生的干扰力矩。在干扰力和干扰力矩作用下，首先引起作用在弹上的线加速度和角加速度的变化，然后引起弹道位置和速度的变化，产生弹道偏差。弹的位置和速度的变化，反过来又会改变作用在弹上的力和力矩。此种作用称为回输作用，综合作用的结果，使实际弹道偏离理想弹道。

与其他偏差一样，弹道扰动也可分为两大类：一类是事先可以预测且可通过一定方法加以修正的扰动，称为常值扰动或系统扰动，系统扰动产生系统误差。另一类是事先无法预测的扰动，如实际飞行中的阵风、仪表测量随机误差等，这类扰动称为随机扰动。这里摄动理论主要研究的是系统扰动对导弹的影响。

如果标准条件和标准弹道方程选择比较适当，便可控制这些扰动为小量，在此基础上，利用小偏差理论来研究这些偏差对导弹的运动特性的影响，这种方法称为弹道摄动理论。

即使通过适当的标准条件和标准弹道运动方程的选择，可使偏差较小，但这些偏差仍然会导致导弹的落点偏离打击目标，造成脱靶。如果该脱靶量大于导弹战斗部杀伤半径，则达不到摧毁目标的目的。因此，研究由这些偏差所引起的射程偏差，通过制导律设计设法消除或控制这些偏差对导弹落点散布的影响，便是摄动制导律设计所必须考虑的问题。

5.2　摄动制导的基本理论

导弹的运动受多种干扰因素作用，而干扰有常值干扰和不确定的随机干扰，对于常值干扰的影响一般可根据其规律进行修正或补偿，所以，导弹的误差大部分是随机干扰带来的误差，制导的根本目的就是克服外界随机干扰的影响，使导弹以一定的精度命中目标。

弹道导弹落点偏差通常可以分为纵向落点偏差和横向落点偏差，两者之间交联影响较小，因此为方便制导控制系统设计，弹道导弹一般将纵向和横向控制分开来设计，在摄动制导中，纵向落点偏差的控制主要由关机方程和法向导引控制，横向落点偏差主要由瞄准和横向导引控制。

5.2.1　椭圆弹道

弹道学在求解计及地球扁率、地球自转以及气动力等因素的影响时的弹道方程的数值解时，工作不仅繁杂和费时，而且也因得不到解析解给控制系统的分析和导弹初步设计带来一定困难。为此有必要对影响弹道的诸因素作出某种假定，以便描述导弹运动的微分方程获得解析解。

（1）导弹的运动是在真空中进行的。在自由段，导弹已飞行在距离地面几十千米乃至上千千米的高空，那里的大气很稀薄，因而依赖大气空气动力的作用可以完全不予考虑。另外，在自由飞行段，研究导弹的运动还可以不考虑其运动姿态，而把它看作一个质量集中于质心的质点进行研究。

（2）导弹仅受地球引力的影响。作为一种武器，导弹的飞行空域只限于近地空间，而对其他距地球较近的星球来说，如月球与地球的距离远达 3.8×10^5km。显然，除地球外，其他星球对导弹的影响是极其微小的，因此可忽略其引力对导弹运动的影响。

（3）不考虑地球的自转及其绕太阳的公转。根据计算，地球绕太阳的公转角速度为 0.0199×10^{-5}rad/s，而地球自转角速度为 7.29211×10^{-5}rad/s。这些量对导弹运动的基本规律并不起主导作用，因此地球自转及其绕太阳的公转均可不予考虑。

（4）地球为一个质量分布均匀的圆球体。尽管地球是一个表面起伏不平内部质量分布不均匀的近似椭球体，但因其扁率较小，作为一阶近似，完全可将其视为一质量分布均匀、平均半径为 6371000m 的圆球体。

在上述基本假设下，完全可认为导弹的运动纯属在地球有心力场内的运动。研究导弹在有心力场内运动规律的理论称为椭圆弹道理论。而上述假设条件下的弹道则称为椭圆弹道。

设导弹主动段关机点 k（自由飞行段起始点）处的速度为 V_k，地心距为 r_k 及弹道倾角为 Θ_k，则相对于地球空间的椭圆弹道可以用6个轨道概数进行描述，即

能量参数 $v_k=\dfrac{V_k^2}{\dfrac{\mu}{r_k}}$

半长轴 $a=-\dfrac{\mu}{2E_n}=-\dfrac{\mu r_k}{r_k V_k^2-2\mu}$

偏心率 $e=\sqrt{1+v_k(v_k-2)\cos^2\Theta_k}$

半通径 $P=r_k v_k\cos^2\Theta_k$

近地点地心距 $r_p=\dfrac{P}{1+e}$

近地点速度 $V_p=\sqrt{\dfrac{\mu}{P}}(1+e)$

5.2.2 射程描述

发射坐标系下的速度和位置可以唯一确定空间椭圆弹道，相应地，该椭圆弹道在地球表面所对应的射程也就唯一确定了，因此我们说只有主动段制导的弹道导弹射程可以由发动机关机时刻即主动段终点时刻（t_k）对应的导弹运动参量来确定。设在 t_k 瞬间导弹相对于发射坐标系 $oxyz$（随地球旋转的相对坐标系）的运动参量为

$$\begin{cases}\boldsymbol{r}_k=\boldsymbol{r}(t_k)=(x_k,y_k,z_k)^{\mathrm{T}}\\ \dot{\boldsymbol{r}}_k=\dot{\boldsymbol{r}}(t_k)=(v_{xk},v_{yk},v_{zk})^{\mathrm{T}}\end{cases}\tag{5.32}$$

则

$$L_w=L_w(\boldsymbol{r}_k,\dot{\boldsymbol{r}}_k)\tag{5.33}$$

如果用 $ox_ay_az_a$ 表示发射惯性坐标系，t_k 瞬间导弹的运动参量在惯性坐标系中可表示为

$$\begin{cases}\boldsymbol{r}_{ak}=\boldsymbol{r}_a(t_k)=(x_{ak},y_{ak},z_{ak})^{\mathrm{T}}\\ \dot{\boldsymbol{r}}_{ak}=\dot{\boldsymbol{r}}_a(t_k)=(v_{axk},v_{ayk},v_{azk})^{\mathrm{T}}\end{cases}\tag{5.34}$$

由于目标随地球旋转，故用绝对坐标系表示导弹在地球上飞行的全射程，不仅与绝对参数 $\boldsymbol{r}_{ak}$、$\dot{\boldsymbol{r}}_{ak}$ 有关，且与主动段关机时间 t_k 有关，故

$$L_w=L_w(\boldsymbol{r}_{ak},\dot{\boldsymbol{r}}_{ak},t_k)\tag{5.35}$$

如果在发射坐标系内进行标准弹道计算，设发动机关机时间为 $\tilde{t}_k$，其运动参量为 $\tilde{\boldsymbol{r}}_k$、$\tilde{\dot{\boldsymbol{r}}}_k$，则由此而确定的标准弹道的射程 $\tilde{L}_w$ 为

$$\tilde{L}_w=\tilde{L}_w(\tilde{\boldsymbol{r}}_k,\tilde{\dot{\boldsymbol{r}}}_k)\tag{5.36}$$

在发射惯性坐标系内则可表示为

$$\tilde{L}_w=\tilde{L}_w(\tilde{\boldsymbol{r}}_{ak},\tilde{\dot{\boldsymbol{r}}}_{ak},\tilde{t}_k)\tag{5.37}$$

标准弹道射程 $\tilde{L}_w$ 即是对目标进行射击时所要求的射程，射程控制问题，即是使实际导弹飞行的射程与标准弹道射程相等：

$$L_{\mathrm{w}}(\boldsymbol{r}_k,\dot{\boldsymbol{r}}_k)=\widetilde{L}_{\mathrm{w}}(\widetilde{\boldsymbol{r}}_k,\widetilde{\dot{\boldsymbol{r}}}_k)\quad\text{（在发射坐标系中描述）}\tag{5.38}$$

或

$$L_{\mathrm{w}}(\boldsymbol{r}_{\mathrm{a}k},\dot{\boldsymbol{r}}_{\mathrm{a}k},t_k)=\widetilde{L}_{\mathrm{w}}(\widetilde{\boldsymbol{r}}_{\mathrm{a}k},\widetilde{\dot{\boldsymbol{r}}}_{\mathrm{a}k},\widetilde{t}_k)\quad\text{（在发射惯性坐标系中描述）}\tag{5.39}$$

对于弹道导弹，其全射程控制在射程控制器中实施可分为射面内射程控制和垂直射面的横程控制两个系统，两系统分别通过两个方程实现，即对射面内射程控制的射程控制方程或关机方程和对横向偏差控制的横向导引方程。有

$$\begin{cases}\Delta L=L(\boldsymbol{r}_k,\dot{\boldsymbol{r}}_k)-L(\widetilde{\boldsymbol{r}}_k,\widetilde{\dot{\boldsymbol{r}}}_k)\\ \Delta H=H(\boldsymbol{r}_k,\dot{\boldsymbol{r}}_k)-H(\widetilde{\boldsymbol{r}}_k,\widetilde{\dot{\boldsymbol{r}}}_k)\end{cases}\tag{5.40}$$

在发射惯性坐标系中，也可写出类似的式子，有

$$\begin{cases}\Delta L=L(\boldsymbol{r}_{\mathrm{a}k},\dot{\boldsymbol{r}}_{\mathrm{a}k},t_k)-L(\widetilde{\boldsymbol{r}}_{\mathrm{a}k},\widetilde{\dot{\boldsymbol{r}}}_{\mathrm{a}k},\widetilde{t}_k)\\ \Delta H=H(\boldsymbol{r}_{\mathrm{a}k},\dot{\boldsymbol{r}}_{\mathrm{a}k},t_k)-H(\widetilde{\boldsymbol{r}}_{\mathrm{a}k},\widetilde{\dot{\boldsymbol{r}}}_{\mathrm{a}k},\widetilde{t}_k)\end{cases}\tag{5.41}$$

5.2.3　摄动制导方法概述

根据现代控制理论，弹道导弹制导的任务即是根据已知的控制对象的数学模型、初值和终端条件以及给定的各种干扰，确定控制算法，以确保导弹在实际飞行条件下达到所要求的终端条件并得到某种性能指标意义下的最优控制性能。

这里，控制对象包括主动段和被动段在内的全部受控质心运动。而被动段的终端条件即为满足飞行任务所要求的条件，即命中条件；主动段的终端应满足关机方程，该方程实质上是确定关机时导弹运动参数和命中条件之间联系的关系式。若主动段制导能够严格满足该关系式，可基本确保被动段终端满足命中条件。

因此，弹道导弹制导方程设计考虑的主要因素是制导的精度指标。即选择正确的关机点，使得 ΔL 和 ΔH 满足导弹打击精度要求，尽量接近零。从前面给出的落点控制任务看，即设计制导方法使得 $\Delta L\to 0$，$\Delta H\to 0$。

从精度分析中可知，引起导弹落点偏差的扰动因素可分为随机扰动和系统扰动两大类。系统扰动可以通过系统补偿的方法加以校正，随机扰动则需要通过好的制导方法加以抑制。扰动的大小与所选标准条件密切相关，当选取的标准条件与实际条件接近时，该扰动量便是小量，根据前面摄动理论知道，此时便可用摄动法研究。

由前面讨论可知，导弹全射程 L_{w} 对目标点的偏差（包括射程偏差 ΔL 和横程偏差 ΔH）是实际发射飞行条件的函数，即为实际发射时的气温、气压、重力、发动机推力、飞行中空气动力系数等条件的函数。

若用 $\lambda_i(i=1,2,\cdots,n)$ 表示这些实际参数，用 L_{w} 表示导弹飞行全射程，则有

$$L_{\mathrm{w}}=L_{\mathrm{w}}(\lambda_1,\lambda_2,\cdots,\lambda_n)\tag{5.42}$$

可以表述实际发射飞行条件的因素很多，选取时注意 λ_i 必须相互独立。如大气条件中气温、气压和大气密度三个条件只能选取其中两个，因为确定了两个参数，便可利用它们之间的关系推出第三个参数。类似地，发动机推力、比推力和秒耗量之间也存在这样的关系。

在标准条件下，导弹的标准射程同样可表示为

$$\widetilde{L}_{\mathrm{w}}=\widetilde{L}_{\mathrm{w}}(\widetilde{\lambda}_1,\widetilde{\lambda}_2,\cdots,\widetilde{\lambda}_n)\tag{5.43}$$

令 $\Delta L_w = L_w - \widetilde{L}_w$，$\Delta\lambda_i = \lambda_i - \widetilde{\lambda}_i (i = 1, 2, \cdots, n)$

由于弹道方程组为非线性微分方程组，难以构建合适的解析模型表述射程与各干扰量的关系，即式（5.43）没有解析形式。但泰勒公式给出了用无限或有限项多项式连加（级数）的形式描述这个未知形式函数的方法。在数学上，如果函数足够光滑，在已知函数在某一点的各阶数值的情况下，泰勒公式可以用这些导数值作系数构建一个多项式来近似函数在这一点的邻域中的值。

对于正整数 n，若函数 $f(x)$ 在闭区间 $[a, b]$ 上 n 阶连续可导，且在 (a, b) 内 $n+1$ 阶可导。任取 $x \in [a, b]$，则对任意 $x \in [a, b]$，下式成立。

$$f(x) = \frac{f(a)}{0!} + \frac{f'(a)}{1!}(x-a) + \frac{f''(a)}{2!}(x-a)^2 + \frac{f'''(a)}{3!}(x-a)^3 + \cdots + \frac{f^{(n)}(a)}{n!}(x-a)^{(n)} +$$

$R_n(x)$，其中 $f^{(n)}(x)$ 表示 $f(x)$ 的 n 阶导数，多项式称为 $f(x)$ 在 a 处的泰勒展开式，$R_n(x)$ 为泰勒公式的余项，是 $(x-a)^n$ 的高阶无穷小。

导弹弹道是在物理世界中形成的位置、速度和加速度甚至加加速度都是平滑变化的，即可导，因此弹道应该满足高阶连续可导的条件。当选取的实际条件与标准条件接近时，实际弹道将会围绕标准弹道在一定的“偏差管道”内分布，此时可将实际射程在标准射程附近展开，即

$$\begin{aligned} L_w &= L_w(\lambda_1, \lambda_2, \cdots, \lambda_n) = L_w(\widetilde{\lambda}_1 + \Delta\lambda_1, \lambda_2 + \Delta\lambda_2, \cdots, \widetilde{\lambda}_n + \Delta\lambda_n) \\ &= \widetilde{L}_w(\widetilde{\lambda}_1, \widetilde{\lambda}_2, \cdots, \widetilde{\lambda}_n) + \sum_{i=1}^{n} \frac{\partial L_w}{\partial \lambda_i}\Delta\lambda_i + \frac{1}{2}\sum_{i,j=1}^{n} \frac{\partial^2 L_w}{\partial \lambda_i \lambda_j}\Delta\lambda_i \Delta\lambda_j + \cdots \end{aligned} \tag{5.44}$$

所以

$$\Delta L_w = \sum_{i=1}^{n} \frac{\partial L_w}{\partial \lambda_i}\Delta\lambda_i + \frac{1}{2}\sum_{i,j=1}^{n} \frac{\partial^2 L_w}{\partial \lambda_i \lambda_j}\Delta\lambda_i \Delta\lambda_j + \cdots \tag{5.45}$$

若选取的标准条件恰当，$\Delta\lambda_i$ 将是一阶微量，将上式中二阶以上的高阶项略去，则可得到射程偏差的线性项，有

$$\Delta L_w = \sum_{i=1}^{n} \frac{\partial L_w}{\partial \lambda_i}\Delta\lambda_i \tag{5.46}$$

式（5.46）中的偏导数 $\dfrac{\partial L_w}{\partial \lambda_i}$ 为射程偏差误差系数，从物理意义上看，该偏差系数表示单位扰动引起的射程变化大小。

实际上，上述方法的实质是摄动思想，这种用线性化函数逼近非线性函数研究方法即为摄动法。不难看出摄动法可充分利用线性函数的叠加性、放大性等特性，简化问题分析和计算。

摄动法只有在小扰动条件下才适用，所以标准条件的选择在摄动研究中至关重要，应将标准条件和标准弹道方程选择的尽量接近于实际飞行状况，确保实际飞行条件与标准条件差值即扰动为小量。

根据摄动理论设计的制导方法即为摄动制导。

弹道导弹飞行弹道分为主动段、自由段和再入段三部分，各段飞行环境各不相同，对应的扰动因素也不同，所以摄动研究方法也不相同。摄动制导主要考虑控制导弹主动段状态，使导弹能精确命中目标，即弹道导弹主动段制导的任务可归结为保证主动段结

束时刻速度和位置坐标值取一定的组合。

按摄动法思想，根据式（5.39）射程可表示为主动段关机点参数的函数，将实际射程在标准射程附近展开，取线性主部，则

$$\begin{aligned}\Delta L_{\mathrm{w}} &= \frac{\partial L_{\mathrm{w}}}{\partial r}\Delta r + \frac{\partial L_{\mathrm{w}}}{\partial \dot{r}}\Delta \dot{r} + \frac{\partial L_{\mathrm{w}}}{\partial t}\Delta t \\ &= \frac{\partial L_{\mathrm{w}}}{\partial v_x}\Delta v_x + \frac{\partial L_{\mathrm{w}}}{\partial v_y}\Delta v_y + \frac{\partial L_{\mathrm{w}}}{\partial v_z}\Delta v_z + \frac{\partial L_{\mathrm{w}}}{\partial x}\Delta x + \frac{\partial L_{\mathrm{w}}}{\partial y}\Delta y + \frac{\partial L_{\mathrm{w}}}{\partial z}\Delta z + \frac{\partial L_{\mathrm{w}}}{\partial t}\Delta t\end{aligned} \tag{5.47}$$

摄动制导方法中射程偏差控制是通过射面内射程偏差控制和垂直射面的横程偏差控制两部分完成的。将 ΔL_{w} 分解为 ΔL 和 ΔH，则有

$$\Delta L = \frac{\partial L}{\partial v_x}\Delta v_x + \frac{\partial L}{\partial v_y}\Delta v_y + \frac{\partial L}{\partial v_z}\Delta v_z + \frac{\partial L}{\partial x}\Delta x + \frac{\partial L}{\partial y}\Delta y + \frac{\partial L}{\partial z}\Delta z + \frac{\partial L}{\partial t}\Delta t \tag{5.48}$$

$$\Delta H = \frac{\partial H}{\partial v_x}\Delta v_x + \frac{\partial H}{\partial v_y}\Delta v_y + \frac{\partial H}{\partial v_z}\Delta v_z + \frac{\partial H}{\partial x}\Delta x + \frac{\partial H}{\partial y}\Delta y + \frac{\partial H}{\partial z}\Delta z + \frac{\partial H}{\partial t}\Delta t \tag{5.49}$$

具体摄动制导的实现将通过对 ΔL 控制的关机方程和对 ΔH 控制的横向导引方程完成。

5.2.4　摄动制导关机控制函数

这里讨论的摄动制导为主动段制导。根据摄动制导理论，射程偏差的控制是通过关机控制函数即关机方程实现的。

从理论上讲，按照摄动理论要求，实际射程在标准弹道附近展开，展开点应选择沿标准弹道的所有点，这样，展开式的系数是时变的，同时过多的展开点将会提高对弹上计算机的性能和存储量要求。事实上，从弹道学可知，弹道导弹射程主要取决于主动段关机点运动参数，在发射惯性系中即

$$L_{\mathrm{w}} = L_{\mathrm{w}}(\boldsymbol{r}_k, \dot{\boldsymbol{r}}_k, t_k) \tag{5.50}$$

因此，对于弹道导弹只有关机点附近才有必要非常精确地展开。由于标准关机点最可能出现，所以一般就选它为展开点。这样就得到

$$\begin{aligned}\Delta L &= \frac{\partial L}{\partial v_{xk}}(v_{xk} - \tilde{v}_{xk}) + \frac{\partial L}{\partial v_{yk}}(v_{yk} - \tilde{v}_{yk}) + \frac{\partial L}{\partial v_{zk}}(v_{zk} - \tilde{v}_{zk}) + \frac{\partial L}{\partial x_k}(x_k - \tilde{x}_k) \\ &\quad + \frac{\partial L}{\partial y_k}(y_k - \tilde{y}_k) + \frac{\partial L}{\partial z_k}(z_k - \tilde{z}_k) + \frac{\partial L}{\partial t_k}(t_k - \tilde{t}_k) \\ &= \frac{\partial L}{\partial v_{xk}}\Delta v_{xk} + \frac{\partial L}{\partial v_{yk}}\Delta v_{yk} + \frac{\partial L}{\partial v_{zk}}\Delta v_{zk} + \frac{\partial L}{\partial x_k}\Delta x_k + \frac{\partial L}{\partial y_k}\Delta y_k + \frac{\partial L}{\partial z_k}\Delta z_k + \frac{\partial L}{\partial t_k}\Delta t_k \\ &= J(t_k) - \tilde{J}(\tilde{t}_k)\end{aligned} \tag{5.51}$$

式中：v_{xk} 为关机时刻 t_k 对应的 v_x 值，即 $v_{xk} = v_x(t_k)$，其他参数下标意义相同；$J(t_k)$ 为对应实际弹道参数的关机泛函；$\tilde{J}(\tilde{t}_k)$ 为对应标准弹道的标准关机标称值，可通过标准弹道计算给出。

若令 k_1、k_2、k_3、k_4、k_5、k_6、k_7 分别表示 $\frac{\partial L}{\partial v_{xk}}$、$\frac{\partial L}{\partial v_{yk}}$、$\frac{\partial L}{\partial v_{zk}}$、$\frac{\partial L}{\partial x_k}$、$\frac{\partial L}{\partial y_k}$、$\frac{\partial L}{\partial z_k}$ 和 $\frac{\partial L}{\partial t_k}$，则有

$$J(t_k)=k_1v_{xk}+k_2v_{yk}+k_3v_{zk}+k_4x_k+k_5y_k+k_6z_k+k_7t_k \tag{5.52}$$

$$\widetilde{J}(\tilde{t}_k)=k_1\tilde{v}_{xk}+k_2\tilde{v}_{yk}+k_3\tilde{v}_{zk}+k_4\tilde{x}_k+k_5\tilde{y}_k+k_6\tilde{z}_k+k_7\tilde{t}_k \tag{5.53}$$

上式说明，在关机瞬间，没有必要使导弹主动段终点的7个运动参数都等于标准值。即使关机点7个运动参数与标准值不同，但只要满足条件

$$J(t_k)=\widetilde{J}(\tilde{t}_k) \tag{5.54}$$

就可保证$\Delta L=0$的实现。

因此可定义关机控制泛函即关机特征量为

$$J(t)=\sum_{i=1}^{7}k_ix_i(t) \tag{5.55}$$

这里，$x_i(t)(i=1,2,\cdots,7)$分别表示导航参数$v_x(t)$、$v_y(t)$、$v_z(t)$、$x(t)$、$y(t)$、$z(t)$、t。

关机装订量$\widetilde{J}(\tilde{t})=\sum\limits_{i=1}^{7}k_i\tilde{x}_i(\tilde{t})$可根据标准条件和标准弹道预先确定。事实上，该关机装订量并无沿整条标准弹道求取的必要，只要确定标准关机点的关机装订量$\widetilde{J}(\tilde{t}_k)=\sum\limits_{i=1}^{7}k_i\tilde{x}_i(\tilde{t}_k)$装订在弹上即可。

显然，$J(t_k)$是实际弹道参数的函数，对确定的弹道来说，它是时间的函数，且是单调递增函数。这样，射程控制问题归结为关机时间的控制。在导弹飞行过程中，弹上计算机不断根据惯性导航装置给出的运动参数，计算关机控制泛函，并与标准关机装订量比较，当实际计算的关机量与装订量差值在预先设置的容许范围内时，控制发动机关机，则可保持导弹将沿自由飞行弹道命中目标，实现$\Delta L=0$的要求。该控制过程为开环控制。

5.3 摄动制导的横法向导引方程

5.3.1 摄动制导横向导引函数

弹道导弹制导的任务除使射程偏差趋于零外，还应使横程偏差ΔH小于精度容许值。该任务的完成依赖横向导引系统实现。即通过横向导引系统，保证

$$\Delta H(t)=0 \tag{5.56}$$

与射程控制类似，具体实现是确保关机点$\Delta H(t_k)=0$。

但关机点的时间是通过关机方程实现的，由于干扰的随机性，无法同时保证当关机方程满足时也可保证横程偏差为零。在弹道导弹中一般采用“先横程后射程”的控制原则，即在标准关机时刻之前某一时刻$\tilde{t}_k-T$开始，直到实际关机时刻，一直进行横程控制，确保

$$\Delta H(t)=0\quad \tilde{t}_k-T\leqslant t<t_k \tag{5.57}$$

也就是说，导弹制导系统先满足横程控制的要求，并在关机前一直保持，再按射程控制要求来实现关机。

由于横向可控制因素只有z和v_z，为满足式（5.47）的要求，应在实际关机时刻前

足够的时间对质心的横向运动进行控制，所以横向控制又称横向导引。

与射程偏差类似，根据式（5.49），横向导引函数可表示为

$$\Delta H=\frac{\partial H}{\partial v_{xk}}\Delta v_{xk}+\frac{\partial H}{\partial v_{yk}}\Delta v_{yk}+\frac{\partial H}{\partial v_{zk}}\Delta v_{zk}+\frac{\partial H}{\partial x_k}\Delta x_k+\frac{\partial H}{\partial y_k}\Delta y_k+\frac{\partial H}{\partial z_k}\Delta z_k+\frac{\partial H}{\partial t_k}\Delta t_k \tag{5.58}$$

也可表示为

$$\begin{aligned}\Delta H=&\frac{\partial H}{\partial v_{xk}}(v_{xk}-\tilde{v}_{xk})+\frac{\partial H}{\partial v_{yk}}(v_{yk}-\tilde{v}_{yk})+\frac{\partial H}{\partial v_{zk}}(v_{zk}-\tilde{v}_{zk})+\frac{\partial H}{\partial x_k}(x_k-\tilde{x}_k)\\&+\frac{\partial H}{\partial y_k}(y_k-\tilde{y}_k)+\frac{\partial H}{\partial z_k}(z_k-\tilde{z}_k)+\frac{\partial H}{\partial t_k}(t_k-\tilde{t}_k)\end{aligned} \tag{5.59}$$

由于弹道导弹发动机推力方向和大小均不能作大范围调整，因此在同一时刻调整纵向和横向偏差则难以实现，因此一般采用先控制横向偏差，再控制纵向偏差的方法实施。若导弹从起飞就开始控制横向偏差，则当导弹在最后一个控制周期满足纵向偏差为零而关机时，由于前面横向偏差已经受到控制，因此即使最后一个周期横向产生偏差也将是极小的。因此，弹道导弹一般先控制横向偏差，最后控制纵向偏差。值得注意的是，在导弹控制利用式（5.49）控制横向偏差时，其中的实际关机时间 t_k 未知，因此要解算式（5.49）求横向偏差必须要对其进行处理，消除时间变量。为求解任意时刻的偏差，首先给出等时偏差与全偏差概念。

等时偏差也称“等时变异”或称“变分”，表示同一时刻变量的差异。如对于任意导弹运动参数 $s(t)$，其某时刻 t 等时变分可表示为

$$\delta s(t)=s(t)-\tilde{s}(t) \tag{5.60}$$

在摄动制导前提下，标准弹道与实际弹道间 $\Delta t=t-\tilde{t}$ 是小偏差，因此实际弹道参数可在标准弹道附近展成泰勒级数，取其线性项，则有

$$s(t)=s(\tilde{t}+\Delta t)=s(\tilde{t})+\dot{s}(\tilde{t})\Delta t \tag{5.61}$$

那么实际弹道参数与标准弹道参数差即全偏差可表示为

$$\Delta s(t)=s(t)-\tilde{s}(\tilde{t})=s(\tilde{t})+\dot{s}(\tilde{t})\Delta t-\tilde{s}(\tilde{t})=\delta s(t)+\dot{\tilde{s}}(\tilde{t})\Delta t \tag{5.62}$$

利用全偏差与等时性偏差的关系，不难得出

$$\Delta H(t_k)=\delta H(t_k)+\dot{H}(\tilde{t}_k)\Delta t_k \tag{5.63}$$

式中 $\delta H(t_k)$ 为等时性偏差，且

$$\begin{aligned}\delta H(t_k)&=\frac{\partial H}{\partial \dot{\boldsymbol{r}}_k}\delta\dot{\boldsymbol{r}}+\frac{\partial H}{\partial \boldsymbol{r}_k}\delta\boldsymbol{r}_k\\&=\frac{\partial H}{\partial v_{xk}}\delta v_{xk}+\frac{\partial H}{\partial v_{yk}}\delta v_{yk}+\frac{\partial H}{\partial v_{zk}}\delta v_{zk}+\frac{\partial H}{\partial x_k}\delta x_k+\frac{\partial H}{\partial y_k}\delta y_k+\frac{\partial H}{\partial z_k}\delta z_k\end{aligned} \tag{5.64}$$

上式中关机时刻 t_k 是按射程关机的时间，故

$$\Delta L(t_k)=\delta L(t_k)+\dot{L}(\tilde{t}_k)\Delta t_k=0 \tag{5.65}$$

所以

$$\Delta t_k=-\frac{\delta L(t_k)}{\dot{L}(\tilde{t}_k)} \tag{5.66}$$

代入式（5.54），得

$$\Delta H(t_k)=\delta H(t_k)-\frac{\dot H(\tilde t_k)}{\dot L(\tilde t_k)}\delta L(t_k) \tag{5.67}$$

故

$$\Delta H(t_k)=\left(\frac{\partial H}{\partial \dot{\boldsymbol r}_k}-\frac{\dot H}{\dot L}\frac{\partial L}{\partial \dot{\boldsymbol r}_k}\right)_{\tilde t_k}\delta \dot{\boldsymbol r}_k+\left(\frac{\partial H}{\partial \boldsymbol r_k}-\frac{\dot H}{\dot L}\frac{\partial L}{\partial \boldsymbol r_k}\right)_{\tilde t_k}\delta \boldsymbol r_k \tag{5.68}$$

根据导航计算得到的导弹位置、速度信息，经过横向导引计算，计算出与横向偏差$\Delta H(t_k)$对应的横向导引控制函数

$$W_{\rm H}(t)=f_{\rm H}(\delta\dot{\bar{\boldsymbol r}}(t),\delta\bar{\boldsymbol r}(t)) \tag{5.69}$$

并产生导引信号送入导弹偏航姿态控制系统，便可实现对横向质心运动的控制，传统的横向姿态控制方程如

$$\delta\psi=a_0\Delta\psi+a_1\dot\psi+a_u^{\psi}\Delta H \tag{5.70}$$

式中：$\delta\psi$为偏航角控制当量角；$\Delta\psi$为偏航角偏差；$\dot\psi$为偏航角速率；ΔH为横向导引量；对应的各系数为各量对当量控制角的变换放大系数。可见，横向偏差是通过横向姿态控制进行修正的。其控制结构方框图如图5.6所示。

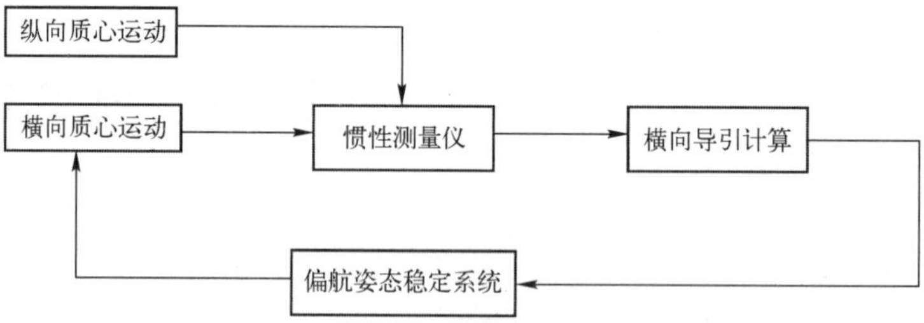

图5.6 横向导引方框图

显然，与射程控制采用的开环控制不同，横向导引控制是闭环控制。

5.3.2 摄动制导法向导引函数

摄动制导即是使射程偏差展开式的一阶项$\Delta L^{(1)}=0$的制导方法，为了确保摄动制导的正确性，必须保证二阶以上各项是高阶微量，为此，要求实际弹道运动参量与标准弹道运动参量之差是微量，也就是要使实际弹道尽量接近标准弹道，特别是高阶射程偏导数比较大的那些运动参量，更应该保持微小量。计算和分析表明，在二阶射程偏导数中$\frac{\partial^2 L}{\partial\theta^2}$、$\frac{\partial^2 L}{\partial v\,\partial\theta}$最大（$\theta$为速度矢量与当地水平面之间的夹角即弹道倾角），因此必须控制$\Delta\theta(t_k)$小于容许值，这就是法向导引的目的。

与横向导引相似，对于$\Delta\theta(t_k)$，有

$$\begin{aligned}\Delta\theta(t_k)&=\frac{\partial\theta}{\partial\dot{\tilde{\boldsymbol r}}_k}\Delta\dot{\tilde{\boldsymbol r}}_k+\frac{\partial\theta}{\partial\tilde{\boldsymbol r}_k}\Delta\tilde{\boldsymbol r}_k=\delta\theta(t_k)+\dot\theta(\tilde t_k)\Delta t_k\\&=\left(\frac{\partial\theta}{\partial\dot{\tilde{\boldsymbol r}}_k}-\frac{\dot\theta}{\dot L}\frac{\partial L}{\partial\dot{\tilde{\boldsymbol r}}_k}\right)_{\tilde tk}\delta\dot{\tilde{\boldsymbol r}}_k+\left(\frac{\partial\theta}{\partial\tilde{\boldsymbol r}_k}-\frac{\dot\theta}{\dot L}\frac{\partial L}{\partial\tilde{\boldsymbol r}_k}\right)_{\tilde tk}\delta\tilde{\boldsymbol r}_k\end{aligned} \tag{5.71}$$

式中

$$\dot{\theta}(\tilde{t}_k)=\left[\frac{\partial\theta}{\partial v_x}\dot{v}_x+\frac{\partial\theta}{\partial v_y}\dot{v}_y+\frac{\partial\theta}{\partial v_z}\dot{v}_z+\frac{\partial\theta}{\partial x}\dot{x}+\frac{\partial\theta}{\partial y}\dot{y}+\frac{\partial\theta}{\partial z}\dot{z}\right]_{\tilde{t}k} \tag{5.72}$$

可利用标准弹道求出。

如果选择法向控制函数

$$W_\theta(t)=f_\theta(\delta\dot{\bar{\boldsymbol{r}}}(t),\delta\bar{\boldsymbol{r}}(t)) \tag{5.73}$$

在远离$\tilde{t}_k$ 的时间 t_θ 开始控制使 $W_\theta(t)\to 0$，则当时间 $t\to t_k$ 时，$W_\theta(t_k)\to\Delta\theta(t_k)\to 0$，即满足了导引的要求。法向导引信号加在俯仰姿态控制系统上，通过对弹的质心的纵向运动参数的控制，以达到法向导引的要求。与横向导引类似，法向导引也是闭环控制。

5.4　伴随函数及其在摄动制导中的应用

伴随函数又称共轭函数，是摄动制导方法研究中经常用到的工具。本节首先给出伴随函数的定义和对应的伴随定理，然后通过具体例子说明利用伴随函数设计制导方法的思想。

5.4.1　伴随函数及伴随定理

1. 伴随系统定义

对于线性系统

$$\begin{cases}\dot{\boldsymbol{x}}(t)=\boldsymbol{F}(t)+\boldsymbol{B}(t)\boldsymbol{u}(t)\\ \boldsymbol{x}(t_0)=\boldsymbol{x}_0\\ \boldsymbol{y}(t)=\boldsymbol{C}(t)\boldsymbol{x}(t)\end{cases},\quad t_0\leqslant t\leqslant t_{\mathrm{f}} \tag{5.74}$$

式中：$\boldsymbol{u}(t)$为 $r\times 1$ 输入矢量；$\boldsymbol{y}(t)$为 $m\times 1$ 输出矢量；$\boldsymbol{x}(t)$为 $n\times 1$ 状态矢量；$\boldsymbol{F}(t)$为合外力（为同一形式，已事先除以质量 m）；$\boldsymbol{B}(t)$为干扰力产生的加速度状态转移矩阵；$\boldsymbol{C}(t)$为状态转移矩阵。

其伴随系统定义为

$$\begin{cases}\dot{\boldsymbol{\lambda}}=-\boldsymbol{F}^{\mathrm{T}}(t)\boldsymbol{\lambda}(t)+\boldsymbol{C}^{\mathrm{T}}(t)\boldsymbol{\mu}(t)\\ \boldsymbol{\lambda}(t_{\mathrm{f}})=\boldsymbol{\lambda}_0\\ \boldsymbol{\eta}(t)=\boldsymbol{B}^{\mathrm{T}}(t)\boldsymbol{\lambda}(t)\end{cases},\quad t_0\leqslant t\leqslant t_{\mathrm{f}} \tag{5.75}$$

式中：$\boldsymbol{\lambda}(t)$为伴随系统的状态矢量，称为伴随函数矢量（又称共轭矢量）；$\boldsymbol{\mu}(t)$为伴随系统的输入矢量；$\boldsymbol{\eta}(t)$为伴随系统的输出矢量。

为说明伴随系统和原始系统的关系，考查下面的例子。

一个变参数线性系统，其输入、输出关系为

$$\frac{\mathrm{d}^2y}{\mathrm{d}t^2}+t\frac{\mathrm{d}y}{\mathrm{d}t}+y=u,\quad y(0)=\dot{y}(0)=0 \tag{5.76}$$

用状态方程表示

$$\frac{\mathrm{d}}{\mathrm{d}t}\begin{bmatrix}x_1\\x_2\end{bmatrix}=\begin{bmatrix}0 & 1\\-1 & -t\end{bmatrix}\begin{bmatrix}x_1\\x_2\end{bmatrix}+\begin{bmatrix}0\\1\end{bmatrix}u$$
$$y=[1\quad 0]\begin{bmatrix}x_1\\x_2\end{bmatrix},\quad x_1(0)=x_2(0)=0,\quad t\geqslant 0 \tag{5.77}$$

对应的伴随系统为

$$\frac{\mathrm{d}}{\mathrm{d}t}\begin{bmatrix}\lambda_1\\\lambda_2\end{bmatrix}=-\begin{bmatrix}0 & -1\\1 & -t\end{bmatrix}\begin{bmatrix}\lambda_1\\\lambda_2\end{bmatrix}+\begin{bmatrix}1\\0\end{bmatrix}u$$
$$\eta=[0\quad 1]\begin{bmatrix}\lambda_1\\\lambda_2\end{bmatrix},\quad \lambda_1(t_\mathrm{f})=\lambda_2(t_\mathrm{f})=0,\quad t\leqslant t_\mathrm{f} \tag{5.78}$$

2. 伴随定理

这里不加证明地给出伴随定理：

若原始系统方程为

$$\dot{\boldsymbol{x}}(t)=\boldsymbol{F}(t)x+\boldsymbol{B}(t)\boldsymbol{u}(t) \tag{5.79}$$

对应的伴随系统为

$$\dot{\boldsymbol{\lambda}}(t)=-\boldsymbol{F}^{\mathrm{T}}(t)\boldsymbol{\lambda}(t)+\boldsymbol{\Gamma}(t)\boldsymbol{\mu}(t) \tag{5.80}$$

式中：$\boldsymbol{\mu}(t)$为$\boldsymbol{u}(t)$的伴随向量，$\boldsymbol{\Gamma}(t)$为伴随矩阵，则有

$$\boldsymbol{\lambda}^{\mathrm{T}}(t_\mathrm{f})\boldsymbol{x}(t_\mathrm{f})-\boldsymbol{\lambda}^{\mathrm{T}}(t_0)\boldsymbol{x}(t_0)=\int_{t_0}^{t_\mathrm{f}}[\boldsymbol{\lambda}^{\mathrm{T}}(t)\boldsymbol{B}(t)\boldsymbol{u}(t)+\boldsymbol{\mu}^{\mathrm{T}}(t)\boldsymbol{\Gamma}^{\mathrm{T}}(t)\boldsymbol{x}(t)]\mathrm{d}t \tag{5.81}$$

利用伴随定理，通过巧妙地选定$\boldsymbol{\lambda}(t_\mathrm{f})$和$\boldsymbol{\Gamma}(t)\boldsymbol{\mu}(t)$，可简化制导系统分析和设计问题。

下面，讨论几种伴随定理的特殊情况。

(1) 原始系统和伴随系统都是齐次系统。

当$\boldsymbol{u}(t)=0$，$\boldsymbol{\mu}(t)=0$，由式（5.81）可知

$$\boldsymbol{\lambda}^{\mathrm{T}}(t_\mathrm{f})x(t_\mathrm{f})=\boldsymbol{\lambda}^{\mathrm{T}}(t_0)x(t_0)=\text{常数} \tag{5.82}$$

或者用分量表示为

$$\sum_{i=1}^{n}\boldsymbol{\lambda}_i(t_\mathrm{f})x_i(t_\mathrm{f})=\sum_{i=1}^{n}\boldsymbol{\lambda}_i(t_0)x_i(t_0) \tag{5.83}$$

若选伴随方程组终端条件

$$\boldsymbol{\lambda}_i(t_\mathrm{f})=\delta_{im}=\begin{cases}0 & (i\neq m)\\1 & (i=m)\end{cases} \tag{5.84}$$

则有

$$x_m(t_\mathrm{f})=\sum_{i=1}^{n}\boldsymbol{\lambda}_i(t_0)x_i(t_0) \tag{5.85}$$

这里，把$x_i(t)$理解为由摄动方程给出的状态偏差，所以式（5.85）中$\boldsymbol{\lambda}_i(t_0)$，$i=1,2,\cdots,n$表示起始状态偏差$x_i(t_0)$对终端状态偏差$x_m(t_\mathrm{f})$的影响系数，这个结果常用于制导系统误差分析。

(2) 原始系统非齐次，而伴随系统是齐次的。

这时式（5.81）化为

$$\boldsymbol{\lambda}^{\mathrm{T}}(t_{\mathrm{f}})x(t_{\mathrm{f}})=\boldsymbol{\lambda}^{\mathrm{T}}(t_0)x(t_0)+\int_{t_0}^{t_{\mathrm{f}}}\boldsymbol{\lambda}^{\mathrm{T}}(t)\boldsymbol{B}(t)\boldsymbol{u}(t)\mathrm{d}t \tag{5.86}$$

或者

$$\sum_{i=1}^{n}\boldsymbol{\lambda}_i(t_{\mathrm{f}})x_i(t_{\mathrm{f}})=\sum_{i=1}^{n}\boldsymbol{\lambda}_i(t_0)x_i(t_0)+\int_{t_0}^{t_{\mathrm{f}}}\sum_{i=1}^{n}\boldsymbol{\lambda}_i(t)\left(\sum_{j=1}^{r}b_{ij}u_j(t)\right)\mathrm{d}t \tag{5.87}$$

这就是布里斯（Bliss）公式，它把扰动作用与状态变分联系起来。式中第一项是初始状态变分的影响，第二项则是外界扰动作用的影响。但是布里斯公式与摄动方程的一般解不同，它的意义主要不在于建立 $x_i(t_{\mathrm{f}})$ 本身与 $x_i(t_0)$ 和 $u_j(t)$ 的关系，而在于通过对伴随方程加上适当的终端条件，建立我们感兴趣的某个性能指标变分（泛函变分）与扰动作用或控制变分的关系，换言之，也就是建立状态矢量变分的某个线性变换与扰动或控制作用的关系。

可见，伴随函数的意义随所选的终端条件而变，应用伴随定理的关键是根据具体研究目的引入不同的终端条件。

下面以一个例子更清楚地说明如何通过选定终端条件来应用伴随定理。

5.4.2　伴随定理在摄动制导方程设计中的应用实例

在制导方程设计问题中，我们可以利用伴随定理把关机或导引控制函数的计算化为求加速度表输出积分的线性组合，这就避免了复杂的实时导航计算。

下面以简化的平面制导关机方程推导为例，说明伴随定理在摄动制导方程中的应用。

由关机条件 $\Delta L^{(1)}=\sum_{i=1}^{5}a_i\Delta x_i(t_k)=0$ 得出，关机时导弹参数必须满足下面的关机方程，即

$$J(t_k)=a_1V_x(t_k)+a_2V_y(t_k)+a_3x(t_k)+a_4y(t_k)+a_5t_k=\tilde{J}(\tilde{t}_k) \tag{5.88}$$

式中：$a_1,a_2,\cdots,a_5$ 是按标准弹道标准关机点参数计算的射程偏导数，且式（5.88）中弹道参数满足下列微分方程

$$\begin{cases}\dot{V}_x=\dot{W}_x+g_x\\ \dot{V}_x=\dot{W}_x+g_x\\ \dot{x}=V_x\\ \dot{y}=V_y\\ \dot{t}=1\end{cases} \tag{5.89}$$

式中

$$g_x=-fM\frac{x}{r^3},\quad g_y=-fM\frac{R_0+y}{r^3},\quad r=\sqrt{x^2+(y+R_0)^2} \tag{5.90}$$

初始条件取：$V_x(0)=V_{x0}$，$V_y(0)=x(0)=y(0)=0$。

我们的目的是用视加速度及其积分的线性组合表示关机特征量 $J(t_k)$。

简单起见，假设 $g_x=\tilde{g}_x,g_y=\tilde{g}_y$。这个假设意味着忽略 x，y 坐标摄动导致的引力加速度变化。把引力加速度变化写成状态方程形式：

$$\begin{bmatrix}\dot{V}_x\\ \dot{V}_y\\ \dot{x}\\ \dot{y}\\ \dot{t}\end{bmatrix}=\begin{bmatrix}0&0&0&0&0\\0&0&0&0&0\\1&0&0&0&0\\0&1&0&0&0\\0&0&0&0&0\end{bmatrix}\begin{bmatrix}V_x\\V_y\\x\\y\\t\end{bmatrix}+\begin{bmatrix}\dot{W}_x+\tilde{g}_x\\ \dot{W}_y+\tilde{g}_y\\0\\0\\1\end{bmatrix} \tag{5.91}$$

式（5.91）的伴随方程具有下面的形式：

$$\begin{bmatrix}\dot{\lambda}_{11}\\ \dot{\lambda}_2\\ \dot{\lambda}_3\\ \dot{\lambda}_4\\ \dot{\lambda}_5\end{bmatrix}=-\begin{bmatrix}0&0&1&0&0\\0&0&0&1&0\\0&0&0&0&0\\0&0&0&0&0\\0&0&0&0&0\end{bmatrix}\begin{bmatrix}\lambda_1\\ \lambda_2\\ \lambda_3\\ \lambda_4\\ \lambda_5\end{bmatrix} \tag{5.92}$$

若选取伴随方程的终端条件如下。

$$\lambda_1(t_k)=a_1,\lambda_2(t_k)=a_2,\lambda_3(t_k)=a_3,\lambda_4(t_k)=a_4,\lambda_5(t_k)=a_5 \tag{5.93}$$

则由布利斯公式得到

$$J(t_k)=\lambda_1(0)V_x(0)+\int_0^{t_k}[\lambda_1(\tau)(\dot{W}_x+\tilde{g}_x)+\lambda_2(\tau)(\dot{W}_y+\tilde{g}_y)+\lambda_5(\tau)]\mathrm{d}\tau \tag{5.94}$$

上式中的伴随函数可根据终端条件由伴随方程式（5.92）解出

$$\begin{cases}\lambda_1(t)=a_1-a_3(t-t_k)=\dfrac{\partial L}{\partial V_x}-\dfrac{\partial L}{\partial x}(t-t_k)\\ \lambda_2(t)=a_2-a_4(t-t_k)=\dfrac{\partial L}{\partial V_y}-\dfrac{\partial L}{\partial y}(t-t_k)\\ \lambda_3(t)=a_3,\lambda_4(t)=a_4,\lambda_5(t)=a_5\end{cases} \tag{5.95}$$

注意 $\lambda_1(t)$、$\lambda_2(t)$ 与实际关机时刻 t_k 有关，为了反映这一事实，将 $\lambda_1(t)$、$\lambda_2(t)$ 分别表示为 $\lambda_1(t_k,t)$、$\lambda_2(t_k,t)$。我们希望式（5.95）积分号内视加速度的系数是已知的时变系数。为此，将 $\lambda_1(t_k,t)$、$\lambda_2(t_k,t)$ 按参数变量 t_k 相对 $\tilde{t}_k$ 展开泰勒级数，则有

$$\begin{aligned}\lambda_1(t)=\lambda_1(t_k,t)&=\lambda_1(\tilde{t}_k,t)+\frac{\mathrm{d}\lambda_1(t_k,t)}{\mathrm{d}t_k}(t_k-\tilde{t}_k)+\cdots\\&=a_1-a_3(t-\tilde{t}_k)+a_3(t_k-\tilde{t}_k)\end{aligned} \tag{5.96}$$

$$\lambda_2(t)=\lambda_2(t_k,t)=a_2-a_4(t-\tilde{t}_k)+a_4(t_k-\tilde{t}_k) \tag{5.97}$$

将式（5.83）、式（5.85）代入式（5.82），得

$$J(t_k)=\int_0^{t_k}[\lambda_1(\tilde{t}_k,\tau)\dot{W}_x(\tau)+\lambda_2(\tilde{t}_k,\tau)\dot{W}_y(\tau)]\mathrm{d}\tau+K_0(t_k) \tag{5.98}$$

其中

$$\begin{aligned}K_0(t_k)=&\lambda_1(0)V_x(0)+\int_0^{t_k}[\lambda_1(\tilde{t}_k,\tau)\tilde{g}_x+\lambda_2(\tilde{t}_k,\tau)\tilde{g}_y+a_5]\mathrm{d}\tau\\&+(t_k-\tilde{t}_k)\int_0^{t_k}(a_3\dot{W}_x+a_4\dot{W}_y+a_3\tilde{g}_x+a_4\tilde{g}_y)\mathrm{d}\tau\end{aligned} \tag{5.99}$$

式（5.99）中积分号内的 $\dot{W}_x$，$\dot{W}_y$ 用标准弹道数据 $\dot{\widetilde{W}}_x, \dot{\widetilde{W}}_y$ 代替，不会产生显著误差，这样，可以认为 $K_0(t_k)$ 是已知时间函数的积分，积分上限为实际关机时刻 t_k，在标准关机特征量 $\widetilde{J}(\tilde{t}_k)$ 中扣除量 $K_0(t_k)$ 所对应的标准值，则关机特征量变成下面的形式：

$$J_1(t_k) = \int_0^{t_k} [\lambda_1(\tilde{t}_k, \tau)\dot{W}_x(\tau) + \lambda_2(\tilde{t}_k, \tau)\dot{W}_y(\tau)]\mathrm{d}\tau + f(\Delta t) \quad \Delta t = t - \tilde{t}_k \tag{5.100}$$

5.5　外干扰补偿制导原理简介

在制导方程中，如果把制导计算建立在利用导弹的导航参数即实时位置和速度的基础上，则需首先把加速度表输出的相对弹体坐标系的视加速度通过坐标变换运算转换到惯性坐标系中，然后通过引力加速度的补偿和导航计算，得到相对于惯性坐标系的瞬时速度和位置。这种制导计算过程比较复杂，根据前面的讨论，考虑到弹道导弹命中精度主要取决于关机点速度与位置的组合，所以，可采用外干扰补偿制导方式建立制导方程。

有些资料中，把外干扰补偿制导，作为一种与摄动、显式制导方法并列的单独的制导方法讨论。考虑到从其具体应用来看，外干扰补偿制导对象仍是基于摄动理论建立的，所以，这里把外干扰补偿制导仍看作摄动制导的一种应用形式。

摄动制导的目的是消除外干扰对导弹飞行的影响，但我们无法直接测量外干扰本身。正如视加速度计不能直接测量引力加速度，但可利用加速度计测量的视加速度，将引力加速度表示为视位置及视位置积分量之间的函数关系一样，虽然我们无法直接测量作用在导弹上的外干扰力及其力矩，但通过加速度表及陀螺或稳定平台的输出，可反映出作用在导弹上的外干扰力及力矩引起的变化。这样，可直接采用测量信息对外干扰影响补偿代替飞行状态量的实时计算，从而简化导航计算和制导过程的计算，并将关机控制函数简化为求解加速度计输出量与测角元件输出量积分的线性组合形式。

外干扰补偿制导的特点在于用测量信息补偿代替显式的坐标变换和导航计算，这对于早期弹上计算机性能较低、导弹精度要求相对较低的弹道导弹是必要的处理。这种补偿制导方案，只需要一个简单的计算装置，就可以根据惯性导航测量器件输出的信息得到关机和导引指令，满足导弹落点精度要求。

外干扰补偿制导的基础是变系数线性控制系统理论。下面给出补偿制导的基本思想。

在状态空间中，导弹运动的摄动方程一般可表示为

$$\begin{cases} \dot{X}_i = \sum\limits_{j=1}^{n} a_{ij}X_i + b_iU + f_i \\ X_i(0) = 0 \quad i = 1, 2, \cdots, n \end{cases} \tag{5.101}$$

式中：X_i 为控制对象的状态量；U 为制导系统选用的控制函数即控制规律；a_{ij}，b_i 为已知的时间函数矩阵，反映了控制对象的特性随时间变化时各个状态参数在不同时刻的相互作用关系及控制器参量对控制对象的作用；f_i 为作用于控制对象的外干扰。

若给定控制指标

$$I(t_k) = \sum_{i=1}^{n} c_i X_i(t_k) + c_{n+1} U(t_k) \tag{5.102}$$

则补偿制导设计的问题便是：选择控制规律 U，完全补偿外干扰的影响，即使得式（5.102）对应的指标恒为零，这样便可消除导弹飞行过程中各种干扰的影响，使导弹准确命中目标。

式（5.102）中 t_k 为系统所需要控制的时刻；c_i 为实现给定的常数。

选择以下形式的控制规律。

$$\dot{U} = \sum_{j=1}^{n} k_j X_j + cU + \sum_{j=1}^{n} d_j f_j \tag{5.103}$$

式中：d_j，k_j，c 为已知的时间变系数。

根据外干扰补偿性质，便可设计一种由控制参数（U）和测量量（$\dot{X}_j$、X_j）构成的控制函数

$$\dot{U} = \sum_{j=1}^{n} a_1^j \dot{X}_j + \sum_{j=1}^{n} a_0^j X_j + a_0^U U \tag{5.104}$$

式中：a_1^j，a_0^j，a_0^U 是补偿外干扰影响的时间变系数。

实际上，外干扰是无法直接测得的，但可以将控制对象作为干扰的测量工具，形成控制函数。由式（5.101）的第一式可得到

$$f_i = \dot{X}_i - \sum_{j=1}^{n} a_{ij} X_i - b_i U \quad (i = 1,2,\cdots,n) \tag{5.105}$$

将外干扰表达式代入式（5.81）的第二式中，便可得到对应式（5.105）的补偿控制函数。

具体的控制形式可根据控制参数和可获得的测量量来设计，后面将根据该补偿原理导出位置捷联惯性导航方案对应的关机和导引制导方程。

5.6 二阶摄动制导原理简介

采用摄动制导的前提是干扰应为小偏差假设，即认为导弹的实际飞行弹道相对标准弹道偏离不大，只有在这种条件下，导弹落点偏差才可线性展开，来确定关机方程。这样做，制导常数少，飞行中弹上计算简单，易于实现，这对于弹上计算机性能不高的早期导弹制导计算实现是必需的。但是，在某些情况下，干扰会出现大偏差。如由于推进剂燃料的质量随温度而变化，起飞质量的偏差可达 2～3t；再如发动机秒耗量的偏差一般为 3%～4%，但某些挤压式的发动机偏差可达 7%～10%。这样，导弹的实际飞行弹道将较大地偏离标准弹道，此时采用一阶摄动制导的关机方程将引起较大的射程偏差。另外，随着导弹射程增加，高阶项引起的方法误差影响也会越来越突出。这时，就应考虑摄动关机方程中高阶项的影响。此外，弹上计算机性能的不断提高也使高阶项的处理成为可能。

这里考虑二阶项的影响。根据前面摄动理论，利用泰勒级数展开法，不难推出关机方程二阶项引起的射程偏差公式为

$$\Delta L^{(2)}=\frac{1}{2}\sum_{\alpha,\beta=x,y}\left(\frac{\partial^2 L}{\partial v_\alpha\,\partial v_\beta}\Delta v_\alpha\Delta v_\beta+\frac{\partial^2 L}{\partial v_\alpha\,\partial\beta}\Delta v_\alpha\Delta\beta+\frac{\partial^2 L}{\partial\alpha\,\partial\beta}\Delta\alpha\Delta\beta\right)$$
$$+\sum_{\alpha=x,y}\left(\frac{\partial^2 L}{\partial v_\alpha\,\partial t_k}\Delta v_\alpha\Delta t_k+\frac{\partial^2 L}{\partial\alpha\,\partial t_k}\Delta\alpha\Delta t_k\right)+\frac{1}{2}\frac{\partial^2 L}{\partial t_k^2}\Delta t_k^2 \tag{5.106}$$

实时计算这样一个庞杂的公式，无疑会增加弹载计算机的负担，而且也失去了摄动制导的简捷性，在实际工程中显然难以直接实时应用该公式。通过分析发现，在诸多偏差项中，速度偏差项对总偏差的贡献远大于其他项，所以工程中一般可只考虑影响较大的速度项，而忽略其他的次要项。

比如可设关机特征量取如下形式：

$$J(t_k)=k_1v_{xk}+k_2v_{yk}+k_3v_{zk}+k_4x_k+k_5y_k+k_6z_k+a\,(v-\tilde{v}_k)^2 \tag{5.107}$$

式中：a 为根据弹道和干扰特性选取的一个常数，可利用优化理论寻求使落点偏差最小的 a 值。

当采用惯性制导系统时，关机方程的二阶展开项需要综合考虑惯性导航误差与二阶项的综合影响，如关机方程二阶项取为

$$\Delta L^{(2)}=\frac{\partial^2 L}{\partial V_x^2}\Delta V_x^2+\frac{\partial^2 L}{\partial V_x\,\partial V_y}\Delta V_x\Delta V_y+\frac{\partial^2 L}{\partial V_y^2}\Delta V_y^2 \tag{5.108}$$

设由于惯性导航误差的存在，速度可写为

$$\begin{cases}\Delta V_x=\Delta\bar{V}_x+\delta V_x\\ \Delta V_y=\Delta\bar{V}_y+\delta V_y\end{cases} \tag{5.109}$$

式中：$\Delta\bar{V}_x$，$\Delta\bar{V}_y$ 为导弹真实速度偏差；δV_x，δV_y 为由瞄准方位角偏差、初始姿态偏差、惯性导航工具误差等产生的惯性导航误差。

忽略小量，关机方程二阶项可写为真实落点偏差 $\Delta\bar{L}^{(2)}$ 和惯性导航落点偏差 $\delta L^{(2)}$ 两部分，即

$$\Delta\bar{L}^{(2)}=\frac{\partial^2 L}{\partial V_x^2}\Delta\bar{V}_x^2+\frac{\partial^2 L}{\partial V_x\,\partial V_y}\Delta\bar{V}_x\Delta\bar{V}_y+\frac{\partial^2 L}{\partial V_y^2}\Delta\bar{V}_y^2 \tag{5.110}$$

$$\delta L^{(2)}=\frac{\partial^2 L}{\partial V_x^2}\delta V_x^2+\frac{\partial^2 L}{\partial V_x\,\partial V_y}(\Delta\bar{V}_x\delta V_y+\delta V_x\delta V_y+\delta V_x\Delta\bar{V}_y)+\frac{\partial^2 L}{\partial V_y^2}\delta V_y^2 \tag{5.111}$$

瞄准方位角偏差、初始姿态偏差、惯性导航工具误差等产生的惯性导航误差较大时，二阶项中的惯性导航落点偏差 $\delta L^{(2)}$ 可能大于真实落点偏差 $\Delta\bar{L}^{(2)}$，使得采用二阶项制导后的落点偏差扩大，此时不宜采用二阶摄动项。

第6章　弹道导弹显式制导

6.1　显式制导的一般思想

通过摄动制导的讨论，我们知道摄动制导实施方便，对制导计算装置要求低，许多大量的计算工作如装订量解算、偏导系数计算等都可放在设计阶段和发射之前确定，因此，摄动制导在弹道导弹制导中获得了广泛应用。但摄动制导是基于摄动思想给出的，其前提是实际弹道飞行条件相对标准条件之差应是小量。其制导方程也只有在此条件下，才能够略去二阶以上的高阶项。尽管线性化处理可减小弹上计算量，简化制导方程的设计，但这种简化无疑会产生制导设计误差，而且，这种误差会随着导弹射程的增大而增加。

随着弹道导弹能量管理、机动突防等的制导要求的出现，由姿态控制引起的弹道偏差越来越大，摄动制导的小干扰条件也越来越难以实现，为适应弹道导弹飞行任务的多样性，满足较大弹道偏差条件下的精确制导要求，克服摄动制导的局限，也是随着大规模集成电路及弹上计算机性能的不断提高，在弹上实现高速制导计算不再是障碍的前提下，提出了显式制导。显式制导比摄动制导有较大的灵活性，容许实际飞行轨道对预定轨道有较大的偏离，在大干扰下有较高的制导精度。

显式制导是指根据目标数据和导弹的现时运动参数，按控制泛函的显函数进行实时计算的制导方法。

显式制导的思想即是利用弹上测量装置实时地解算出导弹现时的位置和速度矢量，即

$$\begin{cases}\boldsymbol{r}(t)=(x(t),y(t),z(t))^{\mathrm{T}}\\ \boldsymbol{v}(t)=(v_x(t),v_y(t),v_z(t))^{\mathrm{T}}\end{cases}\tag{6.1}$$

利用 $\boldsymbol{r}(t)$ 和 $\boldsymbol{v}(t)$ 作为起始条件，实时地算出对所要求的终端条件的偏差（t_{s}—终端时刻）：

$$\begin{cases}\boldsymbol{r}(t_{\mathrm{s}})=(x(t_{\mathrm{s}}),y(t_{\mathrm{s}}),z(t_{\mathrm{s}}))^{\mathrm{T}}\\ \boldsymbol{v}(t_{\mathrm{s}})=(v_x(t_{\mathrm{s}}),v_y(t_{\mathrm{s}}),v_z(t_{\mathrm{s}}))^{\mathrm{T}}\end{cases}\tag{6.2}$$

并据此构成制导命令，对导弹实时控制，消除对终端条件的偏差。当终端偏差满足制导任务要求时，发出指令关闭发动机。

因此，从更一般意义上看，显式制导的问题可看成多维的、非线性的两点边值问题。由弹道学可知，上述问题可以通过弹道微分方程组的数值积分方法和弹道迭代的方法求解，需要多次迭代的弹道数值积分方法计算量很大，因而解算两点边值问题对弹上计算机的性能要求非常高，所以，一般工程中要根据任务要求进行必要的简化，因此显

式制导当前的研究重点主要是如何改进终端量的计算方法，以满足弹上实时计算的要求。

显式制导的核心在于如何构造一个既满足精度要求、又能快速完成被动段弹道计算显函数，最直观的想法可能来源于曲线拟合，即在地面根据标准弹道的数据进行曲线拟合，构造出一个拟合函数，弹上制导时代入导弹当前的速度和位置即可快速求解落点状态，这种方法显然具有相当高的计算速度，但遗憾的是，目前这些方法均难以达到一个足够高的计算精度，因此必须研究其他方法。由于显式制导方法具有克服大扰动的优越性，该方面的研究相当活跃，许多研究人员在各种文献和资料中提出了多种显式制导的实现方法，如基于需要速度的闭路显式制导方法；基于中间轨道法的显式制导方法；基于标准弹道关机点参量的迭代制导方法等。

这里以基于需要速度的闭路制导方法为例，讨论显式制导思想及其方法。

一般来说，显式制导应解决如下两方面的问题：

一是导航解算，即实时给出导弹飞行中的位置和速度值。

弹道导弹一般采用惯性导航系统进行导航解算，而惯性导航系统通过测量导弹的运动实时给出导弹的视加速度和角速度，求取显式制导所需要的速度和位置必须通过导航计算求得，相应的导航解算方程为

$$\dot{\boldsymbol{v}}(t)=\dot{\boldsymbol{W}}(t)+\boldsymbol{g}(t) \tag{6.3}$$

有些导航系统可以直接测量给出导弹实时飞行位置和速度，如卫星导航系统。关于惯性导航系统和卫星导航系统导航状态解求取的问题将在第 9 章和第 10 章中专门论述，本章不赘述。

二是设计制导方案，根据实时位置和速度值，结合终端条件和其他约束，给出控制命令，通过相应的控制装置按制导要求控制导弹飞行，确保导弹命中目标。

值得指出的是，若通过导航解算得到实时导弹的速度和位置，便可利用摄动理论给出的射程和横程控制方案，对导弹进行制导，此时，也可称为显式制导，因为此时制导利用的是导航参数的“显函数”。实际上，更恰当的分类是将摄动制导分为“隐式”摄动制导和“显式”摄动制导：利用导弹实时速度、位置导航参数组合进行的摄动制导为“显式”摄动制导；而直接利用测量装置得到的视加速度、视速度、视位置组合进行的摄动制导称为“隐式”摄动制导。

本章讨论的显式制导是在更一般意义上的利用导航参数的显函数实施的制导方法。

6.2　需要速度及虚拟目标的概念

基于需要速度的概念和思想提出的显式制导方法是显式制导中最常见的方法。下面首先给出需要速度的概念。

6.2.1　需要速度的概念

设飞行器在当前时刻 t、位置 r 处，以速度 V_R 关机，能够确保弹头以一定的精度命中目标，完成制导任务，则此时间和位置状态条件下的 V_R 称为需要速度。

下面以一个例子说明需要速度的物理意义。如图6.1所示，导弹在 t_f 时刻的位置为 (x_f,y_f)，速度为 V_f，目标为 (x_m,y_m)，T_m 为命中总时间。

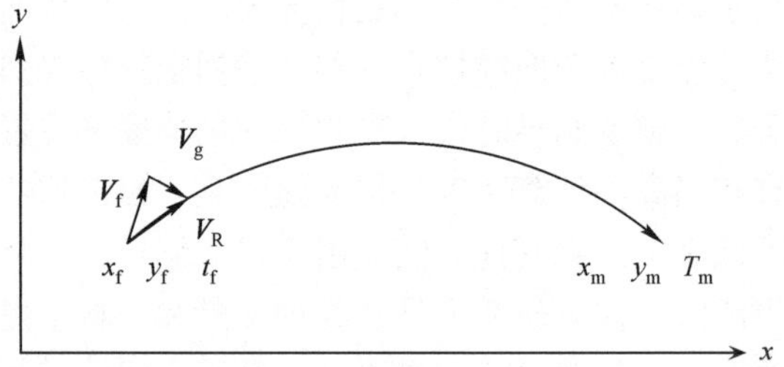

图6.1 需要速度的物理意义

设地球为一平面，在忽略大气阻力影响下，可认为导弹在主动段关机后，是在常值地球引力作用下的运动，此时运动方程可表示为

$$\begin{cases} x = x_f + v_{xf} t_{ff} \\ y = y_f + v_{yf} t_{ff} - \dfrac{1}{2} g t_{ff}^2 \end{cases} \tag{6.4}$$

式中：x_f，v_{xf}，y_f，v_{yf}为头体分离点的位置和速度；t_f 为分离点时间；t_{ff}为自由飞行时间。

若设总飞行时间为 T_m，则需要速度的分量为

$$\begin{cases} v_{Rx} = \dfrac{x_m - x_f}{T_m - t_f} \\ v_{Ry} = \dfrac{y_m - y_f}{T_m - t_f} + \dfrac{1}{2} g (T_m - t_f) \end{cases} \tag{6.5}$$

显然

$$t_{ff} = T_m - t_f \tag{6.6}$$

控制速度取

$$\begin{cases} v_{gx} = v_{Rx} - v_{xf} \\ v_{gy} = v_{Ry} - v_{yf} \end{cases} \tag{6.7}$$

显式制导控制的目的就是控制导弹的飞行，使得 V_g 在最短的时间内降为0，即控制导弹俯仰角，使得

$$\begin{cases} v_x = v_{Rx} \\ v_y = v_{Ry} \end{cases} \tag{6.8}$$

则导弹在时间 $t = T_m$ 时，将通过目标点 (x_m,y_m)。

令式（6.8）的 y 向速度不变，只控制 x 向速度，则由式（6.5）第二式，得

$$t_{ff} = \frac{v_{yf} + \sqrt{v_{yf}^2 - 2g(y_m - y_f)}}{g} \tag{6.9}$$

将其代入式（6.7），得

$$V_{Rx} = \frac{g(x_m - x_f)}{v_{yf} + \sqrt{v_{yf}^2 - 2g(y_m - y_f)}} \tag{6.10}$$

更一般地，设导弹在飞行时刻 t 的位置为 r，假如导弹在该点关机，并保证命中目标，此时导弹应具有的速度即称为“需要速度”，记为 V_R。V_g 为实际速度与需要速度之差，称为控制速度或待增速度。

图 6.2 所示为对应该时刻的实际速度 V_m 与需要速度 V_R 间的几何关系。

由于导弹推力大小一般不可调，因此导弹在飞行中显式制导只需不断确定当前时刻的需要速度，并据此给出控制命令，控制导弹的推力方向，不断消除 V_g。当 $V_g=0$ 时关机，导弹速度满足需要速度 V_R，导弹将沿着确定的惯性弹道命中目标。

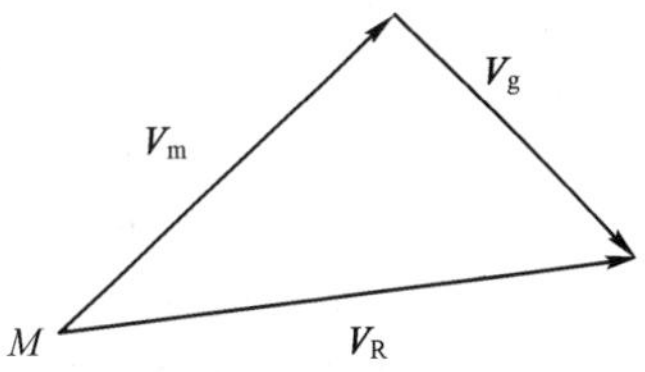

图 6.2　实际速度、需要速度及控制速度间关系

显然需要速度是这种显式制导方法的根本，然而受弹上计算机计算能力的限制，目前还不能通过弹道数值计算和迭代计算方法快速完成，因此必须对被动段弹道的计算方法进行简化，如把被动段看作椭圆轨迹的一部分，利用椭圆弹道的解析计算模型计算被动段弹道，进而迭代求解。

若将导弹弹道视为椭圆一部分，根据椭圆理论，导弹飞行中某时刻的飞行速度只与该点地心矢径有关，即

$$\boldsymbol{V}=\sqrt{fM\left(\frac{2}{\boldsymbol{r}}-\frac{1}{a}\right)} \tag{6.11}$$

式中：$\boldsymbol{r}$ 为该点地心矢径；a 为半长轴。

因此，要求解该点需要速度，只需求得连接导弹和目标的自由飞行椭圆的长半轴即可。

在具体利用椭圆理论求解椭圆长半轴时，要用到椭圆理论的两个性质（图 6.3）：

（1）椭圆上任意一点到两个焦点的距离的和等于椭圆的长轴。

（2）椭圆上任一点的法线等分该点与两个焦点连线形成的角。

图 6.3 中 $\boldsymbol{r}$ 和 r_m 分别为导弹和目标的地心矢径；ϕ 为射程角；ξ 为需要速度 V_R 与 $\boldsymbol{r}$ 矢量间的夹角。根据该图的几何关系可以得到

$$\begin{cases} S_m^2+S_r^2=(2a-r_m)^2 \\ S_r=(2a-r)\sin 2\xi-r_m\sin\phi \\ S_m=r+(2a-r)\cos 2\xi-r_m\cos\phi \end{cases} \tag{6.12}$$

以上三方程联立可求解可得

$$a=\frac{r}{2}\left[1+\frac{r_m(1-\cos\phi)}{r-r_m-r\cos 2\xi+r_m\cos(2\xi-\phi)}\right] \tag{6.13}$$

将式（6.13）代入式（6.11），整理，得

$$V_R^2=\frac{2fM}{r}\frac{1-\cos\phi}{r/r_m(1-\cos 2\xi)-\cos\phi+\cos(2\xi-\phi)} \tag{6.14}$$

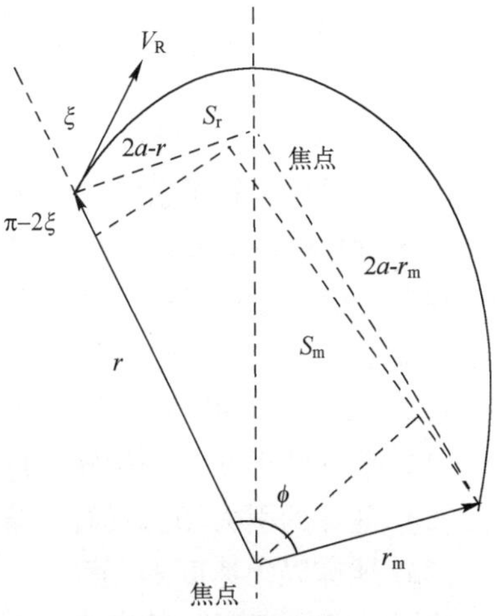

图 6.3　椭圆弹道示意图

根据椭圆理论，上式中射程角计算需要预先确定导弹自由飞行时间，根据椭圆理论可以推出从导

弹所在位置自由飞行到目标的时间为

$$t_{\mathrm{ff}}=\frac{a_{\mathrm{e}}^{3/2}}{\sqrt{fM}}[(E_{\mathrm{m}}-E)-e(\sin E_{\mathrm{m}}-\sin E)] \tag{6.15}$$

式中：E 为椭圆轨道的偏近点角，e 为椭圆偏心率，根据椭圆理论有

$$\cos E=\frac{1}{e}-\frac{r}{ea} \tag{6.16}$$

显然，自由飞行时间是导弹所在点位置和椭圆长半轴的函数，而椭圆长半轴又是射程角的函数，要求射程角又必须知道飞行时间，因此，必须采用迭代方法求解需要速度和自由飞行时间。比如首先假设目标的未来位置；然后计算相应的需要速度和所形成的椭圆参数；接着计算飞行时间；再计算目标新的未来位置。如此不断重复迭代，一般 2 或 3 次就可得到满意的收敛结果。

求出需要速度后，便可得到制导指令为

$$\boldsymbol{V}_{\mathrm{g}}=\boldsymbol{V}_{\mathrm{R}}-\boldsymbol{V} \tag{6.17}$$

当

$$|\boldsymbol{V}_{\mathrm{g}}|\leqslant\varepsilon_{\mathrm{v}} \tag{6.18}$$

时，即可关机。

6.2.2 虚拟目标的概念

这里讨论的需要速度解算是将被动段弹道视为椭圆一部分，而实际上，导弹被动段运动受到带有扁率的地球引力和再入空气阻力等作用，因此在同一位置(x,y,z)以相同的需要速度$(V_{\mathrm{R}x},V_{\mathrm{R}y},V_{\mathrm{R}z})$，通过椭圆弹道的命中点与通过实际弹道的命中点将不是同一个点，在制导系统的控制下，原则上通过实际弹道的命中点应该是目标点，而通过椭圆弹道的命中点则称为“虚拟目标点”。关机条件一定时，虚拟目标点与目标点是一一对应的，为此我们可以这样分析这个问题：

（1）在位置(x,y,z)和需要速度$(V_{\mathrm{R}x},V_{\mathrm{R}y},V_{\mathrm{R}z})$条件下，导弹通过椭圆弹道命中虚拟目标点。

（2）在位置(x,y,z)和需要速度$(V_{\mathrm{R}x},V_{\mathrm{R}y},V_{\mathrm{R}z})$条件下，导弹将通过实际弹道命中目标点。

（3）导弹在关机控制时以虚拟目标为控制终端条件，从而将实际弹道的数值求解转化为椭圆弹道的解析求解，以满足弹上计算机实时计算的要求。

上述过程将被动段弹道数值求解问题转化为椭圆弹道的解析求解问题，在椭圆弹道的基础上，引入虚拟目标，考虑了实际弹道命中点与虚拟目标点之间的差异，也就考虑了地球扁率和再入空气阻力的影响。

基于虚拟目标的闭路制导方法推导采用如下基本假设。

（1）地球的形状为一旋转椭球体，长半轴为 a_{e}，短半轴为 b_{e}，第二偏率为 e'^2。

（2）地球的引力场为具有一阶扁率系数的形式。

（3）地球以角速度 $\boldsymbol{\omega}_{\mathrm{e}}$ 旋转。

按照“需要速度”的定义，对于给定的目标位置矢量 $\boldsymbol{r}_T$，主动段上任一点 $\boldsymbol{r}$ 处的需要速度用 $\boldsymbol{v}_{\mathrm{R}}$ 表示，假若弹上该点的速度达到 $\boldsymbol{v}_{\mathrm{R}}$，并关闭发动机，则弹将经过被动段

飞行而达到目标，即 $\boldsymbol{v}_{\mathrm{R}}$ 是导弹从该点向目标飞行并命中目标所需要的速度。

导弹的被动段运动受到带有扁率的地球引力和再入空气阻力作用，使得 $\boldsymbol{v}_{\mathrm{R}}$ 的确定比较复杂。对于远程或洲际弹道导弹而言，再入阻力影响比较小，只有几百米（不考虑鼻锥烧蚀不对称而引起的误差），被动段地球引力扁率影响也比较小，达十几千米，二者的交链影响更小，只有几米，可以忽略不计。所以，可以设法预先对这两个影响进行单独修正，用其落点偏差来修正目标的位置得“虚拟目标”。这样，若不计再入阻力和引力扁率的自由飞行轨道（椭圆轨道）通过“虚拟目标”，则实际的被动段弹道必通过真实目标。因此，将目标变为虚拟目标的好处是，确定 $\boldsymbol{v}_{\mathrm{R}}$ 可直接用较为简单的椭圆轨道公式了，从而简化弹上的计算。

下面讨论分别通过再入阻力修正和引力扁率修正确定“虚拟目标”的方法。

（1）再入阻力修正。

假设已经确定一条命中目标的标准弹道，利用再入点弹道参数为初值，不计空气阻力求出落点，则此落点就是不计再入阻力的虚拟目标。远程弹道导弹再入阻力对射程影响只有几百米（不考虑鼻锥烧蚀不对称而引的偏差），干扰弹道与标准弹道的再入阻力影响相差甚小，可以忽略不计。因此，只按标准弹道的再入阻力影响对目标位置进行修正便可得到对应的虚拟目标。

另外，当弹头参数确定后，再入阻力影响仅是再入点落角、落速的函数。此函数可预先求得，如图 6.4 所示，现以 $\Delta\beta_x$ 表示再入阻力影响的地心角射程，图中 OKM 表示不考虑再入阻力影响时的弹道，那么考虑再入阻力修正的虚拟目标 M_Q 便可近似地确定如下：在 O 点至 M 点的角射程 β 平面内增加一个角增量 $\Delta\beta_x$，即可确定 M_Q 点。

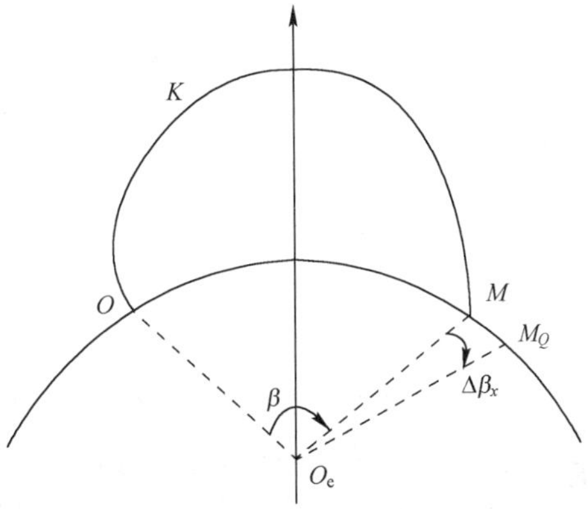

图 6.4　再入阻力对虚拟目标的影响

为减小再入气动影响造成的落点散布，弹头通常采用零攻角再入。由弹道导弹再入段运动方程可知，当再入点高度固定时，再入段气动阻力的影响是再入点速度、弹道倾角及弹头质阻比的函数。若导弹型号已定（弹头参数确定后），再入阻力影响只是再入点速度和弹道倾角的函数。

由空气阻力引起的角射程增量为

$$\Delta\beta_x = \frac{\Delta L}{r_0} \tag{6.19}$$

式中：ΔL 为由再入阻力使射程减少的数值。

对于主动段按照固定程序飞行的弹道导弹来说，在不同的射击条件下，即在不同纬度的发射点和不同的射击方位角下射击，而在同一时刻关机，再入阻力对射程的影响相差甚小，通常只有几米，可以忽略不计，因此可以将 $\Delta\beta_x$ 逼近为再入时间 t_k 的函数。

由于再入时间是再入速度和再入高度的函数，因此可将由空气阻力对射程角和再入时间的影响拟合成再入速度 V_{c}、再入高度 h_{a} 的函数，即

$$\begin{cases}\Delta\beta_x = k_0+k_1V_c+k_2V_c^2+k_3V_c^3+k_4V_c^4+(k_5+k_6V_c+k_7V_c^2)h_c+(k_8+k_9V_c+k_{10}V_c^2)h_c^2 \\ \Delta t_k = k_{11}+k_{12}h_c+k_{13}V_c\end{cases} \tag{6.20}$$

式中：Δt_k 为空气阻力对再入时间的影响；$k_0,k_1,\cdots,k_{13}$为拟合系数。

（2）地球引力扁率影响的修正。

为修正扁率影响，先根据标准弹道及干扰弹道的关机点参数，利用弹道学中被动段解析公式，分别令 $J=c$（c 为非 0 常值）和 $J=0$，求其落点偏差便是地球引力扁率影响。当然也可以在弹道解算时利用标准弹道关机点参数，分别在 $J=c$（c 为非 0 常值）和 $J=0$ 解算弹道，求得扁率影响。现将射程为 6500km 的一组结果列于表 6.1 中，表中的射程偏差是不考虑扁率时所得到的落点与考虑扁率时的目标点之间的偏差。

表 6.1　射程为 6500km 偏差数据

干　扰	0	Ⅰ	Ⅱ	Ⅲ	Ⅳ	Ⅴ	Ⅵ
射程偏差 ΔL/m	1486.5	1434.6	1556.6	1478.9	1486.9	1462.6	1502.0
横向偏差 ΔH/m	9856.8	9901.6	9785.3	9856.2	9861.6	9866.0	9876.2

其中，0 列表示没干扰的标准弹道，即在无干扰的情况下标准弹道落点与对应的不计扁率时所得到的落点之间的纵横向偏差，干扰Ⅰ～Ⅵ为 6 种主要干扰单独作用的两弹道的纵横向偏差。若各干扰弹道均按标准弹道的落点偏差进行扁率修正，则扁率修正后的落点剩余误差结果如表 6.2 所列。

表 6.2　落点剩余误差数据

干　扰	Ⅰ	Ⅱ	Ⅲ	Ⅳ	Ⅴ	Ⅵ
$\delta(\Delta L)$/m	−46	77	−1	8	−18	22
$\delta(\Delta H)$/m	44	−72	−6.5	4	−5	19

可见，按照标准弹道的扁率影响进行修正其扁率修正的最大剩余误差为 77m。由于扁率影响与关机点的位置和速度有关，按照需要速度的定义，关机点的速度应该等于该点的需要速度。后面将可以看到，当目标位置给定后，导弹飞行过程中任一点的需要速度仅与该点的位置有关。因此，被动段的扁率影响仅由关机点的位置所决定。这样，欲提高对扁率影响的修正精度，可在发射前根据某一“指定点”（如标准弹道的关机点或附近一点），计算扁率对落点的影响进行扁率影响修正，并计算扁率影响对关机点位置的偏导数，起飞后，再根据“指定点”位置与实际位置之差，对扁率影响的差额部分进行实时修正，这样可将扁率影响修正到“米”的数量级。当然，一般情况下，扁率修正误差不大于 100m 的精度就够了，不必进行实时修正。

6.2.3　需要速度 v_R 的确定

确定出了“虚拟目标”后，可根据虚拟目标位置和弹在某一时刻的位置，来确定弹在该点的需要速度。下面提到的目标均指“虚拟目标”。

通过导航系统确定导弹在发射惯性坐标中的瞬时飞行位置 M 的坐标 x、y、z 后，便可按照下列各式分别计算该点的地心矢径 $\boldsymbol{r}_M$、地心纬度 ϕ_M 及该点与发射点 O 点间绝对

经差 λ_{OM}^{A}，如图 6.5 所示。

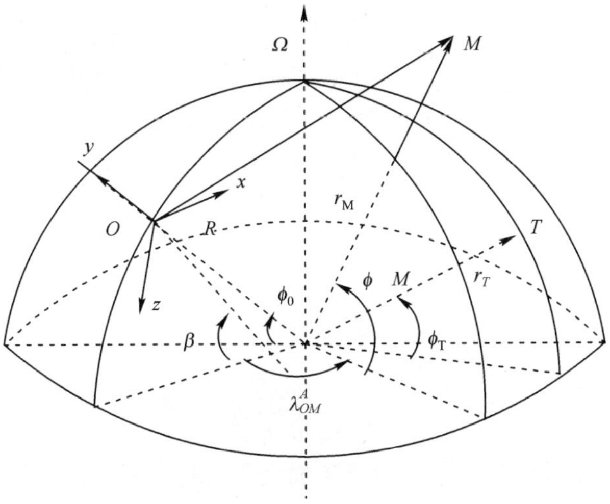

图 6.5　瞬时飞行位置示意图

$$\boldsymbol{r}_M=[(R_{0x}+x)^2+(R_{0y}+y)^2+(R_{0z}+z)^2]^{1/2} \tag{6.21}$$

式中：R_{0x}，R_{0y}，R_{0z}分别为 R_0 在 x、y、z 三轴上的分量。

$$\phi_M=\arcsin(r_x^0\omega_{ex}^0+r_y^0\omega_{ey}^0+r_z^0\omega_{ez}^0) \tag{6.22}$$

式中：r_x^0，r_y^0，r_z^0 分别为 $\boldsymbol{r}$ 的单位矢量 $\boldsymbol{r}^0$ 在 x、y、z 三轴上的分量。

$$\lambda_{OM}^{A}=\arcsin\left[-\frac{\omega_{ez}^0r_x^0-\omega_{ex}^0r_z^0}{\cos B\cos\phi_M}\right] \tag{6.23}$$

式中：ω_{ex}^0，ω_{ey}^0，ω_{ez}^0分别 w_e^o 在 x、y、z 三轴上的分量。

给出了 $\boldsymbol{r}_M$、ϕ_M 和 λ_{OM}^{A}后，可根据椭圆理论，采用下面迭代法计算对应虚拟目标的需要速度。首先，迭代计算最小能量轨道

$$\beta_j=\arccos\{\sin\phi_M\sin\phi_T+\cos\phi_M\cos\phi_T\cos[\lambda_{0T}-\lambda_{0M}^{A}+\omega_e(t+t_{f,j})]\}$$

$$\theta_{Hj}=\begin{cases}\dfrac{1}{2}\arctan\left[\dfrac{\sin\beta_j}{\dfrac{r_M}{r_T}-\cos\beta_j}\right] & \text{（最小能量轨道）}\\ \theta_H & \text{（根据需要给定）}\end{cases} \tag{6.24}$$

$$\begin{cases}p_j=\dfrac{r_T(1-\cos\beta_j)}{1-\dfrac{r_T}{r_M}(\cos\beta_j-\sin\beta_j\tan\theta_{Hj})}\\ \xi_{Mj}=\arctan\left[\dfrac{\tan\theta_{Hj}}{1-\dfrac{r_M}{P_j}}\right]\end{cases} \tag{6.25}$$

$$\begin{cases}\xi_{Tj}=\beta_j+\xi_{Mj}\\ e_j=\left(1-\dfrac{p_j}{r_M}\right)/\cos\xi_{Mj}\end{cases} \tag{6.26}$$

$$
\begin{cases}
\gamma_{Tj}=2\arctan\left[\sqrt{\dfrac{1+e_j}{1-e_j}}\tan\dfrac{\xi_{Tj}}{2}\right]\\
\gamma_{Mj}=2\arctan\left[\sqrt{\dfrac{1+e_j}{1-e_j}}\tan\dfrac{\xi_{Mj}}{2}\right]\\
t_{\mathrm{f},j+1}=\dfrac{1}{\sqrt{fM}}\left(\dfrac{p_j}{1-e_j^2}\right)^{3/2}\left[\gamma_{Tl}-\gamma_{Mj}+e_j(\sin\gamma_{Tj}-\sin\gamma_{Mj})\right]
\end{cases}
\tag{6.27}
$$

设当$j=n$时满足

$$|p_{j+1}-p_j|<\text{允许值}$$

则取$\beta=\beta_n$，$p=p_n$，$\theta_H=\theta_{Hn}$……。便可用下式计算v_{R}：

$$v_{\mathrm{R}}=\frac{\sqrt{fM}}{r_M\cos\theta_H}\sqrt{p}\tag{6.28}$$

设由$\boldsymbol{r}_M$、$\boldsymbol{v}_{\mathrm{R}}$组成的平面与过$M$点子午面夹角为$\hat{a}$，则$\hat{a}$可由下面公式求取，即

$$
\begin{cases}
\sin\hat{a}=\sin\phi_T\dfrac{\sin[\lambda_{0T}-\lambda_{0M}^A+\omega_{\mathrm{e}}(t+t_{\mathrm{f}})]}{\sin\beta}\\
\cos\hat{a}=(\sin\phi_T-\cos\beta\sin\phi_M)/\sin\beta\cos\phi_M
\end{cases}
\tag{6.29}
$$

这里值得指出的是：当$\boldsymbol{r}_M$、$\boldsymbol{r}_T$给定后，最小能量轨道对应唯一的一个θ_H角（当地速度水平倾角），对于非最小能量轨道，给定一个v_{R}对应两个θ_H角。通常可按最小能量轨道选θ_H角，有时可根据特殊需要来选取θ_H角，例如从突防要求一定的再入角出发来确定θ_H；根据工具误差对落点影响最小的原则来确定θ_H；等等。

为了制导算法需要，由上面给出的公式确定$\boldsymbol{v}_{\mathrm{R}}$的大小$v_{\mathrm{R}}$、倾角$\theta_H$及方位角$\hat{a}$后，需将$\boldsymbol{v}_{\mathrm{R}}$投影到发射惯性坐标系。

首先$\boldsymbol{v}_{\mathrm{R}}$在$M$点之当地北东坐标系中可写为

$$\boldsymbol{v}_{\mathrm{R}}=v_{\mathrm{R}}(\cos\theta_H\cos\hat{a}\boldsymbol{i}_{\mathrm{N}}+\sin\theta_H\boldsymbol{j}_{\mathrm{N}}+\cos\theta_H\sin\hat{a}\boldsymbol{k}_{\mathrm{N}})\tag{6.30}$$

式中：$\boldsymbol{i}_{\mathrm{N}}$，$\boldsymbol{j}_{\mathrm{N}}$，$\boldsymbol{k}_{\mathrm{N}}$分别为北东坐标系$x_{\mathrm{N}}$、$y_{\mathrm{N}}$、$z_{\mathrm{N}}$轴的单位矢量。

然后将$\boldsymbol{v}_{\mathrm{R}}$由北东坐标系转换到发射惯性坐标系，有

$$
\begin{bmatrix}\boldsymbol{i}_{\mathrm{N}}\\ \boldsymbol{j}_{\mathrm{N}}\\ \boldsymbol{k}_{\mathrm{N}}\end{bmatrix}=
\begin{bmatrix}
f_{11}\cos\phi_M & f_{12}\cos\phi_M & f_{13}\cos\phi_M\\
r_x^0 & r_y^0 & r_z^0\\
f_{31}\cos\phi_M & f_{32}\cos\phi_M & f_{33}\cos\phi_M
\end{bmatrix}
\begin{bmatrix}\boldsymbol{i}\\ \boldsymbol{j}\\ \boldsymbol{k}\end{bmatrix}
\tag{6.31}
$$

式中

$$
\begin{cases}
f_{11}=\omega_{\mathrm{e}x}^0-r_x^0\sin\phi_M\\
f_{12}=\omega_{\mathrm{e}y}^0-r_y^0\sin\phi_M\\
f_{13}=\omega_{\mathrm{e}z}^0-r_z^0\sin\phi_M
\end{cases}
\tag{6.32}
$$

$$
\begin{cases}
f_{31}=\omega_{\mathrm{e}y}^0r_z^0-\omega_{\mathrm{e}z}^0r_y^0\\
f_{32}=\omega_{\mathrm{e}z}^0r_x^0-\omega_{\mathrm{e}x}^0r_z^0\\
f_{33}=\omega_{\mathrm{e}x}^0r_y^0-\omega_{\mathrm{e}y}^0r_x^0
\end{cases}
\tag{6.33}
$$

$\boldsymbol{i}$，$\boldsymbol{j}$，$\boldsymbol{k}$分别为发射惯性系x、y、z轴的单位矢量。

根据式（6.30）、式（6.31）可导得 $\boldsymbol{v}_{\mathrm{R}}$ 在发射惯性坐标系各轴上的投影为

$$\begin{cases} v_{\mathrm{R}x}=(pf_{11}+qr_x^0+lf_{31})v_{\mathrm{R}} \\ v_{\mathrm{R}y}=(pf_{12}+qr_y^0+lf_{32})v_{\mathrm{R}} \\ v_{\mathrm{R}z}=(pf_{13}+qr_z^0+lf_{33})v_{\mathrm{R}} \end{cases} \tag{6.34}$$

式中

$$\begin{cases} p=\dfrac{\cos\theta_H\cos\hat{a}}{\cos\phi_M} \\ q=\sin\theta_H \\ l=\dfrac{\cos\theta_H\sin\hat{a}}{\cos\phi_M} \end{cases} \tag{6.35}$$

6.3　基于需要速度的闭路制导方法

根据控制信号的来源不同，可以将弹道导弹在主动段中飞行的控制分为两段，即固定程序飞行段和闭路导引段。其中固定程序飞行段是为满足射程控制的目标下，根据垂直起飞、过载限制、跨声速段限制等约束条件，优化设计出的固定的俯仰飞行程序。在该飞行段内，导弹将按照给定的飞行程序进行导弹转弯控制，使得导弹关机终点飞行速度基本满足命中目标射程的要求。

固定程序飞行段后，转入闭路导引段。此时，导弹飞行高度高于大气层高度，弹的机动不再受结构强度的限制，可以控制弹进行较大的机动。闭路导引段，没有固定的飞行程序，按照实时算出的俯仰、偏航信号来控制，其滚动控制仍与固定程序飞行段一样，保持其滚动角为零。下面着重介绍闭路导引方法。

6.3.1　关机点速度 $\boldsymbol{v}_{\mathrm{R}}$ 的预估

在需要速度的计算时，可根据导弹在 t 时刻的位置推导求得 $\boldsymbol{v}_{\mathrm{R}}$，但导弹在实施控制将速度由当前速度转变为需要速度 $\boldsymbol{v}_{\mathrm{R}}$ 时，必然经历一个过程，此时飞行时间已经 t 变为 $t+\Delta t$，位置也已经发生变化，在 $t+\Delta t$ 时刻的需要速度显然不再是 t 时刻求得的 $\boldsymbol{v}_{\mathrm{R}}$，因此 $\boldsymbol{v}_{\mathrm{R}}$ 的计算总是滞后至少一个控制周期，这必将引起制导方法误差。但因 $\boldsymbol{v}_{\mathrm{R}}$ 的变化比较缓慢，可以在 t 时刻对 $t+\Delta t$ 时刻的需要速度进行预估，即对关机点的 $\boldsymbol{v}_{\mathrm{R}}$ 进行预估得 $\boldsymbol{v}_{\mathrm{R},k}$，而后利用 $\boldsymbol{v}_{\mathrm{R},k}$ 进行制导控制。取

$$\boldsymbol{v}_{\mathrm{g}}=\boldsymbol{v}_{\mathrm{R},k}-\boldsymbol{v} \tag{6.36}$$

将 $\boldsymbol{v}_{\mathrm{g}}$ 在 t 点展开，近似取

$$\boldsymbol{v}_{\mathrm{R},k}=\boldsymbol{v}_{\mathrm{R}}(t_i)+\dot{\boldsymbol{v}}_{\mathrm{R}}(t)(t_k-t_i) \tag{6.37}$$

式中

$$\dot{\boldsymbol{v}}_{\mathrm{R}}(t)\approx\frac{\boldsymbol{v}_{\mathrm{R}}(t_i)-\boldsymbol{v}_{\mathrm{R}}(t_{i-1})}{\boldsymbol{\tau}},\quad t-t_{i-1}=\boldsymbol{\tau} \tag{6.38}$$

另外，根据

$$v_{gx}(t_k)=v_{gx}(t_i)+\dot{v}_{gx}(t_i)(t_k-t_i)=0 \tag{6.39}$$

可得

$$(t_k-t_i)=-v_{gx}(t_i)/\dot{v}_{gx}(t_i) \tag{6.40}$$

及

$$\dot{v}_{gx}=\dot{v}_{Rx,k}-\dot{v}_x\approx-\dot{v}_x=-\frac{\Delta v_{xi}}{\tau} \tag{6.41}$$

将式（6.39）~式（6.41）代入式（6.37），得

$$\boldsymbol{v}_{R,k,i}=\boldsymbol{v}_{R,i}+\frac{\boldsymbol{v}_{R,i}-\boldsymbol{v}_{R,i-1}}{\Delta v_{xi}}v_{gx,i} \tag{6.42}$$

式中

$$v_{gx,i}=v_{Rx,k,i-1}-v_{x,i} \tag{6.43}$$

式（6.42）便是对 $\boldsymbol{v}_R$ 进行预估的矢量方程，越接近关机点，预估越准确，在关机点，$\boldsymbol{v}_{R,k}=\boldsymbol{v}_R$。

6.3.2 导引信号的确定

待增速度是导弹当前的需要速度与实际速度之差，如图6.6所示。

显然，关机方程应满足

$$\boldsymbol{V}_g=0 \tag{6.44}$$

但实际上导弹在实际飞行过程中，待增速度 $\boldsymbol{V}_g$ 是不可能瞬时增加的，而是通过控制发动机推力大小和方向来实现的，即制导时使待增速度 $\boldsymbol{V}_g$ 逐渐趋于零，为此，必须考虑导引过程中 $\boldsymbol{V}_g$ 应满足的微分方程。

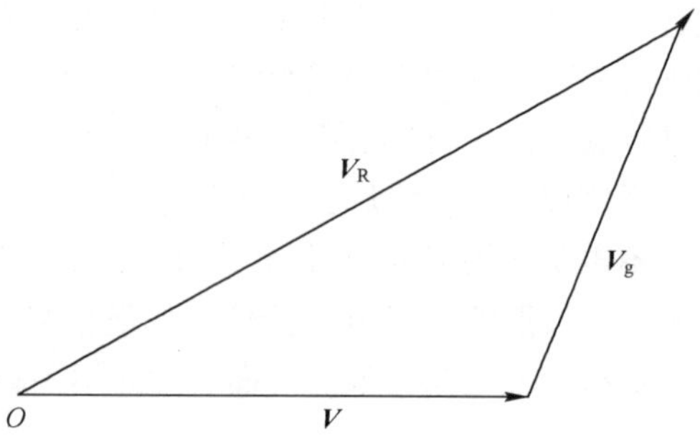

图6.6 待增速度示意图

对式（6.36）求导，得

$$\frac{d\boldsymbol{V}_g}{dt}=\frac{d\boldsymbol{V}_R}{dt}-\frac{d\boldsymbol{V}}{dt} \tag{6.45}$$

由于 $\boldsymbol{V}_R$ 是 $\boldsymbol{r}$ 及 t 的函数，则

$$\frac{d\boldsymbol{V}_R}{dt}=\frac{\partial\boldsymbol{V}_R}{\partial\boldsymbol{r}^T}\frac{\partial\boldsymbol{r}}{\partial t}+\frac{\partial\boldsymbol{V}_R}{\partial t}=\frac{\partial\boldsymbol{V}_R}{\partial\boldsymbol{r}^T}\boldsymbol{V}+\frac{\partial\boldsymbol{V}_R}{\partial t} \tag{6.46}$$

又$\dfrac{d\boldsymbol{V}}{dt}=\dot{\boldsymbol{W}}+\boldsymbol{g}$，则

$$\frac{d\boldsymbol{V}_g}{dt}=\frac{\partial\boldsymbol{V}_R}{\partial\boldsymbol{r}^T}\boldsymbol{V}+\frac{\partial\boldsymbol{V}_R}{\partial t}-\dot{\boldsymbol{W}}-\boldsymbol{g} \tag{6.47}$$

导弹以 $\boldsymbol{V}_R$ 为初始速度沿椭圆弹道惯性飞行时，只受地球引力作用，即$\dfrac{d\boldsymbol{V}_R}{dt}=\boldsymbol{g}$，则

$$\frac{d\boldsymbol{V}_R}{dt}=\frac{\partial\boldsymbol{V}_R}{\partial\boldsymbol{r}^T}\boldsymbol{V}_R+\frac{\partial\boldsymbol{V}_R}{\partial t}=\boldsymbol{g} \tag{6.48}$$

上述两式代入式（6.43），得

$$\frac{\mathrm{d}\boldsymbol{V}_{\mathrm{g}}}{\mathrm{d}t}=-\frac{\partial \boldsymbol{V}_{\mathrm{R}}}{\partial \boldsymbol{r}^{\mathrm{T}}}\boldsymbol{V}_{\mathrm{g}}-\dot{\boldsymbol{W}} \tag{6.49}$$

令

$$\boldsymbol{Q}=\frac{\partial \boldsymbol{V}_{\mathrm{R}}}{\partial \boldsymbol{r}^{\mathrm{T}}}=\begin{bmatrix}\frac{\partial V_{\mathrm{R}x}}{\partial x} & \frac{\partial V_{\mathrm{R}x}}{\partial y} & \frac{\partial V_{\mathrm{R}x}}{\partial z}\\ \frac{\partial V_{\mathrm{R}y}}{\partial x} & \frac{\partial V_{\mathrm{R}y}}{\partial y} & \frac{\partial V_{\mathrm{R}y}}{\partial z}\\ \frac{\partial V_{\mathrm{R}z}}{\partial x} & \frac{\partial V_{\mathrm{R}z}}{\partial y} & \frac{\partial V_{\mathrm{R}z}}{\partial z}\end{bmatrix} \tag{6.50}$$

其矩阵形式为

$$\begin{bmatrix}\dot{V}_{\mathrm{g}x}\\ \dot{V}_{\mathrm{g}y}\\ \dot{V}_{\mathrm{g}z}\end{bmatrix}=-\begin{bmatrix}\frac{\partial V_{\mathrm{R}x}}{\partial x} & \frac{\partial V_{\mathrm{R}x}}{\partial y} & \frac{\partial V_{\mathrm{R}x}}{\partial z}\\ \frac{\partial V_{\mathrm{R}y}}{\partial x} & \frac{\partial V_{\mathrm{R}y}}{\partial y} & \frac{\partial V_{\mathrm{R}y}}{\partial z}\\ \frac{\partial V_{\mathrm{R}z}}{\partial x} & \frac{\partial V_{\mathrm{R}z}}{\partial y} & \frac{\partial V_{\mathrm{R}z}}{\partial z}\end{bmatrix}\begin{bmatrix}V_{\mathrm{g}x}\\ V_{\mathrm{g}y}\\ V_{\mathrm{g}z}\end{bmatrix}-\begin{bmatrix}\dot{\boldsymbol{W}}_x\\ \dot{\boldsymbol{W}}_y\\ \dot{\boldsymbol{W}}_z\end{bmatrix} \tag{6.51}$$

由于 $\boldsymbol{Q}$ 的变化比较缓慢，可以预先求出并装定在弹上计算机上，弹上不需计算，对于中近程导弹 $\boldsymbol{Q}$ 的元素甚至可以取为常值，$\boldsymbol{V}_{\mathrm{g}}$ 的计算可采用式（6.38）的模型，这种方法一般称为 $\boldsymbol{Q}$ 制导法。但由于火箭发动机的推力大小和方向一般难以根据需要进行调整，因此 $\boldsymbol{Q}$ 制导法所计算得到的控制加速度对于火箭发动机而言却难以实现。

在弹道导弹的关机控制时，一般可以按照闭路制导按照“燃料消耗最少”的原则实施，同时考虑到在接近关机点时需要速度大小和方向变化不大，而控制加速度则可能会在大小和方向上产生剧烈的“震荡”，因此可以采用“使 $\boldsymbol{a}$ 与 $\boldsymbol{V}_{\mathrm{g}}$ 一致”的原则进行导引，使导弹速度向需要速度 $\boldsymbol{v}_{\mathrm{R}}$ 逼近，将是“燃料消耗最少”意义下的最优导引。当然，由于在闭路导引段中导弹位置的不断变化，对应的 $\boldsymbol{v}_{\mathrm{R}}$ 也在不断地变化，故按照“使 $\boldsymbol{a}$ 与 $\boldsymbol{V}_{\mathrm{g}}$ 一致”的原则的导引便不是最优的了。欲使 $\boldsymbol{a}$ 与 $\boldsymbol{V}_{\mathrm{g}}$ 一致，必须知道这两个矢量间的夹角。首先，对 $\boldsymbol{V}_{\mathrm{g}}$ 定义两个欧拉角 ϕ_{g} 和 ψ_{g}，如图 6.7 所示。

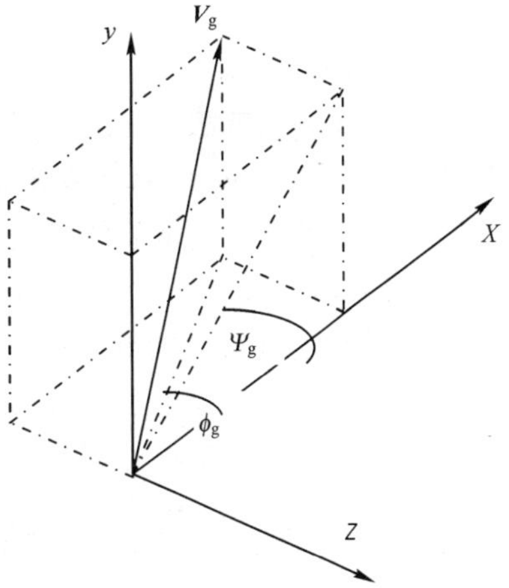

图 6.7　欧拉角示意图

$$\begin{cases}\tan\phi_{\mathrm{g}}=\dfrac{V_{\mathrm{g}}}{V_{\mathrm{g}x}}\\ \tan\psi_{\mathrm{g}}=-\dfrac{V_{\mathrm{g}z}}{V'_{\mathrm{g}x}}\end{cases} \tag{6.52}$$

式中：$V'_{\mathrm{g}x}=\sqrt{V_{\mathrm{g}x}^2+V_{\mathrm{g}y}^2}$。

同样，可对当前加速度 $\boldsymbol{a}$ 定义两个欧拉角 ϕ_{a} 和 ψ_{a}，有

$$\begin{cases}\tan\phi_a=\dfrac{a_y}{a_x}\approx\dfrac{\Delta v_y}{\Delta v_x}\\ \tan\psi_a=-\dfrac{a_z}{a_x}\approx-\dfrac{\Delta v_z}{\Delta v_x}\end{cases}\tag{6.53}$$

式中：$\Delta V'_x=\sqrt{\Delta V_x^2+\Delta V_y^2}$。

根据三角公式

$$\tan(\phi_g-\phi_a)=\frac{\tan\phi_g-\tan\phi_a}{1+\tan\phi_g\tan\phi_a}\tag{6.54}$$

考虑到$(\phi_g-\phi_a)$、$(\psi_g-\psi_a)$都比较小，可得

$$\Delta\phi=\phi_g-\phi_a=\frac{V_{gy}\Delta V_x-V_{gx}\Delta V_y}{V_{gx}\Delta V_x+V_{gy}\Delta V_y}\tag{6.55}$$

$$\Delta\psi=\psi_g-\psi_a=\frac{V'_{gx}\Delta V_z-V_{gz}\Delta V'_x}{V'_{gx}\Delta V'_x+V_{gz}\Delta V_z}\tag{6.56}$$

显然，当 $\Delta\phi=\Delta\psi=0$ 时，即为 $\boldsymbol{a}$ 与 $\boldsymbol{V}_g$ 方向一致。

（1）高加速度推力的导引信号确定。

对于具有推力终止能力的固体导弹，关机前推力产生的加速度 $\boldsymbol{a}$ 均大于地球引力加速度 $\boldsymbol{g}$，甚至是 $\boldsymbol{g}$ 的十多倍，即所谓高加速度推力。因此$\dot{\boldsymbol{V}}=\dot{\boldsymbol{W}}$，将速度增量 $\Delta\boldsymbol{V}=\Delta\boldsymbol{W}=[\Delta W_x\quad\Delta W_y\quad\Delta W_z]^{\mathrm{T}}$ 分别代入式（6.55）和式（6.56），则姿态导引信号方程为

$$\begin{cases}\Delta\phi=\dfrac{V_{gy}\Delta W_x-V_{gx}\Delta W_y}{V_{gx}\Delta W_x+V_{gy}\Delta W_y}\\ \Delta\psi=\dfrac{V'_{gx}\Delta W_z-V_{gz}\Delta W'_x}{V'_{gx}\Delta W'_x+V_{gz}\Delta W_z}\end{cases}\tag{6.57}$$

采用上述导引方法，一般可得到满意的结果。但有一点需要注意的是，在临近关机时，$\boldsymbol{V}_g$ 接近零时，$\boldsymbol{V}_R$ 的微小变化就会使 $\boldsymbol{V}_g$ 的方向有较大的变化，即导弹有很大的转动角速度。为了避免此现象的发生，在临近关机的一小段时间间隔内取姿态角信号为常值，即 $\Delta\phi=\Delta\psi=0$。

（2）低加速度推力的导引信号确定。

当导弹采用末速修正系统时，其末修发动机的推力很低，所产生的推力加速度往往比 $\boldsymbol{g}$ 小很多，此时如果仍然采用最小能量弹道的弹道倾角或者给定的弹道倾角来确定 $\boldsymbol{V}_R$，则会出现$|\dot{\boldsymbol{W}}|<\left|\dfrac{\partial\boldsymbol{V}_R}{\partial\boldsymbol{r}^{\mathrm{T}}}\boldsymbol{V}_g\right|$的情况，由于$\dfrac{\mathrm{d}\boldsymbol{V}_g}{\mathrm{d}t}=-\dfrac{\partial\boldsymbol{V}_R}{\partial\boldsymbol{r}^{\mathrm{T}}}\boldsymbol{V}_g-\dot{\boldsymbol{W}}$，此时改变$\dot{\boldsymbol{W}}$的方向不能有效地改变 $\boldsymbol{V}_g$ 的方向，因而不能使 $\boldsymbol{V}_g\to0$。在这种情况下，可根据速度矢量 $\boldsymbol{V}$ 的弹道倾角作为需要速度 $\boldsymbol{V}_g$ 的弹道倾角来确定需要速度 $\boldsymbol{V}_g$，然后采取使$\dot{\boldsymbol{W}}$与 $\boldsymbol{V}_g$ 一致的导引方法，可以实现低加速度推力的末速度修正导引。

6.3.3 导弹制导的关机方程

按照 $\boldsymbol{v}_R$ 的定义，关机条件应为

$$\boldsymbol{v}_g=\boldsymbol{v}_R-\boldsymbol{v}=0$$

一个矢量等于零，则各分量必为零。故可取

$$v_{gx}=0 \tag{6.58}$$

作为关机条件。

值得指出的是，对于无法通过关闭管道关闭发动机的固体发动机，若非最大射程弹道，则应按照一条特定的弹道飞行，通过闭路导引律，交变控制导弹姿态，以推力的正方向和负方向交替消耗掉满足待增速度外的多余能量，准确保证需要速度。

综合上述讨论，便可得到闭路制导对应的关机方程及导引方程。

由上面闭路制导的关机方案可以看出，不同于摄动制导中的开路关机方案，闭路制导的关机是与闭路导引同时进行的，这也是该显式制导方法称为闭路制导的主要原因。

计算表明，按上述制导方程，其落点偏差（纵向、横向）只有几十米。

显式制导相对摄动制导具有更大的灵活性，容许实际飞行弹道对预定飞行轨道有较大的偏离，因此在大干扰飞行情况下有较高的制导精度。由于显式制导方法设计一般是基于最优控制理论，在一定的约束条件下，寻求满足特定性能指标最优的解，所以，在工程实现中，对弹上计算机性能以及伺服执行机构要求比较苛刻。如何在设计最优性和工程可行性之间平衡，求得易于工程应用的方案，是显式制导从理论走向实际应用的关键。

6.4　基于神经网络的显式制导方法

基于虚拟目标的显式向导方法需要通过多条椭园弹道确定与当前状态接近的椭园弹道，并获取对应的虚拟目标，在利用椭园弹道计算虚拟目标及弹上确定对应的椭园弹道时，均存在一定的误差，且计算量较大。采用神经网络方法根据干扰弹道训练结果直接确定导弹需要速度，将克服椭园弹道带来的误差，提高射击精度。

6.4.1　神经网络概述

BP（back propagation）网络是 1986 年由 Rumelhart 和 McCelland 为首的科学家小组提出的，是一种按误差逆传播算法训练的多层前馈网络，是目前应用最广泛的神经网络模型之一。BP 网络能学习和存储大量的输入-输出模式映射关系，无须事前揭示描述这种映射关系的数学方程。它的学习规则是使用最速下降法，通过反向传播来不断调整网络的权值和阈值，使网络的误差平方和最小。BP 神经网络模型拓扑结构包括输入层（input）、隐含层（hide layer）和输出层（output layer），如图 6.8 所示。

基本 BP 网络的算法包括两个方面：信号的前向传播和误差的反向传播。即计算实际输出时按从输入到输出的方向进行，而权值和阈值的修正按从输出到输入的方向进行。

图 6.8 中：x_j 表示输入层第 j 个节点的输入，$j=1,2,\cdots,M$；w_{ij}表示隐含层第 i 个节点到输入层第 j 个节点之间的权值；θ_i 表示隐含层第 i 个节点的阈值；$\phi(x)$表示隐含层的激励函数；w_{ki}表示输出层第 k 个节点到隐含层第 i 个节点之间的权值，$j=1,2,\cdots,q$；

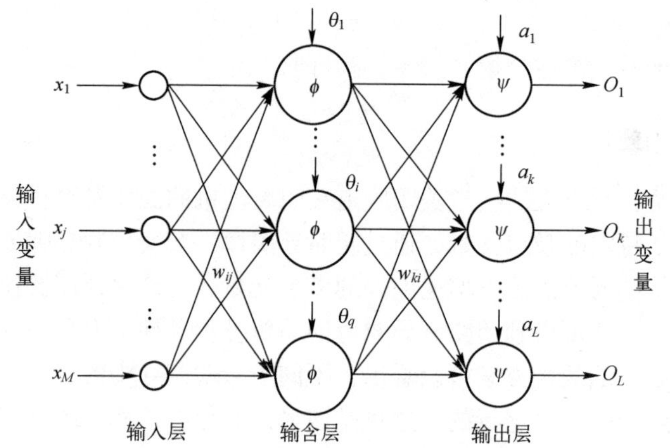

图 6.8　神经网络结构示意图

a_k 表示输出层第 k 个节点的阈值，$k=1,2,\cdots,L$；$\psi(x)$ 表示输出层的激励函数；o_k 表示输出层第 k 个节点的输出。

1. 信号的前向传播过程

隐含层第 i 个节点的输入 net_i：

$$\mathrm{net}_i = \sum_{j=1}^{M} w_{ij}x_j + \theta_i \tag{6.59}$$

隐含层第 i 个节点的输出 y_i：

$$y_i = \phi(\mathrm{net}_i) = \phi\left(\sum_{j=1}^{M} w_{ij}x_j + \theta_i\right) \tag{6.60}$$

输出层第 k 个节点的输入 net_k：

$$\mathrm{net}_k = \sum_{i=1}^{q} w_{ki}y_i + a_k = \sum_{i=1}^{q} w_{ki}\phi\left(\sum_{j=1}^{M} w_{ij}x_j + \theta_i\right) + a_k \tag{6.61}$$

输出层第 k 个节点的输出 o_k：

$$o_k = \psi(\mathrm{net}_k) = \psi\left(\sum_{i=1}^{q} w_{ki}y_i + a_k\right) = \psi\left(\sum_{i=1}^{q} w_{ki}\phi\left(\sum_{j=1}^{M} w_{ij}x_j + \theta_i\right) + a_k\right) \tag{6.62}$$

2. 误差的反向传播过程

误差的反向传播，即首先由输出层开始逐层计算各层神经元的输出误差，然后根据误差梯度下降法来调节各层的权值和阈值，使修改后的网络的最终输出能接近期望值。

对于每一个样本 p 的二次型误差准则函数为

$$E_p = \frac{1}{2}\sum_{k=1}^{L}(T_k - o_k)^2 \tag{6.63}$$

系统对 P 个训练样本的总误差准则函数为

$$E = \frac{1}{2}\sum_{p=1}^{P}\sum_{k=1}^{L}(T_k^p - o_k^p)^2 \tag{6.64}$$

根据误差梯度下降法依次修正输出层权值的修正量 Δw_{ki}；输出层阈值的修正量 Δa_k；隐含层权值的修正量 Δw_{ij}；隐含层阈值的修正量 $\Delta\theta_i$。

$$\Delta w_{ki} = -\eta\frac{\partial E}{\partial w_{ki}};\quad \Delta a_k = -\eta\frac{\partial E}{\partial a_k};\quad \Delta w_{ij} = -\eta\frac{\partial E}{\partial w_{ij}};\quad \Delta\theta_i = -\eta\frac{\partial E}{\partial \theta_i} \tag{6.65}$$

输出层权值调整公式：

$$\Delta w_{ki}=-\eta\frac{\partial E}{\partial w_{ki}}=-\eta\frac{\partial E}{\partial \mathrm{net}_k}\frac{\partial \mathrm{net}_k}{\partial w_{ki}}=-\eta\frac{\partial E}{\partial o_k}\frac{\partial o_k}{\partial \mathrm{net}_k}\frac{\partial \mathrm{net}_k}{\partial w_{ki}} \tag{6.66}$$

输出层阈值调整公式：

$$\Delta a_k=-\eta\frac{\partial E}{\partial a_k}=-\eta\frac{\partial E}{\partial \mathrm{net}_k}\frac{\partial \mathrm{net}_k}{\partial a_k}=-\eta\frac{\partial E}{\partial o_k}\frac{\partial o_k}{\partial \mathrm{net}_k}\frac{\partial \mathrm{net}_k}{\partial a_k} \tag{6.67}$$

隐含层权值调整公式：

$$\Delta w_{ij}=-\eta\frac{\partial E}{\partial w_{ij}}=-\eta\frac{\partial E}{\partial \mathrm{net}_i}\frac{\partial \mathrm{net}_i}{\partial w_{ij}}=-\eta\frac{\partial E}{\partial y_i}\frac{\partial y_i}{\partial \mathrm{net}_i}\frac{\partial \mathrm{net}_i}{\partial w_{ij}} \tag{6.68}$$

隐含层阈值调整公式：

$$\Delta \theta_i=-\eta\frac{\partial E}{\partial \theta_i}=-\eta\frac{\partial E}{\partial \mathrm{net}_i}\frac{\partial \mathrm{net}_i}{\partial \theta_i}=-\eta\frac{\partial E}{\partial y_i}\frac{\partial y_i}{\partial \mathrm{net}_i}\frac{\partial \mathrm{net}_i}{\partial \theta_i} \tag{6.69}$$

又因为

$$\frac{\partial E}{\partial o_k}=-\sum_{p=1}^{P}\sum_{k=1}^{L}(T_k^p-o_k^p) \tag{6.70}$$

$$\frac{\partial \mathrm{net}_k}{\partial w_{ki}}=y_i,\quad \frac{\partial \mathrm{net}_k}{\partial a_k}=1,\quad \frac{\partial \mathrm{net}_i}{\partial w_{ij}}=x_j,\quad \frac{\partial \mathrm{net}_i}{\partial \theta_i}=1 \tag{6.71}$$

$$\frac{\partial E}{\partial y_i}=-\sum_{p=1}^{P}\sum_{k=1}^{L}(T_k^p-o_k^p)\cdot\psi'(\mathrm{net}_k)\cdot w_{ki} \tag{6.72}$$

$$\frac{\partial y_i}{\partial \mathrm{net}_i}=\phi'(\mathrm{net}_i) \tag{6.73}$$

$$\frac{\partial o_k}{\partial \mathrm{net}_k}=\psi'(\mathrm{net}_k) \tag{6.74}$$

所以最后得到以下公式：

$$\Delta w_{ki}=\eta\sum_{p=1}^{P}\sum_{k=1}^{L}(T_k^p-o_k^p)\cdot\psi'(\mathrm{net}_k)\cdot y_i \tag{6.75}$$

$$\Delta a_k=\eta\sum_{p=1}^{P}\sum_{k=1}^{L}(T_k^p-o_k^p)\cdot\psi'(\mathrm{net}_k) \tag{6.76}$$

$$\Delta w_{ij}=\eta\sum_{p=1}^{P}\sum_{k=1}^{L}(T_k^p-o_k^p)\cdot\psi'(\mathrm{net}_k)\cdot w_{ki}\cdot\phi'(\mathrm{net}_i)\cdot x_j \tag{6.77}$$

$$\Delta \theta_i=\eta\sum_{p=1}^{P}\sum_{k=1}^{L}(T_k^p-o_k^p)\cdot\psi'(\mathrm{net}_k)\cdot w_{ki}\cdot\phi'(\mathrm{net}_i) \tag{6.78}$$

6.4.2　基于神经网络的显式制导

运用 BP 神经网络首先要进行训练，引入各种干扰生成关机点位置、速度的干扰弹道，使得该干扰弹道命中目标，则此时的关机点速度即为需要速度。运用 BP 神经网络逼近需要速度(v_{xR},y_{yR},v_{zR})与目标落点坐标(x_T,y_T,z_T)及关机点位置(x,y,z)的映射关系，并将此种映射关系装订上弹，弹载计算机利用该网络在关机点附近每一个位置计算相应需要速度，而后利用闭路制导关机及导引方法对导弹实施控制。由于神经网络训练的样本是通过弹道解算得到的，避开了椭圆弹道理论计算的简化误差，在确保弹上需要速度计算时间的同时，减小了再入阻力及引力扁率的修正误差，提高了制导的精度。

1. 生成神经网络训练及测试样本

在标准条件下求解导弹飞行的标准弹道，在此基础上，加入推力偏差、起飞质量偏差和气动力偏差，计算模型。各干扰量取以相应统计规律的随机误差，解算干扰弹道，且使各干扰弹道命中目标，从而得出1000组训练样本及100组测试样本，记录(x,y,z,x_T,y_T,z_T)及(v_{xR},v_{yR},v_{zR})的值，其中(x,y,z)为关机点坐标，(x_T,y_T,z_T)为目标落点坐标，(v_{xR},v_{yR},v_{zR})为导弹关机时刻的速度，即需要速度。

2. 构建神经网络结构

以(x,y,z,x_T,y_T,z_T)为输入量、(v_{xR},v_{yR},v_{zR})为输出量建立六输入三输出的神经网络，建立含有一个隐层的网络进行训练，隐层节点数设置为15，传递函数使用对数函数：

$$y=\frac{1}{1+\exp(-x)} \tag{6.79}$$

输出层传递函数选用线性传递函数：

$$y=x \tag{6.80}$$

学习方法采用L-M方法，选取均方误差

$$\mathrm{MSE}=\frac{1}{mp}\sum_{i=1}^{p}\sum_{j=1}^{m}(\hat{y}_{Rj}-y_{Rj})^2 \tag{6.81}$$

为误差函数。其中：m为输出节点的个数；p为训练样本数目；$\hat{y}_R=(\hat{v}_{xR},\hat{v}_{yR},\hat{v}_{zR})$为网络期望输出值；$y_R=(v_{xR},v_{yR},v_{zR})$为网络实际输出值。

根据图6.9的神经网络结构，对1000组弹道样本进行训练，得出神经网络结构的权值$\boldsymbol{W}_1$、$\boldsymbol{W}_2$和阈值$\boldsymbol{b}_1$、$\boldsymbol{b}_2$。其中$\boldsymbol{W}_1$为15×6的矩阵，$\boldsymbol{W}_2$为3×15的矩阵，$\boldsymbol{b}_1$、$\boldsymbol{b}_2$分别为15维和3维向量。

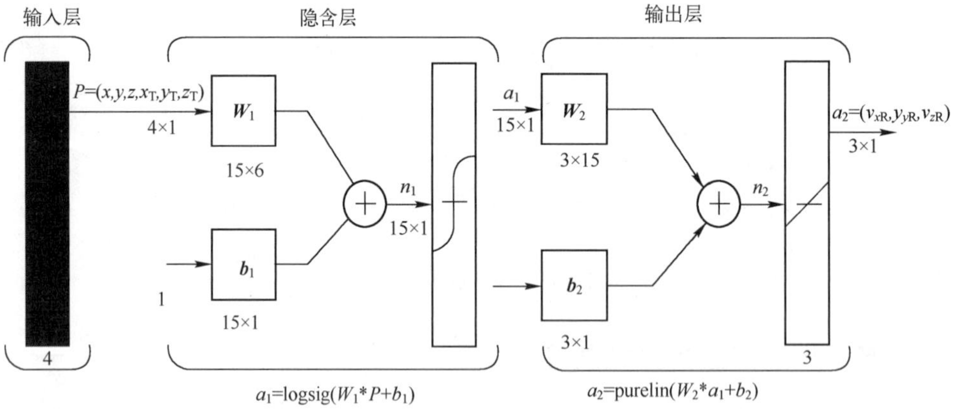

图6.9 BP神经网络结构图

3. 装订诸元

将训练得到的权值矩阵$\boldsymbol{W}_1$、$\boldsymbol{W}_2$和阈值矩阵$\boldsymbol{b}_1$、$\boldsymbol{b}_2$以及目标点坐标(x_T,y_T,z_T)装订到弹载计算机。

4. 弹上计算需要速度

在导弹实际飞行时，根据装订的数据，代入当前位置和目标点位置坐标，由以下映射关系计算需要速度：

$$P=(x,y,z,x_T,y_T,z_T) \tag{6.82}$$

$$A_1=\frac{1}{1+\exp(-(W_1*P+b_1))} \tag{6.83}$$

$$(v_{xR},y_{yR},v_{zR})=W_2\times A_1+b_2 \tag{6.84}$$

式中：P，A_1 为计算需要速度时中间变量；(x,y,z) 为导弹当前坐标。

5. 闭路控制

根据输出的需要速度按照闭路制导关机及导引方法对导弹实施控制，当 $v_{gx}=0$ 时，发动机关机，相关控制方法参见 6.3.2 节。其中 v_{gx} 为待增速度 $v_{gx}=v_x-v_{Rx}$；v_x 为导弹当前速度。

采用基于神经网络的显式制导具有以下几个特点。

（1）该制导方法以“真实目标”为基础进行制导，大大减小了以椭圆弹道理论为基础进行被动段弹道计算带来的方法误差。

（2）根据关机点及目标落点的坐标直接映射出相应的需要速度，克服了摄动理论中取一阶偏导项带来的舍入误差。

（3）采用 BP 神经网络逼近多输入多输出的映射关系，与传统插值法相比，大大提高了映射的精度，为导弹精确制导奠定了基础。

第 7 章 中制导基本理论

随着弹道导弹射击精度要求的提高，仅依靠主动段制导将难以达到高的射击精度要求。采用其他导航手段对主动段制导误差进行修正，是提高弹道导弹射击精度的一种方法。关于使用卫星导航或天文导航辅助导航手段实施的中制导方法将在后续章节中介绍，本章主要介绍雷达中制导和多弹头分导中制导方法。

7.1 雷达中制导

主动段制导的特点是在发动机关机以后不再对导弹实施制导。主动段制导产生的误差以及非制导误差诸如发动机后效、发射点定位及引力异常等都无法再进行修正。如果采用中制导，即在导弹飞行自由段引入制导，则可消除自由飞行段以前的误差包括主动段制导误差，提高导弹命中精度。

这里给出利用雷达高度表于主动段结束后在真空段三点测高和一点测斜的中制导方法，具有较强的抗干扰能力，地面设备也很简单，是一种较好的中制导方法。

这种方法的基本原理如下。

当考虑地球为匀质圆球时，关机后的自由段飞行轨迹是一个椭圆。轨道平面与赤道平面的夹角由关机时的速度与子午线的夹角 ψ_β 所决定。而轨道平面内的椭圆参数（如半长轴 a、偏心率 e、近地点至入轨点的飞行时间 τ_K 等）完全由关机时的速度 V_K、速度对当地水平面的夹角 θ_{HK} 及导弹对地心的距离 r_K 所决定，如图 7.1 所示。

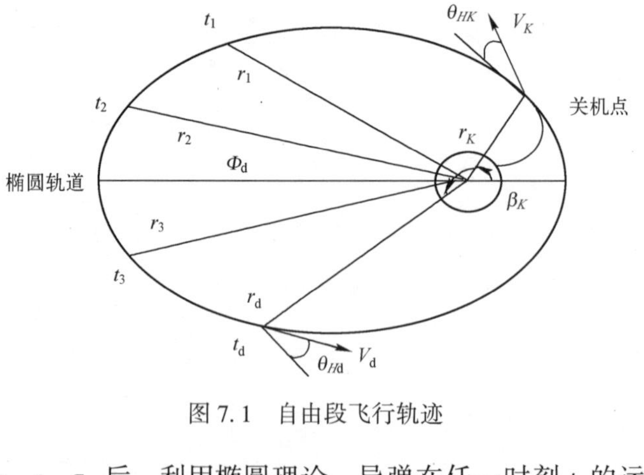

图 7.1 自由段飞行轨迹

反之，已知 a、e、τ_K 后，利用椭圆理论，导弹在任一时刻 t_d 的运动参数 V_d、θ_{Hd}、r_d 和 ϕ_d 便可计算出来。

根据椭圆轨道理论，有

$$\begin{cases}E_{\mathrm{d}}-e\sin E_{\mathrm{d}}=\omega(\tau_k+t_{\mathrm{d}})\\ r_{\mathrm{d}}=a(1-e\cos E_{\mathrm{d}})\\ V_{\mathrm{d}}=\sqrt{\dfrac{\mu_0}{a}}\sqrt{\dfrac{1+e\cos E_{\mathrm{d}}}{1-e\cos E_{\mathrm{d}}}}\\ \tan\theta_{\mathrm{d}}=e\sin E_{\mathrm{d}}/\sqrt{1-e^2}\\ \cos\beta_{\mathrm{d}}=\dfrac{\cos E_{\mathrm{d}}-e}{1-e\cos E_{\mathrm{d}}}\end{cases} \tag{7.1}$$

其中

$$\omega=\sqrt{\mu_0}\,a^{-\frac{\beta}{2}},\quad \mu_0=g_0R^2 \tag{7.2}$$

将 $t_{\mathrm{d}}=0$ 代入式（7.1）便可求得入轨点（关机点）之参数 V_K、θ_{HK}、r_K。

椭圆参数也可以由轨道上选定3个时刻 t_1、t_2、t_3（设关机时 $t_K=0$）的对应 r_1、r_2、r_3来求得。

根据椭圆理论，对应轨道上3个时刻 t_1、t_2、t_3的开普勒椭圆轨道参数间有如下关系

$$\begin{cases}a(1-e\cos E_1)=r_1\\ a(1-e\cos E_2)=r_2\\ a(1-e\cos E_3)=r_3\\ E_1-e\sin E_1=\omega(\tau_K+t_1)\\ E_2-e\sin E_2=\omega(\tau_K+t_2)\\ E_3-e\sin E_3=\omega(\tau_K+t_3)\end{cases} \tag{7.3}$$

在式（7.3）中设 t_1、t_2、t_3、r_1、r_2、r_3 为已知，a、e、τ_K、E_1、E_2、E_3 为未知。联立6个方程，从式（7.2）中便可解得 a、e、τ_K。

再由 a、e、τ_K 便求得任一时刻 t 的速度和位置，有

$$\begin{cases}E-e\sin E=\omega(\tau_K+t)\\ r=a(1-e\cos E)\\ V=\sqrt{\dfrac{\mu(1+e\cos E)}{a(1-e\cos E)}}\\ \tan\theta_H=e\sin E/\sqrt{1-e^2}\\ \beta_{\mathrm{c}}=\beta-\beta_K\\ \cos\beta=(\cos E-e)/(1-e\cos E)\end{cases} \tag{7.4}$$

式中：V 为任意时刻 t 的速度；θ_H 为速度矢量对当地的倾角；β_{c} 为自由飞行段射程角；β_K 为将 $t=0$ 代入所求得的 β。

为求落点射程，只需将 $r=R$ 代入即可。这就是说，被动段射程可以由3个时刻的矢径 r_1、r_2、r_3 算出，从而便能确定落点纵向偏差。

但三点测高不能解决横向问题，因它不能求出椭圆轨道平面与赤道平面的夹角，要确定横向偏差，就得求出轨道倾角 i。

现在讨论由一点测斜距确定横向偏差的方法。图7.2为雷达中制导的原理示意图。

设地面有一特征点 A'，在自由飞行的某一时刻 t_p 对该点斜距变量 l_p 能计算出 i。其计算过程如下：

由三点测高所得的 r_1、r_2、r_3，便能求出 t_p 时刻之高度 h 及弧长 $\overline{K'P'}$，由 l_p 及 h 即可计算弧长 $\overline{P'A'}$（$\overline{K'P'}$、$\overline{P'A'}$ 均为地球面上之大圆弧），弧长 $\overline{K'A'}$ 为已知（关机点 K 的地面投影点 K' 可作出近似估计，A' 点坐标为已知），于是在 $\triangle P'A'K'$ 中可求得 $\angle A'K'P'$，从而可得子午线 zz' 与弧 $\overline{P'A'}$ 的夹角 $\angle P'K'z$。

在 $\triangle K'C'D'$ 中，已知弧长 $\overline{K'C}$，$\angle C'K'D' = \angle P'K'z$，$\angle C' = 90°$，可求得轨道倾角 i。

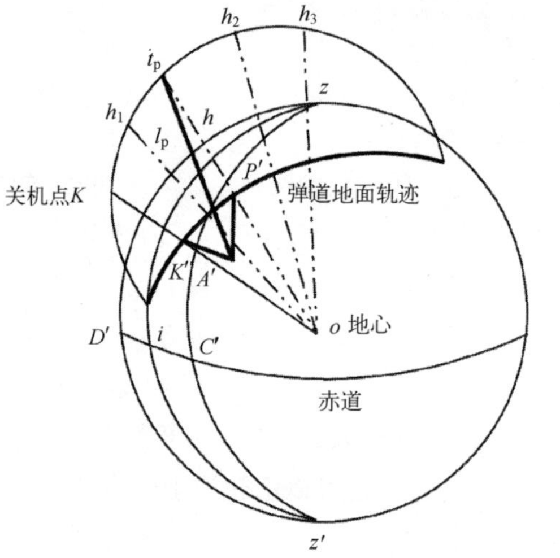

图 7.2　雷达中制导的原理示意图

以上叙述了准确计算的过程，实际上可用小偏差方法以简化计算，即落点偏差 $(\Delta L, \Delta H)$ 表示为

$$
\begin{cases}
\Delta L = \dfrac{\partial L}{\partial h_1}\Delta h_1 + \dfrac{\partial L}{\partial h_2}\Delta h_2 + \dfrac{\partial L}{\partial h}\Delta h_3 + \dfrac{\partial L}{\partial l_p}\Delta l_p \\
\Delta H = \dfrac{\partial H}{\partial h_1}\Delta h_1 + \dfrac{\partial H}{\partial h_2}\Delta h_2 + \dfrac{\partial H}{\partial h}\Delta h_3 + \dfrac{\partial H}{\partial l_p}\Delta l_p
\end{cases}
\tag{7.5}
$$

其中

$$
\begin{cases}
\Delta h_j = h_j(\hat{t}_j) - \hat{h}_j(\hat{t}_j), \quad j = 1,2,3 \\
\Delta l_p = l_p(\hat{t}_p) - \hat{l}_p(\hat{t}_p) \\
\hat{t}_j = \tilde{t}_j + \sum\limits_{i=1}^{7} \dfrac{\partial t_j}{\partial \xi_i}\Delta \xi \\
\hat{h}_j(\hat{t}_j) = \tilde{h}_j(\tilde{t}_j) + \sum\limits_{i=1}^{7} \dfrac{\partial h_j}{\partial \xi_j}\Delta \xi \\
\hat{t}_p = \tilde{t}_p + \sum\limits_{i=1}^{7} \dfrac{\partial t_p}{\partial \xi_i}\Delta \xi \\
\tilde{l}_p(\tilde{t}_p) = l_p(\bar{t}_p) + \sum\limits_{i=1}^{7} \dfrac{\partial l_p}{\partial \xi_i}\Delta \xi_i
\end{cases}
\tag{7.6}
$$

式中：带“~”者均指标准弹道。$\tilde{t}_j$ 为标准弹道飞越预定平坦地区上空的时刻，此时刻对应某一航程 L_j；$\hat{t}_j$ 为计算弹道飞越该平坦地区上空的时刻，计算弹道为由弹上惯性器件提供信息，通过弹上计算机进行计算得到的弹道；$\Delta \xi_j$ 为关机点参数 (V_x, V_y, V_z, x, y, z) 对标准弹道参数之偏差；$h_j(\hat{t}_j)$ 为 $\hat{t}_j$ 时刻的测量高度；$l_p(\hat{t}_p)$ 为 $\hat{t}_p$ 时刻之测量斜距。

上述小偏差方法，对于远程导弹来说，经计算得知对发动机秒消耗量偏差干扰误差很小。

为了修正主动段工具误差更准确，还可以进一步估计出工具误差引起的关机点位置偏差 Δx、Δy、Δz，由第一测高点解决。

经计算，中制导对自由飞行段的引力异常误差也能补偿大部分，对主动段引力异常自然是全补偿的。

这样，落点偏差将与主动段制导的各种误差因素无关，而是取决于中制导误差。

雷达中制导的误差包括弹头姿态误差，雷达设备、信息处理误差和地形误差。地形误差有地形起伏、大地水准面高程异常和特征曲线折合等。

考虑到导弹自由飞行段飞行比较平稳，且远离了大气层影响，所以利用卫星导航系统也可高精度地得到导航参数，进而对导弹实施制导，消除主动段制导偏差。

中制导的关键问题是如何控制导弹完成制导任务。由于远离大气层，只能利用火箭发动机为导弹提供控制动力，所以，如何设计便于操控而又节省能量的中制导控制及伺服系统是实施中制导的关键。

7.2　多弹头分导的摄动制导

多弹头制导是提高导弹突防能力的有效手段。20 世纪 50 年代末期，美国就开始了多弹头技术的研究。早期多弹头只是一种霰弹式多弹头，即将原来单弹头换为一组较小的子弹头，装在一个母弹头中，同时释放并沿几条相近的弹道攻击同一目标，母弹和子弹上都不设制导和控制系统，既不做机动飞行也不能够分批释放攻击不同目标。随着反导技术的发展，霰弹式多弹头难以满足突防要求，因此从 60 年代便提出了分布区域更大、可改变轨道机动能力的分导式多弹头（MIRV），分导式多弹头子弹头虽然没有制导控制系统，但其母弹头有制导控制系统，可进行轨道变轨机动，在再入大气层以前，可按照预定程序将子弹头逐个释放，攻击不同的目标或同一目标。图 7.3 所示为美国“民兵”Ⅲ导弹分导式弹头结构示意图。多弹头技术进一步发展便是全导式多弹头技术，全导式多弹头不仅母弹具有控制制导系统，子弹也有自己的制导控制系统，可以在再入段做机动飞行，躲避敌方拦截，突防能力更强。

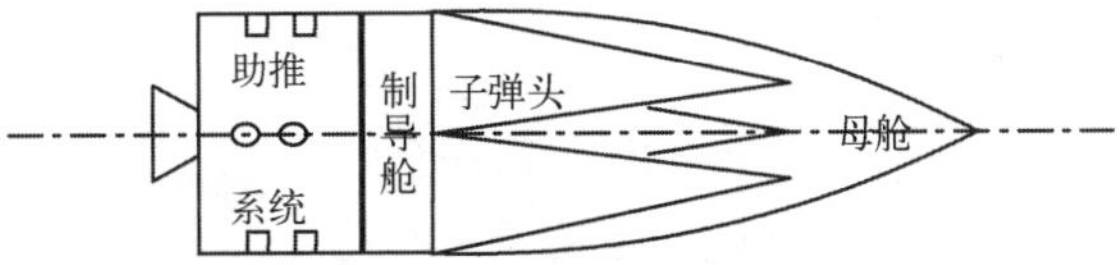

图 7.3　“民兵”Ⅲ分导子弹头结构

这里给出一种简单的多弹头分导方案即仅通过母舱机动来实现子弹头的分导，子弹头本身不安装控制系统。母舱内装有若干枚子弹头并包含由制导舱和末助推推进舱组成的末助推推进系统。母舱在主动段关机后即与弹体分离，并沿自由弹道飞行。分导机动前，母舱姿态控制系统控制末助推发动机的推力到事先确定的程序方向。分导机动期间母舱制导系统通过调整母舱姿态及控制发动机的启动和关闭，使母舱获取投放子弹头所需要的速度增量。投放出去的子弹头沿自由弹道飞行命中目标，就和单弹头导弹发动机熄火后的情况一样。

在技术实现上，母舱分导机动的制导应与导弹主动段制导尽可能一致。这样，制导器件大部分通用，而且制导元件也基本一致，使整个系统简单、合理、可靠。

7.2.1 母舱分导机动的最佳推力方向

分导机动前，母舱姿态应调整到使推力指向一定的方向。关键就在于确定这个推力方向，使之不但满足子弹头命中目标的要求，而且得到某种意义上的最佳性能。

1. 受控运动的数学模型

设标准情况下母舱分导的标准弹道如图 7.4 所示。

A、B 分别是分导机动的始点和终点。A 点弹道参数所决定的自由飞行弹道是子弹头 1 的标准弹道，其落点 P_1 即子弹头 1 的目标。从 A 点开始末助推发动机工作，母舱弹道变为有推力弹道。在 B 点，末助推发动机关闭，母舱沿 B 点弹道参数确定的自由弹道飞行。若忽略子弹头 2 与母舱分离时的微小冲量，这条弹道也是子弹头 2 的标准弹道，它的落地点 P_2 即子弹头 2 的目标点。

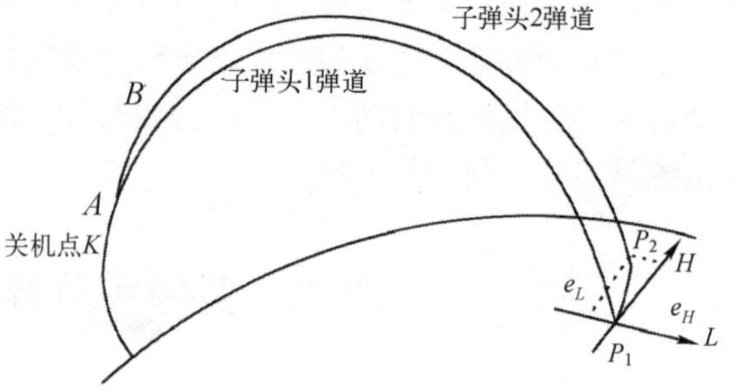

图 7.4　标准情况下的分导机动弹道

选 LPH 坐标系描述目标 P_2 相对目标 P_1 的位置。P_1L 沿子弹头 1 的射程计算方向，而 P_1H 沿横向偏差计算方向。P_2 在这个坐标系的坐标 e_L、e_H 即表示 P_2 相对 P_1 的偏离状况。可以假定，分导机动后，母舱弹道相对原来自由飞行弹道的改变足够小，以至于可以用摄动理论来处理母舱相对原始自由弹道而机动的控制问题。

在末助推发动机推力作用下，母舱相对于子弹头 1 标准自由弹道的相对运动方程式为

$$\Delta \dot{\boldsymbol{r}} = \Delta \boldsymbol{V} \tag{7.7}$$

$$\Delta \dot{\boldsymbol{V}} = \dot{\boldsymbol{W}} + \delta \boldsymbol{g}[t, \boldsymbol{r}(t), \boldsymbol{r}(\tilde{t})] \tag{7.8}$$

式中

（1）位置与速度增量：

$$\Delta \boldsymbol{r}(t) = \boldsymbol{r}(t) - \boldsymbol{r}(\tilde{t}) \tag{7.9}$$

$$\Delta \boldsymbol{V}(t) = \boldsymbol{V}(t) - \boldsymbol{V}(\tilde{t}) \tag{7.10}$$

其中：$\boldsymbol{r}(t)$，$\boldsymbol{V}(t)$ 为母舱质心的矢径和速度矢量；$\boldsymbol{r}(\tilde{t})$，$\boldsymbol{V}(\tilde{t})$ 为子弹头 1 沿标准自由弹道飞行的矢径和速度矢量。

（2）引力加速度变化量：

$$\delta \boldsymbol{g} = \boldsymbol{g}[\boldsymbol{r}(t), t] - \boldsymbol{g}[\boldsymbol{r}(\tilde{t}), t] \tag{7.11}$$

在地球引力场假定下，有

$$\boldsymbol{g}[\boldsymbol{r}(t), t] = -\mu \frac{\boldsymbol{r}}{r^3} \tag{7.12}$$

因此

$$\delta\boldsymbol{g}(t)\approx-\frac{\mu}{\tilde{r}^3}\left[\Delta\boldsymbol{r}-3\frac{\boldsymbol{r}(\tilde{t})\Delta\boldsymbol{r}}{\tilde{r}^2}\boldsymbol{r}(\tilde{t})\right] \tag{7.13}$$

（3）视加速度：

$\dot{\boldsymbol{W}}(t)$ 是末助推发动机产生的视加速度

$$\dot{\boldsymbol{W}}(t)=\dot{\boldsymbol{W}}(t)\boldsymbol{\eta}(t) \tag{7.14}$$

当发动机推力 P 大小不可调时，视加速度大小为

$$\dot{W}(t)=\frac{p}{m(t)}=\frac{u_c}{T-(t-t_0)} \tag{7.15}$$

其中：$p=\dot{m}u_c$，u_c 为燃气的排出速度，$\dot{m}$ 为燃烧质量的秒消耗量；$\boldsymbol{\eta}(t)$ 为推力方向的单位矢量；$m(t)=m_0-\dot{m}(t-t_0)=\dot{m}T-\dot{m}(t-t_0)$，$T=\dfrac{m_0}{\dot{m}}$ 为推进剂完全消耗时间，m_0 为 t_0 时母舱质量。

把式（7.13）和式（7.14）代入式（7.8），得

$$\Delta\dot{\boldsymbol{r}}=\Delta\boldsymbol{V} \tag{7.16}$$

$$\Delta\dot{\boldsymbol{V}}=\dot{W}(t)\boldsymbol{\eta}(t)-\frac{\mu}{r^3}\left[\Delta\boldsymbol{r}-3\frac{\boldsymbol{r}(\tilde{t})\Delta\boldsymbol{r}}{\tilde{r}^2}\boldsymbol{r}(\tilde{t})\right]+\dot{\boldsymbol{W}}_1 \tag{7.17}$$

其中：$\dot{\boldsymbol{W}}_1$ 为扰动加速度（如引力加速度摄动的高阶项及空气动力产生的加速度等）。

式（7.17）是要控制的运动对象数学描述。

标准情况下，在分导机动开始时刻 t_A，有

$$\Delta\boldsymbol{r}(t_A)=0,\quad \Delta\boldsymbol{V}(t_A)=0 \tag{7.18}$$

要求在末助推力作用下，发动机关机时刻 t_B，母舱的位置和速度摄动满足以下条件

$$\begin{bmatrix} e_L \\ e_H \end{bmatrix}=\begin{bmatrix} \boldsymbol{L}_r^{\mathrm{T}} & \boldsymbol{L}_v^{\mathrm{T}} \\ \boldsymbol{H}_r^{\mathrm{T}} & \boldsymbol{H}_v^{\mathrm{T}} \end{bmatrix}_{tB}\begin{bmatrix} \Delta\boldsymbol{r} \\ \Delta\boldsymbol{V} \end{bmatrix}_{tB} \tag{7.19}$$

式中

$$\begin{cases} \boldsymbol{L}_r=\dfrac{\partial L}{\partial r}, & \boldsymbol{L}_v=\dfrac{\partial L}{\partial \boldsymbol{V}} \\ \boldsymbol{H}_r=\dfrac{\partial H}{\partial \boldsymbol{r}}, & \boldsymbol{H}_v=\dfrac{\partial H}{\partial \boldsymbol{V}} \end{cases} \tag{7.20}$$

这些偏导数根据子弹 1 的标准弹道在 t_B 时的运动参数值算出。因此，式（7.19）右端表示子弹头 2 相对子弹头 1 运动的参数偏差所产生的落点射程变化和射向变化；而式（7.19）的左端恰是目标 P_1 相对 P_2 的位置坐标。满足式（7.19）等式条件意味着子弹头 2 在一阶误差上命中给定目标 P_2。

关于控制性能指标的考虑，为了不使由于分导机动引起的总能量损失过大，希望实现给定子弹头散开距离所消耗的燃料最少，即以能量最优为控制目标。当发动机特性稳定时，燃料消耗与工作时间成比例。因此，这里选发动机工作时间作为性能判据。这样，问题就是对于给定的动力学系统式（7.17）及初始和终端条件式（7.18）、式（7.19），求推力指向 $\boldsymbol{\eta}$ 的最佳值，使发动机工作时间最短，即

$$J_{\min}\big|_{\boldsymbol{\eta}}=t_B-t_A \tag{7.21}$$

2. 问题的求解

求解的问题是终端时间未定，而要求终端状态变量满足给定值的最优控制问题。关于最优控制理论，可参见相关教材。这里只是不加证明地引用有关定理。

事实上，理论上的最优难以在工程中实现，这里通过对数学模型的简化，求工程应用意义的近似解。

如忽略由于位置摄动引起的引力加速度的变化，略去干扰量$\dot{\boldsymbol{W}}_1(t)$，则受控运动方程式（7.17）将变为十分简单的形式，有

$$\Delta\dot{\boldsymbol{r}}=\Delta\boldsymbol{V} \tag{7.22}$$

$$\Delta\dot{\boldsymbol{V}}=\dot{\boldsymbol{W}}(t)\boldsymbol{\eta} \tag{7.23}$$

根据最优控制原理，可给出对应的哈密顿（Harmilton）函数，即

$$H=1+\boldsymbol{\lambda}_v^{\mathrm{T}}\dot{\boldsymbol{W}}(t)\boldsymbol{\eta}+\boldsymbol{\lambda}_r^{\mathrm{T}}\Delta\boldsymbol{V} \tag{7.24}$$

其中，伴随函数矢量$\boldsymbol{\lambda}^{\mathrm{T}}=[\boldsymbol{\lambda}_r^{\mathrm{T}},\boldsymbol{\lambda}_v^{\mathrm{T}}]$是下述伴随方程的解

$$\begin{cases}\dot{\boldsymbol{\lambda}}_r=0\\ \dot{\boldsymbol{\lambda}}_v=-\lambda_r\end{cases} \tag{7.25}$$

根据最优控制理论中的极小值原理，要求最优推力方向$\boldsymbol{\eta}^*$必须使沿最佳轨迹的$\boldsymbol{H}$值极小，由式（7.24）显然可见，$\boldsymbol{H}$取极小值的必要条件为

$$\boldsymbol{\eta}^*(t)=-\frac{\boldsymbol{\lambda}_r^*(t)}{\boldsymbol{\lambda}_v^*(t)} \tag{7.26}$$

为了求出$\boldsymbol{\lambda}_v^*(t)$，必须根据终端约束条件式（7.19）确定横截条件。

由式（7.19），终端t_B时的状态变量必须满足

$$\begin{cases}\boldsymbol{L}_r^{\mathrm{T}}\Delta\boldsymbol{r}+\boldsymbol{L}_v^{\mathrm{T}}\Delta\boldsymbol{V}-e_L=0\\ \boldsymbol{H}_r^{\mathrm{T}}\Delta\boldsymbol{r}+\boldsymbol{H}_v^{\mathrm{T}}\Delta\boldsymbol{V}-e_H=0\end{cases} \tag{7.27}$$

因此，横截条件为

$$\begin{cases}\boldsymbol{\lambda}_r^*(t_B)=-(\mu_1\boldsymbol{L}_r+\mu_2\boldsymbol{H}_r)\\ \boldsymbol{\lambda}_v^*(t_B)=-(\mu_1\boldsymbol{L}_v+\mu_2\boldsymbol{H}_v)\end{cases} \tag{7.28}$$

式中：μ_1,μ_2为任意的待定常数。

根据横截条件式（7.28），伴随方程式（7.25）的解为

$$\begin{cases}\boldsymbol{\lambda}_r^*(t)=\boldsymbol{\lambda}_r^*(t)\\ \boldsymbol{\lambda}_v^*(t)=\boldsymbol{\lambda}_v^*(t_B)-\boldsymbol{\lambda}_r^*(t_B)(t-t_B)\end{cases} \tag{7.29}$$

待定终端条件满足下述条件：

$$H(t_B)=1+\boldsymbol{\lambda}_v^{*\mathrm{T}}(t_B)\dot{\boldsymbol{W}}(t_B)\boldsymbol{\eta}^*(t_B)+\boldsymbol{\lambda}_r^{*\mathrm{T}}(t_B)\Delta\boldsymbol{V}(t_B)=0 \tag{7.30}$$

式（7.18）、式（7.19）、式（7.29）和式（7.30）给出15个边界条件，它们决定12个微分方程式（7.23）和式（7.25）的解并确定3个参数μ_1、μ_2和t_B。求解这组方程可应用各种迭代方法。

为了避免迭代计算，可进一步做些简化。考虑到$L_v\gg L_r$、$H_v\gg H_r$，而母舱机动时间t_B-t_A也不长。故在式（7.29）中可近似认为

$$\boldsymbol{\lambda}_v^*(t)=\boldsymbol{\lambda}_v^*(t_B) \tag{7.31}$$

于是，得

$$\boldsymbol{\eta}^*(t)=\frac{\mu_1\boldsymbol{L}_v+\mu_2\boldsymbol{H}_v}{|\mu_1\boldsymbol{L}_v+\mu_2\boldsymbol{H}_v|} \tag{7.32}$$

式中

$$\begin{cases}\boldsymbol{L}_v=(L_{Vx},L_{Vy},L_{Vz})^{\mathrm{T}}\\ \boldsymbol{H}_v=(H_{Vx},H_{Vy},H_{Vz})^{T}\\ |\mu_1\boldsymbol{L}_v+\mu_2\boldsymbol{H}_v|=[(\mu_1L_{Vx}+\mu_2H_{Vx})^2+(\mu_1L_{Vy}+\mu_2H_{Vy})^2+(\mu_1L_{Vz}+\mu_2H_{Vz})^2]^{1/2}\end{cases} \tag{7.33}$$

为了根据终端约束条件求未定常数 μ_1、μ_2 和待定终端时间 t_B，根据布里斯公式，由状态方程式（7.23）和对应的伴随方程式（7.25）可知，在最佳推力方向下

$$[\boldsymbol{\lambda}_r^{\mathrm{T}}\Delta\boldsymbol{r}+\boldsymbol{\lambda}_v^{\mathrm{T}}\Delta\boldsymbol{V}]_{t_B}=[\boldsymbol{\lambda}_r^{\mathrm{T}}\Delta\boldsymbol{r}+\boldsymbol{\lambda}_v^{\mathrm{T}}\Delta\boldsymbol{V}]_{t_A}+\int_{t_A}^{t_B}\boldsymbol{\lambda}_v^{\mathrm{T}}(\tau)\,\dot{\boldsymbol{W}}(\tau)\boldsymbol{\eta}(\tau)\mathrm{d}\boldsymbol{\tau} \tag{7.34}$$

给定 $\boldsymbol{\lambda}_r(t_B)=\boldsymbol{L}_r(t_B)$，$\boldsymbol{\lambda}_v(t_B)=\boldsymbol{L}_V(t_B)$，上式左端等于 e_L；右端第一项因 $\Delta\boldsymbol{r}(t_A)=0$，$\Delta\boldsymbol{V}(t_A)=0$ 而为零，右端第二项中忽略 $\boldsymbol{L}_r$，从而 $\boldsymbol{\lambda}_v(t)\approx\boldsymbol{\lambda}_v(t_B)$。

于是得到

$$e_L=\int_{t_A}^{t_B}\dot{\boldsymbol{W}}(\tau)\boldsymbol{L}_v^{\mathrm{T}}\frac{\mu_1\boldsymbol{L}_v+\mu_2\boldsymbol{H}_v}{|\mu_1\boldsymbol{L}_v+\mu_2\boldsymbol{H}_v|}\mathrm{d}\boldsymbol{\tau}=\Delta W(t_B)\boldsymbol{L}_v^{\mathrm{T}}\frac{\mu_1\boldsymbol{L}_v+\mu_2\boldsymbol{H}_v}{|\mu_1\boldsymbol{L}_v+\mu_2\boldsymbol{H}_v|} \tag{7.35}$$

式中

$$\Delta W(t_B)=\int_{t_A}^{t_B}\dot{\boldsymbol{W}}(\tau)\mathrm{d}\tau=u_{\mathrm{c}}l_{\mathrm{n}}\frac{T}{T-(t_B-t_A)} \tag{7.36}$$

同样地，给定 $\lambda_r(t_B)=\boldsymbol{H}_r$，$\lambda_v(t_B)=\boldsymbol{H}_V$，可得

$$e_H=\Delta W(t_B)\boldsymbol{H}_v^{\mathrm{T}}\frac{\mu_1\boldsymbol{L}_v+\mu_2\boldsymbol{H}_v}{|\mu_1\boldsymbol{L}_v+\mu_2\boldsymbol{H}_v|} \tag{7.37}$$

在所做的简化下，式（7.30）可简化为

$$1-\lambda_v^*(t_B)\dot{W}(t_B)=0 \tag{7.38}$$

也即

$$[(\mu_1L_{vx}+\mu_2H_{vx})^2+(\mu_1L_{vy}+\mu_2H_{vy})^2+(\mu_1L_{vz}+\mu_2H_{vz})^2]^{1/2}\frac{u_{\mathrm{c}}}{T-(t_B-t_A)}=1 \tag{7.39}$$

式（7.35）、式（7.37）和式（7.39）是非线形代数方程组，它们的解即所要求的 μ_1，μ_2 和 t_B。除特殊情况，其求解还要求助于数值解算方法。

7.2.2　母舱摄动制导的关机方程

关机方程的作用是根据分导机动段实际飞行条件相对标准飞行条件的偏离，调整关机时间，保证子弹头的投放精度。

这些实际偏离主要如下。

（1）发动机启动前，母舱弹道参数偏离标准自由弹道参数。

（2）发动机特性，如比冲、秒消耗量等的比差。

（3）由于发动机安装误差、母舱姿态控制误差产生的推力方向偏差等。

设目标 P_2 的坐标为 e_L、e_H，制导要求为

$$\begin{cases}\Delta e_L = e_L - \tilde{e}_L = 0 \\ \Delta e_H = e_H - \tilde{e}_H = 0\end{cases} \tag{7.40}$$

把主动段射程误差和射向误差的公式用于分导机动段，有

$$\Delta e_L = \delta e_L + \dot{e}_L(t_B - \tilde{t}_B) \tag{7.41}$$

式中：δe_L 为标准关机时刻 $\tilde{t}_B$ 相对运动参数偏差引起的射程偏差；$\dot{e}_L$ 为在标准关机时刻射程对关机时间的全微分。

$$\begin{cases}\delta e_L = \boldsymbol{L}_v^{\mathrm{T}} \delta V + \boldsymbol{L}_r^{\mathrm{T}} \delta \boldsymbol{r} \\ \dot{e}_L = \boldsymbol{L}_v^{\mathrm{T}} \Delta \dot{V} + \boldsymbol{L}_r^{\mathrm{T}} \Delta V \approx \boldsymbol{L}_v^{\mathrm{T}} \widetilde{\dot{\boldsymbol{W}}}(t) \boldsymbol{\eta}^*\end{cases} \tag{7.42}$$

同理

$$\Delta e_H = \delta e_H + \dot{e}_H(t_B - \tilde{t}_B) \tag{7.43}$$

式中

$$\begin{cases}\delta e_H = \boldsymbol{H}_v^{\mathrm{T}} \delta V + \boldsymbol{H}_r^{\mathrm{T}} \delta r \\ \dot{e}_H = \boldsymbol{H}_v^{\mathrm{T}} \widetilde{\dot{\boldsymbol{W}}}(t) \boldsymbol{\eta}^*\end{cases} \tag{7.44}$$

由式（7.41）和式（7.43）可见，要使 $\Delta e_L = \Delta e_H = 0$，必须有

$$t_B - \tilde{t}_B = -\frac{\delta e_L}{\dot{e}_L} = -\frac{\delta e_H}{\dot{e}_H} \tag{7.45}$$

也即

$$\frac{\delta e_L}{\dot{e}_L} = \frac{\delta e_H}{\dot{e}_H} \tag{7.46}$$

已知，当 $e(t_A) = 0$，$\Delta \boldsymbol{V}(t_A) = 0$ 时，有

$$e_L = \int_{t_A}^{t_B} \dot{W}(\tau) \boldsymbol{L}_v^{\mathrm{T}} \boldsymbol{\eta} \mathrm{d}\tau \tag{7.47}$$

所以

$$\delta e_L = \int_{t_A}^{t_B} \delta \dot{W}(\tau) \boldsymbol{L}_v^{\mathrm{T}} \boldsymbol{\eta}^* \mathrm{d}\tau + \int_{t_A}^{t_B} \widetilde{\dot{\boldsymbol{W}}}(\tau) \boldsymbol{L}_v^{\mathrm{T}} \delta \boldsymbol{\eta} \mathrm{d}\tau \tag{7.48}$$

同理

$$\delta e_H = \int_{t_A}^{t_B} \delta \dot{W}(\tau) \boldsymbol{H}_v^{\mathrm{T}} \boldsymbol{\eta}^* \mathrm{d}\tau + \int_{t_A}^{t_B} \widetilde{\dot{\boldsymbol{W}}}(\tau) \boldsymbol{H}_v^{\mathrm{T}} \delta \boldsymbol{\eta} \mathrm{d}\tau \tag{7.49}$$

式中：$\delta \dot{W}(\tau) = \dot{W}(t) - \widetilde{\dot{W}}(t)$ 为发动机特性偏差及母舱质量偏差产生的视加速度大小变化；$\delta \eta = \boldsymbol{\eta} - \boldsymbol{\eta}^*$ 为推力方向的变化。

由式（7.48）和式（7.49）可知，若 $\delta \eta = 0$，则

$$\frac{\delta e_L}{\delta e_H} = \frac{\boldsymbol{L}_v^{\mathrm{T}} \boldsymbol{\eta}^*}{\boldsymbol{H}_v^{\mathrm{T}} \boldsymbol{\eta}^*} \tag{7.50}$$

于是，式（7.46）成立。

可见，只有当推力方向严格等于计算方向时，通过同时调整 t_B 才能同时使 $\Delta e_L = \Delta e_H = 0$。

如果推力方向有偏差，而母舱分导时姿态又不能调整，这种情况下，关机方程应保证落点偏差最小。

设 ρ 为落点的径向偏差：

$$\rho^2=\Delta e_L^2+\Delta e_H^2 \tag{7.51}$$

由式（7.41）和式（7.43）可知

$$\rho^2=(\delta e_L+\dot{e}_L\Delta t_B)^2+(\delta e_H+\dot{e}_H\Delta t_B)^2 \tag{7.52}$$

选 Δt_B 使 ρ^2 最小，则必有

$$\frac{\partial \rho^2}{\partial \Delta t_B}=0 \tag{7.53}$$

于是可得

$$\Delta t_B=-\frac{\dot{e}_L\delta e_L+\dot{e}_H\delta e_H}{\dot{e}_L^2+\dot{e}_H^2} \tag{7.54}$$

为实现上式，选关机特征量为

$$J=\dot{e}_L e_L+\dot{e}_H e_H \tag{7.55}$$

显然，按

$$J(t_B)=\tilde{J}(\tilde{t}_B) \tag{7.56}$$

关机即可实现条件式（7.54）。

现在可以按式（7.56）推导关机方程。

母舱相对子弹头 1 标准弹道的相对运动方程（忽略引力加速度摄动）为

$$\begin{cases}\Delta\dot{\boldsymbol{r}}=\Delta V\\ \Delta\dot{\boldsymbol{V}}=\dot{\boldsymbol{W}}(t)\end{cases} \tag{7.57}$$

通过建立相应的伴随方程，并应用布里斯公式可得

$$\begin{aligned}&\boldsymbol{\lambda}_v^{\mathrm{T}}(t_B)\Delta\boldsymbol{V}(t_B)+\boldsymbol{\lambda}_r^{\mathrm{T}}(t_B)\Delta\boldsymbol{r}(t_B)\\ &=\boldsymbol{\lambda}_v^{\mathrm{T}}(t_A)\Delta\boldsymbol{V}(t_A)+\boldsymbol{\lambda}_r^{\mathrm{T}}(t_A)\Delta r(t_A)+\int_{t_A}^{t_B}\lambda_v^{\mathrm{T}}(\tau)\dot{\boldsymbol{W}}(\tau)\mathrm{d}\tau\end{aligned} \tag{7.58}$$

取

$$\begin{cases}\boldsymbol{\lambda}_v(t_A)=\dot{e}_L\boldsymbol{L}_v(t_A)+\dot{e}_H\boldsymbol{H}_v(t_A)\\ \boldsymbol{\lambda}_r(t_A)=\dot{e}_L\boldsymbol{L}_r(t_A)+\dot{e}_H\boldsymbol{H}_r(t_A)\end{cases} \tag{7.59}$$

考虑到起始偏差沿自由飞行弹道的传播遵循下述等式

$$\boldsymbol{\lambda}_r^{\mathrm{T}}(t)\Delta\boldsymbol{r}(t)+\boldsymbol{\lambda}_v^{\mathrm{T}}(t)\Delta\boldsymbol{V}(t)=\text{常数} \tag{7.60}$$

所以，当伴随方程初始条件如（7.59）所给时，有

$$\begin{cases}\boldsymbol{\lambda}_v(t)=\dot{e}_L\boldsymbol{L}_v(t)+\dot{e}_H\boldsymbol{H}_v(t)\\ \boldsymbol{\lambda}_r(t)=\dot{e}_L\boldsymbol{L}_r(t)+\dot{e}_H\boldsymbol{H}_r(t)\end{cases} \tag{7.61}$$

得

$$\begin{cases}\boldsymbol{\lambda}_v(t_B)=\dot{e}_L\boldsymbol{L}_v(t_B)+\dot{e}_H\boldsymbol{H}_v(t_B)\\ \boldsymbol{\lambda}_r(t_B)=\dot{e}_L\boldsymbol{L}_r(t_B)+\dot{e}_H\boldsymbol{H}_r(t_B)\end{cases} \tag{7.62}$$

将式（7.62）代入式（7.58），并考虑到

$$\begin{cases} e_L = \boldsymbol{L}_v^{\mathrm{T}}(t_B)\Delta\boldsymbol{V}(t_B) + \boldsymbol{L}_r^{\mathrm{T}}(t_B)\Delta\boldsymbol{r}(t_B) \\ e_H = \boldsymbol{H}_v^{\mathrm{T}}(t_B)\Delta\boldsymbol{V}(t_B) + \boldsymbol{H}_r^{\mathrm{T}}(t_B)\Delta\boldsymbol{r}(t_B) \end{cases} \tag{7.63}$$

得

$$\begin{aligned} \dot{e}_L e_L + \dot{e}_H e_H = {} & \dot{e}_L(\boldsymbol{L}_r^{\mathrm{T}}\Delta\boldsymbol{r} + \boldsymbol{L}_v^{\mathrm{T}}\Delta\boldsymbol{V})_{t_A} \\ & + \dot{e}_H(\boldsymbol{H}_r^{\mathrm{T}}\Delta\boldsymbol{r} + \boldsymbol{H}_v^{\mathrm{T}}\Delta\boldsymbol{V})_{t_A} + \int_{t_A}^{t_B}\boldsymbol{\lambda}_v^{\mathrm{T}}(\tau)\,\dot{\boldsymbol{W}}(\tau)\,\mathrm{d}\tau \end{aligned} \tag{7.64}$$

考虑到主动段的关机条件和导引条件，得

$$J = \dot{e}_L e_L + \dot{e}_H e_H = \int_{t_A}^{t_B}\boldsymbol{\lambda}_v^{\mathrm{T}}(\tau)\,\dot{\boldsymbol{W}}(\tau)\,\mathrm{d}\tau \tag{7.65}$$

解伴随方程组并代入整理得

$$\begin{aligned} J = {} & k_1 W_x(t_B) + k_2 W_y(t_B) + k_3 W_z(t_B) \\ & + k_4\dot{W}_x(t_B) + k_5\dot{W}_y(t_B) + k_6\dot{W}_z(t_B) \\ & - (t_B - t_A)[k_1 W_x(t_B) + k_2 W_y(t_B) + k_3 W_z(t_B)] \end{aligned} \tag{7.66}$$

式（7.66）就是所求的关机方程，按此关机，不要求导航计算，而且在分导机动开始前的长时间内，不需要惯性测量数据，这将避免加速度表误差积累的影响。

7.3 基于神经网络弹上实时落点预测的中制导

随着中段反导防御系统的部署与发展，传统的惯性飞行难以满足突防需求，因此，中段机动突防技术应运而生。而在大范围机动后，研究如何确保导弹仍能够以一定精度命中目标，具有十分重要的意义，其关键之一就是对落点实时的高精度预测。同样，在大偏差显式制导以及导弹智能在线任务规划中，也需要对落点实时的高精度预测。

传统的落点预测方法中，未考虑空气动力的椭圆弹道，计算速度快但精度低；而通过详细的受力分析考虑空气动力影响的弹道积分预测方法以及基于此改进的预测方法，精度高但计算速度慢，无法满足实时要求。

人工神经网络具有强大的非线性函数拟合能力，弹道落点预测是一个典型的非线性方程组的解算问题。

利用人工神经网络对导弹落点进行预测需要考虑 3 个问题：一是网络的输入和输出，需要分析哪些状态参数输入与落点输出具有直接的关系；二是选择合适的人工神经网络结构，合适的神经网络结构不仅能够提高落点预测的精度，还能提高落点预测的效率；三是如何训练神经网络，主要涉及样本的生成和训练超参数的选择，其中样本的生成必须覆盖所有可能的干扰弹道，才能使训练得到的神经网络具有很好的泛在性。

由于自由段弹道可以通过解析计算方法快速获得，因此在中制导时可以通过解析法快速计算对应的再入弹道参数，而再入弹道则利用神经网络法预测出对应的落点，制导系统就可以根据落点偏差进行精确制导了。

以再入点纬度 ϕ_{sm}、北东坐标系下速度 $(v_{x\mathrm{n}}, v_{y\mathrm{n}}, v_{z\mathrm{n}})$、速度大小 V、当地弹道倾角 Θ 和速度方位角 σ 作为输入，建立其与落点之间的人工神经网络模型，对落点进行精确预测。采用 3 套 BP 神经网络分别对落点在旋转后的北东坐标系下的位置 $(x'_{\mathrm{n}}, y'_{\mathrm{n}}, z'_{\mathrm{n}})$ 进行预测，并得到它们之间的非线性映射关系。考虑地球扁率和空气动力影响，在纬度范围(B_1,B_2)下采用弹道积分方法生成大量样本，建立含有两个隐含层的 BP 神经网络结构，实现落点快速高精度预测。

7.3.1　神经网络模型设计

为提高训练时的收敛速度以及简化网络结构，建立 3 套神经网络，分别对 x'_{n1}、y'_{n1}、z'_{n1}进行预测，其网络模型如下：

$$\begin{cases} x'_{n1}=f_1(\phi_{sm},v_{xn},v_{yn},v_{zn},\|\boldsymbol{V}\|,\Theta) \\ y'_{n1}=f_2(\phi_{sm},v_{xs},v_{ys},v_{zs},\|\boldsymbol{V}\|,\Theta) \\ z'_{n1}=f_3(\phi_{sm},v_{xs},v_{ys},v_{zs},\|\boldsymbol{V}\|,\sigma) \end{cases} \tag{7.67}$$

其中

$$\boldsymbol{V}=(v_{xn},v_{yn},v_{zn}) \tag{7.68}$$

1. 对弹道数据进行归一化

$$\tilde{x}_k=2(x_k-x_{min})/(x_{max}-x_{min})-1 \tag{7.69}$$

式中：x_k，$\tilde{x}_k$ 分别为归一化前与归一化后的值，x_{min}，x_{max}分别为样本中输入（输出）数据序列的最小值与最大值。

2. 神经网络结构设置

（1）每套神经网络模型均含有一个隐藏层，节点数分别为 11、6、9。

（2）隐层传递函数采用 logsig 对数函数

$$y(x)=\frac{1}{1+\exp(-x)} \tag{7.70}$$

（3）输出层传递函数为 purelin 线性函数

$$y(x)=x \tag{7.71}$$

7.3.2　训练样本生成

由于采用旋转椭球模型，所以不同经度再入不会影响落点与弹道点的相对位置关系，只考虑纬度对落点的影响。在(B_1,B_2)纬度范围内，间隔 δ_B 采样，生成不同再入点位置。

在生成的再入点位置的基础上，生成不同的再入状态。考虑到再入空气动力对落点的影响，将取决于再入速度大小、再入弹道倾角以及弹头的重阻比，同时考虑到采用旋转椭球模型，速度方位角对落点会有影响。因此，针对某一型号导弹，考虑现再入速度大小 V、再入速度方位角 σ，再入弹道倾角 Θ，取值范围分别为 $V\in(V_1,V_2)$，$\sigma\in[0,360°)$，$\Theta\in(\Theta_1,\Theta_2)$，采样间隔分别为 δ_V、δ_σ、δ_Θ，可通过具体导弹型号确定取值上下限。

以再入点在地面投影 m 为原点，建立北东坐标系 $mx_ny_nz_n$，该坐标系下，速度$(v_{xn},v_{yn}v_{zn})$可由式（7.72）得到，有

$$\begin{cases} v_{xn}=V\cos\Theta\cos\sigma \\ v_{yn}=V\sin\Theta \\ v_{zn}=V\cos\Theta\sin\sigma \end{cases} \tag{7.72}$$

大地直角坐标系下的速度为

$$\begin{bmatrix} v_{xs} \\ v_{ys} \\ v_{zs} \end{bmatrix} = \begin{bmatrix} n_{11} & n_{12} & n_{13} \\ n_{21} & n_{22} & n_{23} \\ n_{31} & n_{32} & n_{33} \end{bmatrix} \begin{bmatrix} v_{xn} \\ v_{yn} \\ v_{zn} \end{bmatrix} \tag{7.73}$$

其中，

$$\begin{cases} n_{11} = -\sin\phi_{sm}\cos\lambda_{sm} \\ n_{12} = \cos\phi_{sm}\cos\lambda_{sm} \\ n_{13} = -\sin\lambda_{sm} \\ n_{21} = -\sin\phi_{sm}\sin\lambda_{sm} \\ n_{22} = \cos\phi_{sm}\sin\lambda_{sm} \\ n_{23} = \cos\lambda_{sm} \\ n_{31} = \cos\phi_{sm} \\ n_{32} = \sin\phi_{sm} \\ n_{33} = 0 \end{cases} \tag{7.74}$$

式中：ϕ_{sm}，λ_{sm}分别为入轨点的地心纬度和地心经度。

建立大地直角坐标系下弹道积分模型，并以$(x_s, y_s, z_s, v_{xs}, v_{ys}, v_{zs})$为初始状态，对应北东坐标系下为$(x_n, y_n, z_n, v_{xn}, v_{yn}, v_{zn})$，积分得到落点在大地直角坐标下的位置$(x_{s1}, y_{s1}, z_{s1})$，并转到北东坐标系下得到$(x_{n1}, y_{n1}, z_{n1})$。容易得到不同速度方位角下$(x_{n1}, y_{n1}, z_{n1})$会差别很大，不利于降低神经网络拟合难度，同时带来预测偏差的增大。因此，为提高预测精度，以 my_n 为轴，顺时针旋转 σ，得到 $mx'_n y'_n z'_n$，将 $mx'_n y'_n z'_n$ 坐标系下落点位置表示为 $\boldsymbol{X}'_n = (x'_{n1}, y'_{n1}, z'_{n1})$。

7.3.3 模型训练

采用 L-M 方法为学习方法。L-M 算法是牛顿法的改进，能够避免在雅克比矩阵奇异或病态时不收敛情况发生，是中等规模的多层神经网络训练算法中最快的一种。

在训练中选取均方误差 MSE 为损失函数。通过训练，当损失函数收敛后，输出权值矩阵 $\boldsymbol{W}_{11}$、$\boldsymbol{W}_{12}$、$\boldsymbol{W}_{21}$、$\boldsymbol{W}_{22}$、$\boldsymbol{W}_{31}$、$\boldsymbol{W}_{32}$和阈值 $\boldsymbol{b}_{11}$、$\boldsymbol{b}_{12}$、$\boldsymbol{b}_{21}$、$\boldsymbol{b}_{22}$、$\boldsymbol{b}_{31}$、$\boldsymbol{b}_{32}$。

7.3.4 装订诸元

以预测 x'_{n1}的神经网络模型为例，将输入表示为$\widetilde{X} = (\widetilde{\phi}_{sm}, \widetilde{v}_{xn}, \widetilde{v}_{yn}, \widetilde{v}_{zn}, \|\widetilde{\boldsymbol{V}}\|, \widetilde{\Theta})$，均为归一化后的值，则神经网络输出$\widetilde{x}'_{n1}$为

$$\begin{cases} \widetilde{x}'_{n1} = \boldsymbol{W}_{12} u_1 + \boldsymbol{b}_{12} \\ u_1 = 1/(1+\exp(-\boldsymbol{W}_{11}\widetilde{X}+\boldsymbol{b}_{11})) \end{cases} \tag{7.75}$$

因此，将权值矩阵 $\boldsymbol{W}_{11}$、$\boldsymbol{W}_{12}$、$\boldsymbol{W}_{21}$、$\boldsymbol{W}_{22}$、$\boldsymbol{W}_{31}$、$\boldsymbol{W}_{32}$ 和阈值 $\boldsymbol{b}_{11}$、$\boldsymbol{b}_{12}$、$\boldsymbol{b}_{21}$、$\boldsymbol{b}_{22}$、$\boldsymbol{b}_{31}$、$\boldsymbol{b}_{32}$，数据序列的 x_{min}、x_{max}以及解析表达式（7.75）装订上弹。

7.3.5　实时计算落点

通过惯性测量组合获取弹头位置速度，通过自由段解析计算得到再入点位置速度，并转换到北东坐标系得到$(\phi_{sm}, v_{xn}, v_{yn}, v_{zn}, \|V\|, \Theta, \sigma)$，根据式（7.68）归一化得到$(\widetilde{\phi}_{sm}, \widetilde{v}_{xn}, \widetilde{v}_{yn}, \widetilde{v}_{zn}, \|\widetilde{\boldsymbol{V}}\|, \widetilde{\Theta}, \widetilde{\sigma})$。输入式（7.75）得到神经网络预测结果$\widetilde{\boldsymbol{Y}} = \widetilde{x}'_{n1}, \widetilde{y}'_{n1}, \widetilde{z}'_{n1})$，并根据

$$x_k = (\widetilde{x}_k + 1)(x_{max} - x_{min})/2 + x_{min} \tag{7.76}$$

得到反归一化后的结果$(x'_{n1}, y'_{n1}, z'_{n1})$。

根据目标点坐标和$(x'_{n1}, y'_{n1}, z'_{n1})$即可以计算出落点偏差。

流程如图 7.5 所示。

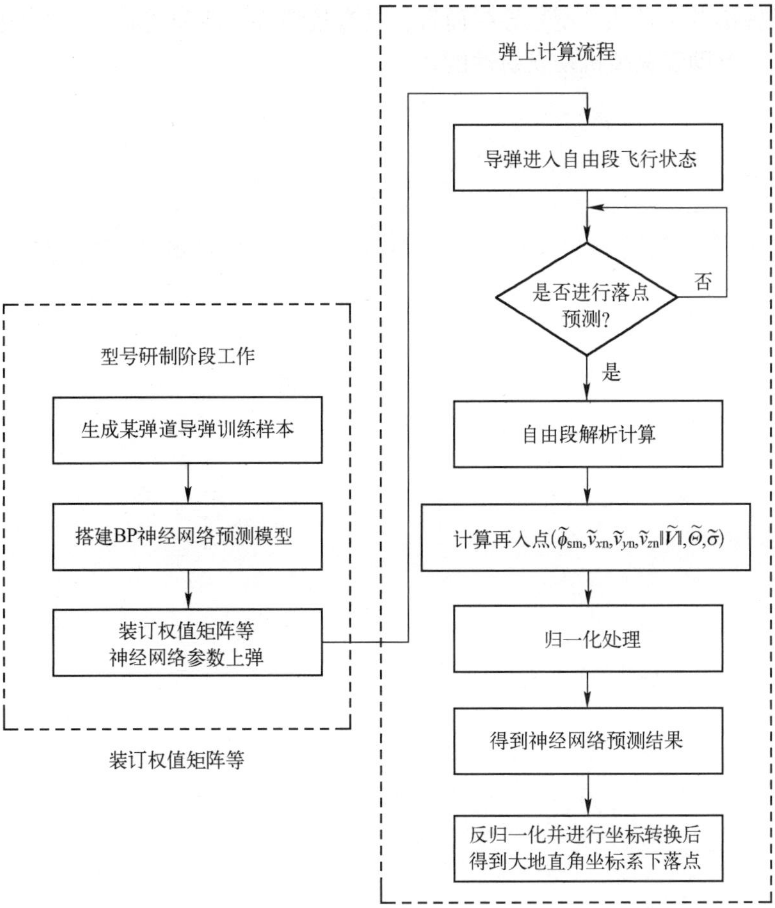

图 7.5　神经网络落点预测流程

以某型导弹弹道为例，通过随机加入 10% 推力偏差，5% 起飞质量偏差，得到 10000 条带有偏差的弹道，采用神经网络方法对落点进行预测，统计 10000 个偏差，平均偏差为 0.9826m，最大偏差为 5.2779m。统计落点偏差区间如表 7.1 所列。

表7.1　落点偏差区间表

区间/m	概　率
(0,1)	62.80%
(0,2)	94.45%
(0,3)	98.70%
(0,4)	99.75%
(0,5)	99.98%
(0,10)	100%

这种方法在型号定型阶段即可以完成训练和神经网络装订，弹上计算耗时极小，可以用于弹道导弹中段大范围机动突防、大偏差显式制导、智能在线任务规划以及反导中预测来袭导弹落点，对某一型号导弹而言，具有较强鲁棒性和适应性，不需要占用诸元准备时间，将有助于提高机动发射性能。

第 8 章　再入制导基本理论

随着弹道导弹射击精度要求的提高，仅仅依靠主动段和中段制导，将难以满足现代导弹对射击精度的要求，因此弹道导弹正逐步引入再入制导。再入制导主要采用由目标探测信息指引的导引方式，对导弹在初、中段的制导误差，或对目标运动产生的偏差进行修正。

8.1　再入制导方法概述

飞行器再入制导的目的是控制其落点（着陆点）的位置，并使其满足过载和热环境的要求。在 20 世纪 60 年代初至 80 年代末，再入理论成功应用于载人飞船和航天飞机，2000 年左右，在新一代可重复使用运载器（reusable launch vehicle，RLV）需求的推动下，具有自主性、自适应性和鲁棒性的再入制导方法研究进入高潮，如神经网络自适应制导律、模糊自适应制导法、滑模变结构制导律、模型参考自适应方法以及兼有标称轨迹法和其他的混合制导方法等，也广泛应用于低升阻比飞行器（如“阿波罗”“猎户座”CEV）的再入制导中。

8.1.1　再入制导方法分类

再入制导律是根据导航系统提供的速度、位置和姿态等信息，通过为姿态控制系统提供导引信号调整飞行器飞行姿态，使得飞行器在较大的干扰（如传感器测量误差、大气扰动）与不确定性飞行环境（飞行器参数偏差、模型误差）条件下，能够准确地将飞行器导引到目标点，并保证飞行器在再入过程中满足过程约束（如过载、气动热、姿态控制能力）。再入制导方法一般分为两大类：一是跟踪预先设计好的标称轨迹制导；二是利用预测能力对落点航程进行预测，并实时校正弹道的预测校正制导。当前发展的一些自适应的制导方法基础都可归结为这两大类。目前，再入制导主要分为以下 3 类：

1. 跟踪标准弹道（标称轨迹）进行导引的标称轨迹法

一般采用离线方式，通过直接或间接的方法获取导弹标准弹道轨迹，并将其存入弹载计算机作为参考轨道，飞行器再入过程中将参考轨道参数与导航系统所获得的实际飞行状态比较，给姿态控制系统提供制导指令，修正飞行轨迹。其核心在于：一是选取合适的状态变量作为参考轨迹的参量，做到准确描述参考轨迹且储存需求量小；二是参考轨迹跟踪控制律的选取及相应闭环反馈系数的确定，以确保其对干扰的鲁棒性、轨迹跟踪的动态响应性能。

为提高再入制导的自主性、自适应性和鲁棒性，标称轨迹再入制导方法的改进主要沿着两条路线展开：一是研究具鲁棒性能和自适应能力的轨迹跟踪法；二是研究在线弹道方法，具有在线自主设计参考弹道的航天器，可以提高安全性，当再入出现故障时，可以规划应急弹道，同时具有更大的灵活性。

2. 闭环解析预测或快速数值积分预测进行导引的预测轨迹法

以当前状态参数为出发点，通过解析法或快速数值计算方法寻找一条轨道，使得飞行器落点不断接近目标点的制导方法，也称为预测-校正制导法。预测轨迹法不需要使实际轨迹接近标准轨迹来命中目标，理论上可以达到更高的命中精度，对再入初始条件不敏感；其主要的制约因素是需要在线实时计算，对弹上计算机的计算速度和存储能力提出了更高的要求。

预报落点位置和制导方法选择是实施预测-校正制导法的两大问题。就预报落点位置而言可以采用数值积分和解析法，数值积分法在弹载计算机中对运动微分方程组进行积分求解，可以处理任何可能的飞行条件，计算精度高，所有需要计算的量都可以计算确定，但对计算速度和存储能力有较高的要求；解析法是在简化模型的基础上，建立运动方程的显式模型，进而直接求取所需要的解的方法，由于采用简化的手段，因此不是所有的量都可以求解，只能获得近似解，精度较差，限制条件多，不能处理任意飞行条件。

3. 兼有上述两种制导方法的混合衍生型制导法

传统的标称轨迹法和预测轨迹法制导各有特点，但随着新型再入飞行器任务需求的多样性，单一制导方法已不能满足要求，因此结合两种方法形成了混合制导策略。

8.1.2 性能指标

再入制导方法必须适应再入时的特殊环境，主要的性能指标如下。

（1）制导精度。再入制导的主要目的就是将飞行器导引至目的地，因此制导精度是最为重要的性能指标。

（2）满足再入过程约束。再入飞行器再入速度高，如洲际弹道导弹再入速度可达马赫数20~30，进入大气层后，将受到极其恶劣的再入热学和力学环境，制导律的设计直接影响飞行器再入飞行阶段的姿态、速度等关键参数，设计时必须使飞行器结构能承受最大热流、总热载荷、动压、过载及铰链力矩等。

（3）克服外干扰的能力。再入飞行器在大气层内飞行时，标准大气参数偏差、机体烧蚀、控制机构不够精准，加之高超声速空气动力学等学科领域机理研究不完善等因素的影响，使得飞行器状态参数变化范围大，制导律设计必须充分考虑这些干扰与不确定因素，克服干扰影响，确保精度与约束。

（4）作战任务需求，如落点倾角、落速等需求约束。对于武器系统而言，作战任务、条件的不同，使得存在着对落点倾角、落速等不同的要求，如侵彻弹对落角、落速都有明确的要求，制导律设计时也需要加以考虑。

其他的性能指标根据不同的任务还可能包括再入弹道横向机动能力、突防能力等。

同时，由于再入制导律的复杂性，除考虑上述条件外，制导方法的运算效率和存储量还必须考虑，不能满足弹上计算机运算条件的制导律是无法应用的。如基于落点预测的再入制导方法理论上可以直接采用数值积分方法进行被动段弹道解算，并利用弹道求差法计算导引偏差及其控制量，但由于其计算量庞大，现有弹载计算机计算性能难以满足其要求，这样的制导方法是无法应用的。因此，再入制导律的研究关键之一就是快速弹道计算或落点预测方法。

8.1.3　影响制导性能的主要因素

研究再入制导方法时，要明确了解制导律能否满足性能指标要求，并需要对其性能进行评估，此时必须了解影响再入飞行器性能的因素，并对其进行建模，以开展对制导方法的仿真验证与评估。影响制导律性能的因素总结如下。

（1）气动模型。无论何种再入飞行器，在飞行过程中所受到的气动力都是极大的，其中大气参数偏差、气动模型偏差等因素将对气动力产生很大的影响，建立干扰大气模型、风场模型是常用的扰动模型。

（2）导航误差。采用标称轨迹法制导时，导航误差直接影响实际轨迹向标称轨迹的控制；采用预测轨迹法制导时，导航误差将影响制导律对参考轨迹的生成，不合适的参考轨迹可能造成较大的影响。

（3）飞行器质量。飞行器的外形烧蚀将引起质量的变化、质心位置的改变，影响飞行器的配平攻角、升重比等，而这两个因素是影响再入轨迹的重要参量，在再入制导设计中，应考虑质量变化对其性能的影响。

（4）姿态控制系统。姿态控制系统具有一定的动力学特性，使得制导指令不能被理想地执行（如执行时延等），飞行器也就不能准确获得所要的控制力，使得轨迹控制产生误差。

（5）导航盲区。当再入飞行器采用无线电类的辅助导航系统（GPS、雷达等）时，若飞行器进入“黑障”区，将导致辅助导航系统不能正常工作，而初始对准误差、导航累积误差等将造成较大的 INS 导航误差，带有误差的导航参数进入制导系统，产生的效果与理论值不能达到一致。

下面概要介绍标称轨迹法、预测轨迹法和弹道导弹机动再入的标称轨迹制导方法，详细的制导方法请参阅文献。

8.2　标称轨迹制导方法

标称轨迹法是按预先装订的标称轨迹进行制导控制的一种制导方法。该制导方法是在地面事先确定好标准飞行轨迹，并在弹载计算机中预先装订标准再入轨迹参数，当存在外干扰使飞行器偏离标称轨迹时，制导系统求取实际轨迹与标称轨迹之误差，利用误差按给定制导律产生控制姿态信号，并由姿态控制系统控制飞行器跟踪标称轨迹飞行，直至目标点。

标称轨迹法主要包括两项任务：一是标称轨迹的规划，生成参考（标准）轨迹，二是参考轨迹在线跟踪。关注的重点对应为如下。

（1）标称轨迹状态参量的选取。合适的状态参量作为标称轨迹的描述参数，可以简化算法结构，减小制导参数对弹载存储资源的要求。

（2）参考轨迹跟踪制导律的选取及相应闭环反馈系数的确定。科学的参考轨迹跟踪控制律可以显著增强制导律对非标称条件的鲁棒性，而闭环控制反馈系数决定着轨道跟踪的动态响应。

下面以航天飞机基于阻力加速度的标称制导方法对制导原理加以介绍。航天飞机再入过程从 120km 高度开始，再入到终端速度为 762m/s 结束，制导目的有两点：①引导飞行器沿事先设计的满足最小设计需求的轨迹飞行；②到达终端能量管理区时，飞行器的末段能量状态和飞行姿态满足规定要求。制导的要求是尽量减小航天飞机在高度上的波动，减轻飞行控制系统负担，侧倾角角速度和角加速度限制在 5(°)/s 和 1.7(°)/s^2 以内，俯仰角速度和角加速度限制在 2(°)/s 和 5(°)/s^2 以内。

航天飞机再入飞行过程中，制导最为关心的是航程能力。再入制导主要是设计一条满足要求的阻力加速度剖面下的标称轨迹，并在飞行过程中跟踪标称轨迹。

航天飞机标称轨迹可以在约束限定下进行确定，从而确定航程，其中高度变化率和升阻比可以根据标称轨迹解析得到，因此航天飞机标称轨迹选择在 $\boldsymbol{D}$—$\boldsymbol{V}$ 空间设计，这样既可以通过计算得到变量的解析量，而且可以通过加速度计得到阻力加速度，便于制导应用。

8.2.1 航程预测

航天飞机简化的运动方程组为

$$\dot{\boldsymbol{V}} = -\boldsymbol{D} - g\sin\theta \tag{8.1}$$

$$\boldsymbol{V}\dot{\theta} = \left(\frac{\boldsymbol{V}^2}{r} - g\right)\cos\theta + \boldsymbol{L}_{\mathrm{T}}\cos\sigma \tag{8.2}$$

$$\boldsymbol{V}\cos\theta\,\dot{\psi} = \frac{\boldsymbol{V}^2}{r}\cos^2\theta\sin\psi\tan\phi + L_{\mathrm{T}}\sin\sigma \tag{8.3}$$

式中：θ 为弹道倾角；ψ 为再入方位角；ϕ 为俯仰角；σ 为侧倾角；$\boldsymbol{L}_{\mathrm{T}}$ 为升力；$\boldsymbol{D}$ 为阻力。

若航天飞机再入方位角 $\psi=0$，则航程关于时间的变化率为

$$\dot{R} = \boldsymbol{V}\cos\theta \tag{8.4}$$

结合式（8.1），并将其转换为关于速度的积分，得到当前状态下对应的航程能力为

$$R = \int \frac{\boldsymbol{V}\cos\theta}{-\boldsymbol{D} - g\sin\theta}\mathrm{d}\boldsymbol{V} \tag{8.5}$$

由于航天飞机飞行中航迹倾角很小，可近似为 0，因此航程可近似为速度的解析函数。

$$R = -\int \frac{\boldsymbol{V}}{\boldsymbol{D}}\mathrm{d}\boldsymbol{V} \tag{8.6}$$

在再入末段，由于速度减小，飞行倾角不能再近似为 0，可以将航程近似为能量的函数。再入能量表达式为

$$E = gh + \frac{1}{2}\boldsymbol{V}^2 \tag{8.7}$$

对时间求导

$$\dot{E}=g\dot{h}+\boldsymbol{V}\dot{\boldsymbol{V}} \tag{8.8}$$

高度变化率为

$$\dot{h}=\boldsymbol{V}\sin\theta \tag{8.9}$$

结合式（8.1）、式（8.8）和式（8.9），有

$$\dot{E}=g\boldsymbol{V}\sin\theta+\boldsymbol{V}(-\boldsymbol{D}-g\sin\theta)=-\boldsymbol{D}\boldsymbol{V} \tag{8.10}$$

根据式（8.4）变换为再入能量对应的航程预测公式

$$R=-\int\frac{\cos\theta}{\boldsymbol{D}}\mathrm{d}E \tag{8.11}$$

考虑到弹道倾角 θ 一般小于 10°，式（8.11）可简化为

$$R=-\int\frac{1}{\boldsymbol{D}}\mathrm{d}E \tag{8.12}$$

再入前段，θ 近似为 0 时，可采用式（8.6）进行航程预测，而再入末段，θ 增大后，利用式（8.12）进行航程预测更为准确。

8.2.2　标称轨迹参数计算

标称轨迹制导主要跟踪标称轨迹中的特定参数，航天飞机制导中主要选取升阻比 $(L/D)_0$ 和高程变化率 $\dot{h}_0$，下标 0 表示为标称轨迹参数。

根据阻力加速度和大气密度公式

$$\boldsymbol{D}=\frac{1}{2}\frac{\rho\boldsymbol{V}^2C_\mathrm{D}S}{m} \tag{8.13}$$

$$\rho=\rho_0\mathrm{e}^{-h/h_\mathrm{s}} \tag{8.14}$$

分别对时间求导

$$\frac{\dot{\boldsymbol{D}}}{\boldsymbol{D}}=\frac{\dot{\rho}}{\rho}+\frac{2\dot{\boldsymbol{V}}}{\boldsymbol{V}}+\frac{\dot{C}_\mathrm{D}}{C_\mathrm{D}} \tag{8.15}$$

$$\frac{\dot{\rho}}{\rho}=-\frac{\dot{h}}{h} \tag{8.16}$$

由式（8.1）和上两式，令 θ 近似为 0，得

$$\dot{h}=-h_\mathrm{s}\left(\frac{\dot{\boldsymbol{D}}}{\boldsymbol{D}}+\frac{2\boldsymbol{D}}{\boldsymbol{V}}-\frac{\dot{C}_\mathrm{D}}{C_\mathrm{D}}\right) \tag{8.17}$$

由式（8.15）求二阶导，结合式（8.9）二阶导和式（8.1）、式（8.2），最终可得

$$\ddot{\boldsymbol{D}}-\dot{\boldsymbol{D}}\left(\frac{\dot{\boldsymbol{D}}}{\boldsymbol{D}}-\frac{3\boldsymbol{D}}{\boldsymbol{V}}\right)+\frac{4\boldsymbol{D}^3}{\boldsymbol{V}^2}=-\frac{\boldsymbol{D}}{h_\mathrm{s}}\left(\frac{\boldsymbol{V}^2}{r}-g\right)-\frac{\boldsymbol{D}^2}{h_\mathrm{s}}\left(\frac{\boldsymbol{L}}{\boldsymbol{D}}\right)-\boldsymbol{D}\frac{\dot{C}_\mathrm{D}}{C_\mathrm{D}}\left(\frac{\dot{C}_\mathrm{D}}{C_\mathrm{D}}-\frac{\boldsymbol{D}}{\boldsymbol{V}}\right)-\boldsymbol{D}\frac{\ddot{C}_\mathrm{D}}{C_\mathrm{D}} \tag{8.18}$$

如果已知阻力和速度的关系，利用式（8.17）和式（8.18）可得到控制律所需要的标称轨迹升阻比 $(\boldsymbol{L}/\boldsymbol{D})_0$ 和高程变化率 $\dot{h}_0$。

8.2.3　控制律

航天飞机再入制导采用的是侧向和纵向分开控制的策略，这里主要介绍纵向控制。

设再入控制所需要的升阻比为$(\boldsymbol{L/D})_c$，标称轨迹升阻比为$(\boldsymbol{L/D})_0$，设

$$(\boldsymbol{L/D})_c=(\boldsymbol{L/D})_0+\Delta(L/D) \tag{8.19}$$

制导的目的是跟踪标称轨迹，因此需要通过控制将实际的升阻比控制到标称轨迹的升阻比上，为保证制导效果，有

$$\Delta(L/D)=f'_1\Delta D+f'_2\Delta\dot{D}+f'_3\Delta V \tag{8.20}$$

即升阻比控制量应该与阻力偏差、阻力变化率偏差和速度偏差相关，在实际工程中，求取$\Delta\dot{D}$较难，可将$\Delta\dot{D}$转化为$\Delta\dot{h}$。由式（8.20）得$\Delta\dot{D}$与$\Delta\dot{h}$的关系式，则式（8.20）变为

$$\Delta(L/D)=f_1\Delta D+f_2\Delta\dot{h}+f_3\Delta V \tag{8.21}$$

在实际工程中，取自变量为相对地球的速度，则$\Delta V=0$，由于导航系统高度变化率存在误差，因此控制律中加入阻力加速度跟踪误差的积分项，见式（8.22），用以消除引起的控制量偏差。

$$\Delta(L/D)=f_1(\boldsymbol{D}-\boldsymbol{D}_0)+f_2(\dot{h}-\dot{h}_0)+f_4\int(\boldsymbol{D}-\boldsymbol{D}_0) \tag{8.22}$$

由式（8.22）可以看出，制导律的确定变为控制增益f_1、f_2、f_4的确定。确定控制增益目前有3种方法。

（1）可由经验曲线加以逼近，选定f_1、f_2、f_4为常数（f_4可为分段常数），用试验法确定等时t或$\bar{u}=\boldsymbol{V}\cos\theta/\sqrt{gr}$的控制增益，然后在各种条件下利用数值仿真验证其是否满足精度。

（2）将系统线性化成二阶或三阶系统，再采用固化系数法可得到常系数的二阶和三阶系统，再根据对过程的要求，可以确定该固化点的最佳增益系数，再考虑不同时刻便可以得增益系数随时间的变化。

（3）从二次性能指标出发选择最佳控制增益系数。

控制律式（8.22）可以转换成侧倾角或攻角的控制，或者转换成对侧倾角和攻角的同时控制，来达到跟踪标称轨迹的目的。

航天飞机的侧向制导主要通过改变侧倾角的符号来保持飞行器瞄准误差在提前设定的边界内。当方向误差超过边界时，侧倾角反转符号。其中瞄准误差是位置矢量与速度矢量构成的平面、位置矢量与飞行器-目标点矢径构成的平面之间的夹角。显然侧向制导主要依靠的是升力在侧向上的分量，若倾斜角为0，则无法实施侧向制导，因此对倾斜角最小值进行适当的限幅，防止失去侧向机动能力。

8.3 预测-校正制导方法

预测-校正制导法（预测轨迹法）是以消除实际轨道预报的落点偏差为目的的制导方法。与标称轨迹法不同，在弹上实时计算实际再入轨道落点与目标点之间的偏差，并根据这一偏差按给定的制导律产生控制指令，实现飞行器轨迹控制，直至目标点。原则上，预测-校正法具有比标称轨迹法更高的制导精度，并对再入初始条件不敏感（抗初始干扰能力强），但在线实时计算对计算量和时间有着较大的制约。

预测–校正法关注的重点问题有以下几个方面。

（1）轨道快速计算时控制参数剖面的选取。轨迹控制参数的选择既要能反映飞行器未来轨迹，又要能进行快速计算，还要能在弹上进行实时测量或计算得到。如航天飞机再入时，再入攻角一般事前规划完成，其轨迹控制参数主要是指侧倾角，侧倾角与能量/射程有直接关系，便于校正计算。

（2）快速数值积分算法及其步长选择。快速数值积分算法、步长的选择直接影响计算的实时性，决定制导方法能否在弹上实现，因此主要考虑在确保计算精度与收敛的条件下，尽可能选择高速的数值积分算法，并取尽可能大的积分步长（或采用分段变步长的方法）。

（3）模型的自适应算法。快速预测的准确性依赖于动力学模型、运动学模型和制导模型（如气动力模型、大气参数模型、重力场模型等），该模型与真实飞行状态的误差决定了准确性，因此建立有效的自适应模型（如实时估计大气密度），能够有效提高预测轨迹的准确性。

（4）符合过程约束。预测轨迹模型要保证预测的轨迹不能违背热流、过载、动压等约束条件。

（5）闭环解析预测模型中，再入轨迹的分段与轨迹剖面的选择。闭环解析模型是快速获得控制参量的关键，只有合理的分段、轨迹剖面的选择以及动力学模型的合理简化，才能得到良好的闭环解析模型。

（6）校正算法的选取。选取合理的校正算法，可以完成对轨迹的调整，其性能直接影响飞行器机动能力，通常情况下校正数值算法求解的是多元非线性方程组。预测–校正法的最大难点在于保证制导的收敛性，此时只有针对具体问题进行相应的分析和处理了。

下面对纵向制导律进行分析，详细的推导请参见文献。

8.3.1　轨迹预测模型

轨迹预测的目的是根据当前飞行状态参数及确定的控制量，计算飞行器未来的飞行轨迹，以确定落点偏差或其他终点参数。主要考虑两方面内容：一是求解式（8.1）~式（8.3）所组成的微分方程组；二是如何提高轨迹预测的精度。

在弹道导弹弹道计算时，根据建立的动力学模型计算导弹在飞行过程中的受力，其中力学模型可以从给定的标准条件和模型中获取，但前提是必须已知导弹在各时刻处的姿态，在质心弹道求解过程中有俯仰程序角模型和参数（偏航和滚动角给定为 0）就可以确定导弹姿态，因此导弹姿态的确定是能够预测计算轨迹的关键。

由式（8.1）~式（8.3）可知，求解该微分方程组，核心在于求解空气阻力和升力及其在指定坐标系上的分量，其中需要确定的姿态角有倾侧角 σ 和俯仰角 ϕ，俯仰角 ϕ 由攻角 α 和弹道倾角 θ 共同决定，因此需要独立确定的姿态是倾侧角 σ 和攻角 α。

由于航天飞机攻角决定了射程覆盖能力、复杂的再入飞行环境和热环境使得攻角不宜频繁调整，因此航天飞机制导控制量一般选择侧倾角，攻角作为辅助控制参数在标称攻角附近做小范围调整。比较简单且常用的方法是将侧倾角看成关于速度的线性关系，之后再根据纵向和横向误差校正侧倾角和标准攻角剖面。

在轨迹预测过程中，飞行器初始速度为 $\boldsymbol{V}_{\mathrm{I}}$，再入终端速度为 $\boldsymbol{V}_{\mathrm{f}}$，则速度 $\boldsymbol{V}_i$ 对应的

侧倾角为

$$\sigma_i=\sigma_d\frac{V_i-V_f}{V_I-V_f} \tag{8.23}$$

式中：σ_d 为预测初始速度处对应的侧倾角，侧倾角与确定的攻角规律相当于主动段飞行时的程序角。

在动力学模型和运动学模型下，选取合适的积分步长，就可以预测轨迹了，相应的可以求得在当前控制量条件下的纵横向落点偏差 ΔL_R 和 ΔH_R。航天飞机制导过程中积分步长可选 1s，也可以在再入初中段选取更大的步长，而在再入末段可以取较小的步长。

除此之外，为提高弹上实时轨迹预测的精度，往往需要对某些参数进行实时估计，如大气密度、升阻比。估计方法主要是获取修正比，如大气密度修正比是利用惯性系统测量得到的阻力加速度与标准大气密度所计算的阻力加速度之比。

$$\rho=K_\rho\rho_{std} \tag{8.24}$$

$$K_\rho=\frac{\hat{\rho}}{\rho_{std}} \tag{8.25}$$

$$\hat{\rho}=\frac{2\boldsymbol{a}_D}{\boldsymbol{V}^2}\left(\frac{m}{C_D S}\right)_{std} \tag{8.26}$$

式中：下标 std 为标准值；K_ρ 为修正因子；$\boldsymbol{a}_D$ 为通过惯性系统测量得到的阻力加速度（需要坐标变换）。

实际工程中，测量得到的阻力加速度 $\boldsymbol{a}_D$ 带有测量噪声，因此可采用一阶低通滤波器消除噪声：

$$K_\rho^i=(1-K_1)K_\rho^{i-1}+K_1\frac{\hat{\rho}}{\rho_{std}} \tag{8.27}$$

$$K_1=1-\exp\left(-\frac{\Delta t}{\tau_\rho}\right) \tag{8.28}$$

式中：上标 i 和 $i-1$ 表示当前时刻和前一个时刻的值；K_1 称为大气密度修正的滤波器增益；τ_ρ 为一阶低通滤波器的时间常数；Δt 为阻力加速度测量时间步长。

$$K_{L/D}=\left(\frac{\boldsymbol{L}}{\boldsymbol{D}}\right)\bigg/\left(\frac{\boldsymbol{L}}{\boldsymbol{D}}\right)_{std} \tag{8.29}$$

$$\frac{\boldsymbol{L}}{\boldsymbol{D}}=\frac{\boldsymbol{a}_L}{\boldsymbol{a}_D} \tag{8.30}$$

式中：$\boldsymbol{a}_D$，a_L 为通过惯性系统测量得到的阻力加速度、升力加速度。

同理，修正后的升阻比修正因子为

$$K_{L/D}^i=(1-K_2)K_{L/D}^{i-1}+K_2\frac{\boldsymbol{L/D}}{(\boldsymbol{L/D})_{std}} \tag{8.31}$$

$$K_2=1-\exp\left(-\frac{\Delta t}{\tau_{L/D}}\right) \tag{8.32}$$

8.3.2 校正策略

校正是根据当前预测的终端条件误差，通过合理的控制量校正策略及数值校正方法完成对控制量剖面或者轨迹剖面的调整。一般数值校正方法是多元非线性方程组寻根问题，难点在于保证制导律收敛。控制量的校正可以选取纵程和横程偏差作为控制依据，也可以选取高度和速度作为控制依据。下面仅介绍选取纵程和横程偏差作为控制依据的校正方法，其基本思想类似于摄动制导的思想。

将纵程与横程误差与攻角偏差、侧倾角偏差的关系泛函按泰勒级数展开，并略去二阶以上高阶项，有

$$\begin{cases}\Delta L_{\mathrm{R}}=\dfrac{\partial L_{\mathrm{R}}}{\partial \alpha_{\mathrm{d}}}\Delta\alpha_{\mathrm{d}}+\dfrac{\partial L_{\mathrm{R}}}{\partial \sigma_{\mathrm{d}}}\Delta\sigma_{\mathrm{d}}\\ \Delta H_{\mathrm{R}}=\dfrac{\partial H_{\mathrm{R}}}{\partial \alpha_{\mathrm{d}}}\Delta\alpha_{\mathrm{d}}+\dfrac{\partial H_{\mathrm{R}}}{\partial \sigma_{\mathrm{d}}}\Delta\sigma_{\mathrm{d}}\end{cases} \tag{8.33}$$

为消除纵向和横向落点偏差，对应的攻角与侧倾角修正量为

$$\begin{cases}\Delta\alpha_{\mathrm{d}}=\left(\dfrac{\partial L_{\mathrm{R}}}{\partial \sigma_{\mathrm{d}}}\Delta H_{\mathrm{R}}-\dfrac{\partial H_{\mathrm{R}}}{\partial \sigma_{\mathrm{d}}}\Delta L_{\mathrm{R}}\right)\Big/\det\\ \Delta\sigma_{\mathrm{d}}=\left(\dfrac{\partial H_{\mathrm{R}}}{\partial \alpha_{\mathrm{d}}}\Delta L_{\mathrm{R}}-\dfrac{\partial L_{\mathrm{R}}}{\partial \alpha_{\mathrm{d}}}\Delta H_{\mathrm{R}}\right))\Big/\det\end{cases} \tag{8.34}$$

式中：det 为式（8.25）右侧对应偏导数的行列式。偏导数的计算可以用差分来代替，分别人为加入攻角偏差和侧倾角偏差，求对应的纵横向落点偏差，再分别相除即可以得到，其方法类似弹道导弹主动段摄动制导中的关机议程偏导数的计算。

依据式（8.34）求取的攻角和侧倾角控制量对攻角和侧倾角进行修正，就可以消除落点偏差，确保再入落点精度。

侧向制导的关键是确保再入方位角在一定范围内，因此当再入方位角超过一定的偏差后，需要通过侧倾角符号的反转来校正方位角偏差。在确定制导律时既不能错过最佳反转点，也不能过多反转，否则会造成不必要的能量消耗。

再入之前设计一个方位角边界，当方位角偏差超过边界时，侧倾角符号反转。

$$|\Delta\psi|\leqslant\Delta\psi_{\mathrm{threshold}} \tag{8.35}$$

当方位角偏差满足上式时，倾侧角保持符号不变；当不满足上式条件时，倾侧角符号反转，并保持符号直至下一次符号反转。$\Delta\psi_{\mathrm{threshold}}$ 在设计时可以看作速度的线性函数，使得再入末端满足方位角偏差要求。

8.4　再入机动弹道的标称制导方法

对于目标固定的再入机动弹道的落点控制可采用标称轨迹法进行导引。其基本思想是在发射前规划设计具有再入机动的标准弹道，将再入落点偏差控制按摄动理论将落点偏差展开为泰勒级数的一阶项，利用标准弹道计算相关参数并装订上弹；主动段制导确保导弹沿标准弹道飞行，再入机动按预定程序进行，根据导弹实时状态参数和装订的泰勒级数参数实时计算落点偏差，确定对应的导引量，通过姿态控制系统校正俯仰和偏航姿态角，控制落点偏差。

再入控制时，略去横向运动对高程控制的影响后，落点高程的摄动方程为

$$\Delta h=h-h_{\mathrm{m}}=\frac{\partial h}{\partial V_x}(V_x-\widetilde{\boldsymbol{V}}_{x\mathrm{m}})+\frac{\partial h}{\partial V_y}(V_y-\widetilde{\boldsymbol{V}}_{y\mathrm{m}})+\frac{\partial h}{\partial x}(x-\widetilde{x}_{\mathrm{m}})+\frac{\partial h}{\partial y}(y-\widetilde{y}_{\mathrm{m}})=0 \tag{8.36}$$

同理，不计 x 方向对横程的影响，有

$$\Delta h=h-h_{\mathrm{m}}=\frac{\partial h}{\partial V_y}(V_y-\widetilde{\boldsymbol{V}}_{y\mathrm{m}})+\frac{\partial h}{\partial V_z}(V_z-\widetilde{\boldsymbol{V}}_{z\mathrm{m}})+\frac{\partial h}{\partial y}(y-\widetilde{y}_{\mathrm{m}})+\frac{\partial h}{\partial z}(z-\widetilde{z}_{\mathrm{m}})=0 \tag{8.37}$$

式中：带~的参数为标准弹道参数。

则

$$\frac{\partial h}{\partial x}(x-\widetilde{x}_{\mathrm{m}})=-\frac{\partial h}{\partial V_x}(V_x-\widetilde{\boldsymbol{V}}_{x\mathrm{m}})-\frac{\partial h}{\partial V_y}(V_y-\widetilde{\boldsymbol{V}}_{y\mathrm{m}})-\frac{\partial h}{\partial y}(y-\widetilde{y}_{\mathrm{m}}) \tag{8.38}$$

$$\frac{\partial h}{\partial z}(z-\widetilde{z}_{\mathrm{m}})=-\frac{\partial h}{\partial V_y}(V_y-\widetilde{\boldsymbol{V}}_{y\mathrm{m}})-\frac{\partial h}{\partial V_z}(V_z-\widetilde{\boldsymbol{V}}_{z\mathrm{m}})-\frac{\partial h}{\partial y}(y-\widetilde{y}_{\mathrm{m}}) \tag{8.39}$$

用高程近似替代发射坐标系 y，同时$\dfrac{\partial h}{\partial x}=\dfrac{\partial h}{\partial t}\dfrac{\partial t}{\partial x}\approx V_y\dfrac{1}{V_x}$

则

$$x-\widetilde{x}_{\mathrm{m}}=\frac{V_x}{V_y}\left[-\frac{\partial h}{\partial V_x}(V_x-\widetilde{\boldsymbol{V}}_{x\mathrm{m}})-\frac{\partial h}{\partial V_y}(V_y-\widetilde{\boldsymbol{V}}_{y\mathrm{m}})-\frac{\partial h}{\partial y}h\right] \tag{8.40}$$

$$z-\widetilde{z}_{\mathrm{m}}=\frac{V_x}{V_y}\left[-\frac{\partial h}{\partial V_z}(V_z-\widetilde{\boldsymbol{V}}_{z\mathrm{m}})-\frac{\partial h}{\partial V_y}(V_y-\widetilde{\boldsymbol{V}}_{y\mathrm{m}})-\frac{\partial h}{\partial y}h\right] \tag{8.41}$$

上式说明，在再入制导时纵向偏差与速度 V_x 成正比，而与速度 V_y 成反比，纵向控制的导引量为

$$U_{\phi}=x-\widetilde{x}_{\mathrm{m}}-\frac{V_x}{V_y}\left[\frac{\partial h}{\partial V_x}(V_x-\widetilde{\boldsymbol{V}}_{x\mathrm{m}})+\frac{\partial h}{\partial V_y}(V_y-\widetilde{\boldsymbol{V}}_{y\mathrm{m}})+\frac{\partial h}{\partial y}h\right] \tag{8.42}$$

同理，横向导引量为

$$U_{\psi}=z-\widetilde{z}_{\mathrm{m}}-\frac{V_z}{V_y}\left[\frac{\partial h}{\partial V_z}(V_z-\widetilde{\boldsymbol{V}}_{z\mathrm{m}})+\frac{\partial h}{\partial V_y}(V_y-\widetilde{\boldsymbol{V}}_{y\mathrm{m}})+\frac{\partial h}{\partial y}h\right] \tag{8.43}$$

若将导引量方程中的后一项利用标准弹道事先计算出来，再拟合为高程的函数，制导系统法向和横向导引的公式如下：

$$\begin{cases}U_{\phi}=x-\widetilde{x}_{\mathrm{m}}-c_{\phi}(h_{\mathrm{p}})\cdot V_x\cdot\dfrac{h_{\mathrm{p}}}{V_y}\\[2ex] U_{\psi}=z-\widetilde{z}_{\mathrm{m}}-c_{\psi}(h_{\mathrm{p}})\cdot V_z\cdot\dfrac{h_{\mathrm{p}}}{V_y}\end{cases} \tag{8.44}$$

式中：$c_{\phi}(h_{\mathrm{p}})$，$c_{\psi}(h_{\mathrm{p}})$为导引系数，由标准弹道确定，h_{p} 为弹头相对目标点的高度。

第 9 章 惯性导航原理及实现

9.1 惯性测量系统介绍

根据制导理论知道，弹道导弹制导方法要求获得导弹实时速度和位置，一般速度可以通过加速度积分得到，而位置则可以通过速度积分得到。

在惯性坐标系内，导弹质心运动状态方程为

$$\begin{cases} \dot{V}_x = \dot{W}_x + g_x \\ \dot{V}_y = \dot{W}_y + g_y \\ \dot{V}_z = \dot{W}_z + g_z \\ \dot{x} = V_x \\ \dot{y} = V_y \\ \dot{z} = V_z \end{cases} \tag{9.1}$$

式中：$\dot{W}_x$，$\dot{W}_y$，$\dot{W}_z$ 为视加速度分量；g_x，g_y，g_z 为引力加速度分量。

引力加速度可以通过地球重力模型计算，而视加速度则只能通过测量方法获得。

在制导时，我们还需要获得导弹实时飞行的姿态，以确保导弹飞行姿态稳定，并保证导弹沿标准弹道飞行，同样导弹的飞行姿态角也需要通过测量获得。

在弹道导弹上，采用惯性器件对导弹飞行的视加速度和角速度进行测量。惯性测量系统是弹道导弹制导系统的核心组成部分，主要由加速度计和陀螺仪两种惯性器件组成，惯性测量系统主要有 3 种结构形式，即平台惯性系统、水平平台惯性系统和捷联惯性系统，其中平台惯性系统用于中远程弹道导弹，水平平台惯性系统用于巡航导弹，捷联惯性系统主要用于短程弹道导弹，随着技术的发展，捷联惯性测量系统也有用于中远程弹道导弹的，这 3 种系统除结构形式不同、测量坐标系不同外，其测量原理基本一致。

平台惯性系统通过 3 个自由度（或四轴）构建了一个与发射惯性坐标系平行的惯性测量基准，因此其测量结果是相对发射惯性系的；而水平平台惯性系统则构建了一个当地水平的测量基准，测量结果是相对于当地水平面的；而捷联惯性系统的测量结果则是直接相对于弹体坐标系的。对于弹道导弹而言，制导系统需要的状态量必须是发射惯性坐标系的，因此平台惯性系统的测量结果可以直接利用，而捷联惯性系统的结果则必须经过弹体系到发射惯性系的转换才能采用。由此可见，平台惯性系统与捷联惯性系统主要区别在于坐标基准的转换，而基本测量原理和误差产生机理的基本一致的。下面对惯性测量原理、误差系数标定原理、误差补偿原理进行介绍。

惯性测量组合本体通过3个螺钉固定在弹体上。在弹上安装时，将惯性测量组合本体安装面与弹体的安装面重合，并且使惯性测量组合的定位面与弹体上的定位面紧密贴紧，在此状态下用3个紧固螺钉固紧，确保惯测组合本体坐标系 $ox_Sy_Sz_S$ 三轴在规定的误差范围内分别与弹体坐标系 $ox_1y_1z_1$ 三轴平行。惯性测量组合通过其本体上的安装基面和弹体上的基准面一起，建立了一个惯性测量组合坐标系 $ox_Sy_Sz_S$，同时又是陀螺仪和加速度计的安装基座。惯性测量组合 ox_S 坐标轴与其弹体坐标系 ox_1 重合，oy_S 与弹体坐标系 oy_1 方向一致，正向指向Ⅲ尾翼方向。oz_S 按右手定则确定，正向指向Ⅳ尾翼方向，与弹体坐标系 oz_1 方向一致。

本体上3个敏感轴相互正交，分别指向惯性测量组合坐标系的 ox_1、oy_1、oz_1 3个方向，可测量3个方向的角速率；三个加速度计的敏感轴相互正交，分别指向弹体坐标系的 ox_1、oy_1、oz_1 正方向，可测量3个方向的视加速度。

惯性测量组合主要有4个作用。

（1）临发射前，建立初始水平基准。

（2）在瞄准系统作用下，完成导弹的瞄准。

（3）飞行中测量导弹转动角速率，并由弹载计算机建立数学惯性基准。

（4）飞行中由加速度计测量导弹飞行的视加速度。

加速度计和陀螺仪的输出经相应的电子线路及专用的I/F变换器转换成为六路电流脉冲序列（正向输出和负向输出叠加），这些脉冲的频率分别正比于弹体各轴的视加速度 $\dot{W}$ 和角速度 ω，一个测量周期内 δt 的脉冲数则分别正比于弹体运动的视速度增量（$\delta W=\dot{W}\delta t$）和角度增量（$\delta\theta=\omega\delta t$）。弹载计算机采集上述脉冲，通过工具误差补偿得到视速度增量和角度增量。

测量得到的角度增量用于建立弹体系与发射惯性系之间的转换矩阵和俯仰、偏航和滚动3个姿态欧拉角，捷联惯性系统测量得到的视速度增量是相对弹体坐标系的，经过弹体系与发射惯性系之间的转换矩阵的转换，求得发射惯性系下的视速度增量，再通过导航积分计算求得发射惯性系下的速度和位置，速度、位置和姿态角引入导引、姿态控制系统形成控制指令，控制导弹沿预定弹道飞行，当速度和位置满足关机条件时，发出关机指令，随后弹头沿惯性弹道飞行直至命中目标。

9.2 单元标定及误差补偿方法

任何一个测量系统都存在测量误差，但如果通过一定的方法获得该测量误差的模型和相关参数，在测量时利用该模型和参数对测量误差进行修正，就可以得到更为精确的测量结果。

9.2.1 惯性测量组合误差补偿方法

惯性测量系统中陀螺仪误差有静态和动态误差。在静态和动态误差中都有对测量精度有影响的常值误差、安装误差和静、动态的标度因素误差。捷联系统的工作环境特点决定了其严重的动态误差，而动态误差分两大类，即仪表级动态误差和系统级动态误差。仪表级动态误差，是指惯性仪表与伺服线路同时工作于闭环状态下的仪表系统的动态误差，主要有：标度因素不对称动态误差、角加速度灵敏性、不等惯量、交叉耦合等误差。系统级动态误差，不仅包括有惯性仪表的误差，也包括导弹或计算机的状态算法的截断误差和计算机的舍入误差。主要有：假圆锥误差、未被检测的圆锥误差、假振摆误差和未被检测的振摆运动误差等。在所有的动态误差中，圆锥误差是捷联惯性导航系统的一项主要动态误差。

在线运动条件下加速度计的稳态输出与视加速度之间的数学表达式，称为加速度计静态误差数学模型。对于一个理想的加速度计，它的稳态输出应当与沿输入轴的视加速度成正比。但实际应用的加速度计，它的稳态输出不仅包含沿输入轴的视加速度的线性项，也含有各种干扰因素引起的误差项，后者将导致对视加速度的测量误差。实际上，加速度计的静态数学模型除测量的视加速度外，还包括静态误差模型。

捷联惯性导航系统在使用前，根据确定的静态误差模型，经过技术阵地的位置标定、速率标定，得出静态误差系数，使用时依据误差模型和标定的误差系数对系统静态误差加以补偿。动态误差的标定方法和设备要求很高，一般情况，可不考虑动态误差的影响。

惯性系统的误差补偿有两种应用方法：一是利用技术阵地标定出的工具误差在标准弹道中计算出其对导弹精度的影响，然后修改装订诸元，以达到修正部分工具误差的作用，称为离线修正方法；另外一种方法就是实时补偿方法，即将惯性测量组合在单元标定中得到的各种误差系数和模型直接放到弹载计算机中，由弹载计算机对惯性测量组合的输出进行误差补偿，得到较为精确的测量结果。由于标准弹道与实际弹道在飞行过程中的状态不完全一致，因此离线修正方法并不能完全反映惯性系统误差的影响，其误差修正效果不如实时补偿方法，因此目前大部分弹道导弹都采用工具误差实时补偿法来补偿惯性测量误差。

一般地，加速度计测量误差模型可写为

$$\begin{cases} N_{x1}=K_{0x}+K_{1x}\dot{W}_{x1}+E_{ayx}\dot{W}_{y1}+E_{azx}\dot{W}_{z1} \\ N_{y1}=K_{0y}+K_{1y}\dot{W}_{y1}+E_{axy}\dot{W}_{x1}+E_{azy}\dot{W}_{z1} \\ N_{z1}=K_{0z}+K_{1z}\dot{W}_{z1}+E_{axz}\dot{W}_{x1}+E_{ayz}\dot{W}_{y1} \end{cases} \tag{9.2}$$

对于弹道导弹，捷联惯性导航系统与导弹弹体固连在一起，而在弹体坐标系中，轴向视加速度远远大于横向和法向视加速度，为减少弹载计算机的计算量，简化加速度计，有

$$\begin{cases} N_{x1}=K_{0x}+K_{1x}\dot{W}_{x1} \\ N_{y1}=K_{0y}+K_{1y}\dot{W}_{y1}+E_{axy}\dot{W}_{x1} \\ N_{z1}=K_{0z}+K_{1z}\dot{W}_{z1}+E_{axz}\dot{W}_{x1} \end{cases} \tag{9.3}$$

式中：K_{0x}，K_{0y}，K_{0z}为加速度计零次项误差系数；K_{1x}，K_{1y}，K_{1z}为与视加速度成比例的一次项误差系数；E_{axy}，E_{axz}为安装误差系数。

漂移角速度是用于表征陀螺仪测量误差的，造成漂移角速度的主要原因是由于在陀螺转子上受到各种不同性质的干扰力矩。而干扰力矩通常分为与加速度无关的零次项误差力矩、与加速度成比例的一次项误差力矩和与加速度平方或其乘积成比例的二次项误差力矩，因此其误差系数也与这些干扰因素有关。实际应用中，与外界加速度平方或其乘积成比例的二次项误差系数不便于求取，一般不考虑此项，由此陀螺仪脉冲输出模型为

$$\begin{cases}N_{\mathrm{B}x1}=K_x(D_{0x}+\omega_{x1}+E_{yx}\omega_{y1}+E_{zx}\omega_{z1}+D_{1x}\dot{W}_{x1}+D_{2x}\dot{W}_{y1}+D_{3x}\dot{W}_{z1})\\N_{\mathrm{B}y1}=K_y(D_{0y}+\omega_{y1}+E_{xy}\omega_{x1}+E_{zy}\omega_{z1}+D_{1y}\dot{W}_{x1}+D_{2y}\dot{W}_{y1}+D_{3y}\dot{W}_{z1})\\N_{\mathrm{B}z1}=K_z(D_{0z}+\omega_{z1}+E_{xz}\omega_{x1}+E_{yz}\omega_{y1}+D_{1z}\dot{W}_{x1}+D_{2z}\dot{W}_{y1}+D_{3z}\dot{W}_{z1})\end{cases}\tag{9.4}$$

式中：K_x，K_y，K_z 为陀螺仪标度因子；D_{0x}，D_{0y}，D_{0z} 为与加速度无关的零次项误差系数；D_{1x}，D_{2x}，D_{3x}，D_{1y}，D_{2y}，D_{3y}，D_{1z}，D_{2z}，D_{3z} 为与视加速度成比例的一次项误差系数；E_{yx}，E_{zx}，E_{xy}，E_{zy}，E_{xz}，E_{yz} 为安装误差系数。

9.2.2 单元标定

单元标定是在确定的惯性系统误差模型的基础上，利用一定的视加速度基准和角速度基准，按一定的方法通过对测量值的处理求得误差模型系统的过程，求得的系数称为惯性系统测量工具误差系数，简称误差系数。因此，单元标定的基本条件是视加速度基准和角速度基准，即标准输入条件。

1. 标准输入条件

重力加速度矢量 $\boldsymbol{g}$ 可以作为标定加速度计传递系数和标定以线加速度为自变量的误差模型各系数的标准输入量，在测试时它也可以作为标定水平面的基准。以重力加速度矢量 $\boldsymbol{g}$ 作为标准输入时，输入范围只局限于 $+\boldsymbol{g}_0$。测试时，通常以改变仪表相对于重力加速度矢量的位置来改变仪表各轴的输入信息。测试点的重力加速度可以通过大地测量等方法精确测定。

地球转速 $\boldsymbol{\omega}_{\mathrm{e}}$ 是一个恒速矢量，在测试时可以作为角运动输入的标准信息。相对于惯性空间的地球转速称为恒星转速，其值为 15.04107(°)/h。地球转速矢量 $\boldsymbol{\omega}_{\mathrm{e}}$ 与地球极轴平行，指北为正。

以单元标定时用的北东天直角坐标系为例，重力加速度和地球自转角速度分解为北东天直角坐标系的标准输入分量。

$$\begin{cases}g_{\text{天}}=g_0\\g_{\text{东}}=0\\g_{\text{北}}=0\\\omega_{\text{天}}=\omega\sin B\\\omega_{\text{东}}=0\\\omega_{\text{北}}=\omega\cos B\end{cases}\tag{9.5}$$

式中：B 为测试点纬度，因此惯性测量组合除了需要重力加速度、正北基准外，还应该给出测试点的纬度值，这些数据都是由大地测量提供的。

2. 速率标定与位置标定

惯测组合的标定可以分为速率标定和位置标定。

1）速率标定

惯测组合中的陀螺仪是敏感角运动的，当有角速度输入时，其输出的主要成分应该是对输入角速度的正确反映。速率标定就是以角运动作为输入的标定试验，其目的是使惯测组合在承受角运动的条件下，测量其输出，并以此来确定惯测组合误差模型中与角运动有关的误差系数，即陀螺仪的传递系数和安装误差。

速率标定时，将惯测组合安装在速率转台上，并分别绕惯测组合的 x_S、y_S、z_S 轴做恒速试验，读取陀螺仪 3 个通道的输出脉冲，并带入误差模型，以确定陀螺仪的传递系数和安装误差。

2）位置标定

位置标定时，通过改变惯测组合 3 个测量轴相对于重力加速度矢量 $\boldsymbol{g}$ 的方位，使重力加速度矢量 $\boldsymbol{g}$ 和地球自转角速度分别作用于惯测组合的 x_S、y_S、z_S 轴，读取惯测组合的输出脉冲，并带入误差模型，以确定惯测组合误差模型中与线运动有关的系数。

9.2.3 弹上误差补偿方法

惯测组合实际测量时一般采用脉冲采样方式进行，由惯测组合不断地向寄存器中发送脉冲信号，不因弹上计算机的采样周期而中断，输出为整数，得到给定时间段的脉冲 ΔN_{x1}、ΔN_{y1}、ΔN_{z1}、ΔN_{Bx1}、ΔN_{By1}、ΔN_{Bz1}。

弹载计算机接收惯测组合输出的脉冲后，进行误差补偿计算的过程应为测量过程的逆过程，具体形式可根据式（9.1）和式（9.2）推出。在一个测量周期内，由于各量变化均不大，所以作一些简化处理并不影响计算精度，计算一个采样周期内视速度增量和角度增量的误差补偿式为

$$
\begin{cases}
\begin{bmatrix} \Delta W_{x10} \\ \Delta W_{y10} \\ \Delta W_{z10} \end{bmatrix} = \begin{bmatrix} (\Delta N_{x1}-K_{0x})/K_{1x} \\ (\Delta N_{y1}-K_{0y})/K_{1y} \\ (\Delta N_{z1}-K_{0z})/K_{1z} \end{bmatrix} \\
\begin{bmatrix} \Delta W_{x1} \\ \Delta W_{y1} \\ \Delta W_{z1} \end{bmatrix} = \begin{bmatrix} \Delta W_{x10} \\ \Delta W_{y10} \\ \Delta W_{z10} \end{bmatrix} - \begin{bmatrix} 0 \\ E_{xy} W_{x10} \\ E_{xz} \Delta W_{x10} \end{bmatrix}
\end{cases}
\tag{9.6}
$$

$$
\begin{cases}
\begin{bmatrix} \Delta \theta_{x10} \\ \Delta \theta_{y10} \\ \Delta \theta_{z10} \end{bmatrix} = \begin{bmatrix} \Delta N_{Bx1}/K_x \\ \Delta N_{By1}/K_y \\ \Delta N_{Bz1}/K_z \end{bmatrix} - \begin{bmatrix} D_{0x} \\ D_{0y} \\ D_{0z} \end{bmatrix} \\
\begin{bmatrix} \Delta \theta_{x1} \\ \Delta \theta_{y1} \\ \Delta \theta_{z1} \end{bmatrix} = \begin{bmatrix} \Delta \theta_{x10} \\ \Delta \theta_{y10} \\ \Delta \theta_{z10} \end{bmatrix} - \begin{bmatrix} 0 & E_{yx} & E_{zx} \\ E_{xy} & 0 & E_{zy} \\ E_{xz} & E_{yz} & 0 \end{bmatrix} \begin{bmatrix} \Delta \theta_{x10} \\ \Delta \theta_{y10} \\ \Delta \theta_{z10} \end{bmatrix} - \begin{bmatrix} D_{1x} & D_{2x} & D_{3x} \\ D_{1y} & D_{2y} & D_{3y} \\ D_{1z} & D_{2z} & D_{3z} \end{bmatrix} \begin{bmatrix} \Delta W_{x1} \\ \Delta W_{y1} \\ \Delta W_{z1} \end{bmatrix}
\end{cases}
\tag{9.7}
$$

式中：K_i，D_{0i}，D_{1i}，D_{2i}，D_{3i}，$E_{ij}(i,j=x,y,z)$ 为惯测组合技术阵地标定系数；ΔW_{i10}，$\Delta\theta_{i10}(i=x,y,z)$ 分别为视速度和角度增量的中间计算量；ΔW_{i1}，$\Delta\theta_{i1}(i=x,y,z)$ 分别为经

误差补偿后的视速度和角度增量。

9.2.4 惯性系统误差的基本特性

从理论上讲，当标定的工具误差系数很准确，采用弹上实时误差补偿后，不应该存在较大的惯性测量误差，导弹射击精度也应该较高，但由于各种因素的影响，使得惯性测量系统的测量误差会随时间发生变化，这种变化是各种物理因素的影响产生的，过程较为复杂，目前并不能很好地确定其变化的情况。实践表明，陀螺长期稳定性测试中（多次启动）的随机量与一次启动的随机量相比相关较大。如在长时间的稳定性测试中，陀螺一次项漂移的随机量约为 0.06(°)/g_0h，零次项的漂移约为 0.04(°)/h，而一次启动时，陀螺一次项的随机量约为 0.01(°)/g_0h，而零次项的随机量约为 0.001(°)/h。加速度计的标度系数及零次项，逐次启动之间也有差异。显然，对陀螺漂移均值进行补偿后，利用陀螺一次启动随机量小的特性和射前装订加速度计标度系数的值，将会提高导弹命中精度。

惯性系统测量误差可分为长期稳定性测试中（多次启动）的随机量、一次启动的随机量和随机误差量，为了便于分析，可将其分别看作逐次通电误差、一次通电误差和随机误差三部分，以 X 向加速度计零次项系数为例，设$\widetilde{K}_{0x}$代表零次项系数的真值，K_{0x}代表标定结果，则

$$\widetilde{K}_{0x}=K_{0x}+\Delta K_{0x}+\delta K_{0x}+\varepsilon_{k0x} \tag{9.8}$$

式中：ΔK_{0x}为逐次通电偏差；δK_{0x}为一次通电偏差；ε_{k0x}为随机偏差。

由于目前多数导弹都采用弹上实时误差补偿技术，惯性测量元件的系统误差已经补偿。以 X 向加速度计为例，其中的零次项误差 K_{0x}、一次项误差 K_{1x}通过技术阵地标定获得，并通过弹上误差实时补偿修正。为此，只有由部分逐次通电偏差、一次通电偏差和随机偏差产生的剩余误差进入导航计算，因此本书如不特指，则惯性导航误差仅指弹上实时误差补偿后的剩余误差。

以 X 向加速度计误差为例，本书指的加速度计误差是指由零次项的逐次通电误差 ΔK_{0x}、一次通电误差 δK_{0x}和随机误差 ε_{k0x}，以及一次项的逐次通电误差 ΔK_{1x}、一次通电误差 δK_{1x}和随机误差 ε_{k1x}引起的。

同时为方便起见，如不特指，则 ΔK_{0x}表示逐次通电误差 ΔK_{0x}、一次通电误差 δK_{0x}和随机误差 ε_{k0x}之和，ΔK_{1x}表示逐次通电误差 ΔK_{1x}、一次通电误差 δK_{1x}和随机误差 ε_{k1x}之和。

9.3 惯性系统导航状态解的计算

采用惯性导航的制导方案必须实时给出导弹飞行中任一时刻的位置和速度值，即给出任一时刻的导航解。

由导航计算公式可以看出，利用惯性导航测量值求取导航参数，计算量相当大。在早期导弹制导中，由于受弹上计算机性能限制，难以给出导弹的实时导航解。如前面给出的摄动制导方程中采用的一般是惯性导航测量装置给出的视加速度及据此积分出的视速度、视位置等值，而不是直接采用位置和速度值。但随着计算机性能的不断提高，实

时解算位置和速度已变得易于解决了。

由导航计算公式可以看出，当给出惯性导航测量参数后，引力加速度的实时处理和计算是导航计算的关键。下面给出两种导航解算方法，这两种方法主要不同在于对引力加速度的处理方式。两种方法都考虑了弹上计算机实施的方便性，导航参数输出采用了递推算法。

9.3.1　积分法

根据导弹导航计算方程，要求解相应的状态方程，必须给出引力模型。而精确的地球引力模型是相当复杂的。一般工程中是根据实际需要，对地球引力模型进行简化。如把地球看作一个匀质的球体，此时，地球引力的势函数为

$$\boldsymbol{U}=\frac{fM}{\boldsymbol{r}} \tag{9.9}$$

式中：f 为万有引力常数；M 为地球的质量；$\boldsymbol{r}$ 为地心到导弹质心的矢径。

根据势函数的性质，就可以确定单位质量的质点所受的引力在某一坐标系各坐标轴上的投影，如相对发射惯性坐标系 $oxyz$ 各轴投影可表示为

$$g_x=\frac{\partial U}{\partial x},\quad g_y=\frac{\partial U}{\partial y},\quad g_z=\frac{\partial U}{\partial z} \tag{9.10}$$

引力在矢径 $\boldsymbol{r}$ 方向的投影为

$$g_r=\frac{\partial U}{\partial r}=-\frac{fM}{r^2} \tag{9.11}$$

同理

$$g_x=g_r\frac{x}{r},\quad g_y=g_r\frac{R_0+y}{r},\quad g_z=g_r\frac{z}{r} \tag{9.12}$$

其中

$$r=\sqrt{x^2+(y+R_0)^2+z^2} \tag{9.13}$$

式中：R_0为地球平均半径。

随着弹道导弹射击精度要求的不断提高，利用圆球代替地球模型，其精度难以适应远程弹道导弹的制导精度要求。

更一般地，若把地球视为匀质旋转对称体，其对应的引力势的球谐函数展开式为

$$\boldsymbol{U}(\boldsymbol{r})=\frac{fM}{\boldsymbol{r}}\left[1-\sum_{n=2}^{\infty}J_n\left(\frac{a_e}{\boldsymbol{r}}\right)^n P_n(\sin\phi)\right] \tag{9.14}$$

式中：当 $n>2$ 时，系数 J_n一般数量级为 10^{-6}。所以弹道导弹中一般取到 J_2项，对应的引力势函数为

$$\boldsymbol{U}(\boldsymbol{r})=\frac{fM}{\boldsymbol{r}}\left[1+\frac{J_2}{2}\left(\frac{a_e}{\boldsymbol{r}}\right)^2(1-3\sin^2\phi)\right] \tag{9.15}$$

从上式可以看出，地球引力与导弹所在点的地心距离 $\boldsymbol{r}$ 和地心纬度 ϕ 有关。将 g 分解到 $\boldsymbol{r}$ 和地球自转角速度矢量 $\boldsymbol{\omega}_e$ 两个方向，有

$$\begin{cases} g_r = -\dfrac{fM}{r^2}\left[1+J_2\left(\dfrac{a_e}{r}\right)^2(1-5\sin^2\phi)\right] \\ g_{\omega e} = -fMJ_2\left(\dfrac{a_e}{r^2}\right)^2 \sin^2\phi \end{cases} \tag{9.16}$$

考虑到弹道导弹运动方程常以发射惯性坐标系为基准，所以应将地球引力分解到发射惯性坐标系，有

$$\begin{cases} g_x = g_r\dfrac{R_{0x}+x}{r}+g_{\omega e}\dfrac{\omega_{ex}}{\omega_e} \\ g_y = g_r\dfrac{R_{0y}+y}{r}+g_{\omega e}\dfrac{\omega_{ey}}{\omega_e} \\ g_z = g_r\dfrac{R_{0z}+z}{r}+g_{\omega e}\dfrac{\omega_{ez}}{\omega_e} \end{cases} \tag{9.17}$$

式中：R_{0x}，R_{0y}，R_{0z}为发射点地心矢径在发射惯性坐标系中的分量；ω_e 为地球自转角速度；ω_{ex}，ω_{ey}，ω_{ez}为地球自转角速度在发射惯性坐标系各轴上的分量。

根据导航方程式不难得到导弹质心运动的状态微分方程为

$$\begin{cases} \dot v_x(t) = \dot W_x(t)+g_x(t) \\ \dot v_y(t) = \dot W_y(t)+g_y(t) \\ \dot v_z(t) = \dot W_z(t)+g_z(t) \\ \dot x(t) = v_x(t) \\ \dot y(t) = v_y(t) \\ \dot z(t) = v_z(t) \end{cases} \tag{9.18}$$

当给定引力分量后，根据惯性导航测量装置测出的视加速度，可以解算上述状态方程，得到导弹质心运动参数即导航解。但解算方法相当繁琐，不适用于弹上实时应用。为此，下面利用积分法给出导弹状态实时解。

根据式

$$\dot v_x(t) = \dot W_x(t)+g_x(t) \tag{9.19}$$

取微小时间间隔 $\Delta T=t_n-t_{n-1}$ 区间的积分，即

$$\int_{t_{n-1}}^{t_n} \dot v_x \mathrm{d}t = \int_{t_{n-1}}^{t_n} \dot W_x \mathrm{d}t + \int_{t_{n-1}}^{t_n} g_x \mathrm{d}t \tag{9.20}$$

近似得

$$v_{xn}-v_{xn-1} \approx \Delta W_{xn}+\frac{g_{xn}+g_{xn-1}}{2}\Delta T \tag{9.21}$$

式中

$$\Delta W_{xn} = W_{xn}-W_{xn-1} \tag{9.22}$$

为加速度表在 ΔT 时间间隔内的增量输出，故

$$v_{xn}=v_{xn-1}+\Delta W_{xn}+\frac{g_{xn}+g_{xn-1}}{2}\Delta T \tag{9.23}$$

同理

$$v_{yn}=v_{yn-1}+\Delta W_{yn}+\frac{g_{yn}+g_{yn-1}}{2}\Delta T \tag{9.24}$$

$$v_{zn}=v_{zn-1}+\Delta W_{zn}+\frac{g_{zn}+g_{zn-1}}{2}\Delta T \tag{9.25}$$

再来看位置的积分

$$\dot{x}(t)=v_x(t) \tag{9.26}$$

取 ΔT 间隔的积分

$$\int_{t_{n-1}}^{t_n}\dot{x}\mathrm{d}t=\int_{t_{n-1}}^{t_n}v_x\mathrm{d}t \tag{9.27}$$

取近似值，可得

$$x_n-x_{n-1}\approx\left(v_{xn-1}+\frac{1}{2}\Delta v_{xn}\right)\Delta T \tag{9.28}$$

考虑到

$$\Delta v_{xn}\approx\Delta W_{xn}+g_{xn-1}\Delta T \tag{9.29}$$

代入，有

$$\begin{aligned}x_n-x_{n-1}&=v_{xn-1}\Delta T+\frac{\Delta T}{2}(\Delta W_{xn}+g_{xn-1}\Delta T)\\&=\left[v_{xn-1}+\frac{1}{2}(\Delta W_{xn}+g_{xn-1}\Delta T)\right]\Delta T\end{aligned} \tag{9.30}$$

所以

$$x_n=x_{n-1}+\left[v_{xn-1}+\frac{1}{2}(\Delta W_{xn}+g_{xn-1}\Delta T)\right]\Delta T \tag{9.31}$$

同理

$$y_n=y_{n-1}+\left[v_{yn-1}+\frac{1}{2}(\Delta W_{yn}+g_{yn-1}\Delta T)\right]\Delta T \tag{9.32}$$

$$z_n=z_{n-1}+\left[v_{zn-1}+\frac{1}{2}(\Delta W_{zn}+g_{zn-1}\Delta T)\right]\Delta T \tag{9.33}$$

将以上积分结果整理，便可得到导弹任意时刻位置和速度的递推值。

$$\begin{cases}v_{xn}=v_{xn-1}+\Delta W_{xn}+\dfrac{g_{xn}+g_{xn-1}}{2}\Delta T\\v_{yn}=v_{yn-1}+\Delta W_{yn}+\dfrac{g_{yn}+g_{yn-1}}{2}\Delta T\\v_{zn}=v_{zn-1}+\Delta W_{zn}+\dfrac{g_{zn}+g_{zn-1}}{2}\Delta T\end{cases} \tag{9.34}$$

$$\begin{cases} x_n = x_{n-1} + \left[v_{xn-1} + \dfrac{1}{2}(\Delta W_{xn} + g_{xn-1}\Delta T) \right] \Delta T \\ y_n = y_{n-1} + \left[v_{yn-1} + \dfrac{1}{2}(\Delta W_{yn} + g_{yn-1}\Delta T) \right] \Delta T \\ z_n = z_{n-1} + \left[v_{zn-1} + \dfrac{1}{2}(\Delta W_{zn} + g_{zn-1}\Delta T) \right] \Delta T \end{cases} \tag{9.35}$$

只要给定导弹运动参数的初值，当得到惯性测量输出值后，便可利用以上公式递推出任意时刻速度、位置。通过大量计算验证，对于远程弹道导弹，运算得到关机点的速度计算累积误差不超过 0.001m/s，位置计算误差不超过 0.5m，完全满足制导控制的要求。

9.3.2 引力加速度级数展开法

李连仲基于级数展开法，对考虑扁率的地球引力进行了级数展开，通过对引力加速度的处理，给出了另外一种导航解算方法。

其基本思想是：引力加速度完全是导弹飞行位置的函数，在标准弹道附近通过级数展开，便可将 g_x，g_y，g_z 展开成为坐标 x、y、z 的级数，由于在给出 g_x，g_y，g_z 的级数展开式时，忽略了 $(x/a_e)^4$、$(y/a_e)^4$ 等项及其高次项，得到的引力加速度误差与 x、y、z 的 4 次方成比例。假设关机点坐标 x、y 均为 3.18×10^5m，则关机点 g_x，g_y，g_z 的计算误差约为 $6\times10^{-5}(\mathrm{m/s^2})$；若关机时间为 150s，则由此引力加速度误差引起的主动段终点速度误差将达 $10^{-2}\mathrm{m/s^2}$，引起的最终落点偏差将控制在 10m 以内。

将以上引力加速度的级数展开式代入导航解算方程，通过整理和简化可得到相应的导航解。引力加速度的级数展开法只简化了引力加速度的计算，提高的计算效率有限，鉴于当前计算机技术的发展，引力加速度的计算已经不需要过多考虑，因此弹上导航计算多采用实时计算引力加速度的积分法。

9.3.3 捷联惯性系统测量结果的坐标转换

平台惯性测量系统依靠硬件建立了与发射惯性系平行的测量坐标系，因此其加速度计的输出通过误差补偿后可以直接得到发射惯性系下的视速度增量，因此可以直接用式（9.6）得到的视速度增量进行速度和位置的递推运算。而捷联惯性测量系统由于其测量基准是建立在弹体坐标系上的，因此其加速度计测量结果经误差补偿后得到的是视速度增量在弹体系上的值，要进行导航积分运算，必须首先将其转换到发射惯性系。

在捷联惯性制导系统中，用“数学平台”代替物理惯性平台作为制导的计算基准。数学平台模型是指惯性坐标系与弹体坐标系间的坐标变换矩阵式。

$$\begin{bmatrix} x_a \\ y_a \\ z_a \end{bmatrix} = \boldsymbol{A} \begin{bmatrix} x_1 \\ y_1 \\ z_1 \end{bmatrix} \tag{9.36}$$

其中

$$\boldsymbol{A}=\begin{bmatrix} q_1^2+q_0^2-q_2^2-q_3^2 & 2(q_1q_2-q_0q_3) & 2(q_0q_2+q_1q_3) \\ 2(q_1q_2+q_0q_3) & q_0^2+q_2^2-q_1^2-q_3^2 & 2(q_2q_3-q_0q_1) \\ 2(q_1q_3-q_0q_2) & 2(q_0q_1+q_2q_3) & q_0^2+q_3^2-q_1^2-q_2^2 \end{bmatrix} \tag{9.37}$$

式中：q_0，q_1，q_2，q_3 为四元数，其计算式为

$$\begin{bmatrix} q_0 \\ q_1 \\ q_2 \\ q_3 \end{bmatrix}_j=\begin{bmatrix} q_0 & -q_1 & -q_2 & -q_3 \\ q_1 & q_0 & -q_3 & q_2 \\ q_2 & q_3 & q_0 & -q_1 \\ q_3 & -q_2 & q_1 & q_0 \end{bmatrix}_{j-1}\begin{bmatrix} 1-\frac{1}{8}\Delta\theta_j^2 \\ \left(\frac{1}{2}-\frac{1}{48}\Delta\theta_j^2\right)\Delta\theta_{x_1} \\ \left(\frac{1}{2}-\frac{1}{48}\Delta\theta_j^2\right)\Delta\theta_{y_1} \\ \left(\frac{1}{2}-\frac{1}{48}\Delta\theta_j^2\right)\Delta\theta_{z_1} \end{bmatrix}_j \tag{9.38}$$

或写为

$$\boldsymbol{Q}_j=\boldsymbol{Q}_{j-1}\begin{bmatrix} 1-\frac{1}{8}\Delta\theta_j^2 \\ \left(\frac{1}{2}-\frac{1}{48}\Delta\theta_j^2\right)\Delta\theta_{x_1} \\ \left(\frac{1}{2}-\frac{1}{48}\Delta\theta_j^2\right)\Delta\theta_{y_1} \\ \left(\frac{1}{2}-\frac{1}{48}\Delta\theta_j^2\right)\Delta\theta_{z_1} \end{bmatrix}_j \tag{9.39}$$

式中：$\Delta\theta_j=\sqrt{\Delta\theta_{x1}^2+\Delta\theta_{y1}^2+\Delta\theta_{z1}^2}$，$\Delta\theta_{x1}$、$\Delta\theta_{y1}$、$\Delta\theta_{z1}$ 为速率陀螺在一个积分步长内测量得到的姿态角增量；i 为计算时刻，$i-1$ 为计算瞬时的前一计算周期。

由（9.24）式可见，四元数采用递推法进行计算时，需要知道前一时刻的值，才可以求得当前时刻的四元数。导弹起飞瞬时，四元数的初值根据弹体坐标系与惯性坐标系的初始关系（导弹起飞瞬时）求得。发射瞬时弹体坐标系与惯性坐标系的关系如图 9.1 所示。

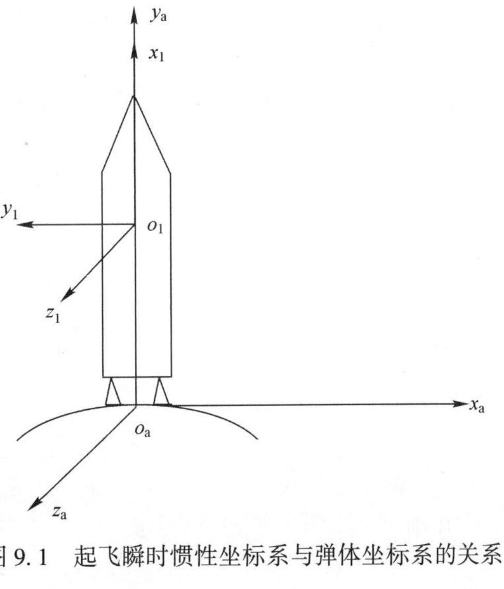

图 9.1　起飞瞬时惯性坐标系与弹体坐标系的关系

理想情况下，即初始姿态态 $\Delta\phi_0$、ψ_0、γ_0 等于零时，导弹起飞瞬时弹体坐标系与惯性坐标系的转换矩阵可表示为

$$\boldsymbol{A}=\begin{bmatrix} 0 & -1 & 0 \\ 1 & 0 & 0 \\ 0 & 0 & 1 \end{bmatrix} \tag{9.40}$$

比较式（9.36）与式（9.40），便可求得

$$\begin{cases} q_0 = \sqrt{2.0}/2.0 \\ q_1 = 0.0 \\ q_2 = 0.0 \\ q_3 = \sqrt{2.0}/2.0 \end{cases} \tag{9.41}$$

当初始姿态 $\Delta\phi_0$、ψ_0 不等于零，$\gamma=0$，则由欧拉角表示的坐标转换矩阵元素为

$$\begin{cases} A_{11} = -\Delta\phi_0 \\ A_{12} = -1 \\ A_{13} = -\Delta\phi_0\psi_0 \\ A_{21} = 1 \\ A_{22} = -\Delta\phi_0 \\ A_{23} = \psi_0 \\ A_{31} = -\psi_0 \\ A_{32} = 0 \\ A_{33} = 1 \end{cases} \tag{9.42}$$

于是，四元数初值可表示为

$$\begin{cases} q_0 = \dfrac{\sqrt{2}}{2}\left(1-\dfrac{\Delta\phi_0}{2}\right) \\ q_1 = -\dfrac{1}{2}\psi_0 q_0 \\ q_2 = \dfrac{1}{2}\psi_0 q_0 \\ q_3 = \dfrac{\sqrt{2}}{2}\left(1+\dfrac{\Delta\phi_0}{2}\right) \end{cases} \tag{9.43}$$

同理，当初始姿态 $\Delta\phi_0$、ψ_0、γ_0 不等于零时，则四元数初值为

$$\begin{cases} q_0 = q_{00} - \dfrac{\gamma_0}{2} q_{20} \\ q_1 = q_{10} + \dfrac{\gamma_0}{2} q_{30} \\ q_2 = q_{20} + \dfrac{\gamma_0}{2} q_{00} \\ q_3 = q_{30} - \dfrac{\gamma_0}{2} q_{10} \end{cases} \tag{9.44}$$

其中

$$
\begin{cases}
q_{00}=\dfrac{\sqrt{2}}{2}\left(1-\dfrac{\Delta\phi_0}{2}\right)\\
q_{10}=-\dfrac{\psi_0}{2}q_{00}\\
q_{20}=\dfrac{\psi_0}{2}q_{30}\\
q_{30}=\dfrac{\sqrt{2}}{2}\left(1+\dfrac{\Delta\phi_0}{2}\right)
\end{cases}
\tag{9.45}
$$

初始姿态 $\Delta\phi_0$、ψ_0 由导弹临发射前进行初始姿态标定得到。当得到四元数初值后，导弹飞行时任意时刻的四元数，便由式（9.38）式进行计算。

在求得用四元数表示的弹体系与发射惯性系的转换矩阵的基础上，将式（9.6）求得的视速度增量代入式（9.36），转换得到发射惯性系下的视速度增量，再进行速度和位置递推运算，才能得到发射惯性系的速度和位置。

9.4　平台惯性导航系统误差模型

惯性测量系统产生的导航误差是一个复杂的变换和积分过程，必须首先建立惯性系统的误差模型，并将加速度计和陀螺仪的测量误差统一表示为发射惯性系下的视加速度误差，再通过其计算导航速度和位置误差，才能开展制导误差计算和分析。

常见的平台上仪表及平台本身的定位取向见图 9.2，图中的符号 G_x，G_y，G_z 表示敏感 X、Y、Z 向的陀螺仪；A_x，A_y，A_z 表示敏感 X、Y、Z 向的加速度表；$O-XYZ$ 为惯性坐标系；I，O，H 分别表示陀螺仪的敏感轴、输出轴、转子轴。

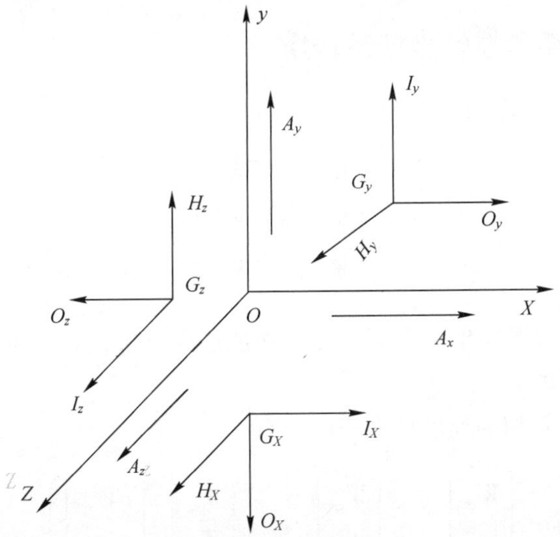

图 9.2　平台及仪表取向

对于陀螺仪而言，比例项和安装误差系数变化较小，其误差通过弹上误差补偿可以修正；对于平台惯性导航系统加速度计而言，安装误差系数也基本不变，其误差也可以通过误差补偿修正，因此平台通常的误差模型可表示如下。

9.4.1 二自由度陀螺仪误差模型

$$\begin{cases}\dot{\alpha}_{xp}=\Delta D_{01}+\Delta D_{11}\dot{W}_{xp}+\Delta D_{21}\dot{W}_{zp}+\Delta D_{31}\dot{W}_{xp}\dot{W}_{zp}\\ \dot{\alpha}_{yp}=\Delta D_{02}+\Delta D_{12}\dot{W}_{yp}+\Delta D_{22}\dot{W}_{zp}+\Delta D_{32}\dot{W}_{yp}\dot{W}_{zp}\\ \dot{\alpha}_{zp}=\Delta D_{03}+\Delta D_{13}\dot{W}_{zp}+\Delta D_{23}\dot{W}_{yp}+\Delta D_{33}\dot{W}_{zp}\dot{W}_{yp}\end{cases}\tag{9.46}$$

式中：$\dot{W}_{xp}$，$\dot{W}_{yp}$，$\dot{W}_{zp}$为平台坐标系下的通过加速度计输出误差补偿后的导弹视加速度分量；ΔD_{01}，ΔD_{02}，ΔD_{03}为3个陀螺与过载无关的误差系数；ΔD_{11}，ΔD_{12}，ΔD_{13}为3个陀螺沿输入轴方向的质心偏移与自转轴方向的加速度一次方成正比的误差系数；ΔD_{21}，ΔD_{22}，ΔD_{23}为3个陀螺沿转子轴方向的质心偏移与输入轴方向的加速度一次方成正比的误差系数；ΔD_{31}，ΔD_{32}，ΔD_{33}为3个陀螺浮子结构的不等刚度引起的与加速度平方成正比的误差系数。

9.4.2 加速度表误差模型

$$\begin{cases}\delta\dot{W}_{xp}=\Delta C_{01}+\Delta C_{11}\dot{W}_{xp}\\ \delta\dot{W}_{yp}=\Delta C_{02}+\Delta C_{12}\dot{W}_{yp}\\ \delta\dot{W}_{zp}=\Delta C_{03}+\Delta C_{13}\dot{W}_{zp}\end{cases}\tag{9.47}$$

式中：ΔC_{01}，ΔC_{02}，ΔC_{03}为与过载无关的误差系数；ΔC_{11}，ΔC_{12}，ΔC_{13}为与过载有关的线性比例因子误差。

9.4.3 平台坐标系和惯性坐标系转换

当平台系统无测量误差时，有

$$\begin{bmatrix}\overline{\dot{W}}_{xa}\\ \overline{\dot{W}}_{ya}\\ \overline{\dot{W}}_{za}\end{bmatrix}=I\begin{bmatrix}\overline{\dot{W}}_{xp}\\ \overline{\dot{W}}_{yp}\\ \overline{\dot{W}}_{zp}\end{bmatrix}\tag{9.48}$$

式中：$\overline{\dot{W}}_{xa}$，$\overline{\dot{W}}_{ya}$，$\overline{\dot{W}}_{za}$为惯性坐标系下的导弹视加速度真值；$\overline{\dot{W}}_{xp}$，$\overline{\dot{W}}_{yp}$，$\overline{\dot{W}}_{zp}$为平台坐标系下的导弹视加速度真值。

当存在陀螺仪误差和加速度计误差时，有

$$\begin{bmatrix}\dot{W}_{xa}\\ \dot{W}_{ya}\\ \dot{W}_{za}\end{bmatrix}=\boldsymbol{\Delta A}\begin{bmatrix}\dot{W}_{xp}\\ \dot{W}_{yp}\\ \dot{W}_{zp}\end{bmatrix}=\boldsymbol{\Delta A}\left(\begin{bmatrix}\overline{\dot{W}}_{xp}\\ \overline{\dot{W}}_{yp}\\ \overline{\dot{W}}_{zp}\end{bmatrix}+\begin{bmatrix}\delta\dot{W}_{xp}\\ \delta\dot{W}_{yp}\\ \delta\dot{W}_{zp}\end{bmatrix}\right)\tag{9.49}$$

式中：$\boldsymbol{\Delta A}$ 为平台坐标系向惯性坐标系转换的转换矩阵，由于平台坐标系的漂移量 α_{xp}、α_{yp}、α_{zp} 较小，可用小角转动的方向余弦关系表示为

$$\boldsymbol{\Delta A}=\begin{bmatrix}1 & \alpha_{zp} & -\alpha_{yp}\\ -\alpha_{zp} & 1 & \alpha_{xp}\\ \alpha_{yp} & -\alpha_{xp} & 1\end{bmatrix} \tag{9.50}$$

因此，导弹在惯性坐标系下的视加速度偏差为

$$\begin{bmatrix}\delta\dot{W}_{xa}\\ \delta\dot{W}_{ya}\\ \delta\dot{W}_{za}\end{bmatrix}=\begin{bmatrix}\dot{W}_{xa}\\ \dot{W}_{ya}\\ \dot{W}_{za}\end{bmatrix}-\begin{bmatrix}\overline{\dot{W}}_{xa}\\ \overline{\dot{W}}_{ya}\\ \overline{\dot{W}}_{za}\end{bmatrix}=(\boldsymbol{I}-\boldsymbol{\Delta A})\begin{bmatrix}\overline{\dot{W}}_{xp}\\ \overline{\dot{W}}_{yp}\\ \overline{\dot{W}}_{zp}\end{bmatrix}+\boldsymbol{\Delta A}\begin{bmatrix}\delta\dot{W}_{xp}\\ \delta\dot{W}_{yp}\\ \delta\dot{W}_{zp}\end{bmatrix} \tag{9.51}$$

简化，得

$$\begin{bmatrix}\delta\dot{W}_{xa}\\ \delta\dot{W}_{ya}\\ \delta\dot{W}_{za}\end{bmatrix}=\begin{bmatrix}0 & \alpha_{zp} & -\alpha_{yp}\\ -\alpha_{zp} & 0 & \alpha_{xp}\\ \alpha_{yp} & -\alpha_{xp} & 0\end{bmatrix}\begin{bmatrix}\dot{W}_{xp}\\ \dot{W}_{yp}\\ \dot{W}_{zp}\end{bmatrix}+\begin{bmatrix}\delta\dot{W}_{xp}\\ \delta\dot{W}_{yp}\\ \delta\dot{W}_{zp}\end{bmatrix} \tag{9.52}$$

式中：$\dot{W}_{xp}$，$\dot{W}_{yp}$，$\dot{W}_{zp}$ 为平台坐标系下的通过加速度计输出误差补偿后的导弹视加速度。

9.5 捷联惯性导航系统误差模型

9.5.1 陀螺仪误差模型

对于速率陀螺仪而言，其测量误差除与各轴向的角速率有关外，还与各轴向的视加速度有关，因此陀螺仪误差模型为

$$\begin{cases}\delta\theta_{x1}=\Delta D_{0x}+\Delta E_{1x}\omega_{x1}+\Delta E_{yx}\omega_{y1}+\Delta E_{zx}\omega_{z1}+\Delta D_{1x}\dot{W}_{x1}+\Delta D_{2x}\dot{W}_{y1}+\Delta D_{3x}\dot{W}_{z1}\\ \delta\theta_{y1}=\Delta D_{0y}+\Delta E_{xy}\omega_{x1}+\Delta E_{1y}\omega_{y1}+\Delta E_{zy}\omega_{z1}+\Delta D_{1y}\dot{W}_{x1}+\Delta D_{2y}\dot{W}_{y1}+\Delta D_{3y}\dot{W}_{z1}\\ \delta\theta_{z1}=\Delta D_{0z}+\Delta E_{xz}\omega_{x1}+\Delta E_{yz}\omega_{y1}+\Delta E_{1z}\omega_{z1}+\Delta D_{1z}\dot{W}_{x1}+\Delta D_{2z}\dot{W}_{y1}+\Delta D_{3z}\dot{W}_{z1}\end{cases} \tag{9.53}$$

式中：$\delta\theta_{x1}$，$\delta\theta_{y1}$，$\delta\theta_{z1}$ 为陀螺仪偏差引起的弹体坐标系下导弹转动角度增量的偏差；$\dot{W}_{x1}$，$\dot{W}_{y1}$，$\dot{W}_{z1}$ 为弹体坐标系视加速度偏差；ΔE_{1x}，ΔE_{1y}，ΔE_{1z} 为陀螺仪比例项系数偏差；ΔE_{yx}，ΔE_{zx}，ΔE_{xy}，ΔE_{zy}，ΔE_{xz}，ΔE_{yz} 为安装误差系数偏差；ΔD_{0x}，ΔD_{0y}，ΔD_{0z} 为与加速度无关的零次项误差系数偏差；ΔD_{1x}，ΔD_{2x}，ΔD_{3x}，ΔD_{1y}，ΔD_{2y}，ΔD_{3y}，ΔD_{1z}，ΔD_{2z}，ΔD_{3z} 为与视加速度成比例的一次项误差系数偏差。

对于采用激光或光纤陀螺的捷联惯性系统，其陀螺仪测量误差与视加速度无关，基误差模型为

$$\begin{cases}\delta\theta_{x1}=\Delta D_{0x}+\Delta E_{1x}\omega_{x1}+\Delta E_{yx}\omega_{y1}+\Delta E_{zx}\omega_{z1}\\ \delta\theta_{y1}=\Delta D_{0y}+\Delta E_{xy}\omega_{x1}+\Delta E_{1y}\omega_{y1}+\Delta E_{zy}\omega_{z1}\\ \delta\theta_{z1}=\Delta D_{0z}+\Delta E_{xz}\omega_{x1}+\Delta E_{yz}\omega_{y1}+\Delta E_{1z}\omega_{z1}\end{cases}\tag{9.54}$$

9.5.2 加速度表误差模型

加速度计误差模型为

$$\begin{cases}\delta W_{x1}=\Delta K_{0x}+\Delta K_{1x}\dot{W}_{x1}+\Delta K_{yx}\dot{W}_{y1}+\Delta K_{zx}\dot{W}_{z1}\\ \delta W_{y1}=\Delta K_{0y}+\Delta K_{1y}\dot{W}_{y1}+\Delta K_{xy}\dot{W}_{x1}+\Delta K_{zy}\dot{W}_{z1}\\ \delta W_{z1}=\Delta K_{0z}+\Delta K_{1z}\dot{W}_{z1}+\Delta K_{xz}\dot{W}_{x1}+\Delta K_{yz}\dot{W}_{y1}\end{cases}\tag{9.55}$$

式中：δW_{x1}，δW_{y1}，δW_{z1}为弹体坐标系视加速度偏差；ΔK_{0x}，ΔK_{0y}，ΔK_{0z}为加速度计零次项误差系数偏差；K_{1x}，K_{1y}，K_{1z}为与视加速度成比例的一次项误差系数偏差；ΔK_{yx}，ΔK_{zx}，ΔK_{xy}，ΔK_{zy}，ΔK_{xz}，ΔK_{yz}为安装误差系数偏差。

9.5.3 惯性坐标系视加速度误差模型

捷联惯性测量系统产生的惯性坐标系下的视加速度误差由陀螺仪误差引起的坐标转换误差和加速度引起的视加速度偏差两部分组成。

当不存在陀螺仪误差和加速度计误差时，导弹惯性坐标系下的视加速度为

$$\begin{bmatrix}\overline{W}_{xa}\\ \overline{W}_{ya}\\ \overline{W}_{za}\end{bmatrix}=\overline{\boldsymbol{A}}\begin{bmatrix}\overline{W}_{x1}\\ \overline{W}_{y1}\\ \overline{W}_{z1}\end{bmatrix}\begin{bmatrix}\dot{\overline{W}}_{xa}\\ \dot{\overline{W}}_{ya}\\ \dot{\overline{W}}_{za}\end{bmatrix}=\overline{\boldsymbol{A}}\begin{bmatrix}\dot{\overline{W}}_{x1}\\ \dot{\overline{W}}_{y1}\\ \dot{\overline{W}}_{z1}\end{bmatrix}\tag{9.56}$$

式中：$\dot{\overline{W}}_{xa}$，$\dot{\overline{W}}_{ya}$，$\dot{\overline{W}}_{za}$分别为惯性坐标系下的导弹视加速度真值；$\dot{\overline{W}}_{x1}$，$\dot{\overline{W}}_{y1}$，$\dot{\overline{W}}_{z1}$分别为弹体坐标系下的导弹视加速度真值；$\overline{\boldsymbol{A}}$为弹体系向惯性坐标系的转换矩阵。

当存在陀螺仪误差时，弹体系向惯性坐标系的转换矩阵为$\boldsymbol{A}$，可以由陀螺仪误差补偿后得到的角度增量通过四元数或欧拉法确定，见9.3节。

当存在加速度计误差时，弹体坐标系下的导弹视加速度为$\dot{W}_{x1}$、$\dot{W}_{y1}$、$\dot{W}_{z1}$。由此，惯性坐标系下的视加速度偏差为

$$\begin{bmatrix}\delta\dot{W}_{xa}\\ \delta\dot{W}_{ya}\\ \delta\dot{W}_{za}\end{bmatrix}=\boldsymbol{A}\begin{bmatrix}\dot{W}_{x1}\\ \dot{W}_{y1}\\ \dot{W}_{z1}\end{bmatrix}-\overline{\boldsymbol{A}}\begin{bmatrix}\dot{\overline{W}}_{x1}\\ \dot{\overline{W}}_{y1}\\ \dot{\overline{W}}_{z1}\end{bmatrix}\tag{9.57}$$

9.6 惯性导航误差对精度的影响机理分析

在惯性坐标系内，导弹质心运动状态方程为

$$\begin{cases}\dot{V}_x=\dot{W}_x+g_x\\ \dot{V}_y=\dot{W}_y+g_y\\ \dot{V}_z=\dot{W}_z+g_z\\ \dot{x}=V_x\\ \dot{y}=V_y\\ \dot{z}=V_z\end{cases}\tag{9.58}$$

式中各量均为惯性坐标系下的分量，为方便书写省略下标 a。

由于存在惯性测量误差，无论是平台导航系统还是捷联导航系统，其惯性坐标系下的视加速度都存在误差 $\delta\dot{W}_x$、$\delta\dot{W}_y$、$\delta\dot{W}_z$，通过积分运算最终造成速度和位置误差，制导系统根据导航计算得到的速度和位置进行制导控制，将引起落点偏差。其传播过程可以描述如下。

设导弹飞行至关机点的速度和位置真值为$\bar{v}_{ik}$、$\bar{i}_k$，而通过惯性测量系统积分运算值为 v_{ik}、i_k，标准弹道关机点速度和位置为$\tilde{v}_{ik}$、$\tilde{i}_k$，则

$$\begin{cases}\bar{v}_{xk}=v_{xk}+\delta v_{xk}\\ \bar{v}_{yk}=v_{yk}+\delta v_{yk}\\ \bar{v}_{zk}=v_{zk}+\delta v_{zk}\end{cases}\tag{9.59}$$

$$\begin{cases}\bar{x}_k=x_k+\delta x_k\\ \bar{y}_k=y_k+\delta y_k\\ \bar{z}_k=z_k+\delta z_k\end{cases}\tag{9.60}$$

其中的速度偏差由式（9.34）引入视加速度偏差（平台惯性系统视加速度偏差由 9.4 节给出，捷联惯性系统视加速度偏差由 9.5 节给出）和引力加速度偏差产生，由于引力加速度偏差只与导弹位置相关，而干扰弹道与标准弹道接近，因此由于位置不同引起的引力加速度偏差较小，可以忽略不计，则速度偏差为

$$\begin{cases}\delta v_{xk}=\int\delta\dot{W}_x\mathrm{d}t\\ \delta v_{yk}=\int\delta\dot{W}_y\mathrm{d}t\\ \delta v_{zk}=\int\delta\dot{W}_z\mathrm{d}t\end{cases}\tag{9.61}$$

位置偏差为

$$\begin{cases}\delta x_k=\int\delta v_x\mathrm{d}t\\ \delta y_k=\int\delta v_y\mathrm{d}t\\ \delta z_k=\int\delta v_z\mathrm{d}t\end{cases}\tag{9.62}$$

存在偏差的速度和位置引入制导方程后，引起关机偏差，从而产生落点偏差。以摄动制导为例，当将惯性测量系统导航计算值 v_{ik}，i_k 代入关机方程，则弹上计算机计算关

机量为

$$J(t_k)=\frac{\partial L}{\partial v_{xk}}(\bar{v}_{xk}-\delta v_{xk})+\frac{\partial L}{\partial v_{yk}}(\bar{v}_{yk}-\delta v_{yk})+\frac{\partial L}{\partial v_{zk}}(\bar{v}_{zk}-\delta v_{zk})+\frac{\partial L}{\partial x_k}(\bar{x}_k-\delta x_k)$$
$$+\frac{\partial L}{\partial y_k}(\bar{y}_k-\delta y_k)+\frac{\partial L}{\partial z_k}(\bar{z}_k-\delta z_k)+\frac{\partial L}{\partial t_k}t_k \tag{9.63}$$

关机时满足关机条件，即纵向偏差为零。

$$\Delta L=J(t_k)=\tilde{J}(\tilde{t}_k)=0 \tag{9.64}$$

即

$$J(t_k)=\frac{\partial L}{\partial v_{xk}}(\bar{v}_{xk}-\delta v_{xk}-\tilde{v}_{xk})+\frac{\partial L}{\partial v_{yk}}(\bar{v}_{yk}-\delta v_{yk}-\tilde{v}_{yk})+\frac{\partial L}{\partial v_{zk}}(\bar{v}_{zk}-\delta v_{zk}-\tilde{v}_{zk})$$
$$+\frac{\partial L}{\partial x_k}(\bar{x}_k-\delta x_k-\tilde{x}_k)+\frac{\partial L}{\partial y_k}(\bar{y}_k-\delta y_k-\tilde{y}_k)+\frac{\partial L}{\partial z_k}(\bar{z}_k-\delta z_k-\tilde{z}_k)+\frac{\partial L}{\partial t_k}(t_k-\tilde{t}_k) \tag{9.65}$$

此时真实的纵向落点偏差结果为

$$\begin{aligned}\Delta L&=\frac{\partial L}{\partial v_{xk}}(\bar{v}_{xk}-\tilde{v}_{xk})+\frac{\partial L}{\partial v_{yk}}(\bar{v}_{yk}-\tilde{v}_{yk})+\frac{\partial L}{\partial v_{zk}}(\bar{v}_{zk}-\tilde{v}_{zk})+\frac{\partial L}{\partial x_k}(\bar{x}_k-\tilde{x}_k)\\&\quad+\frac{\partial L}{\partial y_k}(\bar{y}_k-\tilde{y}_k)+\frac{\partial L}{\partial z_k}(\bar{z}_k-\tilde{z}_k)+\frac{\partial L}{\partial t_k}(t_k-\tilde{t}_k)\\&=-\frac{\partial L}{\partial v_{xk}}\delta v_{xk}-\frac{\partial L}{\partial v_{yk}}\delta v_{yk}-\frac{\partial L}{\partial v_{zk}}\delta v_{zk}-\frac{\partial L}{\partial x_k}\delta x_k-\frac{\partial L}{\partial y_k}\delta y_k-\frac{\partial L}{\partial z_k}\delta z_k\end{aligned} \tag{9.66}$$

同理，横向偏差为

$$\begin{aligned}\Delta \bar{H}&=\frac{\partial H}{\partial v_{xk}}(\bar{v}_{xk}-\tilde{v}_{xk})+\frac{\partial H}{\partial v_{yk}}(\bar{v}_{yk}-\tilde{v}_{yk})+\frac{\partial H}{\partial v_{zk}}(\bar{v}_{zk}-\tilde{v}_{zk})+\frac{\partial H}{\partial x_k}(\bar{x}_k-\tilde{x}_k)\\&\quad+\frac{\partial H}{\partial y_k}(\bar{y}_k-\tilde{y}_k)+\frac{\partial H}{\partial z_k}(\bar{z}_k-\tilde{z}_k)+\frac{\partial H}{\partial t_k}(t_k-\tilde{t}_k)\\&=-\frac{\partial H}{\partial v_{xk}}\delta v_{xk}-\frac{\partial H}{\partial v_{yk}}\delta v_{yk}-\frac{\partial H}{\partial v_{zk}}\delta v_{zk}-\frac{\partial H}{\partial x_k}\delta x_k-\frac{\partial H}{\partial y_k}\delta y_k-\frac{\partial H}{\partial z_k}\delta z_k\end{aligned} \tag{9.67}$$

也就是说，导弹在制导时将带有误差的惯性导航结果引入关机方程和导引方程，当其认为关机量和导引量已经满足条件时，真实的速度和位置所对应的关机量勘察并未达到关机方程的要求，因此造成了导弹落点偏差。

第 10 章　惯性/卫星组合制导

自第二次世界大战弹道导弹出现以来，惯性系统一直是制导控制系统的核心，相对于现有其他导航系统而言，惯性导航系统具有其特有的优势。

（1）不依赖于外部信息，隐蔽性好，惯性导航系统不接收外部任何光学、电磁信号，也不向外界发送任何光学及电磁信号，因此具有全自主工作特点，不会被干扰。

（2）惯性导航系统广泛应用于航空、航天、舰艇和车辆的导航制导，可在空中、地面，甚至水下环境使用。

（3）可给出三维位置、三维速度与飞行姿态的多维导航与制导数据信息。

（4）惯性系统测量精度相当高，对视加速度的测量为达到 $0.0001g_0$、角速率测量精度可达到 $10^{-5}(°)/h$ 甚至更高，具有短期精度高和稳定性好等优点。

（5）数据更新率高。

目前，惯性导航系统是唯一具有全天候、完全自主导航性能的导航系统。但是，由于惯性导航系统导航解算必须根据导航初值进行积分求解，受初始对准误差及惯性器件漂移误差的影响，惯性导航误差随着导航时间的延长而增加，使得惯性导航系统具有长时间导航精度不高、制造成本高的缺点。

利用其他导航系统定位、测速、测姿能力，结合惯性导航系统优势，提高导航精度、增加系统抗干扰能力和提高导航制导系统战场环境适应能力，是导航制导系统研究的一个重点领域。

10.1　卫星导航系统

卫星导航技术以其全天候、全球、实时以及定位、测速精度高等优点广泛应用于航空、航天、航海和地面载体的导航。目前，投入运行的全球卫星导航系统主要有美国的全球定位系统（global positioning system，GPS）、俄罗斯的全球导航卫星系统（global navigation satellite system，GLONASS）系统、欧盟的“伽利略”卫星导航系统（Galileo satellite navigation system）和我国的“北斗”卫星导航系统（BeiDou（COMPASS）navigation satellite system），它们也是联合国卫星导航委员会认定的全球卫星导航系统四大核心供应商。

10.1.1　常见的卫星导航系统简介

1. GPS

GPS 是美国国防部为满足军事部门对海上、空中和陆地运载工具的高精度导航和定位要求而建立的，该系统于 1973 年展开研究，历经原理方案验证、系统研制与试验等阶段，于1993年12月达到初始运行能力（IOC），1995年达到全运行能力（FOC）。GPS全球定位系统的空间导航卫星由24颗卫星组成，其中3颗为备用卫星。

GPS作为一种全新的空基无线电导航系统，不仅具有全球性、全天候和连续的精密三维定位能力，而且相关技术能实时地对运载体的速度和姿态进行测定及精确授时。

2. GLONASS

GLONASS系统是苏联研制并为俄罗斯继续发展的全球卫星导航系统，其系统组成、定位频段及工作原理与GPS相似。GLONASS系统由导航卫星、地面控制区域和用户接收机三部分组成，在其设计中，导航卫星由24颗中轨道卫星（MEO）组成，其中3颗为备用卫星，它们均匀分布在升交点赤经相隔120°的3个轨道面上。

GLONASS系统于20世纪70年代由苏联军方提出建立，并于1982年10月发射了第一颗导航卫星。1993年9月，GLONASS系统正式开始运行，1995年12月，实现了24颗卫星星座的布满。随后，多颗卫星老化失效，系统运行能力逐渐下降。2001年8月，俄罗斯开始了“联邦专项计划全球导航系统——2002—2011”，开始补充现代化的GLONASS-M和GLONASS-K卫星。

3. “伽利略”卫星导航系统

“伽利略”系统是第一个以民用为目的的全球卫星定位系统，其设计阶段提出了5种服务：开放式服务、商业服务、生命安全服务、公共特许服务、对搜索与救援服务的支持等。与GPS系统相似，“伽利略”系统由空间系统、地面系统和用户系统三部分组成。空间系统计划由30颗中轨道卫星（MEO）组成，其中3颗为备用卫星，它们均匀分布在3个轨道面上，每个轨道面上包括9颗工作卫星和1颗备用卫星；地面系统由监测站、控制中心和上行站网络组成；用户系统主要是指用户接收机。

“伽利略”系统于2002年3月正式启动，系统建成的最初目标是2008年，但由于技术和经济等问题，该系统的建设经历了多次推迟。2011年10月和2012年10月，“伽利略”系统第一批与第二批各两颗卫星成功发射升空，太空中已有的4颗“伽利略”系统卫星，可以组成网络，初步发挥地面精确定位的功能。

4. “北斗”卫星导航系统

“北斗”卫星导航系统是中国正在实施的自主发展、独立运行的全球卫星导航系统。包括5颗静止轨道卫星和30颗非静止轨道卫星。

“北斗”系统是一个分阶段演进的卫星导航系统，2003年，首先建成由2颗工作卫星和1颗备份卫星组成的“北斗”导航试验系统，使我国成为继美、俄之后的世界上第三个拥有自主卫星导航系统的国家。2004年，开始构建服务全球的“北斗”卫星导航系统，于2012年起向亚太大部分地区正式提供服务，并于2020年完成全球系统的构建。

10.1.2 典型卫星导航系统组成（GPS）

由于上述几种卫星导航系统的工作原理基本相同，其中以GPS系统应用时间最长、应用最为广泛、技术最为成熟，因此以GPS为参照对象进行研究。GPS系统主要由地面监控中心、导航卫星和用户接收机组成。

1. 地面监控中心

GPS系统的地面监控中心由三部分组成：1个主控站，3个注入站，5个监测站。

主控站又称联合空间执行中心（CSOC），它的任务是：采集数据，推算编制导航电文；给定全球卫星导航系统时间基准；负责协调和管理所有地面监测站和注入站系统，诊断所有地面支持系统和空间卫星的健康状态，并加以编码向用户指示，使得整个系统正常工作；调整卫星运动状态，启用备用卫星等。

监测站分布于全球的 5 个地面点，分别装有 GPS 接收机和高精度时钟，在主控站的控制下，自动对卫星进行持续的跟踪和测量，并将采集到的信号、数据进行处理，存储和传递给主控站。

注入站负责将主控站传递来的卫星星历、钟差信息、导航电文和其他控制指令注入到卫星的存储器中，使卫星的广播信号获得更高的精度，以满足用户需求。

2. 导航卫星

GPS 全球定位系统的空间导航卫星由 24 颗卫星组成，其中 3 颗为备用卫星。24 颗卫星分布在 6 个轨道平面上，每个轨道平面的升交点赤经相隔 60°，轨道平面相对赤道平面的夹角即轨道倾角为 55°。每个轨道平面上均匀分布着 4 颗工作卫星，相邻轨道平面间的卫星彼此相隔 30°，以保证全球均匀覆盖。工作卫星轨道平面高度约为 20200km，运行周期为 11h58min。地球上同一地点的 GPS 接收机可同时最少接收到 4 颗工作卫星的信号，最多可同时接收到 11 颗工作卫星的信号（图 10.1）。3 颗备用卫星相间分布在 3 个轨道平面上，随时根据指令代替发生故障的其他卫星，以保证 GPS 系统的正常工作。

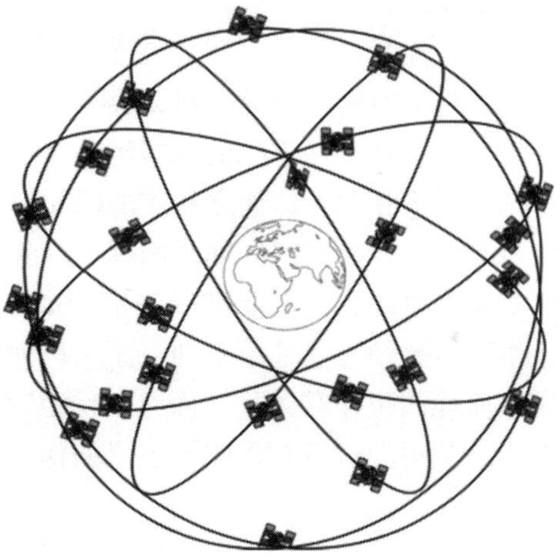

图 10.1　GPS 卫星星座

GPS 导航卫星的主要作用是：向用户接收机发送定位信息；提供高精度的时间标准；接收并存储地面监控站发送来的导航信息；进行必要的数据处理；接收并执行监控站指令，调整卫星姿态并进行轨道修正；启用备用卫星等。

3. 用户接收机

GPS 用户接收机由接收天线、信号接收处理系统、存储装置、控制显示装置、电源等部分组成，它不仅能够提供精确的位置信息，而且安装在运动载体上时还能够确定运动载体的速度和姿态角。

10.1.3　全球定位系统导航基本原理

利用 GPS 定位，是通过对 GPS 卫星的观测来获得相应的观测量而实现的，在 GPS 卫星信号中包含着多种定位信息，因而可以获得多种观测量，如：码相位观测得到的伪距，载波相位观测得出的伪距，积分多普勒计数得出的伪距差以及由干涉法测量得出的时间延迟。

导航星以广播方式向用户广播的是轨道参数，用户得到卫星的轨道参数后计算卫星的位置。

这样，除了时间 t 变量外，卫星广播的轨道参数都是常量。表示卫星任一时刻在空间位置的参数统称为卫星星历。

卫星的开普勒轨道是假设地球为质量均匀分布的球体，且卫星除受地球引力作用外，不受其他力的作用。实际上，地球的形状近似于旋转椭球体，严格地说是一个形状不规则的椭球体，地球的质量分布也是不均匀的，因此，地球对卫星的引力并非总指向地心。卫星除受地球引力作用外，还受其他天体（如太阳、月亮）引力的作用，此外还有太阳光辐射的光压力和大气阻力等作用。由于这些因素的影响，卫星将偏离开普勒轨道，因而轨道参数在扰动力的作用下发生缓慢的非周期或周期性的变化。

GPS 导航星广播的星历电文中的主要参数如下。

M_0—基准时间 t_0 时的平近点角；

Δn—平均运动角速度修正量；

e—偏心率；

$a1/2$—长半轴平方根；

Ω_0—基准时间 t_0 时的升交点赤经；

i_0—基准时间 t_0 时的轨道倾角；

ω—近地点角。

有了上述星历参数，便可以计算导航卫星在 WGS-84 地心坐标系中的位置、速度等导航信息。

码相位测量是测量 GPS 卫星发射的测距信号（C/A、P 和 Y 码）到达用户接收机和天线的传播时间，因此这种观测方法也称为时间延迟测量。GPS 接收机是通过复制测距码信号，并由接收机的时间延迟器进行相移，以使复制的码信号与接收机的相应码信号达到最大相关，即使之相应的码元对齐，这样，相移量便是卫星发射的码信号到达接收机天线的传播时间，即时间延迟，其乘以光速便是卫星至接收机的几何距离。由于 GPS 是单程测距，所以要准确测定距离，就要求卫星与接收机的时间严格同步，但实际上由于卫星钟一般是原子钟，而用户钟一般是精度较差的石英钟，难以达到时间同步要求，而使测距存在误差，称为“伪距”。

用户测得的对第 i 颗 GPS 卫星的伪距一般可表示为

$$\rho_i = r_i + c\Delta t_u \tag{10.1}$$

$$r_i = [(x-x_i)^2 + (y-y_i)^2 + (z-z_i)^2]^{1/2} \tag{10.2}$$

式中：ρ_i 为用户天线至第 i 颗 GPS 卫星的伪距；r_i 为用户天线至第 i 颗 GPS 卫星的真实距离；c 为 GPS 信号的传播速度（光速）；Δt_u 为用户接收机相对于 GPS 时系基准的偏差。

事实上，伪距中还包含：电离层效应引起的距离偏差、对流层效应引起的距离偏差、卫星时钟偏差、多路径效应引起的距离偏差、接收机测量噪声引起的距离偏差、GPS 星历误差（早期 GPS 导航信号中含人为 SA 误差，目前美国已经宣布停止 SA）等导致的距离误差。

在已知卫星星历，解出卫星位置并测出用户相对卫星伪距的条件下，式（10.1）和式（10.2）中有 x、y、z、Δt_u 四个未知量待求。当用户可观测到 4 个导航卫星时，便可通过解算确定用户位置。

导航星系统除可为用户提供三维位置和精确时间外，通过测量电波载频的多普勒频移而获得的伪距变化率，还可精确测出载体的运动速度。

10.2　卫星导航定位与测速原理

10.2.1　坐标基准

GPS 系统的坐标基准为 WGS-84 世界大地坐标系，其定义为：坐标系原点位于地球质量中心；X 轴指向国际时间局 BIH1984.0 时元定义的零子午面与国际时间局 BIH1984.0 时元定义的协议地球赤道的交点；Z 轴平行于国际时间局 BIH1984.0 时元定义的协议地球极轴（conventional terrestrial pole，CTP）方向；Y 轴与 X 轴、Z 轴构成右手直角坐标系，如图 10.2 所示。

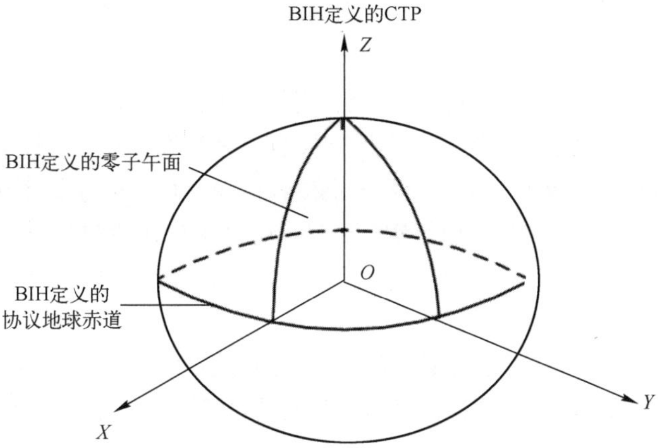

图 10.2　WGS-84 坐标系

除了直角坐标系之外，WGS-84 坐标系还定义了一个与其对应的大地坐标系、一个平均地球椭球、一个地球重力模型以及与其他大地参考系之间的变换参数。WGS-84 坐标系的大地坐标与空间直角坐标之间的转换关系为

$$\begin{cases}X=(N+H)\cos B\cos L\\Y=(N+H)\cos B\sin L\\Z=[N(1-e^2)+H]\sin B\end{cases}\tag{10.3}$$

式中：X，Y，Z 为空间直角坐标；B，L，H 分别为大地纬度、大地经度、大地高；N 为椭球的卯酉圈曲率半径；e 为椭球第一偏心率。

若椭球的长半径为 a，短半径为 b，则

$$\begin{cases}e=\dfrac{\sqrt{a^2-b^2}}{a}\\N=\dfrac{a}{W}\\W=(1-e^2\sin^2 B)^{\frac{1}{2}}\end{cases}\tag{10.4}$$

由空间直角坐标转换为大地坐标时，有

$$\begin{cases} B = \arctan\left[\tan\Phi\left(1+\frac{ae^2}{Z}\frac{\sin B}{W}\right)\right] \\ L = \arctan\frac{Y}{Z} \\ H = \frac{R\cos\Phi}{\cos B} - N \end{cases} \tag{10.5}$$

式中

$$\begin{cases} R = (X^2+Y^2+Z^2)^{\frac{1}{2}} \\ \Phi = \arctan\frac{Z}{\sqrt{X^2+Y^2}} \end{cases} \tag{10.6}$$

10.2.2 定位

GPS 系统的定位原理为四球面相交求交点定位原理，具体而言，就是通过观测信号测量用户接收机到导航卫星之间的距离，在已知导航卫星精确坐标的前提下，根据用户接收机与导航卫星之间的相对位置关系，计算用户接收机在 WGS-84 坐标系中的坐标。

由于导航卫星受外界各种干扰因素的影响，通过用户接收机测量到的距离并非是真正的卫星到用户的真实（几何）距离，而是包含有各种干扰因素产生的误差，这种距离称为伪距。

伪距的测量方式有两种：一种是通过测量信号的传输时间，再与光速的乘积求得，称为伪距测量；另一种是通过测量用户接收机与导航卫星的相位差求得，称为载波相位测量。

1. 伪距测量方式

对于伪距测量方式而言，实际测量得到的伪距值包含有导航卫星与用户接收机的同步钟差，而且该钟差一般难以准确给定，需要将该钟差与用户接收机的三维坐标一起设为未知数，因此至少需要 4 个导航卫星参与测量过程，利用 4 个方程联立求解。

定位基本方程

$$\rho(t) = R_i^j(t) + c\delta t_i^j(t) + \Delta_T(t) + \Delta_I(t) \tag{10.7}$$

式中：$\rho(t)$ 为导航卫星到用户接收机的伪距测量值；$R_i^j(t)$ 为导航卫星到用户接收机的真实（几何）距离；c 为光速；$\delta t_i^j(t)$ 为接收机时钟相对于卫星星钟的钟差；$\Delta_T(t)$ 为对流层改正值；$\Delta_I(t)$ 为电离层改正值。

由于卫星星钟与理想 GPST 的误差修正参数可以从卫星播发的导航电文中获得，经钟差改正后，各卫星之间的星钟同步差可以减小到 20ns 以内，如果忽略这一影响，则式（10.7）可写为

$$\rho(t) = R_i^j(t) + c\delta t_i(t) + \Delta_T(t) + \Delta_I(t) \tag{10.8}$$

式中：$\delta t_i(t)$ 为接收机钟差。

$$R_i^j(t) = \{[X_j(t)-X_i(t)]^2+[Y_j(t)-Y_i(t)]^2+[Z_j(t)-Z_i(t)]^2\}^{1/2} \tag{10.9}$$

其中：$X_i(t)$，$Y_i(t)$，$Z_i(t)$ 为用户接收机在 WGS-84 坐标系中的位置分量；$X_j(t)$，$Y_j(t)$，$Z_j(t)$ 为导航卫星在 WGS-84 坐标系中的位置分量。

2. 载波相位测量方式

载波信号相位差为

$$\phi(t)=\phi_i(t)-\phi_j(t) \tag{10.10}$$

式中：$\phi(t)$为载波信号相位差；$\phi_i(t)$为用户接收机接收到的信号相位；$\phi_j(t)$为导航卫星发射的信号相位。

导航卫星到用户接收机的几何距离为

$$R_i^j(t)=\lambda\phi(t)=\lambda[\phi_i(t)-\phi_j(t)] \tag{10.11}$$

式中：λ 为载波信号波长。

与伪距测量方式相同，载波信号相位差中也包含接收机钟差、电离层延迟和对流层延迟等因素的影响。这种用相位观测量确定的卫星到接收机的距离不是几何距离，而是被称为测相伪距离，其简化方程为

$$\lambda\phi(t)=R_i^j(t)+c\delta t_i(t)-\lambda N(t_0)+\Delta_{\mathrm{T}}(t)+\Delta_{\mathrm{I}}(t) \tag{10.12}$$

式中：$\lambda=\dfrac{c}{f}$；f为无线电传播频率；$N(t_0)$为载波相位观测时初始观测历元时刻的整周模糊度，是一个不变未知数。

3. 伪距测量方程线性化

对式（10.7）进行泰勒展开，其线性化过程如下：以符号 $\boldsymbol{R}_i(t)$表示用户接收机在地心大地直角坐标系中的坐标矢量，以 $\boldsymbol{R}_i(t)$表示导航卫星在地心大地直角坐标系中的坐标矢量，即

$$\boldsymbol{R}_i(t)=[X_i(t),Y_i(t),Z_i(t)]^{\mathrm{T}} \tag{10.13}$$

$$\boldsymbol{R}_j(t)=[X_j(t),Y_j(t),Z_j(t)]^{\mathrm{T}} \tag{10.14}$$

则用户接收机至导航卫星的瞬时距离为

$$R_i^j(t)=|R_j(t)-R_i(t)|=\{[X_j(t)-X_i(t)]^2+[Y_j(t)-Y_i(t)]^2+[Z_j(t)-Z_i(t)]^2\}^{1/2} \tag{10.15}$$

设观测过程中用户接收机和导航卫星的坐标初始值分别为

$$\boldsymbol{R}_{i0}(t)=[X_{i0},Y_{i0},Z_{i0}]^{\mathrm{r}} \tag{10.16}$$

$$\boldsymbol{R}_{j0}(t)=[X_{j0},Y_{j0},Z_{j0}]^{\mathrm{r}} \tag{10.17}$$

用户接收机坐标和导航卫星坐标的改正数矢量分别为

$$\delta\boldsymbol{R}_i(t)=[\delta X_i(t),\delta Y_i(t),\delta Z_i(t)]^{\mathrm{T}} \tag{10.18}$$

$$\delta\boldsymbol{R}_j(t)=[\delta X_j(t),\delta Y_j(t),\delta Z_j(t)]^{\mathrm{T}} \tag{10.19}$$

由于导航卫星的坐标可以通过精确测量得到，可以视为固定值，即

$$\delta\boldsymbol{R}_j(t)=[0,0,0]^{\mathrm{T}} \tag{10.20}$$

用户接收机至导航卫星的方向余弦为

$$\begin{cases}\dfrac{\partial\rho(t)}{\partial X_j}=\dfrac{1}{R_{i0}^j(t)}[X_j(t)-X_{i0}]=l_i^j(t)\\[2ex]\dfrac{\partial\rho(t)}{\partial Y_j}=\dfrac{1}{R_{i0}^j(t)}[Y_j(t)-Y_{i0}]=m_i^j(t)\\[2ex]\dfrac{\partial\rho(t)}{\partial Z_j}=\dfrac{1}{R_{i0}^j(t)}[Z_j(t)-Z_{i0}]=n_i^j(t)\end{cases} \tag{10.21}$$

而

$$\begin{cases}\dfrac{\partial\rho(t)}{\partial X_i}=\dfrac{1}{R_{i0}^j(t)}[X_{i0}-X_j(t)]=-l_i^j(t)\\ \dfrac{\partial\rho(t)}{\partial Y_i}=\dfrac{1}{R_{i0}^j(t)}[Y_{i0}-Y_j(t)]=-m_i^j(t)\\ \dfrac{\partial\rho(t)}{\partial Z_i}=\dfrac{1}{R_{i0}^j(t)}[Z_{i0}-Z_j(t)]=-n_i^j(t)\end{cases}\tag{10.22}$$

式中

$$R_{n0}^j(t)=\{[X_j(t)-X_{n0}]^2+[Y_j(t)-Y_{n0}]^2+[Z_j(t)-Z_{n0}]^2\}^{1/2}\tag{10.23}$$

通常在对观测方程组进行线性化时，在(X_{i0},Y_{i0},Z_{i0})处用泰勒级数展开，并取其一阶近似表达式，即

$$R_i^j(t)=R_{i0}^j(t)+\frac{\partial\rho(t)}{\partial X_i}\delta X_i+\frac{\partial\rho(t)}{\partial Y_i}\delta Y_i+\frac{\partial\rho(t)}{\partial Z_i}\delta Z_i\tag{10.24}$$

即

$$R_i^j(t)=R_{i0}^j(t)+[-l_i^j(t)\quad -m_i^j(t)\quad -n_i^j(t)][\delta X_i\quad \delta Y_i\quad \delta Z_i]^{\mathrm{T}}\tag{10.25}$$

将其代入式（10.7），并略去大气层折射引起的误差，得到线性化后的伪距测量方程

$$\rho(t)=R_{i0}^j(t)+[-l_i^j(t)\quad -m_i^j(t)\quad -n_i^j(t)][\delta X_i\quad \delta Y_i\quad \delta Z_i]^{\mathrm{T}}+c\delta t_i(t)\tag{10.26}$$

4. 载波相位测量方程线性化

将式（10.25）代入式（10.12），并略去大气层折射引起的误差，得到线性化后的载波相位测量方程

$$\lambda p(t)=R_{i0}^j(t)+[-l_i^j(t)\quad -m_i^j(t)\quad -n_i^j(t)][\delta X_i\quad \delta Y_i\quad \delta Z_i]^{\mathrm{T}}+c\delta t_i(t)-\lambda N(t_0)\tag{10.27}$$

10.2.3 测速

系统除可为用户提供三维位置和精确时间外，还可以确定导弹的飞行速度。确定导弹飞行速度有两种方法：对于动态用户接收机的测速，常用的方法有两种：一种是通过对用户接收机位置近似求导数求解，该方法计算简单，适用于在测量时间内用户速度基本恒定的情况；另一种基于多普勒频移实现。

由于发射天线和用户接收机之间存在着相对运动，所以载体用户接收机接收到的载波信号频率f_{r}，与天线发射的载波信号的频率f_{s}不同，它们之间的频率差f_{d}称为多普勒频移。多普勒频移f_{d}满足下述关系式：

$$f_{\mathrm{d}}=f_{\mathrm{s}}-f_{\mathrm{r}}=f_{\mathrm{s}}\frac{V_{\mathrm{R}}}{c}\tag{10.28}$$

式中：f_{d}为多普勒频移，可直接观测；c为真空中光速；V_{R}为发射天线相对于用户接收机的径向速度，即雷达与用户接收机之间的距离变化率$\dot{R}_i$。

由式（10.28）可知，若测得多普勒频移，则可获得发射天线r_i与用户S之间的距离变化率$\dot{R}_i$，有

$$\dot{R}_i=\frac{c}{f_s}f_d \tag{10.29}$$

用户接收机与发射天线之间的伪距观测方程一般可表示为

$$\rho_i=R_i+c\delta t-c\delta t_i \tag{10.30}$$

式中：δt，δt_i 分别为用户接收机和发射天线钟差。

发射天线钟差可以根据相关参数进行修正，则式（10.30）的微分可以表述为伪距的时间变化率，即

$$\dot{\rho}_i=\dot{R}_i+c\delta\bar{t} \tag{10.31}$$

设第 i 部发射天线位置为(x_i,y_i,z_i)，用户接收机位置为(x_t,y_t,z_t)，则

$$R_i=[(x_i-x_i)^2+(y_i-y_i)^2+(z_i-z_i)^2]^{1/2} \tag{10.32}$$

设已知用户接收机位置初始值为(x_{t0},y_{t0},z_{t0})，与真值差为$(\delta x_t,\delta y_t,\delta z_t)$，将式（10.32）在初始值附近按泰勒级数展开，并取一阶项，得

$$R_i=R_{i0}+\frac{\partial R_i}{\partial x_t}\delta x_t+\frac{\partial R_i}{\partial y_t}\delta y_t+\frac{\partial R_i}{\partial z_t}\delta z_t \tag{10.33}$$

式中

$$\begin{aligned}
R_i&=[(x_i-x_{t0})^2+(y_i-y_{t0})^2+(z_i-z_{t0})^2]^{1/2}\\
\frac{\partial R_i}{\partial x_t}&=-\frac{1}{R_{i0}}(x_i-x_{t0})\\
\frac{\partial R_i}{\partial y_t}&=-\frac{1}{R_{i0}}(y_i-y_{t0})\\
\frac{\partial R_i}{\partial z_t}&=-\frac{1}{R_{i0}}(z_i-z_{t0})
\end{aligned} \tag{10.34}$$

令 $K_{xi}=\frac{\partial R_i}{\partial x_i}$，$K_{yi}=\frac{\partial R_i}{\partial y_i}$，$K_{zi}=\frac{\partial R_i}{\partial z_i}$，则式（10.31）可写为

$$\rho_i=R_{i0}+(K_{xi},K_{yi},K_{zi})(\delta x_t,\delta y_t,\delta z_t)^{\mathrm{T}}+c\delta t-c\delta t_i \tag{10.35}$$

对上式求导，并认为系数(K_{xi},K_{yi},K_{zi})和发射天线钟差 δt_i 短时间内无变化，得

$$\dot{\rho}_i=(K_n,K_{ji},K_n)\left\{\begin{bmatrix}\dot{x}_i\\ \dot{y}_i\\ \dot{z}_i\end{bmatrix}-\begin{bmatrix}\dot{x}_t\\ \dot{y}_t\\ \dot{z}_t\end{bmatrix}\right\}+c\delta\bar{t} \tag{10.36}$$

由于发射天线在地球坐标系内速度为 0，简化为

$$\dot{\rho}_i=(K_{ni},K_{yi},K_{zi})\begin{bmatrix}\dot{x}_t\\ \dot{y}_t\\ \dot{z}_t\end{bmatrix}+c\delta\dot{t} \tag{10.37}$$

由式（10.29），得

$$\dot{\rho}_i=\frac{c}{f_s}f_d+c\delta\bar{t} \tag{10.38}$$

观测到 4 部发射天线的多普勒频移后，由式（10.37）和式（10.38）即可求得用

户接收机相对地球坐标系的速度$(\dot{x}_t,\dot{y}_t,\dot{z}_t)$。若发射天线观测数大于4部，可采用最小二乘法计算。

通过GPS测量得到的速度和位置是相对于地心直角坐标系的，通过电文设计可以得到WGS-84坐标系坐标，而导弹制导采用的是惯性坐标系，为了在制导系统中应用测量得到的速度和位置信息，必须将WGS-84坐标系的值转换到惯性坐标系。具体转换关系可参见有关文献，这里不再讨论。

式（10.38）的误差方程为

$$V_j=[\,l_i^j(t)\quad m_i^j(t)\quad n_i^j(t)\,]\begin{bmatrix}\dot{X}_i\\ \dot{Y}_i\\ \dot{Z}_i\end{bmatrix}+L_j+c\delta\bar{t}_i(t) \tag{10.39}$$

式中

$$L_j=\dot{\rho}(t)-[\,l_i^j(t)\quad m_i^j(t)\quad n_i^j(t)\,]\begin{bmatrix}\dot{X}_j\\ \dot{Y}_j\\ \dot{Z}_j\end{bmatrix} \tag{10.40}$$

当用户同时观测的卫星数$n>4$时，对应的误差方程为

$$\boldsymbol{V}=\boldsymbol{A}\dot{\boldsymbol{X}}+\boldsymbol{l} \tag{10.41}$$

式中

$$\begin{cases}\boldsymbol{l}=[\,L^1\quad L^2\quad\cdots\quad L^n\,]^{\mathrm{T}}\\ \boldsymbol{V}_{n\times1}=[\,V^1\quad V^2\quad\cdots\quad V^n\,]^{\mathrm{T}}\\ \dot{\boldsymbol{X}}=[\,\dot{X}_i\quad\dot{Y}_i\quad\dot{Z}_i\quad c\delta\dot{t}_i(t)\,]\\ \boldsymbol{A}_{n\times4}=\begin{bmatrix}l^1 & m^1 & n^1 & -1\\ l^2 & m^2 & n^2 & -1\\ \vdots & & & \vdots\\ l^n & m^n & n^n & -1\end{bmatrix}\end{cases} \tag{10.42}$$

求解式（10.41），得

$$\overline{\boldsymbol{X}}=-(\boldsymbol{A}^{\mathrm{T}}\boldsymbol{A})^{-1}\boldsymbol{A}^{\mathrm{T}}\boldsymbol{I} \tag{10.43}$$

10.2.4 GPS时统

GPS的授时体制为：星载原子钟一般采用专门研制的铷钟或铯钟，星载原子钟体积小、重量轻、功耗低、可靠性高，但是走时的稳定性和准确度比较差。为了保证授时精度，地面主控站装备有高精度的原子钟，用于确定时钟校正参数，并发给卫星，其授时精度约为20ns，由此引起的伪距误差为6m。为了使接收机的成本、复杂性和尺寸减至最小，导航接收机中一般使用石英钟。目前，第三代GPS卫星可以通过星间链路实现自主更新导航电文。

为了满足精确定位和导航的要求，GPS 系统建立了专用的时间系统（GPST）。GPST 系统属于原子时系统，其秒长为原子秒长，它的原点与国际原子时（international atomic time，IAT）相差 19s，即

$$\text{IAT}-\text{GPST}=19(\text{s}) \tag{10.44}$$

GPS 与协调世界时（universal time coordinated，UTC）规定于 1980 年 1 月 6 日零时保持一致，其后随着时间的积累，两者之差表现为秒的整数倍。

10.3　卫星导航系统误差分析

组合导航情况下，卫星导航误差是影响导弹射击精度的主要因素，本节在讨论卫星导航误差的同时，给出差分测量技术和伪卫星导航技术。

10.3.1　GPS 误差分析

对于 GPS 单点定位（绝对定位）而言，其精度性能取决于伪距测量值以及信号的质量。GPS 系统定位与定时的精度可以表示为几何精度因子和用户等效距离误差（UERE）之积。

1. 几何精度因子

导航卫星的构型设计指标通常用精度衰减因子（dilution of precision，DOP）表示，通过选择适当的导航卫星构型可获得较小的精度因子。当测距误差一定时，导航卫星构型设计将直接影响定位误差。

精度因子包括几何精度因子（geometrical dilution of precision，GDOP）、垂直精度因子（vertical dilution of precision，VDOP）、水平精度因子（horizontal dilution of precision，HDOP）、位置精度因子（positional dilution of precision，PDOP）、时间精度因子（time dilution of precision，TDOP）等。

精度因子的关系式可以用权系数阵 $\boldsymbol{Q}$ 表示，即

$$\boldsymbol{Q}=(\boldsymbol{H}^{\mathrm{T}}\boldsymbol{H})^{-1}\begin{bmatrix} q_{11} & q_{12} & q_{13} & q_{14} \\ q_{21} & q_{22} & q_{23} & q_{24} \\ q_{31} & q_{32} & q_{33} & q_{34} \\ q_{41} & q_{42} & q_{43} & q_{44} \end{bmatrix} \tag{10.45}$$

式中：$\boldsymbol{H}=[\boldsymbol{E}_1\boldsymbol{E}_2\cdots\boldsymbol{E}_n]^{\mathrm{T}}$；角标 n 为导航卫星个数；其中，$\boldsymbol{E}_i=[l_i\quad m_i\quad n_i\quad 1]^{\mathrm{T}}(i=1,2,\cdots,n)$为用户接收机到第 i 个导航卫星之间的方向余弦向量。

几何精度因子 GDOP

$$\text{GDOP}=\sqrt{q_{11}+q_{22}+q_{33}+q_{44}} \tag{10.46}$$

位置精度因子 PDOP

$$\text{PDOP}=\sqrt{q_{11}+q_{22}+q_{33}} \tag{10.47}$$

水平精度因子 HDOP

$$\text{HDOP}=\sqrt{q_{11}+q_{22}} \tag{10.48}$$

垂直精度因子 VDOP

$$\mathrm{VDOP}=\sqrt{q_{33}} \tag{10.49}$$

从位置误差角度进行讨论，选用 PDOP 作为定位精度评价指标，即

$$m_{\mathrm{p}}=\sigma_0\cdot \mathrm{PDOP} \tag{10.50}$$

式中：m_{p} 为卫星导航位置测量误差；σ_0 为测距误差。

GPS 卫星导航定位精度的高低，不仅取决于站星距离测量误差，而且取决于该误差放大系数 PDOP 的大小。后者通过选择适当的 GPS 定位星座可获得较小的 PDOP 值。

2. 用户等效距离误差（UERE）

UERE 是指误差源投影到伪距测量值的等效误差，对于一个固定的导航卫星来说，UERE 从统计意义上可以表示为与该导航卫星相关联的每个误差源所产生影响的和。GPS 导航定位误差见图 10.3 和表 10.1。

GPS 导航定位误差
- 卫星误差
  - 星历误差，用星历计算出的 GPS 卫星在轨位置与其真实位置之差的精度损失
  - 星钟误差，星钟 ***A*** 系数代表性误差的精度损失
- 传播误差
  - 电离层时延改正误差
  - 对流层时延改正误差
  - 多路径误差
  - 相对论效应误差，即频率常数补偿导致的补偿残差
  - 地球自转效应误差
- 接收误差
  - 观测噪声误差
  - 内延时误差
  - 天线相位中心误差

图 10.3　GPS 系统测量误差分类及对测量距离的影响

表 10.1　GPS 卫星导航定位误差的量级

误差源		P 码伪距		C/A 码伪距	
		无 SA	有 SA	无 SA	有 SA
卫星误差	卫星星历误差	5m	10~40m	5m	10~40m
	卫星时钟误差	1m	10~50m	1m	10~50m
传播误差	电离层时延改正模型误差①	cm~dm	cm~dm	cm~dm	cm~dm
	电离层时延改正模型误差	—	—	2~100m	2~100m
	对流层时延改正模型误差	dm	dm	dm	dm
	多路径误差	1m	1m	5m	5m
接收误差	观测噪声误差	0.1~1m	0.1~1m	1~10m	1~10m
	内延时误差	dm~m	dm~m	m	m
	天线相位中心误差②	mm~cm	mm~cm	mm~cm	mm~cm
总误差		1.4~6.4m		7.1~13.8m	

注：① 经双频电离层时延改正后的残差。

② GPS 信号接收天线相位中心不稳定性导致的站星距离误差。

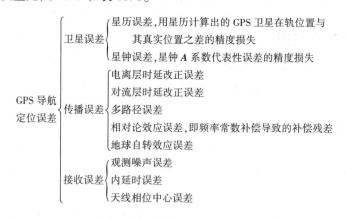

1）与导航卫星有关的误差

（1）卫星星历误差。对于 GPS 而言，由星历给出的卫星在空间的位置与真实位置之差称为卫星星历误差，它主要是由 GPS 卫星轨道摄动的复杂性和不确定性造成的。卫星星历误差是当前 GPS 定位的重要误差源之一。

（2）卫星钟差。卫星钟差是指导航卫星上的时钟与整个系统标准时间的偏差，它是由卫星星钟与 GPS 标准时间之间的频偏和频漂产生的。GPS 卫星上安装有原子钟，通过主控站发送时间校正参数对卫星时钟误差进行校正，卫星校正参数是通过二阶多项式来拟合的。经过校正的 GPS 卫星钟差在 20ns 以内，由此引起的等效距离误差不超过 6m，2004 年 GPS 星座的时钟误差为 1.1m（1σ）。

2）与测量过程有关的误差

（1）电离层延迟误差。电离层是高度位于 50～1000km 之间的大气层。电离层延迟误差产生的原因是由于太阳的作用使大气中的分子产生了电离，使电磁波的传播产生了延迟。电离层延迟改正方法通常有两种：一是采用相对定位或差分定位的方法；二是采用电离层模型改正。

（2）对流层延迟误差。对流层指距离地面约 40km 以下的大气层，几乎包含了整个大气层质量的 99%，而且对流层大气状态易受地面气候变化的影响。当电磁波穿过对流层时，其传播速度将发生变化，传播路径将发生弯曲，由此产生对流层延迟误差。

对流层延迟误差与信号的入射角（卫星高度角）密切相关，随着高度角的降低，大气密度的增加，延迟量会逐渐增大，如表 10.2 所列。

表 10.2　不同高度的信号受对流层延迟的影响

信号高度角/(°)	90	20	15	10	5
延迟量/m	2.51	7.29	9.58	14.04	25.82

对流层延迟误差的改正方法分为差分改正和模型改正两种。目前，对流层延迟误差模型改正的有效性约为 93%。

（3）多路径误差。在用户接收机附近有高大的建筑物或水面时，接收机天线不仅接收导航卫星发出的信号（直接波），还接收从测站周围的反射物一次甚至多次反射所形成的间接波（反射波）和因大气传播介质散射所形成的间接波（散射波），这些间接波对直接波产生破坏性干涉从而使测量值偏离真值，这就是多路径效应。多路径误差一般有 4 种解决方法，分别是天线抗多路径、数据滤波与自适应处理抗多路径、时空组合抗多路径和选星抗多路径。

需要说明的是，对于弹道导弹组合制导应用而言，由于用户接收机安置于弹体表面，接收机与弹体反射面的相对距离为零，不存在弹体反射波，只存在经过导航卫星反射的间接波（简称为星体反射波）和因大气传播介质散射而形成的间接波（简称为介质散射波），这两种间接波的强度要小于地面/地物反射波，因此弹载接收机的多路径效应要弱于地面接收机。

3）与用户接收机有关的误差

（1）观测误差。观测误差不仅与 GPS 接收机的软、硬件对卫星信号的观测分辨率有关，而且还与天线的安装精度有关。根据经验，一般认为观测的分辨率误差约为信号波长的1%。观测误差属于随机误差，适当地增加观测量，可以减小观测误差的影响。

（2）接收机钟差。用户接收机一般安置有高精度的石英钟，但接收机时钟很难保证与导航卫星时钟完全同步，由此造成的误差称为接收机钟差。接收机钟差通常被作为一个未知数引入到观测方程中，与接收机的位置参数一并求解。此时，假设接收机钟差在每一观测瞬间都是独立的，则处理较为简单，所以，这一方法广泛应用于实时动态定位中。

一般的卫星导航系统，为了节省成本，普遍使用廉价的晶振来作为接收机的时间基准，但晶振对时间的测量精度相对较低，存在较大的接收机钟差。对于具有较高成本、重要作战任务的导弹武器而言，从提高导弹武器作战精度的角度考虑，可以将高精度的微型原子钟代替石英钟安置在弹载接收机上。虽然微型原子钟的使用在一定程度上提高了成本，但一方面大大减小了接收机钟差，使其远小于GPS对普通用户定位时的接收机钟差；另一方面当弹载接收机接收到的卫星导航信号数量少于4个时，可以直接使用接收机原子钟的测量时间，无需再将接收机钟差作为未知数参与到方程解算中，提高了系统的适用性。

（3）载波相位观测的整周未知数。目前普遍采用的最精密的测量方法是载波相位观测法，它能将定位精度提高到毫米级。但是，由于接收机只能测定载波相位差非整周的小数部分，以及从某一起始历元至观测历元间载波相位变化的整周数，而无法直接测定载波相位相应该起始历元在传播路径上变化的整周数，因此，在测相伪距观测值中，存在整周未知数的影响。这是载波相位观测法的主要缺点。

另外，已知载波相位观测除了上述整周未知数之外，在观测过程中还可能发生整周变跳问题。当用户接收机接收到卫星信号并进行实时跟踪（锁定）后，载波信号的整周数便可由接收机自动地计数。但在中途，如果卫星信号被阻挡或受到干扰，则接收机的跟踪便可能发生中断（失锁）。而当卫星信号被重新锁定后，被测载波相位的小数部分将仍和未发生中断的情形一样，是连续的，可这时整周数不再是连续的。这种情况称为整周变跳或周跳。

（4）天线相位中心偏差。天线的相位中心位置随着信号输入的强度和方向不同而有所变化，即观测时相位中心的瞬时位置与理论上的相位中心位置有偏差，称为天线相位中心偏差。该偏差一般为数毫米至数厘米。

4）其他误差

（1）地球自转。在协议地球坐标系中，如果卫星的瞬时位置是根据信号播发的瞬时计算的，那么还应考虑地球自转的改正。因为当卫星信号传播到观测站时，与地球固联的协议地球坐标系相对卫星的上述位置已产生了旋转（绕Z轴）。若取ω为地球自转角速度，则旋转的角度为

$$\Delta\alpha=\omega\Delta\tau_i^j \tag{10.51}$$

式中：$\Delta\tau_i^j$为卫星信号传播到观测站的时间延迟。由此引起卫星在上述坐标系中的坐标变化$(\Delta_x,\Delta_y,\Delta_z)$为

$$\begin{bmatrix}\Delta_x\\ \Delta_y\\ \Delta_z\end{bmatrix}=\begin{bmatrix}0 & \sin\Delta\alpha & 0\\ -\sin\Delta\alpha & 0 & 0\\ 0 & 0 & 0\end{bmatrix}\begin{bmatrix}x^j\\ y^j\\ z^j\end{bmatrix} \tag{10.52}$$

其中：(x^j, y^j, z^j) 为卫星瞬时坐标。

由于旋转角 $\Delta\alpha<1.5''$，所以当取之一次微小项时，上式可简化为

$$\begin{bmatrix}\Delta_x\\ \Delta_y\\ \Delta_z\end{bmatrix}=\begin{bmatrix}0 & \Delta\alpha & 0\\ -\Delta\alpha & 0 & 0\\ 0 & 0 & 0\end{bmatrix}\begin{bmatrix}x^j\\ y^j\\ z^j\end{bmatrix} \tag{10.53}$$

（2）相对论效应。卫星时钟同时受到狭义相对论和广义相对论的影响，为了补偿这两种效应，在发射前需要把卫星时钟调整到 10.22999999543MHz，在海平面上的用户所观测到的频率将是 10.23MHz，因此用户不必校正这种效应。

用户需要校正由于卫星轨道的轻微偏心度所引起的另一种相对论周期效应，正好一半的周期效应是由卫星的速度相对于 ECI 坐标系来说的周期变化引起的，而另一半则是由卫星的重力势的周期变化引起的。

当卫星处在近地点时，卫星速度较高，而重力势较低，两者都会使卫星时钟运行变慢；当卫星处在远地点时，卫星速度较低，而重力势则较高，两者都会使卫星时钟运行加快。

10.3.2　GPS 差分测量技术

差分测量是改善 GPS 定位或授时性能的一种方法，它利用一个或多个位置已知的基准站，每个基准站至少装备一台 GPS 接收机和一台信号发射机。用户接收机在接收卫星导航信号的同时，也接收来自基准站发射机的改正信息。其实质是在一个测站对两个目标的观测量进行求差，以消除部分公共误差。

GPS 差分测量技术按用户接收机所在坐标系的不同，可以分为绝对差分定位和相对差分定位，绝对差分定位是指确定用户相对于地心地固坐标系中的位置，相对差分定位是指确定用户相对于基准站所关联坐标系中的位置；按服务的地理区域不同，可以分为局域差分、区域差分和广域差分；按测量方式的不同，可以分为码基技术和基于载波的技术，码基技术主要依赖于 GPS 伪距测量值，而基于载波的技术则主要依赖于载波相位测量值。

由 10.3.1 节分析可知，GPS 误差源在空间和时间上是高度相关的，GPS 差分测量技术正是利用这些相关性来改善整个系统的性能。如图 10.4 所示，在只有一个基准站的简单局域 GPS 差分测量系统中，基准站相对于导航卫星的伪距或载波相位测量值的误差可以认为与附近用户接收机的误差是相似的。如果基准站利用它已知的测量位置进行误差的估计，并把该估计值以校正值的方式发送给用户接收

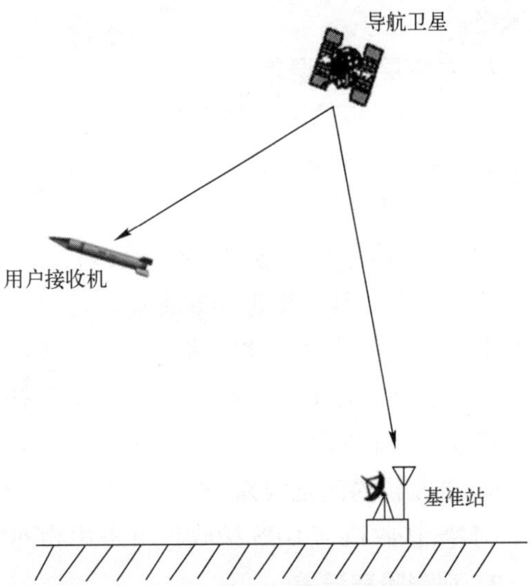

图 10.4　局域 GPS 差分测量系统

机，那么用户接收机的定位精度将得到有效改善。

10.3.3 伪卫星技术

由于卫星导航系统成本高、抗干扰能力弱，利用卫星导航原理设计一种导航系统，这种导航系统工作平台位于地面，专门为空间飞行器提供导航信息。系统可为区域内的空间飞行器提供导航信息，为此称其为陆基区域导航系统（GTNS）。

陆基区域导航系统的基本原理与 GPS 导航系统的定位原理相同，采用伪距定位原理，即 3 球或 4 球相交求交点的原理进行定位。

陆基区域导航系统由地面信号发射系统和接收系统两大部分组成。地面信号发射系统由发射机组合和机动平台组成。发射机组合由相控阵发射装置、时钟系统、伺服系统和定位数据处理单元组成；机动平台由车辆、安装平台、自对准设备和自校平设备组成。同时，每套发射系统还配有无线通信系统和电源系统（DPS 电源）。

由于 GTNS 与 GPS 定位原理相同，因此在这里将两个系统进行对比分析，以确定 GTNS 的定位精度。

1. 卫星星历误差

在 GTNS 中，导航电文是由陆基导航信息发射装置发出的，发射装置在应用前已经机动到建立好的点位上，点位的大地坐标事先由测绘部门测量得到，其测量误差可达厘米级，远小于 GPS 卫星星历误差产生的卫星位置误差。

2. 卫星的时钟误差

若 GTNS 采用的原子钟小时稳定度为 10~11，同时考虑各原子钟的同步误差保持在 20ns 以内，则由此引起的定位误差小于 6m。

3. 电离层延迟误差

在 GTNS 中采用双频机制，可以基本消除电离层效应影响，使该项影响的残差达到亚米级。

4. 对流层延迟误差

GTNS 信号传播路径与 GPS 信号传播路径相同，采用相同的对流层延迟改正模型，其精度也可以达到亚米级。

5. 多路径误差

GTNS 的信号是从地面向空中发射，除了飞行器外，基本不会存在间接反射波，即使间接波存在，其强度也会非常弱。通过调整飞行器 GTNS 接收机位置，可以使飞行器仅产生单个反射信号，此时多路径效应造成的误差由常量偏差和周期性尖锋偏差两部分组成，可以通过地面事前试验和软件实时补偿的方法进行修正，可以将多路径效应的影响限制在 0.5m 以内。

6. 接收机内时延误差

GTNS 接收机与 GPS 接收机可采用相同的技术，因此内时延误差也为米级。

7. 观测噪声误差

GTNS 信号到达接收机的功率远大于 GPS 信号，因此噪声误差小于 GPS 系统的观测噪声误差。

8. 天线相位中心误差

可达数毫米至数厘米。

9. 多普勒频移误差

由此造成的伪距误差为 0.3 m 左右。飞行器飞行时可以利用本身所测量的速度对多普勒频移误差进行修正，飞行器飞行速度既可以由 SINS 给出，也可以由 GTNS 定位信息推算出来，速度测量误差小于 0.1m/s，由速度测量误差造成的多普勒频移残差最大不超过厘米级。

综合以上分析，GTNS 测量误差如表 10.3 所列。

表 10.3　GTNS 定位误差的量级

误差源		伪距
卫星误差	卫星星历误差	cm
	卫星时钟误差	1m
传播误差	电离层时延改正模型误差①	cm~dm
	电离层时延改正模型误差	—
	对流层时延改正模型误差	dm
	多路径误差	cm
接收误差	观测噪声误差	0.1~1m
	内延时误差	dm~m
	天线相位中心误差②	mm~cm
多普勒频移误差		cm

注：① 经双频电离层时延改正后的残差。
② GPS 信号接收天线相位中心不稳定性导致的站星距离误差。

从表 10.3 可见，造成定位误差较大的两项有星历误差和多路径误差，对比表 10.1 和表 10.2，GTNS 的星历误差和多路径误差远小于 GPS 系统，若 GTNS 采用与 GPS 卫星相同精度的原子钟，则可以达到比 GPS 还高的定位精度，即定位误差小于 10m。

10.4　捷联惯性导航/卫星组合卡尔曼滤波原理

组合制导方式按组合水平深度分类，分为松散组合和紧凑组合。松散组合是指以辅助导航系统（卫星导航系统）的输出值直接校正主导航系统（惯性导航系统）的输出；紧凑组合是指利用辅助导航系统（卫星导航系统）的输出信息估计主导航系统（惯性导航系统）的仪器误差，然后进行校正。松散组合方式没有发挥组合制导系统的潜在优势，校正后的误差在最理想的情况下只能接近辅助导航系统的精度。

惯性导航系统通常分为捷联式和平台式两种，这里选用捷联式惯性导航系统（strap-down inertial navigation system，SINS）和目前应用最为广泛的 GPS 卫星导航系统为对象，进行组合制导系统的讨论。

目前，组合制导系统通常采用卡尔曼滤波及其改进形式进行最优状态值的估计。Speyer 等提出了分散式卡尔曼滤波，降低了组合制导系统的计算量；Carlson 提出了联邦卡尔曼滤波，提高了系统的容错能力；此外，还出现了自适应卡尔曼滤波、非线性卡尔曼滤波、抗差滤波等方法。虽然这些方法形式各异，但其工作原理基本相同，都是一种以状态变量的线性最小方差递推估算的方法。

10.4.1 SINS 测量误差状态方程

根据 SINS 测量误差方程及工具误差环境函数，构造误差状态方程的连续形式为

$$\dot{\boldsymbol{X}}(t)=\boldsymbol{F}(t)\boldsymbol{X}(t)+\boldsymbol{G}(t)\boldsymbol{W}(t) \tag{10.54}$$

惯性导航系统是一个连续的系统，而 GPS 测量数据是离散的点，因此需要对状态方程进行离散化处理

$$\boldsymbol{X}_{kT}=\boldsymbol{\Phi}_{kT,(k-1)T}\boldsymbol{X}_{(k-1)T}+\boldsymbol{\Gamma}_{(k-1)T}\boldsymbol{W}_{(k-1)T} \tag{10.55}$$

式中：T 为卡尔曼滤波计算周期。

1. 状态变量

SINS 测量误差方程描述了由于加速度计误差和陀螺仪误差引起的导弹位置误差和速度误差的变化规律，取状态量为

$$\begin{aligned}\boldsymbol{X}=[&\delta x_{\mathrm{a}},\delta y_{\mathrm{a}},\delta z_{\mathrm{a}},\delta V_{x_{\mathrm{a}}},\delta V_{y_{\mathrm{a}}},\delta V_{z_{\mathrm{a}}},\Delta K_{0x},\Delta K_{0y},\Delta K_{0z},\Delta K_{1x},\Delta K_{1y},\Delta K_{1z},\Delta K_{2x},\Delta D_{0x},\\&\Delta D_{0y},\Delta D_{0z},\Delta K_{x},\Delta K_{y},\Delta K_{z},\Delta D_{1x},\Delta D_{1y},\Delta D_{1z},\Delta D_{2x},\Delta D_{2y},\Delta D_{2z},\Delta D_{3x},\Delta D_{3y},\Delta D_{3z}]^{\mathrm{T}}\end{aligned} \tag{10.56}$$

式中：δx_{a}，δy_{a}，δz_{a}，$\delta V_{x_{\mathrm{a}}}$，$\delta V_{y_{\mathrm{a}}}$，$\delta V_{z_{\mathrm{a}}}$为导弹在惯性坐标系的位置误差和速度误差，是导弹实际飞行位置和速度与惯性导航计算值之差；其余状态变量为 SINS 工具误差系数偏差。

由式（10.56）可知，SINS/GPS 组合制导系统的状态变量维数较大，将会增加组合制导系统的计算量，不利于组合制导算法的弹上实现。如果在惯性测量误差系统补偿方法的基础上建立 SINS/GPS 组合制导模型，可以进一步降低滤波器维数。若在惯性系统误差射前修正技术和空地综合修正技术的基础上，可认为加速度计零次项、**X** 加速度计一次项、陀螺仪零次项误差均已得到修正，在此基础上建立滤波器模型，降维后的状态变量为

$$\begin{aligned}\boldsymbol{X}=[&\delta x_{\mathrm{a}},\delta y_{\mathrm{a}},\delta z_{\mathrm{a}},\delta V_{x_{\mathrm{a}}},\delta V_{y_{\mathrm{a}}},\delta V_{z_{\mathrm{a}}},\Delta K_{1y},\Delta K_{1z},\Delta K_{2x},\Delta D_{0x},\Delta K_{x},\\&\Delta K_{y},\Delta K_{z},\Delta D_{1x},\Delta D_{1y},\Delta D_{1z},\Delta D_{2x},\Delta D_{2y},\Delta D_{2z},\Delta D_{3x},\Delta D_{3y},\Delta D_{3z}]^{\mathrm{T}}\end{aligned} \tag{10.57}$$

2. 一步转移矩阵

根据 SINS 误差传播模型，得到卡尔曼滤波一步转移矩阵为

$$\boldsymbol{\Phi}_{kT,(k-1)T}=\begin{bmatrix}\boldsymbol{I}_{3\times3} & \boldsymbol{T}_{3\times3} & \boldsymbol{0}_{3\times16}\\ \boldsymbol{G}_{3\times3}T & \boldsymbol{I}_{3\times3} & \boldsymbol{S}_{3\times16}\\ \boldsymbol{0}_{16\times3} & \boldsymbol{0}_{16\times3} & \boldsymbol{I}_{16\times16}\end{bmatrix}_{22\times22} \tag{10.58}$$

式中：$\boldsymbol{I}$ 为单位阵；$\boldsymbol{S}_{3\times16}$为视速度增量工具误差环境函数，详见第 9 章。

$$\boldsymbol{T}_{3\times3}=\begin{bmatrix}T & 0 & 0\\ 0 & T & 0\\ 0 & 0 & T\end{bmatrix} \tag{10.59}$$

$$G_{3\times3}=\begin{bmatrix}\dfrac{\partial g_{x_a}}{\partial x_a} & \dfrac{\partial g_{x_a}}{\partial y_a} & \dfrac{\partial g_{x_a}}{\partial z_a}\\ \dfrac{\partial g_{y_a}}{\partial x_a} & \dfrac{\partial g_{y_a}}{\partial y_a} & \dfrac{\partial g_{y_a}}{\partial z_a}\\ \dfrac{\partial g_{z_a}}{\partial x_a} & \dfrac{\partial g_{z_a}}{\partial y_a} & \dfrac{\partial g_{z_a}}{\partial z_a}\end{bmatrix} \tag{10.60}$$

3. 系统噪声传播矩阵

$$\boldsymbol{\Gamma}_{(k-1)T}=\begin{bmatrix}\boldsymbol{I}_{3\times3} & \boldsymbol{T}_{3\times3} & \boldsymbol{0}_{3\times16}\\ \boldsymbol{0}_{3\times3} & \boldsymbol{I}_{3\times3} & \boldsymbol{S}_{3\times16}\\ \boldsymbol{0}_{16\times3} & \boldsymbol{0}_{16\times3} & \boldsymbol{I}_{16\times16}\end{bmatrix}_{22\times22} \tag{10.61}$$

4. 状态方程白噪声

$$\begin{cases}E[\boldsymbol{W}_{kT}]=[\boldsymbol{0}_{22\times1}]\\ E[\boldsymbol{W}_{kT}\boldsymbol{W}_{kT}^{\mathrm{T}}]=\boldsymbol{Q}\end{cases} \tag{10.62}$$

式中：$\boldsymbol{Q}$ 为系统噪声方差阵，$\boldsymbol{Q}$ 矩阵中的非零元素为误差系数偏差的噪声。

$$\begin{aligned}\boldsymbol{Q}=\mathrm{diag}[&0,0,0,0,0,0,\sigma_{\varepsilon K_1}^2,\sigma_{\varepsilon K_{1z}}^2,\sigma_{\varepsilon K_{2x}}^2,\sigma_{\varepsilon D_{0x}}^2,\sigma_{\varepsilon K_x}^2,\sigma_{\varepsilon K_y}^2,\sigma_{\varepsilon K_z}^2,\\ &\sigma_{\varepsilon D_{1x}}^2,\sigma_{\varepsilon D_{1y}}^2,\sigma_{\varepsilon D_{1z}}^2,\sigma_{\varepsilon D_{2x}}^2,\sigma_{\varepsilon D_{2y}}^2,\sigma_{\varepsilon D_{2z}}^2,\sigma_{\varepsilon D_{3x}}^2,\sigma_{\varepsilon D_{3y}}^2,\sigma_{\varepsilon D_{3z}}^2]\end{aligned} \tag{10.63}$$

10.4.2　量测方程

$$\boldsymbol{Z}_H=\boldsymbol{H}_H\boldsymbol{X}_H+\boldsymbol{V}_H \tag{10.64}$$

式中：卡尔曼滤波量测值 $\boldsymbol{Z}_{kT}$ 为 GPS 测量数据与 SINS 测量数据的位置差和速度差，即

$$\boldsymbol{Z}_{kT}=\begin{bmatrix}\Delta x_a\\ \Delta y_a\\ \Delta z_a\\ \Delta V_{x_a}\\ \Delta V_{y_a}\\ \Delta V_{z_a}\end{bmatrix}=\begin{bmatrix}x_{\mathrm{aGPS}}-x_{\mathrm{aSDNS}}\\ y_{\mathrm{aGPS}}-y_{\mathrm{aSINS}}\\ z_{\mathrm{aGPS}}-z_{\mathrm{aSINS}}\\ V_{x_a\mathrm{GPS}}-V_{x_a\mathrm{SINS}}\\ V_{y_a\mathrm{GPS}}-V_{y_a\mathrm{SINS}}\\ V_{z_a\mathrm{GPS}}-V_{z_a\mathrm{SINS}}\end{bmatrix} \tag{10.65}$$

式中：Δx_a，Δy_a，Δz_a 为导弹位置误差量测值在惯性坐标系分量；ΔV_{x_a}，ΔV_{y_a}，ΔV_{z_a} 为导弹速度误差量测值在惯性坐标系分量；x_{aSINS}，y_{aSINS}，z_{aSINS} 为 SINS 位置测量结果在惯性坐标系分量；$V_{x_a\mathrm{SINS}}$，$V_{y_a\mathrm{SINS}}$，$V_{z_a\mathrm{SINS}}$ 为 SINS 速度测量结果在惯性坐标系分量；x_{aGPS}，y_{aGPS}，z_{aGPS} 为 GPS 位置测量结果在惯性坐标系分量，由 GPS 位置测量结果在地心大地直角坐标系的分量转换得到；$V_{x_a\mathrm{GPS}}$，$V_{y_a\mathrm{GPS}}$，$V_{z_a\mathrm{GPS}}$ 为 GPS 速度测量结果在惯性坐标系分量，由 GPS 速度测量结果在地心大地直角坐标系的分量转换得到。

$$\begin{bmatrix}x_{\mathrm{GPS}}\\ y_{\mathrm{GPS}}\\ z_{\mathrm{GPS}}\end{bmatrix}=\boldsymbol{D}_{\mathrm{g}}^{\mathrm{s}}\begin{bmatrix}X_{\mathrm{GPS}}\\ Y_{\mathrm{GPS}}\\ Z_{\mathrm{GPS}}\end{bmatrix}-\begin{bmatrix}R_{0x}\\ R_{0y}\\ R_{0z}\end{bmatrix} \tag{10.66}$$

$$\begin{bmatrix} x_{aGPS} \\ y_{aGPS} \\ z_{aGPS} \end{bmatrix} = \boldsymbol{A}_a^g \begin{bmatrix} x_{GPS}+R_{0x} \\ y_{GPS}+R_{0y} \\ z_{GPS}+R_{0z} \end{bmatrix} - \begin{bmatrix} R_{0xa} \\ R_{0ya} \\ R_{0za} \end{bmatrix} \tag{10.67}$$

$$\begin{bmatrix} V_{xGPS} \\ V_{yGPS} \\ V_{zGPS} \end{bmatrix} = \boldsymbol{D}_g^s \begin{bmatrix} V_{xGPS} \\ V_{yGPS} \\ V_{zGPS} \end{bmatrix} \tag{10.68}$$

$$\begin{bmatrix} V_{x_aGPS} \\ V_{y_aGPS} \\ V_{z_aGPS} \end{bmatrix} = \boldsymbol{A}_a^g \begin{bmatrix} V_{xGPS} \\ V_{yGPS} \\ V_{zGPS} \end{bmatrix} + \begin{bmatrix} 0 & -\omega_z & \omega_y \\ \omega_z & 0 & -\omega_x \\ -\omega_y & \omega_x & 0 \end{bmatrix} \begin{bmatrix} x_{GPS}+R_{0x} \\ y_{GPS}+R_{0y} \\ z_{GPS}+R_{0z} \end{bmatrix} \tag{10.69}$$

式中：X_{GPS}，Y_{GPS}，Z_{GPS}为GPS位置测量结果在地心大地直角坐标系分量；V_{XGPS}，V_{YGPS}，V_{ZGPS}为GPS速度测量结果在地心大地直角坐标系分量；x_{GPS}，y_{GPS}，z_{GPS}为GPS位置测量结果在发射坐标系分量；V_{xGPS}，V_{yGPS}，V_{zGPS}为GPS速度测量结果在发射坐标系分量；R_{0x}，R_{0y}，R_{0z}为发射点地心矢径在发射坐标系投影；R_{0xa}，R_{0ya}，R_{0za}为发射点地心矢径在惯性坐标系投影；$\boldsymbol{D}_g^s$ 为地心大地直角坐标系与发射坐标系转换矩阵；$\boldsymbol{A}_a^g$ 为发射坐标系与惯性坐标系转换矩阵；ω_x，ω_y，ω_z 为地球自转角速度在发射坐标系分量。

$$\boldsymbol{D}_g^s = \begin{bmatrix} -\sin\lambda_T\sin A_T-\sin B_T\cos A_T\cos\lambda_T & \sin A_T\cos\lambda_T-\sin\lambda_T\sin B_T\cos A_T & \cos B_T\cos A_T \\ \cos\lambda_T\cos B_T & \sin\lambda_T\cos B_T & \sin B_T \\ -\sin\lambda_T\cos A_T+\cos\lambda_T\sin B_T\sin A_T & \cos\lambda_T\cos A_T+\sin\lambda_T\sin B_T\sin A_T & -\sin A_T\cos B_T \end{bmatrix} \tag{10.70}$$

式中：B_T 为发射点天文纬度；A_T 为发射点天文经度；λ_T 为天文瞄准方位角。

$$\boldsymbol{A}_a^g = \begin{bmatrix} 1-\frac{1}{2}(\omega^2-\omega_x^2)t^2 & \frac{1}{2}\omega_x\omega_y t^2-\omega_z t & \frac{1}{2}\omega_x\omega_z t^2+\omega_y t \\ \frac{1}{2}\omega_x\omega_y t^2+\omega_z t & 1-\frac{1}{2}(\omega^2-\omega_y^2)t^2 & \frac{1}{2}\omega_y\omega_z t^2-\omega_x t \\ \frac{1}{2}\omega_x\omega_z t^2-\omega_y t & \frac{1}{2}\omega_y\omega_z t^2+\omega_x t & 1-\frac{1}{2}(\omega^2-\omega_z^2)t^2 \end{bmatrix} \tag{10.71}$$

式中：ω 为地球自转角速度；t 为导弹飞行时间。

$\boldsymbol{H}_H$ 为量测矩阵

$$\boldsymbol{H}_H = [\boldsymbol{I}_{6\times6} \quad \boldsymbol{0}_{6\times16}] \tag{10.72}$$

$\boldsymbol{V}_{kr}$为GPS测量随机误差，假设为在各个时间点上相互独立的零均值白噪声。

$$\begin{aligned} &E[\boldsymbol{V}_{kr}] = [\boldsymbol{0}_{6ad}] \\ &E[\boldsymbol{V}_{kr}\boldsymbol{V}_{kr}^T] = \boldsymbol{R} = \text{diag}[\sigma_{x_aGPS}^2, \sigma_{y_aGPS}^2, \sigma_{z_aGPS}^2, \sigma_{V_{z_a}GPS}^2, \sigma_{V_{z_a}GPS}^2, \sigma_{V_{z_a}GPS}^2, \sigma_{V_{z_a}GPS}^2] \end{aligned} \tag{10.73}$$

式中：$\boldsymbol{R}$ 为观测噪声方差阵。

10.4.3 滤波初始化

1. 状态变量初始化

根据卡尔曼滤波稳定性的定义，如果滤波器是稳定的，则随着滤波时间的增长，状态变量的变化不随滤波初值的改变而改变。

2. 估值均方误差初始化

$$\begin{cases} E[\boldsymbol{X}] = \boldsymbol{\mu}_0 \\ \boldsymbol{P}_0 = E\{[\boldsymbol{X}_0 - \boldsymbol{\mu}_0][\boldsymbol{X}_0 - \boldsymbol{\mu}_0]^{\mathrm{T}}\} \end{cases} \tag{10.74}$$

式中：$\boldsymbol{\mu}_0$ 为状态变量的均值，其中位置误差和速度误差的均值为零，误差系数偏差的均值设为其 1 倍标准差。

10.4.4　系统可观测性、可控性及稳定性分析

可观测性是指系统状态是否可由观测量反映。可控性是指系统状态运动可以到达任何一个指定的状态。滤波的稳定性是指随着滤波时间的增长，状态和估计误差方差阵各自不受其初值的影响。在进行组合制导方法研究之前，首先需要对组合制导系统的可观测性、可控性和稳定性进行分析。

1. 可观测性

在卡尔曼滤波计算过程中，只有可观测的状态参数，才能够得到正确的估值。SINS/GPS 组合制导系统属于时变系统，其可观测性分析较为繁琐，需要积分计算 Grammian 可观测性矩阵。目前解决此问题常用的方法是分段常值系统（piece-wise constant system，PWCS）理论。根据文献的定义，对系统可观测性进行如下分析。

$$n_{\mathrm{f}} = \mathrm{rank}\begin{bmatrix} \boldsymbol{H} \\ \boldsymbol{H\Phi} \\ \vdots \\ \boldsymbol{H\Phi}^{n-1} \end{bmatrix} \tag{10.75}$$

如果 n_{f} 与系统维数 n 相等，则系统完全可观测，否则系统不完全可观测。

按照以上准则对建立的 SINS/GPS 组合制导系统的可观测性进行了仿真计算，得到任一时刻的 n_{f} 均为 6，而 SINS/GPS 组合制导系统的状态变量维数为 22，可知系统是不完全可观测的。

PWCS 方法定性地分析了系统的可观测性，但无法定量地给出每个状态参数的可观测度，而可观测度的大小是我们在进行可观测性分析时比较关心的。文献经过数学推导得出如下结论：误差协方差阵 $\boldsymbol{P}$ 的特征值代表状态参数或状态参数线性组合的方差，通过 $\boldsymbol{P}$ 的特征值和相应的特征向量，可以求得状态参数或状态参数线性组合的可观测度。$\boldsymbol{P}$ 的特征值越大，则相应状态参数或状态参数组合的可观测度就越低。$\boldsymbol{P}$ 的特征值越小，则相应状态参数或状态参数组合的可观测度就越高。

为了对每个状态参数的可观测性进行定量分析，对可观测度作出如下定义：对于状态参数对应的特征值 λ_i，取其倒数 $1/\lambda_i$ 作为可观测度。为了便于比较各状态参数的可观测度，对其进行单位化，即

$$f_i = \frac{1}{\lambda_i} \Big/ \frac{1}{\lambda_{\min}} \tag{10.76}$$

式中：f_i 为每个状态参数单位化后的可观测度；$\lambda_{\min}$ 为误差协方差阵 $\boldsymbol{P}$ 的最小特征值。

根据以上定义，对 SINS/GPS 组合制导系统滤波过程中状态变量的可观测度进行了仿真计算，结果如图 10.5 所示。

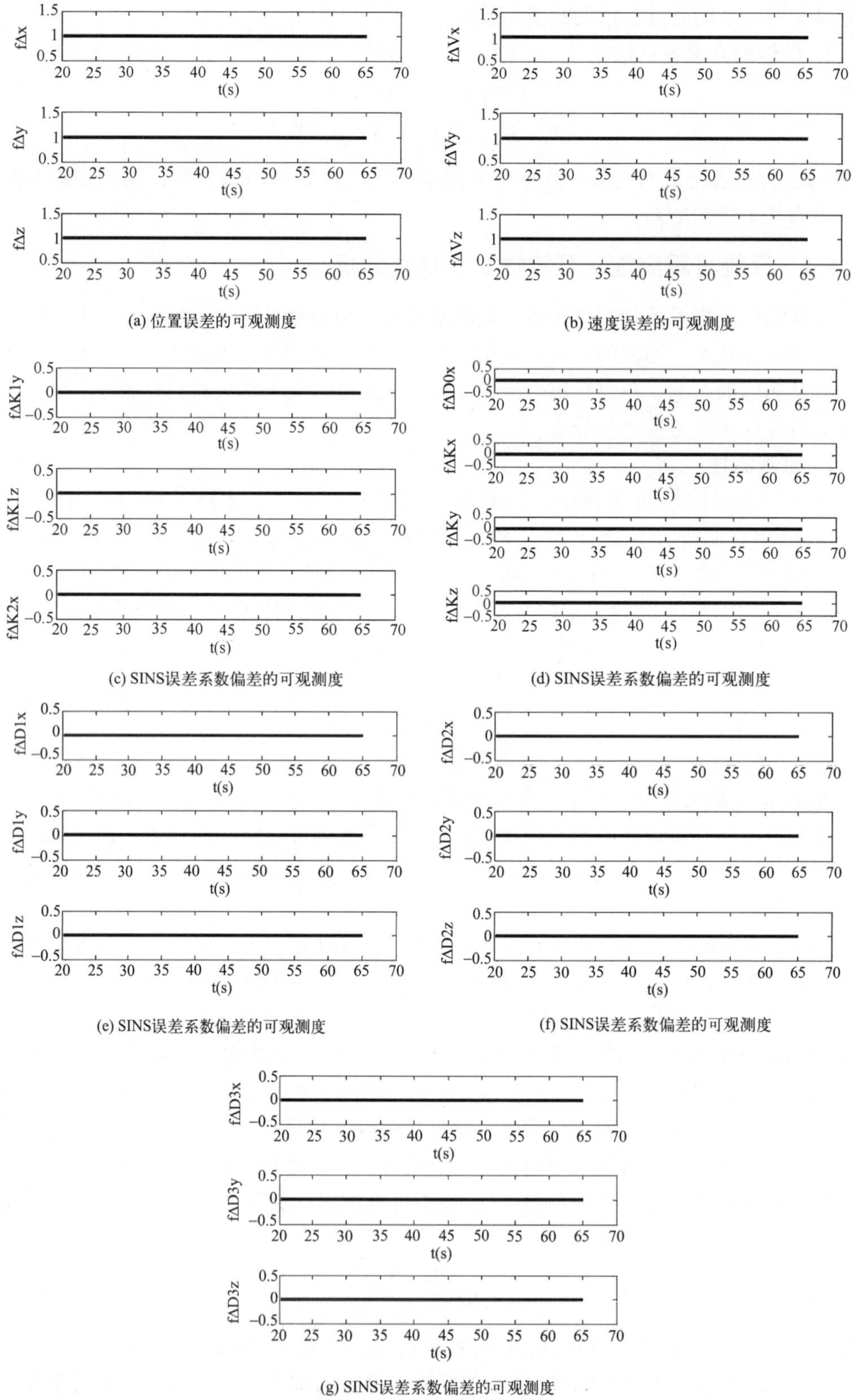

图 10.5　状态变量的可观测度随时间变化曲线

从图 10.5 中可以看出，位置误差和速度误差具有较高的可观测度，这是因为位置和速度参数具有外部测量信息；SINS 误差系数偏差由于缺乏直接测量数据，其可观测度较低。

2. 可控性

离散系统一致完全随机可控的判别式

$$n=\mathrm{rank}\left[\boldsymbol{\Phi}^{n-1}\boldsymbol{\Gamma}\boldsymbol{Q}^{\frac{1}{2}}\quad \boldsymbol{\Phi}^{n-2}\boldsymbol{\Gamma}\boldsymbol{Q}^{\frac{1}{2}}\quad \cdots\quad \boldsymbol{\Gamma}\boldsymbol{Q}^{\frac{1}{2}}\right] \tag{10.77}$$

式中：n 为系统的维数。当满足以上判定条件时，系统一致完全随机可控。

根据以上判别准则，对 SINS/GPS 组合制导系统滤波结束时刻的系统可控性进行计算，结果满足式（10.77），说明系统是一致完全随机可控的。

3. 稳定性

如果系统是一致完全可观测和一致完全可控的，则卡尔曼滤波器是一致渐进稳定的，这是判断滤波稳定性的充分条件。如果建立的组合制导系统不满足以上充分条件，不能肯定滤波器是稳定的，但也不能肯定滤波器是不稳定的，此时需要从稳定性的定义出发对其进行分析。

引理 10.1　对于 $\boldsymbol{\Phi}_i$，当 $i=1,2,\cdots,n$ 的最大特征值绝对值都小于等于 1，且只在有限时刻下 $\boldsymbol{\Phi}_i$ 的最大特征值绝对值等于 1（或略大于 1），则系统是渐进稳定的。

根据引理 10.1，对 SINS/GPS 组合制导系统稳定性进行仿真计算，得到任一时刻 $\boldsymbol{\Phi}_i$ 的最大特征值绝对值都等于 1，可知系统是渐进稳定的。

以某型弹道导弹的一条弹道为标准弹道，加入 SINS 仿真模型和 GPS 误差模型，构建干扰弹道，在此基础上进行 SINS/GPS 紧组合制导卡尔曼滤波仿真计算。设 GPS 系统定位误差为 10.0m（1σ），测速误差为 0.1m/s（1σ）；SINS 误差系数偏差取给定值。

滤波计算后的位置和速度残差如图 10.6 所示。

仿真表明，卡尔曼滤波后的位置、速度误差对惯性测量系统的位置、速度偏差跟踪很好。从图 10.6 中可以看出，卡尔曼滤波后的位置、速度残差小于 GPS 定位、测速偏差，滤波标准差小，因此紧组合导航系统导航精度不仅优于 SINS 导航系统，也优于 GPS 卫星导航系统。

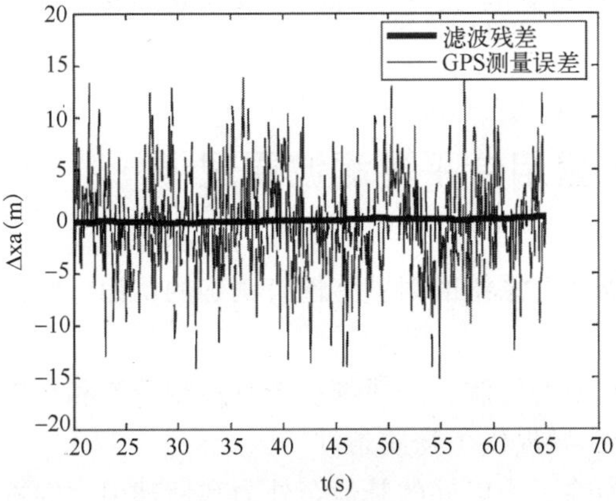

(a) x方向位置误差滤波残差

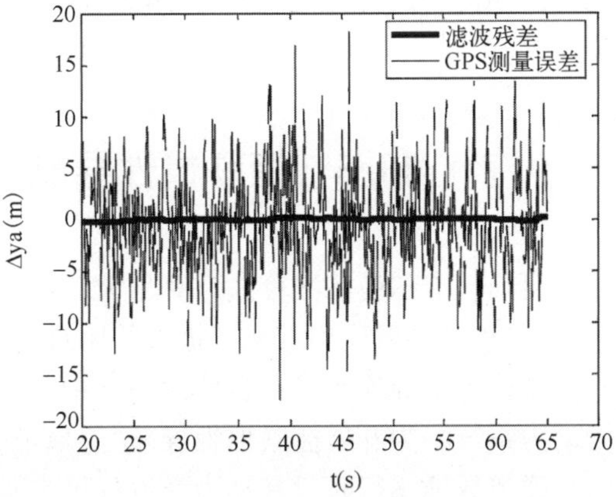

(b) y方向位置误差滤波残差

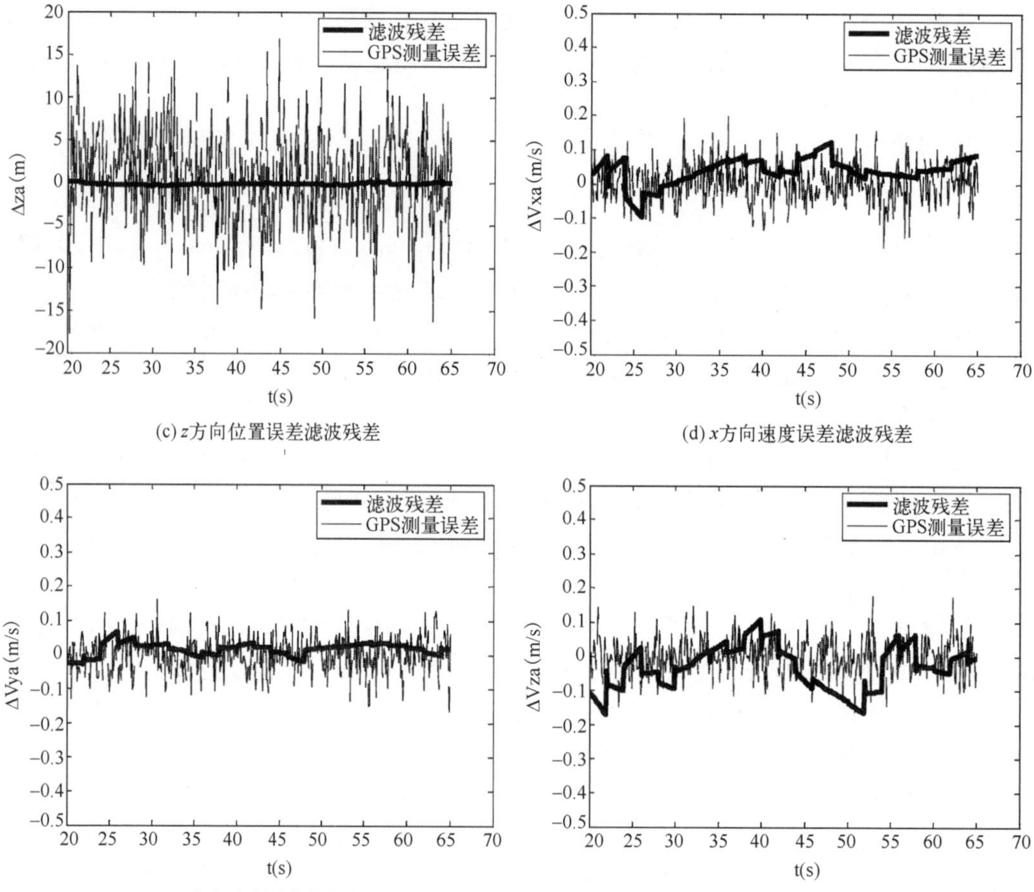

(c) z方向位置误差滤波残差　(d) x方向速度误差滤波残差

(e) y方向速度误差滤波残差　(f) z方向速度误差滤波残差

图 10.6　滤波残差图

具有外部测量信息的速度和位置误差分量是完全可观测的，能够获得较高的可观测度，因此这些状态的卡尔曼滤波收敛速度快、精度高。而其他状态变量在大部分时段内的可观测度较低（几乎为 0），因此卡尔曼滤波得到的 SINS 工具误差系数偏差的估计效果较差。

10.5　捷联惯性导航/卫星组合平滑滤波原理

目前，卡尔曼滤波算法计算量大，并且需要对系统的误差特性有明确的认识，给惯性/卫星组合导航应用带来了极大的困难。

现代弹道导弹为了在自由段进行中制导和姿态控制，一般都携带有控制系统和小推力动力系统，为开展捷联惯性导航/卫星组合制导提供了物质条件。

弹道导弹飞行时，其动力学方程可表示为除引力以外的其他合外力和地球引力的方程，即

$$\begin{cases}\dot{V}_x=\dfrac{F_x}{m}+g_x=\dot{W}_x+g_x\\ \dot{V}_y=\dfrac{F_y}{m}+g_y=\dot{W}_y+g_y\\ \dot{V}_z=\dfrac{F_z}{m}+g_z=\dot{W}_z+g_z\end{cases} \tag{10.78}$$

式中：F_x，F_y，F_z 为除引力以外的其他合外力，当导弹在主动段飞行时，外力包括推力、控制力、气动力。由前述导航计算方法可知，速度积分公式为

$$\begin{aligned}&v_p=v_{m-1}+\Delta W_m+\frac{g_m+g_{m-1}}{2}\Delta T\\&v_{y^n}=v_{yn-1}+\Delta W_{yn}+\frac{g_{yn}+g_{yn-1}}{2}\Delta T\\&V_m=v_{zn-1}+\Delta W_{zn}+\frac{g_{zn}+g_{zn-1}}{2}\Delta T\end{aligned} \tag{10.79}$$

当导弹在自由段飞行时，仅受地球引力的作用。一般情况下，在自由段飞行时，导弹姿态不影响导弹质心运动，可将导弹作为一个质点来研究。为此视加速度 $\dot{W}_x=\dot{W}_y=\dot{W}_z=0$，即每个导航周期的视速度增量 $\Delta W_x=\Delta W_y=\Delta W_z=0$。

采用自由段惯性/卫星组合制导的目的是提高制导精度，当导弹在自由段进行组合制导时，可以消除主动段制导误差，包括：①发射点定位误差；②瞄准误差；③初始姿态误差（不水平度）；④惯性导航误差；⑤头体分离干扰。

以下标 ins 表示主动段导航误差，下标 GPS 表示卫星测量误差，则对于自由段弹道而言，由于 $\Delta W_x=\Delta W_y=\Delta W_z=0$，以 X 方向为例，自由段惯性导航速度和卫星导航速度积分公式分别变为

$$\begin{aligned}&v_{n(n)}=v_{n-1(n)}+\frac{g_n+g_{n-1}}{2}\Delta T\\&v_{n(\mathrm{GPS})}=v_{n-1(\mathrm{GPS})}+\frac{g_n+g_{n-1}}{2}\Delta T\end{aligned} \tag{10.80}$$

式中：n 为当前时间节点，$n-1$ 为前一个时间节点。引力加速度为位置的函数，由于高空引力加速度对位置不敏感，可以认为惯性导航和 GPS 导航速度积分公式中的引力加速度相等，两式相减，得

$$\nu_{xn(\mathrm{ins})}-\nu_{xn-1(\mathrm{ins})}=\nu_{xn(\mathrm{GPS})}-\nu_{xn-1(\mathrm{GPS})} \tag{10.81}$$

整理上式，将同一时刻的 ins 和 GPS 速度移到等式一边有 $\Delta v_{xn}=\Delta v_{xn-1}$，说明惯性导航与卫星导航在 t_n 时刻的速度差与 t_{n-1}时刻的速度差相等，相应地可以得出结论：自由段惯性导航与卫星导航速度在任意时刻之差等于主动段关机点时的速度差 Δv_{xk}。

设主动段关机点的初始位置差为 Δx_k，则两者间任意时刻的位置偏差为

$$\Delta x=\Delta v_{\mathrm{d}}T+\Delta x_x \tag{10.82}$$

由于卫星导航存在随机偏差，各时刻的位置偏差分布如图 10.7 所示。

若使用某一单个时刻的位置差作为制导参数必将带来较大误差，设导弹在自由段测

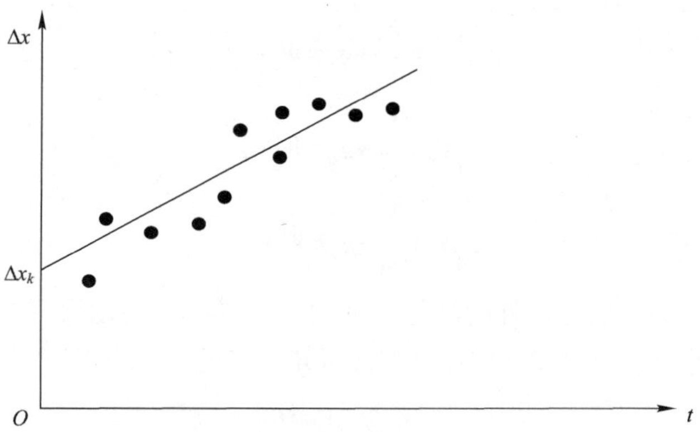

图 10.7　自由段惯性与卫星导航位置差示意图

量并计算出多个惯性导航与卫星导航位置差，即

$$\begin{aligned}\Delta x_{(1)} &= \Delta v_{xk} t_{(1)} + \Delta x_x \\ \Delta x_{(2)} &= \Delta v_{xk} t_{(2)} + \Delta x_x \\ &\vdots \\ \Delta x_{(n)} &= \Delta v_{xk} \Delta t_{(n)} + \Delta x_x\end{aligned} \tag{10.83}$$

令测量值与估计值之差的平方和最小

$$\min Q = \sum_{i=1}^{n} (\Delta x_{(i)} - \Delta v_{xk} t_{(i)} - \Delta x_k)^2 \tag{10.84}$$

则可以通过平滑滤波（最小二乘）方法求取上式中的两个常系数 Δv_{xk} 和 Δx_k。将关机点的速度和位置偏差代入摄动关机方程，求得主动段各项误差造成的主动段关机点纵向和横向偏差，有

$$\begin{aligned}\Delta L &= \frac{\partial L}{\partial v_{xk}}\Delta v_{xk} + \frac{\partial L}{\partial v_{yk}}\Delta v_{yk} + \frac{\partial L}{\partial v_{zk}}\Delta v_{zk} + \frac{\partial L}{\partial x_k}\Delta x_k + \frac{\partial L}{\partial y_k}\Delta y_k + \frac{\partial L}{\partial z_k}\Delta z_k \\ \Delta H &= \frac{\partial H}{\partial v_{xk}}\Delta v_{xk} + \frac{\partial H}{\partial v_{yk}}\Delta v_{yk} + \frac{\partial H}{\partial v_{zk}}\Delta v_{zk} + \frac{\partial H}{\partial x_k}\Delta x_k + \frac{\partial H}{\partial y_k}\Delta y_k + \frac{\partial H}{\partial z_k}\Delta z_k\end{aligned} \tag{10.85}$$

根据所求出的落点纵横向偏差，分别计算在自由段指定时刻（可选取为组合误差计算结束时刻）要修正落点偏差所需要的速度增量，对于纵向偏差可修正发射惯性坐标系水平面 ox 方向的速度，对于横向偏差则可以修正射惯性坐标系水平面 oz 方向的速度。

由于主动段在制导系统的作用下，落点偏差一般很小，可以假设速度修正是在瞬时完成的，且位置偏导数较小，则

$$\frac{\partial L}{\partial x}\Delta x_z + \frac{\partial L}{\partial y}\Delta y_z + \frac{\partial L}{\partial z}\Delta z_z = 0 \tag{10.86}$$

式中：偏导数$\frac{\partial L}{\partial x}$、$\frac{\partial L}{\partial y}$、$\frac{\partial L}{\partial z}$表示落点偏差修正时刻的偏导数，下标 z 表示修正落点偏差时所需要增加的量。

同时考虑到在修正时只改变发射惯性系水平面内的速度，Y 向速度不变，且纵横向相互影响较小，则可以认为

$$\frac{\partial L}{\partial v_y}\Delta v_{yz}+\frac{\partial L}{\partial v_z}\Delta v_{zz}=0 \tag{10.87}$$

则需要修正的纵向偏差与待增的 ox 方向的速度满足以下关系

$$\Delta L=\frac{\partial L}{\partial v_x}\Delta v_x \tag{10.88}$$

从而求得修正纵向偏差所需要的速度增量为

$$\Delta v_{xz}=\frac{\Delta L}{\dfrac{\partial L}{\partial v_x}} \tag{10.89}$$

同理，可求得修正横向偏差所需要的速度增量为

$$\Delta v_{zz}=\frac{\Delta H}{\dfrac{\partial L}{\partial v_z}} \tag{10.90}$$

求得修正纵横向偏差所需要的速度增量后，即可通过开启相应的动力系统对速度进行修正，从而消除主动段制导和非制导误差。

第 11 章　天 文 导 航

天文导航最早应用于航海领域，在海上通过测量天体来确定船舶的位置。在无线电导航技术出现之前，天文导航一直是远洋航海中唯一的导航技术。随着人类航空、航天技术的发展，天文导航也逐渐迎来辉煌的发展时期，特别是在航天领域，在 20 世纪中期的“阿波罗”登月等任务中都应用了天文导航技术。

天文导航系统与惯性导航系统一样，都是自主式的导航系统。在实际应用中，天文导航系统常常与惯性导航系统组合构成组合导航系统，用天文设备测得的不随时间变化的精确姿态或位置数据校正惯性导航系统或进行初始对准，以提高导弹制导精度。

11.1　天文导航基本知识

11.1.1　天文导航基本原理

天文导航是利用对宇宙间星体的测量，根据星体在空间的固有运动规律所提供的已知信息来确定目标（飞行器、船舶等）空间运动参数的一种导航方式。弹道导弹天文导航是用安装在导弹上的测角敏感器（星光敏感器、空间六分仪等）测量导弹指向某一颗恒星和某一颗近天体之间的视线角。

天文导航一般有两种应用模式：一种是通过天文导航求取飞行器位置状态参数，用以修正惯性导航系统的位置位置偏差；另一种是通过天文导航系统求取飞行器姿态偏差，用以导弹初始对准或用于修正惯性导航系统姿态偏差（也可用于推算由于初始对准误差和姿态偏差所造成的导航位置、速度误差）。

天文导航系统计算空间位置需要坐标已知的几个近天体相对已知惯性坐标系的瞄准线方向等光学观测数据，惯性坐标系可任由 2 个不共线的恒星矢量或任意一组 3 条不共面的恒星矢量或平台坐标确定。因此，空间定位只有通过测量近天体才具有位置的几何意义。对定位所需的角度数据测量，实质上是对近天体恒星矢量之间夹角的测量。根据星矢不变性原理，两位置间的恒星矢量夹角不发生测量变化，因此位置的变化就可用角度的变化来表示。对于近地航行，同一恒星位置的微角度变化完全可以不予修正而具有很高的精度。

由测角敏感器测量某恒星和一近天体之间的夹角原理图可知（图 11.1），导弹的位置可由空间的一个圆锥面来确定。由于导弹指向恒星和近天体的瞄准线间夹角是一个已知常值，那么这一组观测数据就可以确定导弹处在圆锥面上。

由于导弹与近天体的距离是未知的，因此暂无法求得导弹的具体位置，此时，需要对第二颗恒星和同一近天体进行第二次测量，则得到两个共顶点的圆锥，两锥相交确定了两条线（图 11.2），导弹位于其中一条线上，但此时仍无法确定导弹具体位于哪一条线上，需要观测第三颗星。

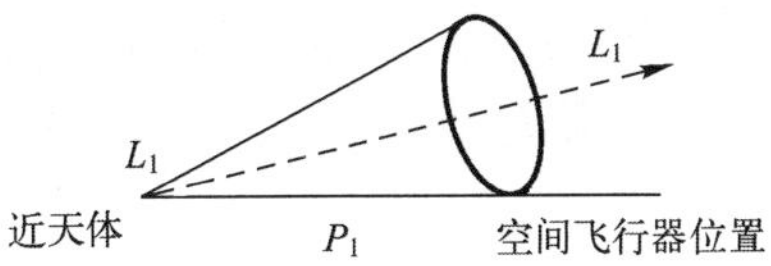

图 11.1　单星观测定位锥

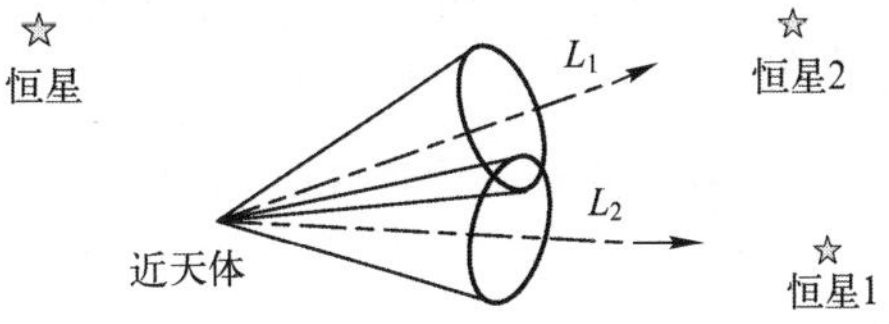

图 11.2　双星观测定位锥

为了确定导弹在线上的位置，需要选择第二个近天体，其到第一个近天体的位置矢量已知。对第二个近天体和第三颗星测量得到第三个圆锥，其与前面两个圆锥相交便确定出两个点（如图 11.3）a 和 c，其中一个位置与导弹已知的惯性导航坐标相差很远，因此可以在 3 个圆锥的两个交点中选出一个真实点，便可表示导弹相对任一近天体的位置。

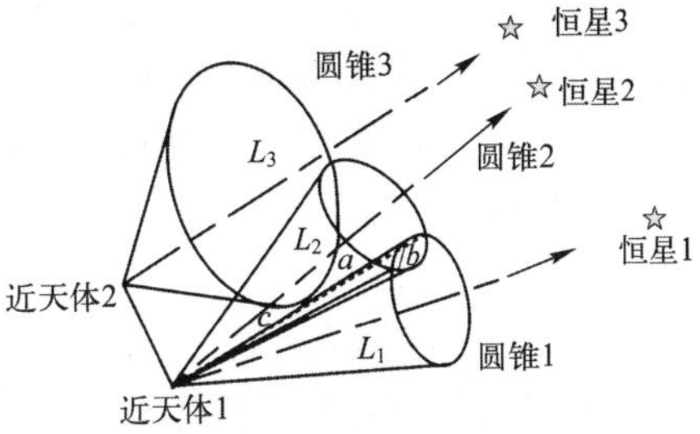

图 11.3　完全定位锥

由上可知，天文定位需要有一个恒星表和至少两个近天体的星历信息，而且其他各种天文定位技术（不论其包括两个近天体，还是包括视距技术或路标跟踪）也都需要这些基本的信息。

11.1.2　天文导航时间系统

天文导航需要观测天体进行导航计算，而天体的运动与时间是密切相关的。时间包括时刻和时间间隔，在应用天文导航时，既要知道测量天体位置的时刻，又要知道天体运动过程经历的时间间隔。

时间系统通常分为世界时、历书时和原子时 3 种计量方式。以地球自转为基准的时间计量系统称为世界时，以地球公转为基准的时间计量系统称为历书时，以物质原子内部不同能级间跃迁辐射的频率为基准的时间计量系统称为原子时。其中，世界时应用最为广泛。

1. 恒星时

恒星时是天文学和大地测量学标示的天文子午圈值，是一种时间系统，以地球真正自转为基础，即从某一恒星升起开始到这一恒星再次升起为一个恒星日（23 时 56 分 04 秒）。考虑地球自转不均匀影响时为真恒星时，否则为平恒星时。

在实际应用中，恒星时是以春分点为基础的，春分点连续两次上中天的时间间隔称为一个恒星日。每个恒星日等分为 24 个恒星时，一个恒星时等分为 60 个恒星分，一个恒星分等分为 60 个恒星秒。

恒星时是通过春分点距子午圈的时角来计算的。若某恒星的赤经为 α，时角为 t，则春分点该时刻的恒星时为

$$S=\alpha+t \tag{11.1}$$

2. 太阳时

太阳时是指以太阳日为标准来计算的时间，可分为真太阳时和平太阳时。真太阳时是选取真太阳（视圆面中心）为基本参考点，以其周日视运动为基准所建立的时间计量系统，用 T_{Θ} 表示。平太阳时是指选取平太阳（假设的参考点，其运动速度相当于真太阳的平均速度）为基本参考点所建立的时间计量系统，用 $T_{\overline{\Theta}}$ 表示。真太阳时与平太阳时之差 η 为

$$\eta = T_{\Theta} - T_{\overline{\Theta}} \tag{11.2}$$

3. 地方时

以一个地方太阳升到最高处的时间为正午 12 时，将连续两个正午 12 时之间等分为 24 个小时，所成的时间系统称为地方时。

恒星时、真太阳时、平太阳时都是用时角来计量的，它们与观测者的子午线有关。地球上不同经度的观测者，在同一瞬间测得的时角是不同的，因此每个观测者都有与他人不同的时间，以地方子午圈为基准所决定的时间称为地方时。

4. 世界时

世界时即格林尼治时间，用 UT（universal time）表示，是格林尼治所在地的标准时间。以本初子午线的平子夜起算的平太阳时，又称格林尼治平时或格林尼治时间。各地的地方平时与世界时之差等于该地的地理经度 λ，即

$$\lambda = T_{\overline{\Theta}} - \mathrm{UT} \tag{11.3}$$

11.1.3 天文导航的优缺点

天文导航技术主要具有以下优点。

（1）自主性强。天文导航技术属于自主导航技术的一种，它以天体为导航信标，不依赖其他外部信息，只是被动地接收天体辐射或反射的光来获取导航信息。

（2）导航精度较高。天文导航的精度主要取决于天体敏感器的精度，短时间内的导航精度要低于惯性导航的精度，但由于其误差不随时间积累，因此长期的导航精度较为稳定。

（3）抗干扰能力强。天体的空间运动不受人为影响，且天体辐射覆盖了 X 射线、紫外、可见光和红外整个电磁波段，具有极强的抗干扰能力，能够适应恶劣的环境（核辐射、强电磁辐射）。

（4）成本较低。天文导航设备主要由天体测量仪器组成，设备简单经济、成本相对较为低廉。

当然，任何一种导航系统都有两面性。天文导航系统在具有以上优点的同时，也存在输出信息不连续、应用于航空和航海领域时容易受地面大气影响等缺点。

11.1.4 天文导航国内外应用现状

美国在 20 世纪 50 年代开始研制弹载天文/惯性组合制导系统，并在空地导弹“空中弩箭”和地地导弹“娜伐霍”上得到应用。70 年代在“三叉戟”I 型潜射远程弹道导弹中采用了天文/惯性组合制导系统，射程为 7400km，命中精度达到 370m。90 年代在“三叉戟”II 型潜射远程弹道导弹应用后，射程为 11100km，命中精度达到 240m。

苏联在 SS2N28 和 SS2N218 两型导弹中应用了弹载天文/惯性组合制导系统，其中，SS2N28 导弹射程为 7950km，命中精度达到 930m；SS2N218 导弹射程为 9200km，命中精度达到 370m。

除了在弹道导弹制导领域的应用，天文导航技术还被广泛应用于卫星、飞船、空间站等空间领域，如美国的“阿波罗”登月工程、苏联“和平号”空间站以及与飞船的交会对接等任务。

11.2　天文导航坐标系及其基本公式

11.2.1　天文导航坐标系

在天文测量中，确定天体在天球上位置的常用坐标系如下。

1. 赤道坐标系

赤道坐标系的基极取为北天极 P，基圈为赤道，零点为春分点 Υ，零经圈为极圈。在该坐标系中，常用赤经 α、赤纬 δ 表示天体的位置，赤经从零经圈起逆时针旋转定义为正。

与赤道坐标系对应的赤道直角坐标系（$O-X_cY_cZ_c$）定义为：坐标系原点 O 为天球中心，Z_c 轴正向指向北天极，X_c 轴正向指向春分点 Υ，Y_c 轴与 X_c 轴、Z_c 轴在天球赤道面内构成右手坐标系，如图 11.4 所示。任一天体在该坐标系中的位置为

$$\boldsymbol{\rho}=\begin{bmatrix}X\\Y\\Z\end{bmatrix}_c=\begin{bmatrix}\cos\delta\cos\alpha\\\cos\delta\sin\alpha\\\sin\delta\end{bmatrix}\tag{11.4}$$

2. 地平坐标系

地平坐标系是以天顶 Z 为基极，地平圈为极圈，上子午圈为零经圈定义的坐标系。天体位置用高低角 h 和方位角 A 来描述，坐标原点可由正南点 S 或正北点 N 起算（通常采用正北点 N 为起算点）。

与地平坐标系对应的地平直角坐标系（$O-X_dY_dZ_d$）定义为：坐标系原点 O 为天球中心，Z_d 轴正向指向天顶，X_d 轴正向指向北极，并与地理子午线相切，Y_d 轴与地心垂线重合，并与 X_d 轴、Z_d 轴在地平面内构成左手坐标系，如图 11.5 所示。任一天体在该坐标系中的位置为

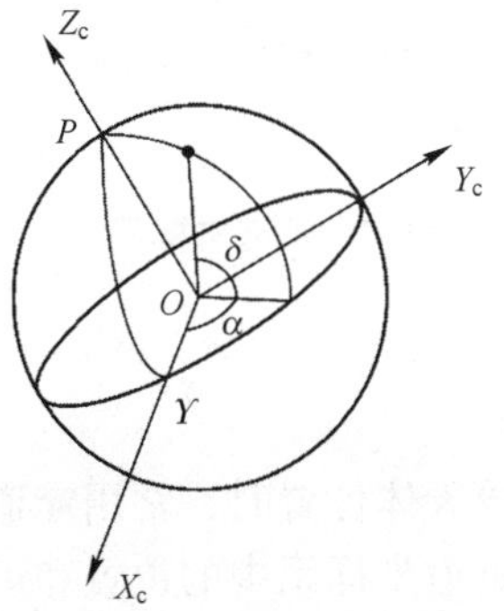

图 11.4　赤道坐标系

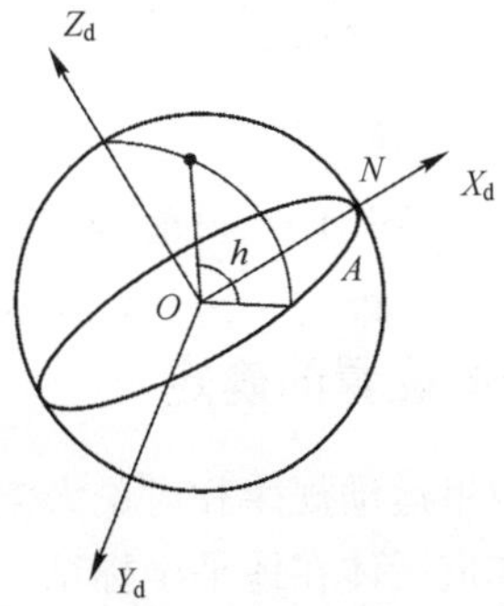

图 11.5　地平坐标系

$$\boldsymbol{\rho}=\begin{bmatrix}X\\Y\\Z\end{bmatrix}_{\mathrm{d}}=\begin{bmatrix}\cos h\cos A\\\cos h\sin A\\\sin h\end{bmatrix}\tag{11.5}$$

3. 时角坐标系

时角坐标系是以北天极 P 为基极，天赤道为极圈，上子午圈为零经圈构成的坐标系。在该坐标系中，天体位置用赤纬 δ 和时角 t（经角）来描述，时角自上点 Q 沿赤道顺时针计量为正，时角随测站位置而变化。

与时角坐标系对应的时角直角坐标系（$O-X_tY_tZ_t$）定义为：坐标系原点 O 为天球中心，Z_t 轴正向指向北天极，X_t 轴正向指向上点 Q，Y_t 轴与 X_t 轴、Z_t 轴在赤道面内构成左手坐标系，如图 11.6 所示。任一天体在该坐标系中的位置为

$$\rho=\begin{bmatrix}X\\Y\\Z\end{bmatrix}_{\mathrm{t}}=\begin{bmatrix}\cos\delta\cos t\\\cos\delta\sin t\\\sin\delta\end{bmatrix}\tag{11.6}$$

4. 黄道坐标系

黄道坐标系是以北黄极为基极，黄道为极圈，过春分点的经圈为零经圈定义的坐标系。坐标原点为春分点，在该坐标系中用黄纬 β 和黄经 l 表示任一天体的位置。黄经 l 为自春分点沿黄道到天体黄经圈逆时针为正；黄纬 β 为自黄道沿黄经圈到天体所夹的弧长，向北为正。

与黄道坐标系对应的黄道直角坐标系（$O-X_hY_hZ_h$）定义为：坐标系原点 O 为天球中心，Z_h 轴正向指向北黄极，X_h 轴正向指向春分点 Y，Y_h 轴与 X_h 轴、Z_h 轴在黄道面内构成右手坐标系，如图 11.7 所示。任一天体在该坐标系中的位置为

$$\boldsymbol{\rho}=\begin{bmatrix}X\\Y\\Z\end{bmatrix}_{\mathrm{h}}=\begin{bmatrix}\cos\beta\cos l\\\cos\beta\sin l\\\sin\beta\end{bmatrix}\tag{11.7}$$

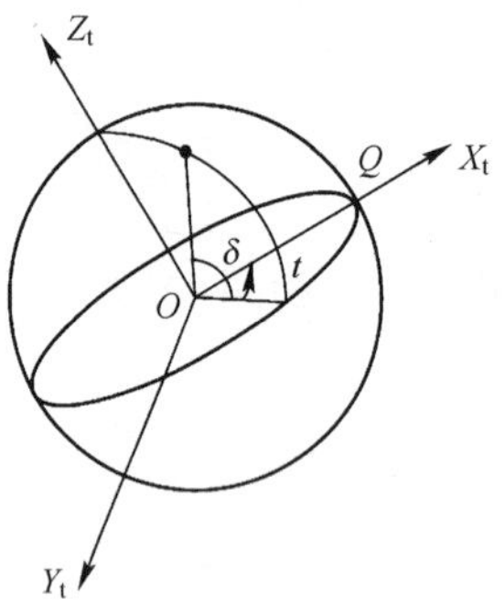

图 11.6　时角坐标系

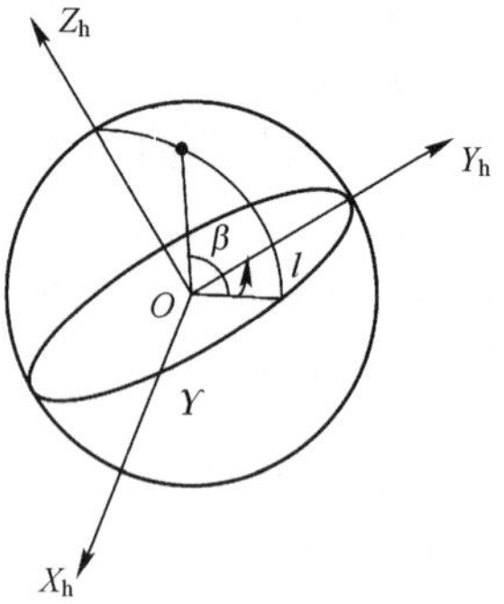

图 11.7　黄道坐标系

11.2.2　天体位置的确定

在研究卫星运动规律和讨论太空中恒星、行星等天体位置时，常用赤道坐标系进行描述。如果知道天体在地平坐标系、时角坐标系和黄道坐标系中的位置和运动参数，便可通过坐标转换方法求得其在赤道坐标系中的位置和运动参数。

1. 时角坐标系到赤道坐标系的转换关系

由时角坐标系和赤道坐标系的定义可知，两坐标系为异手坐标系，其公共轴 Z_c (Z_t)，两坐标系赤纬相同。X_c 轴与 X_t 轴均在赤道面内，但指向不同。设春分点至 X_t 轴的时角为 t_n，则赤经

$$\alpha=t_n-t \tag{11.8}$$

将式（11.8）代入式（11.4），得

$$\boldsymbol{\rho}=\begin{bmatrix}X\\Y\\Z\end{bmatrix}_c=\begin{bmatrix}\cos\delta\cos(t_n-t)\\\cos\delta\sin(t_n-t)\\\sin\delta\end{bmatrix} \tag{11.9}$$

2. 地平坐标系到赤道坐标系的转换关系

地平坐标系到赤道坐标系的转换，首先需要将地平坐标系转到时角坐标系，再将时角坐标系转到赤道坐标系。

由地平坐标系和时角坐标系的定义可知，两坐标系均为左手坐标系，其公共轴为 $Y_d(Y_t)$。将地平坐标系绕 Y_d 轴逆时针旋转 $\psi=-(90°-\phi)$，地平经度从北点开始起算，则绕 Z_d 轴旋转 180°，得到两坐标系之间的关系为

$$\begin{bmatrix}\cos\delta\cos t\\\cos\delta\sin t\\\sin\delta\end{bmatrix}=\begin{bmatrix}-\sin\phi\cos h\cos A+\cos\phi\sin h\\-\cos h\sin A\\\sin\phi\cos h\sin A-\sin\phi\sin h\end{bmatrix} \tag{11.10}$$

根据式（11.9）和式（11.10），得到地平坐标系到赤道坐标系的转换关系为

$$\begin{bmatrix}\cos\delta\cos\alpha\\\cos\delta\sin\alpha\\\sin\delta\end{bmatrix}=\begin{bmatrix}\sin\phi\cos t_n\cos h\cos A+\sin t_n\cos h\cos A-\cos\phi\cos t_n\sin h\\\sin\phi\sin t_n\cos h\cos A-\cos t_n\cos h\cos A-\cos\phi\sin t_n\sin h\\\cos\phi\cos h\cos A+\sin\phi\sin h\end{bmatrix} \tag{11.11}$$

3. 黄道坐标系到赤道坐标系的转换关系

由黄道坐标系和赤道坐标系的定义可知，两坐标系均为右手坐标系，其公共轴为 $X_c(X_h)$。将赤道坐标系绕 X_c 轴旋转 ε 角，使赤道平面与黄道平面重合，得到两坐标系之间的关系为

$$\begin{bmatrix}\cos\delta\cos\alpha\\\cos\delta\sin\alpha\\\sin\delta\end{bmatrix}=\begin{bmatrix}\cos\beta\cos l\\\cos\varepsilon\cos\beta\sin l-\sin\varepsilon\sin\beta\\\sin\varepsilon\cos\beta\sin l+\cos\varepsilon\sin\beta\end{bmatrix} \tag{11.12}$$

11.3　惯性/天文组合导航应用

由于惯性导航系统与天文导航系统各有优缺点，在实际应用当中常常将二者结合构成组合导航系统，利用天文导航系统测得的不随时间变化的精确位置数据来校正惯性导航系统。

11.3.1　惯性/天文组合导航模式

根据惯性器件和星敏感器安装方式的不同，惯性/天文组合导航系统的工作模式通

常分为以下3种：

1. 全平台模式

该模式采用平台式惯性导航系统，星敏感器安装惯性导航的三轴稳定平台上。这种模式的优点是星敏感器工作在相对静态的稳定环境中，测量精度较高，平台校准和对准星体比较方便，其缺点是星敏感器安装于平台上，给平台的结构设计增加了难度。此外，该模式的信息输入、输出、驱动电路等实现起来也比较复杂。

2. 全捷联模式

该模式采用捷联式惯性导航系统，星敏感器和惯性导航所需的陀螺仪、加速度计均直接安装于弹体上，无机械平台，运算基准是由计算机软件构成的“数学平台”，提供位置和姿态信息。该模式具有灵活度高、成本低、可靠性高等优点，但对惯性导航系统和星敏感器的动态性能指标要求较高。

3. 惯性平台/星敏感器捷联模式

该模式采用平台式惯性导航系统，星敏感器直接安装于弹体上，因而对平台结构无任何要求。这种模式的优点是对原有惯性导航系统无需做任何改动，便于星光制导与惯性制导系统的组合。由于星敏感器的光轴方向随弹体姿态的改变而改变，在进行天文观测时，必须精确转动弹体以确保星敏感器准确对星。在弹道导弹飞行过程中，直接固连于弹体上的星敏感器难免会受到弹体振动的影响，进而影响测量精度，所以该模式对星敏感器的动态性能指标要求较高。

11.3.2 惯性/天文组合导航基本原理

1. 坐标系及转换矩阵

惯性/天文组合导航系统的建立涉及发射坐标系、发射惯性坐标系、弹体坐标系等，在此对星敏感器坐标系、平台坐标系及相关转换矩阵进行定义，其余坐标系即转换矩阵如前所述。

1）星敏感器坐标系 $O_sX_sY_sZ_s$

星敏感器坐标系 $O_sX_sY_sZ_s$ 如图11.8所示，$Ouvw$ 表示CCD成像平面坐标系，Y_s 与 u 重合并与光轴 O_sO 方向一致，O_sO 之间距离 f_s 为光学透镜的焦距；第 i 颗恒星在CCD阵列上成像的中心位置为 $p_i(u,v)$，亮度为 I_i；光线 p_iO_s 在CCD面阵的 Ouv 平面的投影为 $p_{ui}O_s$，$p_{ui}O_s$ 与 O_sO 之间的夹角为 α_i，$p_{ui}O_s$ 与 p_iO_s 之间的夹角为 δ_i。

2）平台坐标系 $OX_pY_pZ_p$

导弹竖立在发射台上，不存在初始对准误差和平台漂移误差时，平台坐标系与发射点惯性坐标系（坐标原点在发射点处的惯性坐标系）平行（或重合）。

3）平台坐标系与弹体坐标系之间的转换关系

此处仅定义存在测量误差角和姿态偏差角时的转换关系。当存在测量误差角 $\delta\beta_{xp}$、$\delta\beta_{yp}$、$\delta\beta_{zp}$时，平台框架角的实际输出值为 $\beta_{xp}+\delta\beta_{xp}$、$\beta_{yp}+\delta\beta_{yp}$、$\beta_{zp}+\delta\beta_{zp}$，将其一阶泰勒展开，令

$$\boldsymbol{C}_{\mathrm{p}}^{\mathrm{b}}(\beta_{xp},\beta_{yp},\beta_{zp})=\boldsymbol{C}_{\mathrm{a}}^{\mathrm{b}}(s)=[b_{ij}] \tag{11.13}$$

其中

$$\begin{cases} b_{11}=\cos\phi_{\mathrm{a}}\cos\psi_{\mathrm{a}} \\ b_{12}=\sin\phi_{\mathrm{a}}\cos\psi_{\mathrm{a}} \\ b_{13}=-\sin\psi_{\mathrm{a}} \\ b_{21}=\cos\phi_{\mathrm{a}}\sin\psi_{\mathrm{a}}\sin\gamma_{\mathrm{a}}-\sin\phi_{\mathrm{a}}\cos\gamma_{\mathrm{a}} \\ b_{22}=\sin\phi_{\mathrm{a}}\sin\psi_{\mathrm{a}}\sin\gamma_{\mathrm{a}}+\cos\psi_{\mathrm{a}}\cos\gamma_{\mathrm{a}} \\ b_{23}=\cos\psi_{\mathrm{a}}\sin\gamma_{\mathrm{a}} \\ b_{31}=\cos\phi_{\mathrm{a}}\sin\psi_{\mathrm{a}}\cos\gamma_{\mathrm{a}}+\sin\phi_{\mathrm{a}}\sin\gamma_{\mathrm{a}} \\ b_{32}=\sin\phi_{\mathrm{a}}\sin\psi_{\mathrm{a}}\cos\gamma_{\mathrm{a}}-\cos\phi_{\mathrm{a}}\sin\gamma_{\mathrm{a}} \\ b_{33}=\cos\gamma_{\mathrm{a}}\cos\psi_{\mathrm{a}} \end{cases} \tag{11.14}$$

式中：ϕ_{a}，ψ_{a}，γ_{a} 为导弹绝对俯仰角、绝对偏航角、绝对滚动角。

当存在姿态偏差角 ε_{ϕ}、ε_{ψ}、ε_{γ} 时，实际姿态角为

$$\begin{cases} \phi=\phi_{\mathrm{a}}+\varepsilon_{\phi} \\ \psi=\psi_{\mathrm{a}}+\varepsilon_{\psi} \\ \gamma=\gamma_{\mathrm{a}}+\varepsilon_{\gamma} \end{cases} \tag{11.15}$$

综上，实际测量值的方向余弦矩阵为

$$\overline{\boldsymbol{C}}_{\mathrm{p}}^{\mathrm{b}}=\boldsymbol{C}_{\mathrm{a}}^{\mathrm{b}}(s)+\frac{\partial \boldsymbol{C}_{\mathrm{a}}^{b}}{\partial \phi_{\mathrm{a}}}\varepsilon_{\phi}+\frac{\partial \boldsymbol{C}_{\mathrm{a}}^{\mathrm{b}}}{\partial \psi_{\mathrm{a}}}\varepsilon_{\psi}+\frac{\partial \boldsymbol{C}_{\mathrm{a}}^{\mathrm{b}}}{\partial \gamma_{\mathrm{a}}}\varepsilon_{\gamma}+\frac{\partial \boldsymbol{C}_{\mathrm{p}}^{\mathrm{b}}}{\partial \beta_{x\mathrm{p}}}\delta\beta_{x\mathrm{p}}+\frac{\partial \boldsymbol{C}_{\mathrm{p}}^{\mathrm{b}}}{\partial \beta_{y\mathrm{p}}}\delta\beta_{y\mathrm{p}}+\frac{\partial \boldsymbol{C}_{\mathrm{p}}^{\mathrm{b}}}{\partial \beta_{z\mathrm{p}}}\delta\beta_{z\mathrm{p}} \tag{11.16}$$

式中

$$\begin{cases} \dfrac{\partial \boldsymbol{C}_{\mathrm{a}}^{\mathrm{b}}}{\partial \phi_{\mathrm{a}}}=\begin{bmatrix} -b_{12} & b_{11} & 0 \\ -b_{22} & b_{21} & 0 \\ -b_{32} & b_{31} & 0 \end{bmatrix} \\ \dfrac{\partial \boldsymbol{C}_{\mathrm{a}}^{\mathrm{b}}}{\partial \psi_{\mathrm{a}}}=\begin{bmatrix} b_{13}\cos\phi_{\mathrm{a}} & b_{13}\sin\phi_{\mathrm{a}} & -\cos\psi_{\mathrm{a}} \\ b_{11}\sin\gamma_{\mathrm{a}} & b_{12}\sin\gamma_{\mathrm{a}} & -\sin\gamma_{\mathrm{a}}\sin\psi_{\mathrm{a}} \\ b_{11}\cos\gamma_{\mathrm{a}} & b_{12}\cos\gamma_{\mathrm{a}} & -\cos\gamma_{\mathrm{a}}\cos\psi_{\mathrm{a}} \end{bmatrix} \\ \dfrac{\partial \boldsymbol{C}_{\mathrm{a}}^{\mathrm{b}}}{\partial \gamma_{\mathrm{a}}}=\begin{bmatrix} 0 & 0 & 0 \\ b_{31} & b_{32} & b_{33} \\ -b_{21} & -b_{22} & -b_{23} \end{bmatrix} \end{cases} \tag{11.17}$$

$$\begin{cases} \dfrac{\partial \boldsymbol{C}_{\mathrm{p}}^{\mathrm{b}}}{\partial \beta_{x\mathrm{p}}}=\begin{bmatrix} b_{31}\sin\beta_{z\mathrm{p}} & b_{32}\sin\beta_{z\mathrm{p}} & b_{33}\sin\beta_{z\mathrm{p}} \\ b_{31}\cos\beta_{z\mathrm{p}} & b_{32}\cos\beta_{z\mathrm{p}} & b_{33}\cos\beta_{z\mathrm{p}} \\ b_{32}\sin\beta_{y\mathrm{p}} & -\cos\beta_{x\mathrm{p}} & b_{32}\cos\beta_{y\mathrm{p}} \end{bmatrix} \\ \dfrac{\partial \boldsymbol{C}_{\mathrm{p}}^{\mathrm{b}}}{\partial \beta_{y\mathrm{p}}}=\begin{bmatrix} b_{13} & 0 & -b_{11} \\ b_{23} & 0 & -b_{21} \\ b_{33} & 0 & -b_{31} \end{bmatrix} \\ \dfrac{\partial \boldsymbol{C}_{\mathrm{p}}^{\mathrm{b}}}{\partial \beta_{z\mathrm{p}}}=\begin{bmatrix} b_{21} & b_{22} & b_{23} \\ -b_{11} & -b_{12} & -b_{13} \\ 0 & 0 & 0 \end{bmatrix} \end{cases} \tag{11.18}$$

2. 星敏感器测姿原理

由于测量误差的存在，星敏感器对准星体后，星光标准矢量并不与光轴重合而在CCD 面阵上成像，由图 11.8 中几何关系可得

$$\tan\alpha_i = \frac{u}{f_s} \tag{11.19}$$

$$\tan\delta_i = \frac{v}{f_s/\cos\alpha_i} \tag{11.20}$$

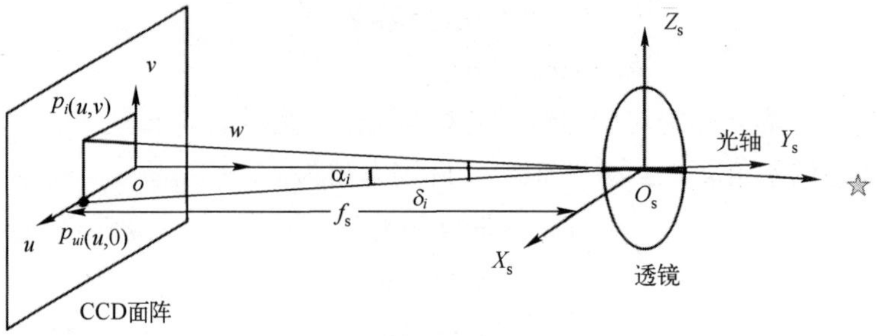

图 11.8　星敏感器测姿原理图

p_iO_s 的单位矢量 $\boldsymbol{S}_s$ 在星敏感器坐标系中表示为

$$\boldsymbol{S}_s = \begin{bmatrix} X_s \\ Y_s \\ Z_s \end{bmatrix} = \begin{bmatrix} -\sin\alpha_i\cos\delta_i \\ \cos\alpha_i\cos\delta_i \\ -\sin\delta_i \end{bmatrix} + \boldsymbol{V}_s \tag{11.21}$$

式中：$\boldsymbol{V}_s$ 为星敏感器测量误差矢量。

单位矢量 $\boldsymbol{S}_s$ 也可以表示为

$$\boldsymbol{S}_s = \frac{1}{\sqrt{u^2+v^2+f_s^2}} \begin{bmatrix} -u \\ f_s \\ -v \end{bmatrix} + \boldsymbol{V}_s \tag{11.22}$$

恒星单位矢量在惯性坐标系中的表示为 $\boldsymbol{S}_a$。假设星敏感器对准某一天区成像，捕获 n 颗恒星，这些恒星在惯性坐标系中的坐标分别为$(X_{a.1}, Y_{a.1}, Z_{a.1})$，$(X_{a.2}, Y_{a.2}, Z_{a.2})$，…，$(X_{a.n}, Y_{a.n}, Z_{a.n})$，在星敏感器坐标系中的坐标分别为$(X_{s1}, Y_{s1}, Z_{s1})$，$(X_{s2}, Y_{s2}, Z_{s2})$，…，$(X_{sn}, Y_{sn}, Z_{sn})$。星敏感器坐标系的三轴 X_s、Y_s、Z_s 在地心惯性空间中的指向分别为(X_X, Y_X, Z_X)，(X_Y, Y_Y, Z_Y)和(X_Z, Y_Z, Z_Z)，则有以下关系：

$$\begin{bmatrix} X_{s1} & Y_{s1} & Z_{s1} \\ X_{s2} & Y_{s2} & Z_{s2} \\ \vdots & & \vdots \\ X_{sn} & Y_{sn} & Z_{sn} \end{bmatrix} = \begin{bmatrix} X_{a.1} & Y_{a.1} & Z_{a.1} \\ X_{a.2} & Y_{a.2} & Z_{a.2} \\ \vdots & & \vdots \\ X_{a.n} & Y_{a.n} & Z_{a.n} \end{bmatrix} \begin{bmatrix} X_X & X_Y & X_Z \\ Y_X & Y_Y & Y_Z \\ Z_X & Z_Y & Z_Z \end{bmatrix} \tag{11.23}$$

设

$$
\boldsymbol{S}=\begin{bmatrix} X_{s1} & Y_{s1} & Z_{s1} \\ X_{s2} & Y_{s2} & Z_{s2} \\ \vdots & & \vdots \\ X_{sn} & Y_{sn} & Z_{sn} \end{bmatrix},\boldsymbol{G}=\begin{bmatrix} X_{a.1} & Y_{a.1} & Z_{a.1} \\ X_{a.2} & Y_{a.2} & Z_{a.2} \\ \vdots & & \vdots \\ X_{a.n} & Y_{a.n} & Z_{a.n} \end{bmatrix}, \quad \boldsymbol{A}=\begin{bmatrix} X_X & X_Y & X_Z \\ Y_X & Y_Y & Y_Z \\ Z_X & Z_Y & Z_Z \end{bmatrix} \tag{11.24}
$$

则式（11.23）可简化为

$$
\boldsymbol{S}=\boldsymbol{G}\boldsymbol{A} \tag{11.25}
$$

当 $n=3$ 时，有

$$
\boldsymbol{A}=\boldsymbol{G}^{-1}\boldsymbol{S} \tag{11.26}
$$

当 $n>3$ 时，采用最小二乘法求解

$$
\boldsymbol{A}=(\boldsymbol{G}^{\mathrm{T}}\boldsymbol{G}^{-1})(\boldsymbol{G}^{\mathrm{T}}\boldsymbol{S}) \tag{11.27}
$$

式中：$\boldsymbol{A}$ 为星敏感器的姿态矩阵。

假设星敏感器坐标系与弹体坐标系重合，$\boldsymbol{A}$ 即为弹体坐标系到惯性坐标系的姿态矩阵 $\boldsymbol{C}_{\mathrm{b}}^{\mathrm{a}}$。弹体 3 次转动的欧拉角顺序是俯仰角 ϕ、偏航角 ψ、滚动角 γ，姿态矩阵 $\boldsymbol{C}_{\mathrm{b}}^{\mathrm{a}}$ 为

$$
\boldsymbol{A}=\boldsymbol{C}_{\mathrm{b}}^{\mathrm{a}}=\begin{bmatrix} \cos\phi\cos\psi & -\sin\phi\cos\gamma+\cos\phi\sin\psi\sin\gamma & \sin\phi\sin\gamma+\cos\phi\sin\psi\cos\gamma \\ \sin\phi\cos\psi & \cos\phi\cos\gamma+\sin\phi\sin\psi\sin\gamma & -\cos\phi\sin\gamma+\sin\phi\sin\psi\cos\gamma \\ -\sin\psi & \cos\psi\sin\gamma & \cos\psi\cos\gamma \end{bmatrix} \tag{11.28}
$$

由于导弹在飞行过程中的姿态角 ϕ、ψ、γ 的取值范围都在 $[-90°,90°]$，则 3 个姿态角的求解公式为

$$
\phi=\arctan\left(\frac{A_{21}}{A_{11}}\right), \quad \psi=-\arcsin(A_{31}), \quad \gamma=\arctan\left(\frac{A_{32}}{A_{33}}\right) \tag{11.29}
$$

3. 天文导航测量信息修正惯性导航误差原理

惯性/天文组合导航系统比纯惯性导航系统的精度高是因为在惯性空间里恒星的方位基本保持不变，尽管星敏感器的像差、地球极轴的进动和章动以及视差等因素使恒星方向有微小的变化，但是它们所造成的姿态误差小于 1"，因此星敏感器就相当于没有漂移的陀螺，所以可以用天文测量信息修正惯性器件误差。

由星敏感器输出的姿态信息可以得到导弹的 3 个姿态角 ϕ、ψ、γ，与惯性导航系统的 3 个姿态角 ϕ_0、ψ_0、γ_0 相减，即可得到导弹的姿态角误差

$$
\Delta\boldsymbol{\varepsilon}=\begin{bmatrix} \varepsilon_\phi \\ \varepsilon_\psi \\ \varepsilon_\gamma \end{bmatrix}=\begin{bmatrix} \phi-\phi_0 \\ \psi-\psi_0 \\ \gamma-\gamma_0 \end{bmatrix} \tag{11.30}
$$

在组合导航系统中将平台误差角 $\Delta\boldsymbol{\varepsilon}$ 作为系统的观测量，通过最优估计的方法实时估计惯性导航系统的误差，并对组合导航系统进行修正，如图 11.9 所示。

11.3.3　惯性/天文组合导航捷联模式建模

1. 星敏感器捷联安装误差

理想情况下，星敏感器在弹体上安装时使 X_s、Y_s、Z_s 轴与弹体坐标系的 X_1、Y_1、Z_1 轴一致，且 Y_s 轴与星敏感器的光轴一致。在实际中，安装误差的存在使星敏感器坐

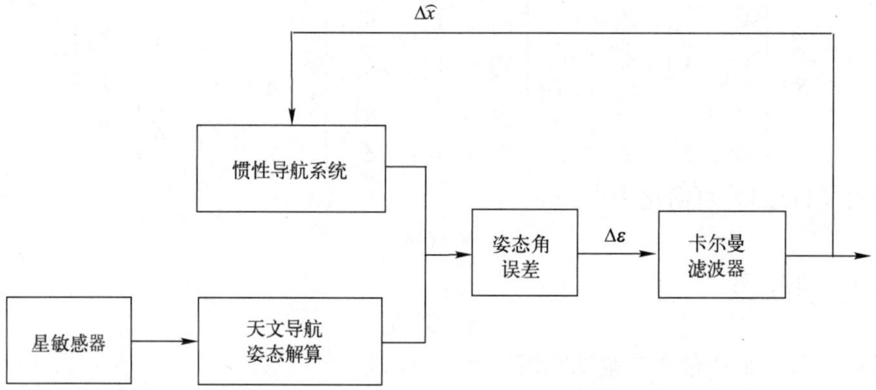

图 11.9　惯性/天文组合导航系统解算框图

标系与弹体坐标系之间存在误差角 $\Delta\phi_a$、$\Delta\psi_a$、$\Delta\gamma_a$，如图 11.10 所示。它们之间的方向余弦矩阵为

$$\boldsymbol{C}_s^b=\begin{bmatrix}1 & -\Delta\phi_a & \Delta\psi_a\\ \Delta\phi_a & 1 & -\Delta\gamma_a\\ -\Delta\psi_a & \Delta\gamma_a & 1\end{bmatrix}=I+\Delta\boldsymbol{C}_s^b \qquad (11.31)$$

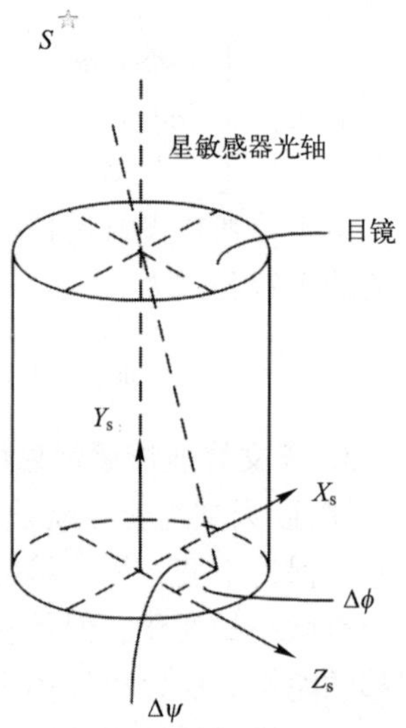

图 11.10　星敏感器捷联式安装示意图

2. 星敏感器测量误差

星敏感器测量时，由于 CCD 器件的热噪声、背景噪声、系统噪声等影响，使其具有一定的测量误差。设星敏感器的输出为

$$\begin{cases}\Delta\phi_s=\Delta\bar{\phi}_s+\delta\phi_s\\ \Delta\psi_s=\Delta\bar{\psi}_s+\delta\psi_s\end{cases} \qquad (11.32)$$

式中：$\Delta\phi_s$，$\Delta\psi_s$ 为星敏感器的实际输出；$\Delta\bar{\phi}_s$、$\Delta\bar{\psi}_s$ 为被测星体与星敏感器光轴夹角的真值；$\delta\phi_s$，$\delta\psi_s$ 为星敏感器的测量误差。

则该模式下星光标准矢量在星敏感器坐标系中的表示为

$$S_s=-\Delta\phi_s\,\bar{i}_s+\bar{j}_s-\Delta\psi_s\,\bar{k}_s \qquad (11.33)$$

3. 测星时弹体姿态的确定

设导弹发射前事先选定的星体在发射惯性系内对应的高低角和方位角分别为 e 和 σ，则星体方位矢量在发射点惯性坐标系中可表示为

$$\bar{\boldsymbol{S}}=S_x\boldsymbol{i}_a+S_y\boldsymbol{j}_a+S_z\boldsymbol{k}_a \qquad (11.34)$$

其分量形式为

$$\begin{cases}S_x=\cos e\cos\sigma\\ S_y=\sin e\\ S_z=\cos e\sin\sigma\end{cases} \qquad (11.35)$$

欲使星敏感器的 Y_s 轴与所选星体对准，即使弹体系 Y_1 轴与 $\boldsymbol{S}$ 一致。此时先给定一个欧拉角 $\psi_s=\psi_s^*$，则可以求得另外两个欧拉角 ϕ_s 和 γ_s 的公式。

由发射惯性坐标系到弹体坐标系的方向余弦矩阵为

$$\boldsymbol{C}_{a}^{b}=\begin{bmatrix}\cos\phi_s\cos\psi_s & \sin\phi_s\cos\psi_s & -\sin\psi_s\\ \cos\phi_s\sin\psi_s\sin\gamma_s-\sin\phi_s\cos\gamma_s & \sin\phi_s\sin\psi_s\sin\gamma_s+\cos\phi_s\cos\gamma_s & \cos\psi_s\sin\gamma_s\\ \cos\phi_s\sin\psi_s\cos\gamma_s+\sin\phi_s\sin\gamma_s & \sin\phi_s\sin\psi_s\cos\gamma_s-\cos\phi_s\sin\gamma_s & \cos\psi_s\cos\gamma_s\end{bmatrix}=[q_{ij}] \tag{11.36}$$

弹体坐标系 Y_1 轴方向的单位矢量可表示为

$$\begin{aligned}\bar{\boldsymbol{y}}_1=&(\cos\phi_s\sin\psi_s\sin\gamma_s-\sin\phi_s\cos\gamma_s)\boldsymbol{i}_b\\&+(\sin\phi_s\sin\psi_s\sin\gamma_s+\cos\phi_s\cos\gamma_s)\boldsymbol{j}_b+(\cos\psi_s\sin\gamma_s)\boldsymbol{k}_b\end{aligned} \tag{11.37}$$

使 $\bar{\boldsymbol{y}}_1$ 与 $\boldsymbol{S}$ 一致，则比较式（11.34）和式（11.37），可得

$$\begin{cases}\sin\gamma_s=S_z/\cos\psi_s^*\\ \sin\phi_s=(S_y\sin\psi_s\sin\gamma_s-S_x\cos\gamma_s)/(S_x^2+S_y^2)\\ \cos\phi_s=(S_y\cos\gamma_s+S_x\sin\psi_s\sin\gamma_s)/(S_x^2+S_y^2)\end{cases} \tag{11.38}$$

由式（11.38）便可唯一确定测星时刻导弹的姿态 ϕ_s 和 γ_s。

4. 从平台坐标系到弹体坐标系的方向余弦矩阵

设与弹体姿态角 ϕ_s、ψ_s、γ_s 对应的平台框架角分别为 β_{xp}、β_{yp}、β_{zp}，这两组欧拉角均可用来确定弹体坐标系和平台坐标系相对角位置，即它们所确定的坐标转换矩阵唯一。已知平台坐标系到弹体坐标系的方向余弦转换矩阵为

$$\boldsymbol{C}_{p}^{b}=\boldsymbol{C}_{a}^{b}=\begin{bmatrix}\sin\beta_{xp}\sin\beta_{yp}\sin\beta_{zp}+\cos\beta_{yp}\cos\beta_{zp} & \cos\beta_{zp}\sin\beta_{zp} & \sin\beta_{xp}\cos\beta_{yp}\sin\beta_{zp}-\sin\beta_{yp}\cos\beta_{zp}\\ \sin\beta_{xp}\sin\beta_{yp}\cos\beta_{zp}-\cos\beta_{yp}\sin\beta_{zp} & \cos\beta_{zp}\cos\beta_{zp} & \sin\beta_{xp}\cos\beta_{yp}\cos\beta_{zp}+\sin\beta_{yp}\sin\beta_{zp}\\ \cos\beta_{xp}\sin\beta_{yp} & -\sin\beta_{xp} & \cos\beta_{xp}\cos\beta_{yp}\end{bmatrix} \tag{11.39}$$

当弹体的姿态角确定后，便可根据 $\boldsymbol{C}_p^b$ 求出对应的 β_{xp}、β_{yp}、β_{zp}。但实际中由于姿控系统量化误差和系统本身动、静差的存在，测星时框架角传感器的实际输出为

$$\begin{cases}\beta_{xp}=\bar{\beta}_{xp}+\Delta\beta_{xp}\\ \beta_{yp}=\bar{\beta}_{yp}+\Delta\beta_{yp}\\ \beta_{zp}=\bar{\beta}_{zp}+\Delta\beta_{zp}\end{cases} \tag{11.40}$$

式中：$\bar{\beta}_{xp}$，$\bar{\beta}_{yp}$，$\bar{\beta}_{zp}$ 为平台框架角真值；$\Delta\beta_{xp}$，$\Delta\beta_{yp}$，$\Delta\beta_{zp}$ 为数字化姿控系统量化误差和系统本身动、静差的影响。

设框架角传感器测量误差为 $\delta\beta_{xp}$、$\delta\beta_{yp}$、$\delta\beta_{zp}$，则真实的框架角应为

$$\begin{cases}\beta_{xp}=\bar{\beta}_{xp}+\Delta\beta_{xp}-\delta\beta_{xp}\\ \beta_{yp}=\bar{\beta}_{yp}+\Delta\beta_{yp}-\delta\beta_{yp}\\ \beta_{zp}=\bar{\beta}_{zp}+\Delta\beta_{zp}-\delta\beta_{zp}\end{cases} \tag{11.41}$$

则 $\boldsymbol{C}_p^b$ 可写为

$$\boldsymbol{C}_p^b=\bar{\boldsymbol{C}}_p^b+\frac{\partial \boldsymbol{C}_p^b}{\partial\beta_{xp}}(\Delta\beta_{xp}-\delta\beta_{xp})+\frac{\partial \boldsymbol{C}_p^b}{\partial\beta_{yp}}(\Delta\beta_{yp}-\delta\beta_{yp})+\frac{\partial \boldsymbol{C}_p^b}{\partial\beta_{zp}}(\Delta\beta_{zp}-\delta\beta_{zp}) \tag{11.42}$$

式中：$\bar{\boldsymbol{C}}_p^b$ 为平台坐标系到弹体坐标系方向余弦矩阵的真值矩阵，其中

$$
\begin{cases}
\dfrac{\partial \boldsymbol{C}_{\mathrm{p}}^{\mathrm{b}}}{\partial \beta_{x\mathrm{p}}}=\begin{bmatrix} q_{31}\sin\beta_{z\mathrm{p}} & q_{32}\sin\beta_{z\mathrm{p}} & q_{33}\sin\beta_{z\mathrm{p}} \\ q_{31}\cos\beta_{z\mathrm{p}} & q_{32}\cos\beta_{z\mathrm{p}} & q_{33}\cos\beta_{z\mathrm{p}} \\ q_{32}\sin\beta_{y\mathrm{p}} & -\cos\beta_{x\mathrm{p}} & q_{32}\cos\beta_{y\mathrm{p}} \end{bmatrix} \\
\dfrac{\partial \boldsymbol{C}_{\mathrm{p}}^{\mathrm{b}}}{\partial \beta_{y\mathrm{p}}}=\begin{bmatrix} q_{13} & 0 & -q_{11} \\ q_{23} & 0 & -q_{21} \\ q_{33} & 0 & -q_{31} \end{bmatrix} \\
\dfrac{\partial \boldsymbol{C}_{\mathrm{p}}^{\mathrm{b}}}{\partial \beta_{z\mathrm{p}}}=\begin{bmatrix} q_{21} & q_{22} & q_{23} \\ -q_{11} & -q_{12} & -q_{13} \\ 0 & 0 & 0 \end{bmatrix}
\end{cases} \tag{11.43}
$$

5. 从平台坐标系到发射惯性坐标系的方向余弦矩阵

由于发射点定位定向误差、平台初始对准误差以及平台在导弹飞行过程中的漂移误差的存在，使得平台坐标系与发射惯性坐标系之间存在误差角 $\alpha_{x\mathrm{p}}$、$\alpha_{y\mathrm{p}}$、$\alpha_{z\mathrm{p}}$，它们分别是绕 x、y、z 轴的小转角，所以有

$$
\boldsymbol{C}_{\mathrm{p}}^{\mathrm{a}}=\begin{bmatrix} 1 & -\alpha_{z\mathrm{p}} & \alpha_{y\mathrm{p}} \\ \alpha_{z\mathrm{p}} & 1 & -\alpha_{x\mathrm{p}} \\ -\alpha_{y\mathrm{p}} & \alpha_{x\mathrm{p}} & 1 \end{bmatrix}=\boldsymbol{I}+\Delta\boldsymbol{C}_{\mathrm{p}}^{\mathrm{a}} \tag{11.44}
$$

6. 误差角 $\boldsymbol{\alpha}_x$、$\boldsymbol{\alpha}_y$、$\boldsymbol{\alpha}_z$ 的确定

设星敏感器测量值和平台框架角输出值计算平台坐标系与发射惯性坐标系之间的误差角为 α_x、α_y、α_z。

1）发射惯性坐标系与星敏感器坐标系之间的方向余弦转换矩阵的确定

发射惯性坐标系到星敏感器坐标系的转换方程为

$$
\begin{bmatrix} x_{\mathrm{s}} \\ y_{\mathrm{s}} \\ z_{\mathrm{s}} \end{bmatrix}=\boldsymbol{C}_{a}^{\mathrm{s}}\begin{bmatrix} x_{\mathrm{a}} \\ y_{\mathrm{a}} \\ z_{\mathrm{a}} \end{bmatrix} \tag{11.45}
$$

式中

$$
\boldsymbol{C}_{\mathrm{a}}^{\mathrm{s}}=\boldsymbol{C}_{\mathrm{b}}^{\mathrm{s}}\boldsymbol{C}_{\mathrm{p}}^{\mathrm{b}}\boldsymbol{C}_{\mathrm{a}}^{\mathrm{p}} \tag{11.46}
$$

将上式展开，得

$$
\begin{aligned}
\boldsymbol{C}_{\mathrm{a}}^{\mathrm{s}}=(\boldsymbol{I}+\Delta\boldsymbol{C}_{\mathrm{b}}^{\mathrm{s}})\Big[&\boldsymbol{C}_{\mathrm{a}}^{\mathrm{b}}(s)+\frac{\partial \boldsymbol{C}_{\mathrm{a}}^{\mathrm{b}}}{\partial \phi_{\mathrm{a}}}\varepsilon_{\phi}+\frac{\partial \boldsymbol{C}_{\mathrm{a}}^{\mathrm{b}}}{\partial \psi_{\mathrm{a}}}\varepsilon_{\psi}+\frac{\partial \boldsymbol{C}_{\mathrm{a}}^{\mathrm{b}}}{\partial \gamma_{\mathrm{a}}}\varepsilon_{\gamma} \\
&+\frac{\partial \boldsymbol{C}_{\mathrm{p}}^{\mathrm{b}}}{\partial \beta_{x\mathrm{p}}}\delta\beta_{x\mathrm{p}}+\frac{\partial \boldsymbol{C}_{\mathrm{p}}^{\mathrm{b}}}{\partial \beta_{y\mathrm{p}}}\delta\beta_{y\mathrm{p}}+\frac{\partial \boldsymbol{C}_{\mathrm{p}}^{\mathrm{b}}}{\partial \beta_{z\mathrm{p}}}\delta\beta_{z\mathrm{p}}\Big](\boldsymbol{I}+\Delta\boldsymbol{C}_{\mathrm{a}}^{\mathrm{p}})
\end{aligned} \tag{11.47}
$$

略去二阶小量相乘的结果，得

$$
\begin{aligned}
\boldsymbol{C}_{\mathrm{a}}=&\boldsymbol{C}_{\mathrm{a}}^{\mathrm{b}}(s)+\Delta\boldsymbol{C}_{\mathrm{b}}^{\mathrm{s}}\boldsymbol{C}_{\mathrm{a}}^{\mathrm{b}}(s)+\boldsymbol{C}_{\mathrm{a}}^{\mathrm{b}}(s)\Delta\boldsymbol{C}_{\mathrm{a}}^{\mathrm{p}} \\
&+\frac{\partial \boldsymbol{C}_{\mathrm{a}}^{\mathrm{b}}}{\partial \phi_{\mathrm{a}}}\varepsilon_{\phi}+\frac{\partial \boldsymbol{C}_{\mathrm{a}}^{\mathrm{b}}}{\partial \psi_{\mathrm{a}}}\varepsilon_{\psi}+\frac{\partial \boldsymbol{C}_{\mathrm{a}}^{\mathrm{b}}}{\partial \gamma_{\mathrm{a}}}\varepsilon_{\gamma}+\frac{\partial \boldsymbol{C}_{\mathrm{p}}^{\mathrm{b}}}{\partial \beta_{x\mathrm{p}}}\delta\beta_{x\mathrm{p}}+\frac{\partial \boldsymbol{C}_{\mathrm{p}}^{\mathrm{b}}}{\partial \beta_{y\mathrm{p}}}\delta\beta_{y\mathrm{p}}+\frac{\partial \boldsymbol{C}_{\mathrm{p}}^{\mathrm{b}}}{\partial \beta_{z\mathrm{p}}}\delta\beta_{z\mathrm{p}}
\end{aligned} \tag{11.48}
$$

2）根据测量值确定误差角 α_x、α_y、α_z 的最佳估计值 $\widetilde{\alpha}_x$、$\widetilde{\alpha}_y$、$\widetilde{\alpha}_z$

将式（11.45）代入式（11.33），得

$$\boldsymbol{S}_s = (-\Delta\phi_s \quad 1 \quad -\Delta\psi_s)\begin{bmatrix} x_s^0 \\ y_s^0 \\ z_s^0 \end{bmatrix} = (-\Delta\phi_s \quad 1 \quad -\Delta\psi_s)\boldsymbol{C}_a^5\begin{bmatrix} x_a^0 \\ y_a^0 \\ z_a^0 \end{bmatrix} \tag{11.49}$$

又由 $\boldsymbol{C}_a^b(s)$ 可写出

$$\boldsymbol{S}_s = (0 \quad 1 \quad 0)\boldsymbol{C}_a^b(s)\begin{bmatrix} x_a^0 \\ y_a^0 \\ z_a^0 \end{bmatrix} \tag{11.50}$$

将式（11.48）代入式（11.49），然后与式（11.50）比较，得

$$\begin{aligned}(0 \quad 1 \quad 0)\boldsymbol{C}_a^b(s) = (-\Delta\phi_s \quad 1 \quad -\Delta\psi_s)\Big[&\boldsymbol{C}_a^b(s) + \Delta\boldsymbol{C}_b^s\boldsymbol{C}_a^b(s) + \boldsymbol{C}_a^b(s)\Delta\boldsymbol{C}_a^p \\ &+ \frac{\partial \boldsymbol{C}_a^b}{\partial \phi_a}\varepsilon_\phi + \frac{\partial \boldsymbol{C}_a^b}{\partial \psi_a}\varepsilon_\psi + \frac{\partial \boldsymbol{C}_a^b}{\partial \gamma_a}\varepsilon_\gamma + \frac{\partial \boldsymbol{C}_p^b}{\partial \beta_{xp}}\delta\beta_{xp} + \frac{\partial \boldsymbol{C}_p^b}{\partial \beta_{yp}}\delta\beta_{yp} + \frac{\partial \boldsymbol{C}_p^b}{\partial \beta_{zp}}\delta\beta_{zp}\Big]\end{aligned} \tag{11.51}$$

将上式展开，并略去二阶小量相乘的结果，得

$$\begin{aligned}(0 \quad 1 \quad 0)\boldsymbol{C}_a^b(s) = {}&(0 \quad 1 \quad 0)\boldsymbol{C}_a^b(s) + (-\Delta\phi_s \quad 0 \quad -\Delta\psi_s)\boldsymbol{C}_a^b(s) + (0 \quad 1 \quad 0)\Delta\boldsymbol{C}_b^s\boldsymbol{C}_a^b(s) \\ &+ (0 \quad 1 \quad 0)\boldsymbol{C}_a^b(s)\Delta\boldsymbol{C}_a^p \\ &+ (0 \quad 1 \quad 0)\left(\frac{\partial \boldsymbol{C}_a^b}{\partial \phi_a}\varepsilon_\phi + \frac{\partial \boldsymbol{C}_a^b}{\partial \psi_a}\varepsilon_\psi + \frac{\partial \boldsymbol{C}_a^b}{\partial \gamma_a}\varepsilon_\gamma + \frac{\partial \boldsymbol{C}_p^b}{\partial \beta_{xp}}\delta\beta_{xp} + \frac{\partial \boldsymbol{C}_p^b}{\partial \beta_{yp}}\delta\beta_{yp} + \frac{\partial \boldsymbol{C}_p^b}{\partial \beta_{zp}}\delta\beta_{zp}\right)\end{aligned} \tag{11.52}$$

即

$$\begin{aligned}(0 \quad 1 \quad 0)\boldsymbol{C}_a^b(s)\Delta\boldsymbol{C}_a^p = {}&(\Delta\phi_s \quad 0 \quad \Delta\psi_s)\boldsymbol{C}_a^b(s) + (0 \quad -1 \quad 0)\Delta\boldsymbol{C}_b^s\boldsymbol{C}_a^b(s) \\ &+ (0 \quad -1 \quad 0)\left(\frac{\partial \boldsymbol{C}_a^b}{\partial \phi_a}\varepsilon_\phi + \frac{\partial \boldsymbol{C}_a^b}{\partial \psi_a}\varepsilon_\psi + \frac{\partial \boldsymbol{C}_a^b}{\partial \gamma_a}\varepsilon_\gamma + \frac{\partial \boldsymbol{C}_p^b}{\partial \beta_{xp}}\delta\beta_{xp} + \frac{\partial \boldsymbol{C}_p^b}{\partial \beta_{yp}}\delta\beta_{yp} + \frac{\partial \boldsymbol{C}_p^b}{\partial \beta_{zp}}\delta\beta_{zp}\right)\end{aligned} \tag{11.53}$$

将上式展开写成标量形式，得

$$\begin{cases} b_{23}\alpha_y - b_{22}\alpha_z = b_{11}(\Delta\phi_s + \Delta\phi_a - \sin\gamma_a\varepsilon_\psi) + b_{31}(\Delta\psi_s - \Delta\gamma_a - \varepsilon_\gamma) + b_{23}\varepsilon_\phi + \nu_1 \\ -b_{23}\alpha_x + b_{21}\alpha_z = b_{12}(\Delta\phi_s + \Delta\phi_a - \sin\gamma_a\varepsilon_\psi) + b_{32}(\Delta\psi_s - \Delta\gamma_a - \varepsilon_\gamma) - b_{21}\varepsilon_\phi + \nu_2 \\ b_{22}\alpha_x - b_{21}\alpha_y = b_{13}(\Delta\phi_s + \Delta\phi_a - \sin\gamma_a\varepsilon_\psi) + b_{33}(\Delta\psi_s - \Delta\gamma_a - \varepsilon_\gamma) + \nu_3 \end{cases} \tag{11.54}$$

式中

$$\begin{cases} \nu_1 = -b_{11}(\delta\phi_s + \delta\phi_a - \delta\beta_{zp}) - b_{31}(\cos\beta_{zs}\delta\beta_{xp} + \delta\gamma_a + \delta\psi_s) - b_{23}\delta\beta_{yp} \\ \nu_2 = -b_{12}(\delta\phi_s + \delta\phi_a - \delta\beta_{zp}) - b_{32}(\cos\beta_{zs}\delta\beta_{xp} + \delta\gamma_a + \delta\psi_s) \\ \nu_3 = -b_{13}(\delta\phi_s + \delta\phi_a - \delta\beta_{zp}) - b_{33}(\cos\beta_{zs}\delta\beta_{xp} + \delta\gamma_a + \delta\psi_s) - b_{21}\delta\beta_{yp} \end{cases} \tag{11.55}$$

ν_1、ν_2、ν_3 是星敏感器测量误差（$\delta\phi_s$、$\delta\psi_s$）、星敏感器安装误差（$\delta\phi_a$、$\delta\gamma_a$）、平台框架角传感器测量误差（$\delta\beta_{xp}$、$\delta\beta_{yp}$、$\delta\beta_{zp}$）等随机变量的线性函数。式（11.54）中，等号右端除 ν_1、ν_2、ν_3 外，其余均为测量量、已标定量（$\Delta\phi_a$、$\Delta\gamma_a$）的线性函数。该方程组是关于 3 个未知量（α_x、α_y、α_z）的 3 个方程，即由同一个矢量导出的 3 个方程组成，但只有两个是独立的，因此测量一颗星不能确定 3 个误差角，至少需要测量 2 颗

不在同一方位上的星体。假定对第一颗星观测 n 次，测量参数用上标（1）标注；对第二颗星测量 m 次，测量参数用上标（2）标注，则可写出 $3\times(m+n)$ 个方程，即

$$\begin{cases}
b_{23}^{(1)}\alpha_y-b_{22}^{(1)}\alpha_z=b_{11}^{(1)}[\Delta\phi_z^{(1)}(i)+\Delta\phi_a-\sin\gamma_a^{(1)}\varepsilon_\psi^{(1)}(i)]+b_{31}^{(1)}[\Delta\psi_z^{(1)}(i)-\Delta\gamma_a-\varepsilon_\gamma^{(1)}(i)]+b_{23}^{(1)}\varepsilon_\phi^{(1)}(i)+\nu_1^{(1)}(i)\\
-b_{23}^{(1)}\alpha_x+b_{21}^{(1)}\alpha_z=b_{12}^{(1)}[\Delta\phi_z^{(1)}(i)+\Delta\phi_a-\sin\gamma_a^{(1)}\varepsilon_\psi^{(1)}(i)]+b_{32}^{(1)}[\Delta\psi_z^{(1)}(i)-\Delta\gamma_a-\varepsilon_\gamma^{(1)}(i)]-b_{21}^{(1)}\varepsilon_\phi^{(1)}(i)+\nu_2^{(1)}(i)\\
b_{22}^{(1)}\alpha_x-b_{21}^{(1)}\alpha_y=b_{13}^{(1)}[\Delta\phi_z^{(1)}(i)+\Delta\phi_\alpha-\sin\gamma_\alpha^{(1)}\varepsilon_\psi^{(1)}(i)]+b_{33}^{(1)}[\Delta\psi_z^{(1)}(i)-\Delta\gamma_\alpha-\varepsilon_\gamma^{(1)}(i)]+\nu_3^{(1)}(i)\\
b_{23}^{(2)}\alpha_y-b_{22}^{(2)}\alpha_z=b_{11}^{(2)}[\Delta\phi_z^{(2)}(i)+\Delta\phi_a-\sin\gamma_a^{(2)}\varepsilon_\psi^{(2)}(i)]+b_{31}^{(2)}[\Delta\psi_z^{(2)}(i)-\Delta\gamma_a-\varepsilon_\gamma^{(2)}(i)]+b_{22}^{(2)}\varepsilon_\phi^{(2)}(i)+\nu_1^{(2)}(i)\\
-b_{23}^{(2)}\alpha_x+b_{21}^{(2)}\alpha_z=b_{12}^{(2)}[\Delta\phi_z^{(2)}(i)+\Delta\phi_a-\sin\gamma_a^{(2)}\varepsilon_\psi^{(2)}(i)]+b_{32}^{(2)}[\Delta\psi_z^{(2)}(i)-\Delta\gamma_a-\varepsilon_\gamma^{(2)}(i)]-b_{21}^{(2)}\varepsilon_\phi^{(2)}(i)+\nu_2^{(2)}(i)\\
b_{22}^{(2)}\alpha_x-b_{21}^{(2)}\alpha_y=b_{13}^{(2)}[\Delta\phi_z^{(2)}(i)+\Delta\phi_a-\sin\gamma_a^{(2)}\varepsilon_\psi^{(2)}(i)]+b_{33}^{(2)}[\Delta\psi_z^{(2)}(i)-\Delta\gamma_a-\varepsilon_\gamma^{(2)}(i)]+\nu_3^{(2)}(i)
\end{cases}$$

$$(i=1,2,\cdots,n;k=1,2,\cdots,m) \tag{11.56}$$

α_x、α_y、α_z 的最佳估计值可由最小二乘法求得。

设

$$\boldsymbol{\alpha}=(\alpha_x \quad \alpha_y \quad \alpha_z)^{\mathrm{T}} \tag{11.57}$$

$$\boldsymbol{V}=[\boldsymbol{V}_1^{\mathrm{T}}(1) \quad \boldsymbol{V}_1^{\mathrm{T}}(2) \quad \cdots \quad \boldsymbol{V}_1^{\mathrm{T}}(n) \quad \boldsymbol{V}_2^{\mathrm{T}}(1) \quad \boldsymbol{V}_2^{\mathrm{T}}(2) \quad \cdots \quad \boldsymbol{V}_2^{\mathrm{T}}(m)]^{\mathrm{T}} \tag{11.58}$$

$$\boldsymbol{V}_1(i)=\boldsymbol{B}_1\boldsymbol{E}_1(i), \quad \boldsymbol{V}_2(k)=\boldsymbol{B}_2\boldsymbol{E}_2(k) \tag{11.59}$$

$$\boldsymbol{B}_1=\begin{bmatrix}-b_{11}^{(1)} & -b_{31}^{(1)} & -b_{23}^{(1)}\\ -b_{11}^{(1)} & -b_{32}^{(1)} & 0\\ -b_{13}^{(1)} & -b_{33}^{(1)} & b_{21}^{(1)}\end{bmatrix}, \quad \boldsymbol{B}_2=\begin{bmatrix}-b_{11}^{(2)} & -b_{31}^{(2)} & -b_{23}^{(2)}\\ -b_{11}^{(2)} & -b_{32}^{(2)} & 0\\ -b_{13}^{(2)} & -b_{33}^{(2)} & b_{21}^{(2)}\end{bmatrix} \tag{11.60}$$

$$\boldsymbol{E}_1(i)=\begin{bmatrix}\delta\phi_s^{(1)}(i)+\delta\phi_a-\delta\beta_p^{(1)}(i)\\ \cos\beta_{zp}^{(1)}\delta\beta_{xp}^{(1)}(i)+\delta\gamma_a-\delta\psi_s^{(1)}(i)\\ \delta\beta_{yp}^{(1)}(i)\end{bmatrix} \tag{11.61}$$

$$\boldsymbol{E}_2(k)=\begin{bmatrix}\delta\phi_s^{(2)}(k)+\delta\phi_a-\delta\beta_{zp}^{(2)}(k)\\ \cos\beta_{zp}^{(2)}\delta\beta_{xp}^{(2)}(k)+\delta\gamma_a-\delta\psi_s^{(2)}(k)\\ \delta\beta_{yp}^{(2)}(k)\end{bmatrix} \tag{11.62}$$

$$\boldsymbol{X}=(\underbrace{\boldsymbol{X}_1^{\mathrm{T}}\boldsymbol{X}_1^{\mathrm{T}}\cdots\boldsymbol{X}_1^{\mathrm{T}}}_{n}\ \underbrace{\boldsymbol{X}_2^{\mathrm{T}}\boldsymbol{X}_2^{\mathrm{T}}\cdots\boldsymbol{X}_2^{\mathrm{T}}}_{m})^{\mathrm{T}} \tag{11.63}$$

$$\boldsymbol{X}_1=\begin{bmatrix}0 & b_{23}^{(1)} & -b_{22}^{(1)}\\ -b_{23}^{(1)} & 0 & b_{21}^{(1)}\\ b_{22}^{(1)} & -b_{21}^{(1)} & 0\end{bmatrix}, \quad \boldsymbol{X}_2=\begin{bmatrix}0 & b_{23}^{(2)} & -b_{22}^{(2)}\\ -b_{23}^{(2)} & 0 & b_{21}^{(2)}\\ b_{22}^{(2)} & -b_{21}^{(2)} & 0\end{bmatrix} \tag{11.64}$$

$$Y=[\boldsymbol{Y}_1^{\mathrm{T}}(1) \quad \boldsymbol{Y}_1^{\mathrm{T}}(2) \quad \cdots \quad \boldsymbol{Y}_1^{\mathrm{T}}(n) \quad \boldsymbol{Y}_2^{\mathrm{T}}(1) \quad \boldsymbol{Y}_2^{\mathrm{T}}(2) \quad \cdots \quad \boldsymbol{Y}_2^{\mathrm{T}}(m)]^{\mathrm{T}} \tag{11.65}$$

$$\boldsymbol{Y}_1(i)=\boldsymbol{B}_3\boldsymbol{Y}_3(i), \quad \boldsymbol{Y}_2(k)=\boldsymbol{B}_4\boldsymbol{Y}_4(k) \tag{11.66}$$

$$\boldsymbol{B}_3=\begin{bmatrix}b_{11}^{(1)} & b_{31}^{(1)} & b_{22}^{(1)}\\ b_{11}^{(1)} & b_{32}^{(1)} & -b_{21}^{(1)}\\ b_{13}^{(1)} & b_{33}^{(1)} & 0\end{bmatrix}, \quad \boldsymbol{B}_4=\begin{bmatrix}b_{11}^{(2)} & b_{31}^{(2)} & b_{22}^{(2)}\\ b_{11}^{(2)} & b_{32}^{(2)} & -b_{21}^{(2)}\\ b_{13}^{(2)} & b_{33}^{(2)} & 0\end{bmatrix} \tag{11.67}$$

$$
\boldsymbol{Y}_3(i)=\begin{bmatrix}\delta\phi_{s}^{(1)}(i)+\Delta\phi_{a}-\sin\gamma_{a}^{(1)}\varepsilon_{\psi}^{(1)}(i)\\ \Delta\phi_{s}^{(1)}(i)-\Delta\gamma_{a}-\varepsilon_{\gamma}^{(1)}(i)\\ \varepsilon_{\phi}^{(1)}(i)\end{bmatrix} \tag{11.68}
$$

$$
\boldsymbol{Y}_4(k)=\begin{bmatrix}\delta\phi_{s}^{(2)}(k)+\Delta\phi_{a}-\sin\gamma_{a}^{(2)}\varepsilon_{\psi}^{(2)}(k)\\ \Delta\phi_{s}^{(2)}(k)-\Delta\gamma_{a}-\varepsilon_{\gamma}^{(2)}(k)\\ \varepsilon_{\phi}^{(2)}(k)\end{bmatrix} \tag{11.69}
$$

将式（11.56）改写为矩阵形式，得

$$
\boldsymbol{X\alpha}=\boldsymbol{Y}+\boldsymbol{V} \tag{11.70}
$$

则 $\boldsymbol{\alpha}$ 的最佳估计值 $\hat{\boldsymbol{\alpha}}$ 为

$$
\hat{\boldsymbol{\alpha}}=[\boldsymbol{X}^{\mathrm{T}}\boldsymbol{X}]^{-1}\boldsymbol{X}^{\mathrm{T}}\boldsymbol{Y} \tag{11.71}
$$

漂移角估值的误差为

$$
\begin{aligned}\hat{\boldsymbol{a}}-\boldsymbol{a}&=[\boldsymbol{X}^{\mathrm{T}}\boldsymbol{X}]^{-1}\boldsymbol{X}^{\mathrm{T}}\boldsymbol{Y}-\boldsymbol{a}\\&=[\boldsymbol{X}^{\mathrm{T}}\boldsymbol{X}]^{-1}\boldsymbol{X}^{\mathrm{T}}(\boldsymbol{Y}-\boldsymbol{Xa})\\&=-[\boldsymbol{X}^{\mathrm{T}}\boldsymbol{X}]^{-1}\boldsymbol{X}^{\mathrm{T}}\boldsymbol{V}\end{aligned} \tag{11.72}
$$

11.4　惯性/星光组合导航卡尔曼滤波器设计

在以上惯性/天文组合导航捷联模式建模基础上，在发射惯性坐标系内设计组合导航卡尔曼滤波器。

1. 状态方程

1）*位置误差和速度误差方程*

在发射惯性坐标系中，导弹的位置误差和速度误差方程为

$$
\begin{cases}\delta\dot{x}_{a}=\delta V_{x_a}\\ \delta\dot{y}_{a}=\delta V_{y_a}\\ \delta\dot{z}_{a}=\delta V_{z_a}\end{cases} \tag{11.73}
$$

式中：δx_a，δy_a，δz_a 为位置误差在发射惯性坐标系分量；δV_{x_a}，δV_{y_a}，δV_{z_a} 为速度误差在发射惯性坐标系分量。

$$
\begin{cases}\delta\dot{V}_{x_a}=\delta\dot{W}_{x_a}+\delta g_{x_a}\\ \delta\dot{V}_{y_a}=\delta\dot{W}_{y_a}+\delta g_{y_a}\\ \delta\dot{V}_{z_a}=\delta\dot{W}_{z_a}+\delta g_{z_a}\end{cases} \tag{11.74}
$$

式中：$\delta\dot{W}_{x_a}$，$\delta\dot{W}_{y_a}$，$\delta\dot{W}_{z_a}$ 为视加速度在发射惯性坐标系分量；δg_{x_a}，δg_{y_a}，δg_{z_a} 为引力加速度在发射惯性坐标系分量。

2）*加速度误差方程*

不考虑加速度计安装误差以及二次项的影响，有

$$
\begin{cases}
\delta\dot{W}_{x_a}=-\dot{W}_{z_a}\alpha_y+\dot{W}_{y_a}\alpha_z+K_{0x}+K_{1x}\dot{W}_{x_a}+V_{cx}\\
\delta\dot{W}_{y_a}=\dot{W}_{z_a}\alpha_x-\dot{W}_{x_a}\alpha_z+K_{0y}+K_{1y}\dot{W}_{y_a}+V_{cy}\\
\delta\dot{W}_{z_a}=-\dot{W}_{y_a}\alpha_x+\dot{W}_{x_a}\alpha_y+K_{0z}+K_{1z}\dot{W}_{z_a}+V_{cz}
\end{cases}
\tag{11.75}
$$

式中：α_x，α_y，α_z 为平台坐标系与发射惯性坐标系总误差角；K_{0x}，K_{0y}，K_{0z}为加速度计零次项漂移系数；K_{1x}，K_{1y}，K_{1z}为加速度计一次项比例系数；V_{cx}，V_{cy}，V_{cz}为加速度计高斯白噪声。

3）平台误差角方程

惯性平台的误差角主要是由陀螺仪的漂移造成的，考虑其中主要影响因素时，平台误差角方程为

$$
\begin{cases}
\dot{\alpha}_x=D_{0x}+D_{1x}\dot{W}_{x_a}-\beta_{1x}\alpha_x+\varepsilon_{ix}\\
\dot{\alpha}_y=D_{0y}+D_{1y}\dot{W}_{y_a}-\beta_{1y}\alpha_y+\varepsilon_{iy}\\
\dot{\alpha}_z=D_{0z}+D_{1z}\dot{W}_{z_a}-\beta_{1z}\alpha_z+\varepsilon_{iz}
\end{cases}
\tag{11.76}
$$

式中：D_{0x}，D_{0y}，D_{0z}为陀螺仪零次项漂移系数；D_{1x}，D_{1y}，D_{1z}为陀螺仪与视加速度有关的系数；$-\beta_{1x}$，$-\beta_{1y}$，$-\beta_{1z}$为陀螺仪漂移误差马尔可夫过程的反自相关时间常数；ε_{ix}，ε_{iy}，ε_{iz}为陀螺仪高斯白噪声。

4）星敏感器误差方程

假设星敏感器测量误差中含有马尔可夫分量和白噪声，即

$$
\begin{cases}
\delta\dot{\theta}_x=-\beta_{sx}\delta\theta_x+\varepsilon_{\theta x}\\
\delta\dot{\theta}_y=-\beta_{sy}\delta\theta_y+\varepsilon_{\theta y}\\
\delta\dot{\theta}_z=-\beta_z\delta\theta_z+\varepsilon_{\theta z}
\end{cases}
\tag{11.77}
$$

式中：$\delta\theta_x$，$\delta\theta_y$，$\delta\theta_z$ 为星敏感器的星象漂移误差；$-\beta_x$，$-\beta_{sy}$，$-\beta_s$ 为星敏感器误差马尔可夫过程的反自相关时间常数；$\varepsilon_{\theta x}$，$\varepsilon_{\theta y}$，$\varepsilon_{\theta z}$为零均值高斯白噪声。

5）组合导航系统状态方程

$$
\dot{\boldsymbol{X}}(t)=\boldsymbol{F}(t)\boldsymbol{X}(t)+\boldsymbol{G}(t)\boldsymbol{W}(t)
\tag{11.78}
$$

其中，状态变量

$$
\begin{aligned}
\boldsymbol{X}=[&\delta x_a,\delta y_a,\delta z_a,\delta V_{x_a},\delta V_{y_a},\delta V_{z_a},\alpha_x,\alpha_y,\alpha_z,K_{0x},K_{0y},K_{0z},K_{1x},K_{1y},K_{1z},\\
&D_{0x},D_{0y},D_{0z},D_{1x},D_{1y},D_{1z},\delta\theta_x,\delta\theta_y,\delta\theta_z]^{\mathrm{T}}
\end{aligned}
\tag{11.79}
$$

$$
\boldsymbol{F}(t)=\begin{bmatrix}
0 & \boldsymbol{I} & 0 & 0 & 0 & 0 & 0 & 0\\
\boldsymbol{F}_a & 0 & \boldsymbol{F}_b & I & \boldsymbol{F}_c & 0 & 0 & 0\\
0 & 0 & \boldsymbol{F}_d & 0 & 0 & I & \boldsymbol{F}_c & 0\\
0 & 0 & 0 & 0 & 0 & 0 & 0 & 0\\
0 & 0 & 0 & 0 & 0 & 0 & 0 & 0\\
0 & 0 & 0 & 0 & 0 & 0 & 0 & 0\\
0 & 0 & 0 & 0 & 0 & 0 & 0 & 0\\
0 & 0 & 0 & 0 & 0 & 0 & 0 & \boldsymbol{F}_e
\end{bmatrix}_{24\times 24}
\tag{11.80}
$$

其中

$$\boldsymbol{F}_a=\begin{bmatrix} f_{14} & f_{15} & f_{16} \\ f_{24} & f_{25} & f_{26} \\ f_{34} & f_{35} & f_{36} \end{bmatrix} \tag{11.81}$$

$$\begin{cases} f_{14}=\dfrac{\partial g_{x_a}}{\partial x_a}=-\dfrac{fM}{r_a^3}\left(1-3\dfrac{x_a^2}{r_a^2}\right) \\ f_{15}=\dfrac{\partial g_{x_a}}{\partial y_a}=\dfrac{fM}{r_a^3}\dfrac{x_a(y_a+R_{0a})}{r_a^2} \\ f_{16}=\dfrac{\partial g_{x_a}}{\partial z_a}=3\dfrac{fM}{r_a^3}\dfrac{x_a z_a}{r_a^2} \\ f_{24}=\dfrac{\partial g_{y_a}}{\partial x_a}=\dfrac{\partial g_{x_a}}{\partial y_a}=f_{15} \\ f_{25}=\dfrac{\partial g_{y_a}}{\partial y_a}=-\dfrac{fM}{r_a^3}\left[1-3\dfrac{(y_a+R_{0a})^2}{r_a^2}\right] \\ f_{26}=\dfrac{\partial g_{y_a}}{\partial z_a}=3\dfrac{fM}{r_a^3}\left[\dfrac{(y_a+R_{0a})z_a}{r_a^2}\right] \\ f_{34}=\dfrac{\partial g_{z_a}}{\partial x_a}=\dfrac{\partial g_{x_a}}{\partial z_a}=f_{16} \\ f_{35}=\dfrac{\partial g_{z_a}}{\partial y_a}=\dfrac{\partial g_{y_a}}{\partial z_a}=f_{26} \\ f_{36}=\dfrac{\partial g_{z_a}}{\partial z_a}=-\dfrac{fM}{r_a^3}\left[1-3\dfrac{z_a^2}{r_a^2}\right] \end{cases} \tag{11.82}$$

$$r_a=\sqrt{x_a^2+(R_{0a}^2+y_a^2)+z_a^2} \tag{11.83}$$

$$\boldsymbol{F}_b=\begin{bmatrix} 0 & -\dot{W}_{z_a} & \dot{W}_{y_a} \\ \dot{W}_{z_a} & 0 & -\dot{W}_{x_a} \\ -\dot{W}_{y_a} & \dot{W}_{x_a} & 0 \end{bmatrix} \tag{11.84}$$

$$\boldsymbol{F}_c=\begin{bmatrix} \dot{W}_{x_a} & 0 & 0 \\ 0 & \dot{W}_{y_a} & 0 \\ 0 & 0 & \dot{W}_{z_a} \end{bmatrix} \tag{11.85}$$

$$\boldsymbol{F}_e=\begin{bmatrix} -\beta_{1x} & 0 & 0 \\ 0 & -\beta_{1y} & 0 \\ 0 & 0 & -\beta_{1z} \end{bmatrix} \tag{11.86}$$

$$\boldsymbol{G}(t)=\boldsymbol{I} \tag{11.87}$$

$$\boldsymbol{W}(t)=[0,0,0,V_{cx},V_{cy},V_{cz},\varepsilon_{kx},\varepsilon_{ky},\varepsilon_{kz},0,0,0,0,0,0,0,0,0,0,0,0,\varepsilon_{\theta x},\varepsilon_{\theta y},\varepsilon_{\theta z}]^{\mathrm{T}} \tag{11.88}$$

2. 量测方程

星敏感器对平台漂移误差的量测方程为

$$\begin{cases}\alpha_{xz}=\alpha_x+\delta\theta_x+\Delta X_s\\ \alpha_{yz}=\alpha_y+\delta\theta_y+\Delta Y_s\\ \alpha_{zz}=\alpha_z+\delta\theta_z+\Delta Z_s\end{cases} \tag{11.89}$$

式中：ΔX_s，ΔY_s，ΔZ_s 为星敏感器的量测噪声，是均值为零的白噪声。

惯性/天文组合导航系统的量测方程为

$$\boldsymbol{Z}(t)=\boldsymbol{H}(t)\boldsymbol{X}(t)+\boldsymbol{V}(t) \tag{11.90}$$

式中

$$\boldsymbol{Z}(t)=[\alpha_{xz}\quad \alpha_{yz}\quad \alpha_z]^{\mathrm{T}} \tag{11.91}$$

$$\boldsymbol{H}(t)=\begin{bmatrix} & 1 & 0 & 0 & & 1 & 0 & 0\\ \boldsymbol{0}_{3\times 6} & 0 & 1 & 0 & \boldsymbol{0}_{3\times 12} & 0 & 1 & 0\\ & 0 & 0 & 1 & & 0 & 0 & 1\end{bmatrix} \tag{11.92}$$

$$\begin{aligned}&E[\boldsymbol{V}(t)]=[0\quad 0\quad 0]^{\mathrm{T}}\\ &E[\boldsymbol{V}(t)\boldsymbol{V}^{\mathrm{T}}(t)]=\boldsymbol{R}=\mathrm{diag}[\Delta X_s^2\quad \Delta Y_s^2\quad \Delta Z_s^2]\end{aligned} \tag{11.93}$$

式中：$\boldsymbol{R}$ 为观测噪声方差阵。

以上建立的惯性/天文组合导航系统的状态方程和量测方程是连续的，在实际应用中应当对其进行离散化处理，再进行数值计算。

第 12 章　景象匹配与导引技术

近年来，随着传感器技术、计算机技术和图像处理技术等领域的飞速发展，景象匹配导航技术以其所具有的自主性强、智能化程度高等优点得到了国内外研究人员的格外重视，成为一种重要的辅助导航方式。景象匹配导航实质上是一种模拟人类视觉定位定向功能的导航模式，通过实时图与基准图的匹配实现飞行器的定位定向，可在卫星导航受干扰、地形环境受限、地磁特征不明显等条件下辅助惯性导航。

12.1　基本原理与算法

景象匹配导航的工作过程模仿人的定位与识物原理——搜集、加工、记忆、观察、比较、判断。首先通过卫星或高空侦察机拍摄目标区地面图像或获取目标其他知识信息，结合各种约束条件制备基准图，并预先将基准图存入机载基准图存储器中；飞行过程中，利用机载图像传感器采集实时图；然后与预先存储的基准图进行实时匹配运算；进而获得精确的导航定位定向信息或目标的相关信息，并利用这些信息实现飞行器的精确导航与制导。

12.1.1　主要类别

1. 根据实时图像获取的方式划分

根据实时图像获取的方式，飞行器景象匹配导航可以分为下视景象匹配导航与前视景象匹配导航，利用前视景象匹配进行制导的方法又称为寻的制导。

下视景象匹配导航的基本原理如图 12.1 所示。其主要特点是，基准图为规划弹道段匹配区图像，实时图像为飞行器导引头所采集的导弹正下方匹配区图像（一般不包含目标），匹配的目的是确定实时图在基准图中的相对位置，进而确定飞行器的绝对位置（或相对位置偏差），通常用于飞行器中制导或接近目标时的末区制导。

下视景象匹配与飞行器导航偏移量校正信号 $\Delta=(K,L)$ 的关系如图 12.2 所示。

若 (U^*,V^*) 为实时图左上角点在基准图中的位置，可以得出，飞行偏移量 (K,L) 和景象匹配点位置 (U^*,V^*) 之间有如下代数关系：

$$
\begin{aligned}
K&=U^*-\frac{1}{2}(M_1-N_1)\\
L&=\frac{1}{2}(M_2-N_2)-V^*
\end{aligned}
\tag{12.1}
$$

前视景象匹配导航的基本原理如图 12.3 所示。其主要特点是，基准图为目标在某一视点和角度下的模板图像，实时图为飞行器前下方目标区图像（包含目标），匹配的

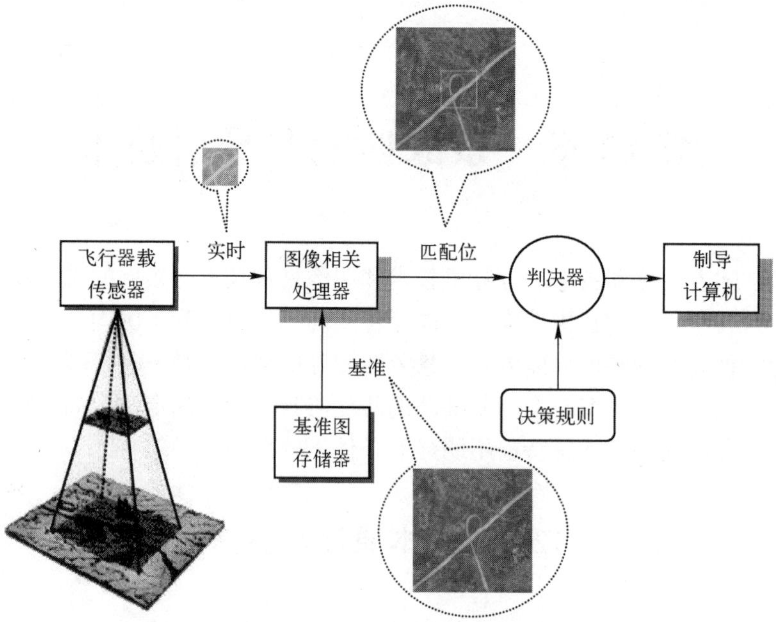

图 12.1　飞行器下视景象匹配导航原理示意图

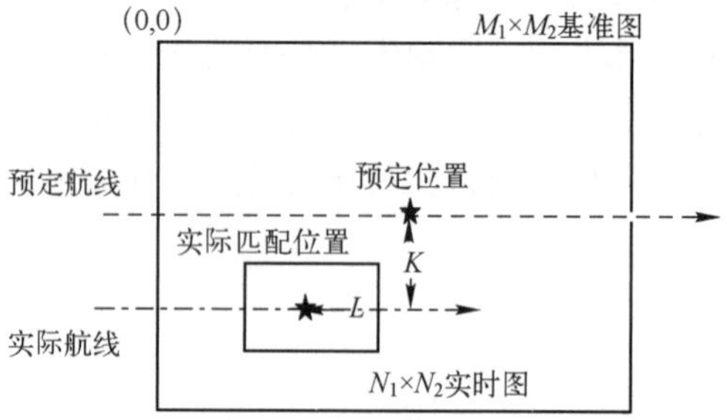

图 12.2　景象匹配位置与偏移量

目的是确定目标模板图像在实时图中的位置，通常用于飞行器末段寻的制导，这是自动目标识别技术的主要形式之一。

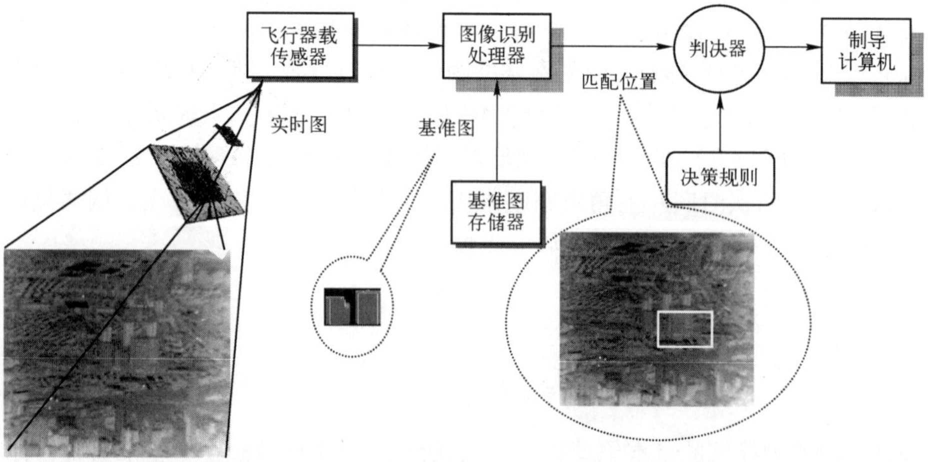

图 12.3　飞行器前视景象匹配导航原理示意图

如图 12.4 所示，前视景象匹配时，理想情况下，探测器光轴 oo_c 应与 oo_t 重合，目标应位于探测器视场中心，匹配位置应位于实时图中心。实际情况下，匹配位置可能并不位于实时图中心，而是存在一定的偏移量，因此需要根据此偏移量计算使光轴指向目标的航向偏移角 $\Delta\phi$ 和俯仰偏移角 $\Delta\psi$。

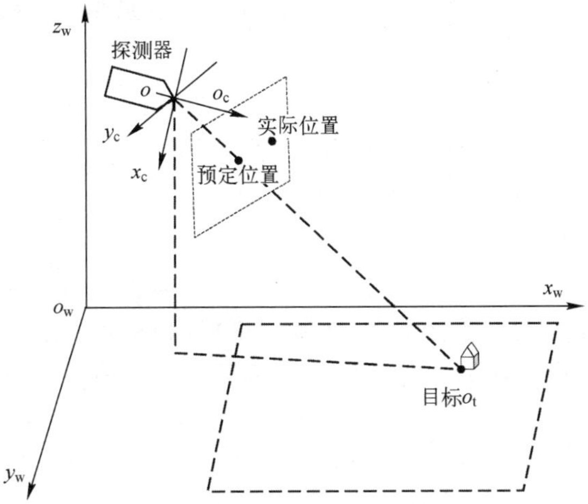

图 12.4　前视景象匹配位置与偏移量

2. 根据实时图像成像所用的波段划分

图 12.5 所示为电磁波谱，成像所用的波段主要集中在可见光波段、红外波段和微波波段，相应地，根据实时图像成像所用的波段，飞行器景象匹配导航可以分为可见光景象匹配、红外景象匹配、SAR 景象匹配与激光成像制导等。

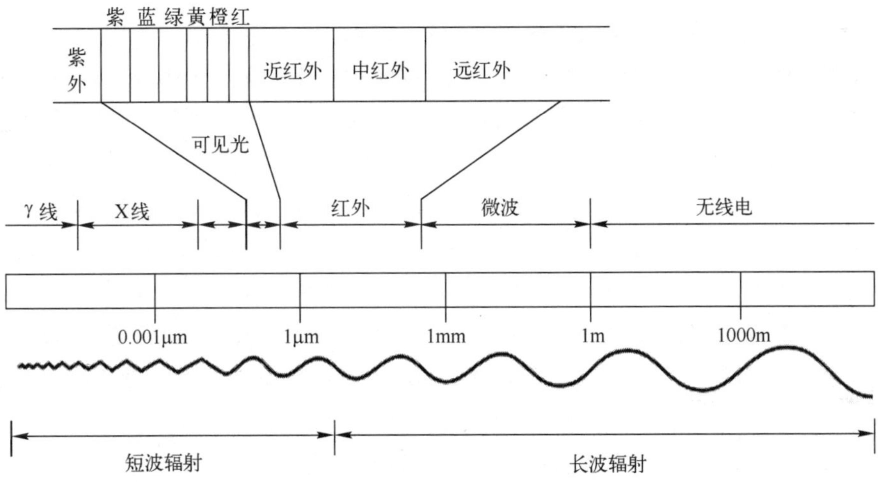

图 12.5　遥感所用的电磁波谱

1）可见光景象匹配

基准图和实时图均成像于可见光波段。可见光成像与人眼视觉特性相似，主要靠物体反射成像，成像强弱反映了物体对可见光的反射能力。影响成像的因素主要是照明条件，如气候、太阳照射角度、物体表面反射率以及物体表面的颜色与纹理等。可见光成像不具备全天时全天候成像能力，主要在天气晴朗的白天使用。

可见光景象匹配制导技术最先应用于美国的“战斧”巡航导弹和“潘兴”Ⅱ中程弹道导弹，以及苏联的SS-NX-21战略巡航导弹等；俄罗斯在其新型“白杨”-M机动型洲际导弹上也采用了先进的惯性加星光修正（星图景象匹配）精确制导技术。

2）红外景象匹配

实时图成像于热红外波段，基准图可能是可见光图像，也可能是用可见光图像经红外特性建模转换而成的红外图像。红外图像根据目标与背景的温度差异成像，其成像原理与人眼视觉特性完全不同，可以在夜间使用，但受气象条件影响较大，因此具有全天时、非全天候的成像特点。

美国最早投入实战使用的防区外导弹AGM-84E（SLAM，斯拉姆）、SLAM-ER（斯拉姆-增敏）、联合防区外空地导弹AGM-158A（JASSM，贾斯姆）及新一代联合防区外发射武器AGM-154（JSOW，杰索伍）均采用了红外成像末制导方式，具有自动目标识别能力。美国的战术“战斧”（BlockⅣ）导弹采用前视红外成像末制导系统和天基双向数据链传输系统，命中精度CEP由10m提高到3m以内，作战使用性能和灵活性显著提高，具备航迹变更、待机攻击、目标顶部攻击、重新瞄准、打击时间敏感目标、毁伤效果评估能力，具有划时代的意义。

3）SAR景象匹配

SAR（synthetic aperture radar，合成孔径雷达）属于微波成像。在这种制导方式下，实时图为飞行器上SAR平台实时成像所得，基准图通常为星载SAR影像或可见光影像。SAR可以实现全天时、全天候、大范围、远距离的成像，因此在景象匹配中发挥着越来越重要的作用。

国外多种战术导弹的导引头均采用了SAR技术，在目标探测与识别、导航修正等方面，弹载SAR系统已得到成功应用。美国对地导弹Ka波段SAR导引头，采用数字景象区域相关制导，其成像分辨力为3m×3m，在不良气候下，可使MK84导弹达到3m的末制导精度；空地导弹Hammerhead项目SAR导引头主要用于图像匹配辅助制导，制导圆概率误差小于3m。法国达索公司和汤姆逊-CFS公司的地图匹配制导系统，主要用于图像匹配辅助制导和目标探测，载频分别为35GHz和94GHz。此外，比较典型的SAR导引头还有德国EADS公司研制的MMW-SAR多模式导引头，它是为发射后不管精确制导武器和侦察导弹而研制的，打击目标为地面可重定位目标和高价值静止目标。功能需求包括在恶劣天气、强杂波和ECM等复杂背景条件对目标进行自动检测、识别和定位以进行攻击点选择，同时还可以为地形辅助导航提供观测信息。MMW-SAR多模式导引头在工作过程中的不同阶段采用不同的工作模式。

4）激光成像制导

激光具有高度单色性、极好方向性的特点，相应地，激光成像具有探测精度高、抗干扰能力强、能三维距离成像的特点，有利于解决纵向尺度上分辨不同目标的问题，适用于背景较为复杂和需要高分辨率成像的情况。但是，和雷达成像一样，激光成像属于主动成像方式，隐蔽性较差，容易受到敌方干扰或摧毁。

12.1.2　匹配算法

景象匹配导航的关键在于通过基准图与实时图的匹配，准确地获取匹配点位置，其特有的应用背景决定了景象匹配算法对准确性、实时性和鲁棒性有着更高的要求。景象匹配的主要过程为：首先从基准图像和实时图像中提取一个或多个特征构成特征空间，然后确定某种相似性度量准则来比较实时图像和基准图像的特征，之后对特征进行搜索匹配，最终实现实时图像与基准图像的匹配。因此，整个匹配过程包括 4 个要素，即特征空间、相似性度量、搜索空间、搜索策略。各种景象匹配算法都是这 4 个要素的不同选择的组合。

（1）特征空间。景象匹配的第一步就是确定用什么进行匹配，即确定用于匹配的特征。用于匹配的特征可以直接使用像元灰度，如灰度互相关算法。用于匹配的特征还可以是边缘、轮廓、角点、线的交叉点等突出特征；也可以是统计特征，如不变矩特征、重心；以及一些高级特征和语义描述等，如拓扑机构、局部分形特征、基于奇异值分解或主成分分析的特征等。通常选择能抵抗传感器及其他畸变的特征。所选择的特征还要能减少搜索空间，便于减低计算成本。

（2）相似性度量。相似性度量用于衡量匹配图像特征之间的相似性，距离度量与相关度量是景象匹配中最基本的两种相似性度量。对于灰度相关算法，一般采用相关作为相似性度量，如互相关、相关系数、相位相关等；而对于特征匹配算法，一般采用各种距离函数作为特征的相似性度量，如欧几里得距离、城市街区距离曼哈顿距离、Hausdorff 距离等。相似性度量同特征空间一样，决定了图像的什么因素参与匹配，什么因素不参与，从而可以减弱未校正畸变对匹配性能的影响。

（3）搜索空间。景象匹配问题是一个参数的最优估计问题，待估计参数组成的空间即搜索空间。成像畸变的类型和强度决定了搜索空间的组成和范围。每种匹配算法的图像变换模型决定搜索空间的特性，变换模型包括几何畸变和图像差异的所有假设。例如，当匹配必须对图像做平移操作时，搜索范围就是在一定距离范围内所有的平移操作。

（4）搜索策略。在大多数情况下，搜索空间是所有可能变换的集合，搜索策略就是如何在搜索空间上进行搜索。搜索策略包括分层搜索、多精度技术、松弛技术、Hough 变换、树和图匹配、动态规划和启发式搜索等。这些搜索策略各有优点和不足。搜索策略的选择是由搜索范围以及寻找最优解的难度所决定的。

景象匹配自主导航系统的精度与匹配算法的性能有很大的关系，寻找耗时少、精度高、适应性强的匹配算法是景象匹配中的关键研究课题。下面介绍两种经典的景象匹配算法：互相关算法和基于 Hausdorff 距离的匹配算法。

1. 互相关算法

归一化积互相关算法是比较经典的匹配算法，可以采用灰度匹配，也可采用梯度特征、边缘特征、形状特征等进行匹配，此类方法称为特征相关匹配。为便于统一描述，图像匹配问题描述为：根据给定的目标基准图，从原图像中识别目标并给出目标相对坐标。图 12.6 所示为原图像基准图。

互相关算法利用区域相关函数比较实时图与基准图之间的相似程度，二维互相关函

数为

$$C(u,v) = \sum_x \sum_y f_1(x,y) f_2(x-u,y-v) \qquad (12.2)$$

式中：$f_1(x,y)$为基准图中坐标为(x,y)的像素的灰度值，$f_2(x-u,y-v)$表示原图像中坐标为$(x-u,y-v)$的像素的灰度值，(u,v)为原图像中当前计算的相关区域左上角坐标。

图 12.6　原图像基准图

从原图像左上角开始，由左至右，由上至下，逐一像素从原图像中取基准图相同大小区域，与基准图一起，按互相关函数计算求得该区域的相关值。互相关值越大，表明这个区域两幅图像匹配度越高。所有互相关计算结果按区域坐标排列形成相关系数矩阵，可用相关曲面表示，互相关系数最大值（相关曲面最高峰）对应的坐标(u,v)就是所求的匹配位置。采用互相关算法进行模板匹配的结果是一个相关系数矩阵，可用图 12.7所示的相关曲面表示，只要找到互相关函数最大值（图 12.7 所示的相关曲面最高峰）时所对应的坐标值(u,v)就可以得到模板匹配的位置参数。

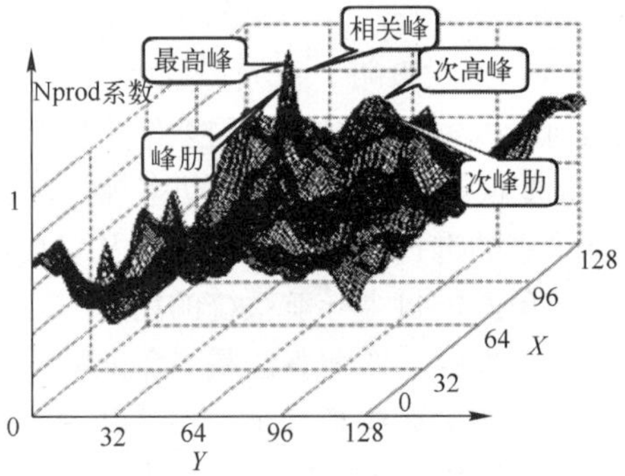

图 12.7　相关曲面示意图

可见光图像的灰度受光照的影响，其他如红外、SAR 等图像也有类似影响，因此原图像的灰度值在不同的条件下不同，为尽量减小图像获取条件对相关匹配的影响，可采用去均值和归一化尽可能消除原图像和基准图之间灰度差异对匹配性能的影响，称为归一化积相关算法（normalized production correlation，Nprod）。此方法可以如此理解：光照强弱、反射率对图像的影响分为两个部分，一是光照强弱对整幅图像亮度的影响，即光照强时，整幅图中的所有物体灰度值都增加，相当于图像所有灰度增加了一个常值，这个影响通过去均值消除；二是光照相同时反射率高的地方灰度比反射率低的地方灰度值高，而且随着光照强度的变化成比例变化，光照强时给人的直观感觉就是，亮的地方更亮，暗的地方更暗，即对比度更大，相当于图像灰度值整体乘上了一个比例常数，这个影响通过归一化消除。Nprod 算法采用去均值和归一化来尽可能消除实时图和基准图之间灰度差异对匹配性能的影响。

$$C(u,v)=\frac{\sum_x\sum_y(f_1(x,y)-\mu_1)(f_2(x-u,y-v)-\mu_2)}{\sqrt{\sum_x\sum_y(f_1(x,y)-\mu_1)^2\sum_x\sum_y(f_2(x-u,y-v)-\mu_2)^2}}\tag{12.3}$$

其矢量形式为

$$C(u,v)=\frac{\overline{\boldsymbol{F}}_1\overline{\boldsymbol{F}}_{2u,v}}{\|\overline{\boldsymbol{F}}_1\|_2\|\overline{\boldsymbol{F}}_{2u,v}\|_2}\tag{12.4}$$

Nprod 算法需要逐点计算相关系数，算法的运算量较大，而景象匹配要求算法处理时间尽可能短，因此在实际应用中，可以采用多种策略提高匹配速度以满足实时性要求，例如隔行隔列计算以减少模板匹配次数，用阈值提前终止计算以排除弱相关区域等。

在 Nprod 算法的框架下，有多种特征可供选择。可以直接采用原始图像的灰度进行模板匹配，即式（12.3）中的函数为该位置对应的灰度值，该类方法称为灰度相关匹配；也可以分别对实时图和基准图进行特征提取，用梯度特征、边缘特征和形状特征等进行模板匹配，该类方法称为特征相关匹配。通常情况下特征相关匹配包括特征提取、特征表达和相关处理等步骤，其优点在于当实时图和基准图存在较大差异时，通过对特征空间的选择，可以减弱或消除图像差异对匹配性能的影响。

进行模板匹配后，相关矩阵主峰所在位置即为理论上的匹配位置。实际情况下，由于基准图和实时图存在较大差异，真实匹配点往往落在相关矩阵的次峰上，从而导致匹配失败。因此选取鲁棒的模板匹配方法和根据模板匹配结果确定最佳匹配位置是该类算法的关键所在。

2. 基于 Hausdorff 距离的匹配算法

Hausdorff 距离是一种定义在两个不同点集上的最大最小距离，是描述两组点集之间相似程度的一种度量。已知两个有限点集：基准图点集 $A=\{\alpha_1,\alpha_2,\cdots,\alpha_{N_A}\}$，实时图点集 $B=\{b_1,b_2,\cdots,b_{N_A}\}$，其点集大小分别为 N_A 和 N_B，则 A 和 B 的 Hausdorff 距离定义为

$$H(A,B)=\max\{h(A,B),h(B,A)\}\tag{12.5}$$

式中：$h(A,B)$，$h(B,A)$ 为点集间的直接距离：

$$h(A,B)=\max_{a\in A}d_B(a),d_B(a)=\min_{b\in B}\|a-b\|\tag{12.6}$$

上式中的 $h(A,B)$ 为 A 中所有点到 B 中所有点的最小距离的最大值。当 $h(A,B)=d$ 时，表示 A 中所有点与 B 中点的距离都不超过 d，而且 A 至少有一个点与 B 中点的距离等于 d，而这些点就是点集 A 与点集 B 之间的最不匹配点。所以，Hausdorff 距离描述了两个点集之间的最不相似程度，如图 12.8 所示。

如上所述，由于 Hausdorff 距离衡量了两个点集之间最不匹配点之间的距离，因此它对远离中心点的噪声点、漏检点都相当敏感。而提取图像的二值边缘时，误检、漏检都是难以避免的。为了解决这个问题，可以采用部分 Hausdorff 距离，即只比较两个点集的部分点，而忽略掉距离较大的一些点，因为在实际中，这些点往往对应着噪声干

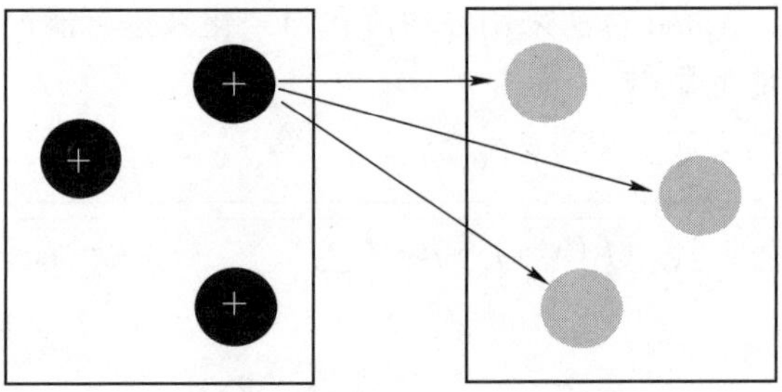

图 12.8　Hausdorff 距离

扰。点集 A 和 B 的部分 Hausdorff 距离定义如下：

$$\begin{aligned} &H(A,B)=\max\{h_K(A,B),h_L(B,A)\} \\ &h_K(A,B)=K^{\text{th}}_{a\in A}d_B(a) \\ &h_L(B,A)=L^{\text{th}}_{b\in B}d_A(b) \end{aligned} \tag{12.7}$$

式中：$K^{\text{th}}_{a\in A}$ 为 $d_B(a)$ 排序后的第 K 个值，$L^{\text{th}}_{b\in B}$ 为 $d_A(b)$ 排序后的第 L 个值。在进行图像特征点集匹配过程中，由于匹配的点集是变化的，因此不能采用固定的 K 和 L 值，而是采用两个百分数来确定，即

$$K=\lfloor f_1\times p\rfloor,L=\lfloor f_2\times q\rfloor \tag{12.8}$$

其中，$\lfloor\ \rfloor$ 表示向下取整运算，f_1 和 f_2 为两个百分数。

采用上述方法，排除距离大的点之后，再对剩下的点求均值，这样一方面可以消除远离中心的错误匹配点的影响，另一方面对于零均值的高斯噪声消除能力明显。

12.1.3　算法性能评估指标

景象匹配算法的性能分析与评估是匹配算法研究过程中的重要内容之一，通常用算法的性能指标参数作为算法性能分析的标准。常用的评估指标分别从正确性、精确性、实时性、鲁棒性的角度对算法性能进行衡量和比较。

1. 正确性指标——匹配率 P_c

正确性指标对应了匹配算法的匹配率，即识别率。定义为正确匹配次数 n_R 与总匹配次数 n_T 之比，即

$$P_c=\frac{n_R}{n_T} \tag{12.9}$$

正确匹配是指匹配结果在要求的误差范围之内的匹配。匹配率越高，算法的匹配正确性越好。

2. 精确性指标——匹配精度 σ

精确性要求对应匹配算法的匹配精度，匹配精度要求正确匹配的匹配误差要尽可能地小。单次匹配误差的定义如下。

设理想匹配位置为 (x_1,y_1)，实际匹配位置为 (x_1',y_1')，则单次定位误差为

$$\sigma_1=\sqrt{(x_1'-x_1)^2+(y_1'-y_1)^2} \tag{12.10}$$

对于 n 次匹配结果，若理想匹配位置为 $(x_1,y_1),(x_2,y_2),\cdots,(x_n,y_n)$；实际匹配位置为 $(x'_1,y'_1),(x'_2,y'_2),\cdots,(x'_n,y'_n)$，可以按式（12.10）计算出定位误差 $(\sigma_1,\sigma_2,\cdots,\sigma_n)$，则误差均值，即匹配定位精度为

$$\sigma=\frac{1}{n}\sum_{i=1}^{n}\sigma_i \tag{12.11}$$

有时还用误差方差 σ_e^2 来表示误差的分布情况，有

$$\sigma_e^2=\frac{1}{n}\sum_{i=1}^{n}(\sigma_i-\sigma)^2 \tag{12.12}$$

需要注意的是，用式（12.11）、式（12.12）求匹配误差均值即误差方差时，只有正确匹配位置才进行计算（单次匹配误差 σ_i 在要求误差范围之内），而不是所有匹配结果的统计值。

3. 实时性指标——匹配时间 T_M

实时性指标即匹配算法单次匹配所需的时间，它要求算法匹配速度快，满足应用环境对实时性的要求，对于实际工程应用来讲，它是最基本的指标。匹配时间是度量匹配算法的复杂性与计算量的参数指标。对于确定的匹配算法，影响计算量的因素有：特征提取过程的计算量，相似性度量的计算量，以及搜索次数的多少。匹配实验中，匹配时间 T_M 以多次匹配实验总的匹配时间 T_{total} 与匹配次数 n_T 之比计算，即

$$T_M=\frac{T_{total}}{n_T} \tag{12.13}$$

同时，由于匹配算法最终是在相关的硬件环境中运行，实验得出的匹配时间只能作为一个参考，实际算法的匹配时间与硬件性能有很大关系，需要结合实际应用具体分析。

4. 鲁棒性指标——匹配适应度 R_{MA}

匹配算法的鲁棒性是指匹配算法对于基准图（基准子图）与实时图差异性及各种因素造成的匹配的不确定性的适应能力，主要包括对不同源图像特性差异、畸变干扰、景物特征的变化等的适应能力。

匹配裕度 R_{MM}（matching margin，MM）常用来定量描述匹配算法的稳定性，有

$$R_{MM}=\frac{1}{SSNR_{max}} \tag{12.14}$$

可以看出，匹配算法的匹配裕度为导致误匹配的最大相似信噪比 $SSNR_{max}$（similarity signal noise ratio）的倒数。SSNR 的定义为

$$SSNR=\frac{S}{N}=\frac{Std(\bar{X})}{Std\left(\bar{X}-\bar{Y}\times\frac{Std(\bar{X})}{Std(\bar{Y})}\right)} \tag{12.15}$$

式中：Std(·)为求图像的标准差；$\bar{X}$ 为去均值后的基准图；$\bar{Y}$ 为对应的去均值后的实时图。

可以证明，将式中的$\overline{X}$和$\overline{Y}$对换，SSNR值不变，这正是SSNR有别于其他信噪比公式的独特之处。在景象匹配领域，基于SSNR的相似性分析占有重要地位。这样$SSNR_{max}$越小，匹配裕度值越大，表明该匹配算法在较小的信噪比情况下也能实现正确匹配，说明其抗畸变干扰能力强，稳定性好，反之则差。

可以看出，匹配裕度R_{MM}与具体算法并无关系，要衡量匹配算法的鲁棒性，需将算法的匹配率与参与匹配的图像同时考虑，因此匹配适应度R_{MA}（matching adaptability，MA）定义为匹配算法在基准图与实时图存在一定差异的情况下，仍能保证预期匹配率的性能，即

$$R_{MA}=\frac{P_c}{SSNR_{max}}=P_c\cdot R_{MM} \tag{12.16}$$

由式（12.16）可以看出，R_{MA}与匹配率P_c及匹配裕度R_{MM}成正比关系。当$SSNR_{max}$相同时，P_c越高，R_{MA}越大，说明算法对畸变的适应能力越强，反之则弱。

12.2 卷积神经网络景象匹配原理

卷积神经网络的发展，最早可以追溯到1962年，David Hubel和Torsten Wiesel对猫大脑中的视觉系统的研究，发现神经-中枢-大脑的工作过程，或许是一个不断迭代、不断抽象的过程。1980年，日本科学家福岛邦彦（Kunihiko Fukushima）提出了一个包含卷积层、池化层的神经网络结构。在这个基础上，Yann Lecun将BP算法应用到神经网络的训练上，形成了当代卷积神经网络的雏形。2012年，Hinton组的AlexNet引入了全新的深层结构和Dropout方法，在ImageNet图像识别大赛中取得出人意料的好结果。2016年，利用卷积神经网络的AlphaGo战胜人类棋手，取得了令人震惊的成就，同时也引发了其他领域的很多变革。

12.2.1 卷积神经网络的原理

在传统景象匹配中，大多数应用的特征需要专家确定，如采用灰度、边缘、轮廓特征或其他不变特征，这对复杂场景下和景象匹配造成了极大的困难。而人工智能深度学习则尝试从数据中“自我总结”高级特征。深度学习在本质上就是一种深度神经网络，卷积神经网络是一种典型的深度神经网络，它是通过训练自动生成特征提取器，特征不再是人工设计的，而是根据训练样本自动生成的。卷积神经网络的主要特点和优势正是来自于将传统算法的人工设计特征转变为根据样本自动生成特征，网络在完成特征提取后，再利用另一组神经网络完成对数据的分类处理。在特征提取过程中，模拟了生物神经网络利用分级特征进行分极表达的结构。

1981年的诺贝尔医学奖，颁发给了David Hubel（美国神经生物学家）和Torsten Wiesel，以及Roger Sperry。前两位的主要贡献是“发现了视觉系统的信息处理”：可视皮层是分级的。图12.9所示为人脑分层处理及反应时间示意图。

为证明“位于后脑皮层的不同视觉神经元与瞳孔所受刺激之间，存在某种对应关系”猜想。1958年，David Hubel和Torsten Wiesel在美国约翰霍普金斯大学，研究瞳孔

区域与大脑皮层神经元的对应关系。他们在猫的后脑头骨上，开了一个 3mm 的小洞，向洞里插入电极，测量神经元的活跃程度。他们在小猫的眼前，展现各种形状、各种亮度的物体。并且，在展现每一件物体时，还改变物体放置的位置和角度。他们期望通过这个办法，让小猫瞳孔感受不同类型、不同强弱的刺激。

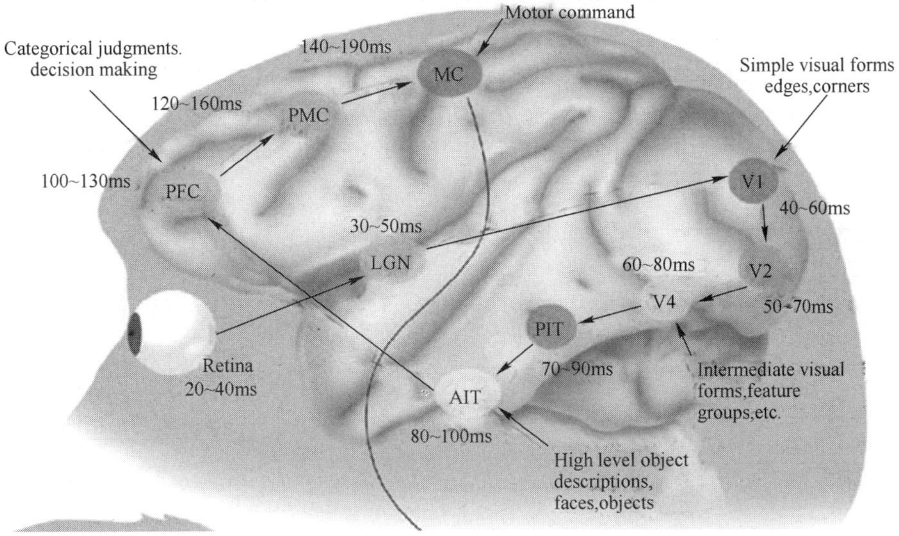

图 12.9　人脑分层处理及反应时间示意图

经历了很多天反复的枯燥的试验，David Hubel 和 Torsten Wiesel 发现了一种被称为“方向选择性细胞”（orientation selective cell）的神经元细胞。当瞳孔发现了眼前的物体的边缘，而且这个边缘指向某个方向时，这种神经元细胞就会活跃（代表了图像中存在这个特征）。

这个发现激发了人们对于神经系统的进一步思考。神经-中枢-大脑的工作过程，或许是一个不断迭代、不断抽象的过程。这里的关键词有两个，一个是抽象，一个是迭代。从原始信号，做低级抽象，逐渐向高级抽象迭代。例如，从原始信号摄入开始（瞳孔摄入像素 Pixels），接着做初步处理（大脑皮层某些细胞发现边缘和方向），然后抽象（大脑判定，眼前的物体的形状，是圆形的），然后进一步抽象（大脑进一步判定该物体是只气球）。这个生理学的发现，促成了计算机人工智能在 40 年后的突破性发展。

随着后续研究认为，人的视觉系统的信息处理是分级的。从低级的 V1 区提取边缘特征，再到 V2 区的形状或者目标的部分等，再到更高层，整个目标、目标的行为等。也就是说高层的特征是低层特征的组合，从低层到高层的特征表示越来越抽象，越来越能表现语义或者意图。而抽象层面越高，存在的可能猜测就越少，就越利于分类。这种方法称为分层表达。

卷积神经网络是一种模仿大脑视觉皮质进行图像处理和识别的深度神经网络。其主要结构分为两类：第一类网络通称卷积层，由卷积层和池化层组成，主要功能为接收图像、完成特征的自动提取，并将提取的特征传递给分类神经网络；第二类网络称为全连接层，是在提取的特征基础上进行分类。

1. 层

负责从图像中提取特征。卷积网络可以是多层网络。其中提取特征就是图像与网络权重加权叠加的过程，网络权重不同代表着提取不同的特征，网络权重是通过训练自动获取的。卷积层生成的图像（数据）可称为特征映射。具体的卷积操作如图 12.10～图 12.12 所示。

设图像数据为矩阵 ***A***，卷积核为 ***B***，卷积步长为 1，则卷积运算第 1 步从图像的左上角开始，取图像数据矩阵 ***A*** 中对应卷积核 ***B*** 大小相同的矩阵，然后进行累加求和，作为结果矩阵第 1 行第 1 列的值：

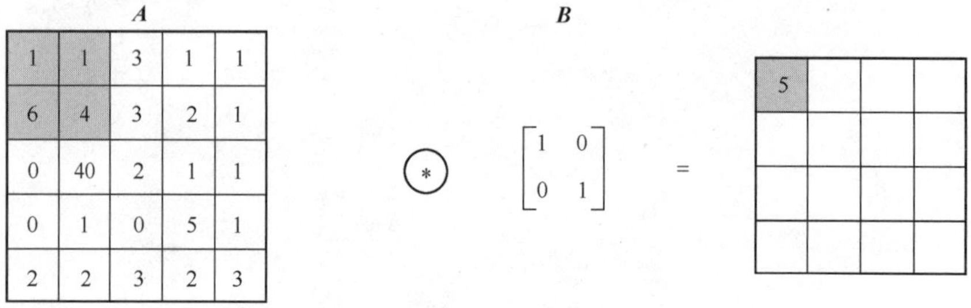

$a_{11}b_{11}+a_{12}b_{12}+a_{21}b_{21}+a_{22}b_{22}=1\times1+1\times0+6\times0+4\times1=5$

图 12.10　卷积计算示例第 1 步

第 2 步将取值矩阵向右移动一位，取对应卷积核 ***B*** 大小相同的矩阵，然后进行累加求和，作为结果矩阵第 1 行第 2 列的值：

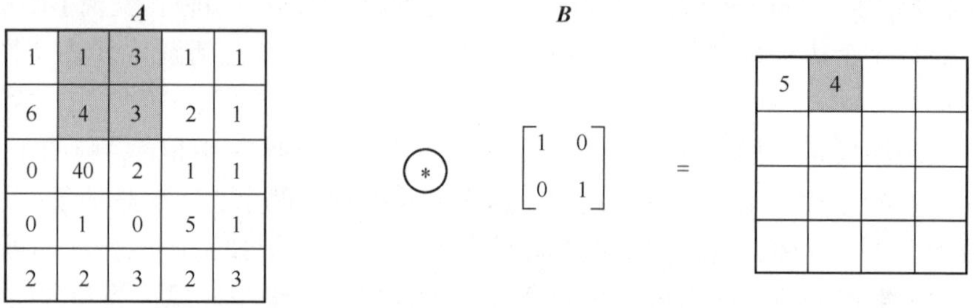

$a_{12}b_{11}+a_{13}b_{12}+a_{22}b_{21}+a_{23}b_{22}=1\times1+3\times0+4\times0+3\times1=4$

图 12.11　卷积计算示例第 2 步

后续将取值矩阵继续向右移动一位，逐次进行累加求和；到达 ***A*** 矩阵边缘后，向下移动一位，继续从第 1 列开始取值，依此类推，直到取值矩阵到达最后一个位置为止：

需要说明的是：

（1）卷积核一般为多个，代表从图像中提取多个特征。

（2）在卷积网络设计之初，卷积核 ***B*** 的值是随机设置的，需要通过样本训练后才能确定下来。

（3）卷积输出后一般还有一个激活函数，如 Sigmod 函数或 ReLu 函数。

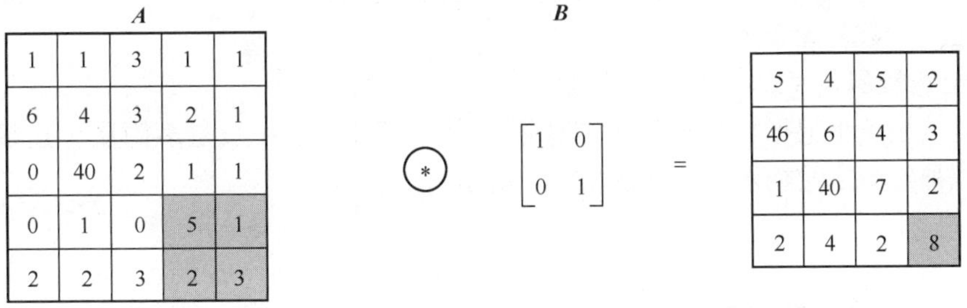

$a_{44}b_{11}+a_{45}b_{12}+a_{54}b_{21}+a_{55}b_{22}=5\times1+1\times0+2\times0+3\times1=8$

图 12.12　卷积计算示例最后一步

2. 池化层

池化层一般在卷积层后面，一方面用于压缩数据和参数的量，另一方面可以减小过拟合。

池化的操作与卷积相似，同样是池化矩阵在输入数据中进行滑动，并与对应的矩阵数据进行运算，只不过在矩阵运算时采用了取平均值（平均池化，averagepooling）或取最大值（最大池化，maxpooling）等运算。

平均池化按照池化矩阵的大小，从输入图像中取对应大小区域内数据的平均值，如图 12.13 所示。

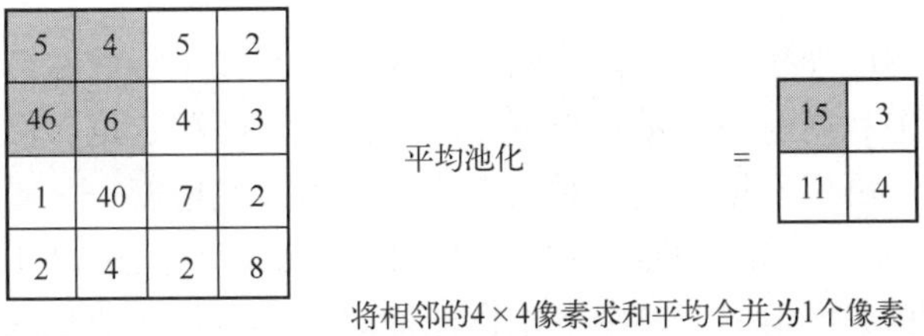

图 12.13　平均池化计算示例

最大池化按照池化矩阵的大小，从输入图像中取对应大小区域内数据的最大值，如图 12.14 所示。

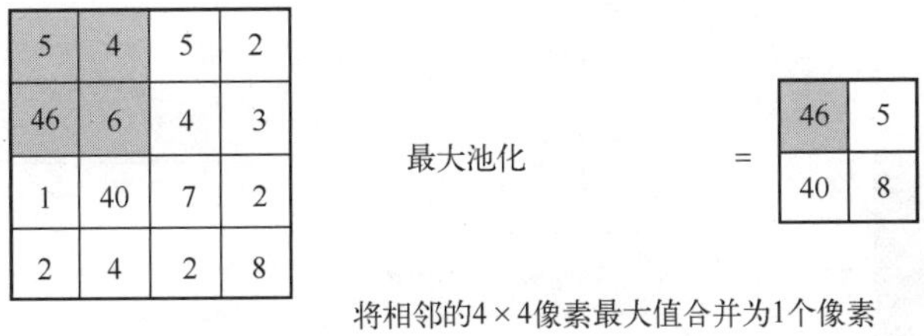

图 12.14　最大池化计算示例 1

与卷积操作类似，池化也有滑动步长 s（stride），通常滑动步长与池化矩阵大小相同。

需要注意的是，在神经网络的训练中，池化层参数是不经过反向传播修改的，即池化的算法及参数是固定的。

3. 全连接层

全连接层负责根据特征映射对图像进行分类等操作。一般是多隐层全连接神经网络。卷积神经网络结构示意图如图12.15所示。

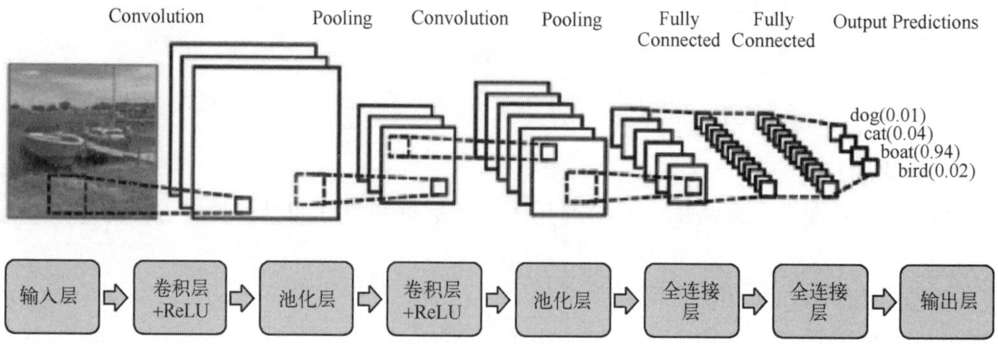

图12.15　卷积神经网络结构示意图

12.2.2　孪生神经网络景象匹配

根据仿生导航的原理建立孪生神经网络匹配模型，在飞行前装订大范围的地理矢量基准数据，在飞行中利用地理矢量图与可见光图像进行匹配定位，修正长航时条件下的惯性系统导航误差，可用于提高长航时条件下飞行器导航精度。

建立地理矢量图/可见光图端到端的孪生网络匹配模型（图12.16），模型由孪生特征提取层和卷积互相关层组成，其中孪生特征提取层由卷积和池化网络组成，卷积互相关层由卷积、池化和全连接网络组成。

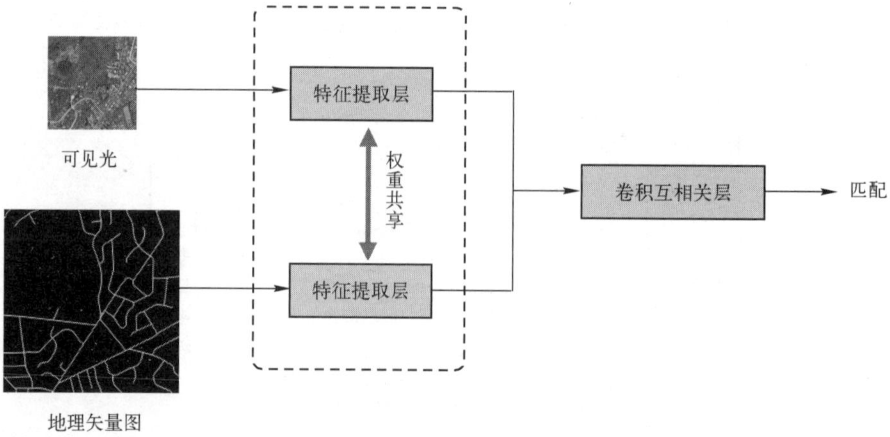

图12.16　孪生匹配网络结构图

其中，输入分别为可见光图和地理矢量图，通过权重共享的特征提取层（网络权重相同），分别输出可见光特征矩阵 $\boldsymbol{T}_{\mathrm{f}}$和地理矢量特征矩阵 $\boldsymbol{T}_{\mathrm{g}}$；再输入卷积层，输出匹配相关矩阵 $\boldsymbol{R}$。

孪生网络匹配模型中孪生特征提取层采用卷积网络，互相关层采用卷积互相关模型：

$$\boldsymbol{R}(x,y)=\frac{1}{mn}\sum_{i=0}^{m}\sum_{j=0}^{n}\boldsymbol{T}_{\mathrm{g}}(x+i,y+j)\boldsymbol{T}_{\mathrm{f}}(i,j) \tag{12.17}$$

式中：$\boldsymbol{R}(x,y)$为匹配相关矩阵 $\boldsymbol{R}$ 在坐标(x,y)处的互相关值；m，n 为可见光图的宽和高，$\boldsymbol{T}_{\mathrm{g}}(x+i,y+j)$为地理矢量特征矩阵 $\boldsymbol{T}_{\mathrm{g}}$在坐标$(x+i,y+j)$处的值；$\boldsymbol{T}_{\mathrm{f}}(i,j)$为可见光特征矩阵 $\boldsymbol{T}_{\mathrm{f}}$在坐标$(i,j)$处的值；$\boldsymbol{R}(x,y)$最大值所对应的坐标即为匹配点坐标。

选取分辨率为 $w_{\mathrm{F}}\times h_{\mathrm{F}}$的可见光图和分辨率为 $w_{\mathrm{G}}\times h_{\mathrm{G}}$的地理矢量图；给出分辨率为$(w_{\mathrm{G}}-w_{\mathrm{F}}+1)\times(h_{\mathrm{G}}-h_{\mathrm{F}}+1)$的标签矩阵，对可见光与地理矢量图匹配点周边 5 个像素位置设置标签为 1，其他位置给定标签为 0；对应的可见光图、地理矢量图、标签矩阵共同构成一组样本，共设计 1000 组样本。

损失函数 loss 为

$$\mathrm{loss}=-\alpha\sum_{j\in Y_{+}}\log\Pr(r_{ij}=1)-(1-\alpha)\sum_{j\in Y_{-}}\log\Pr(r_{ij}=0) \tag{12.18}$$

式中：$\Pr(r_{ij}=1)$为匹配相关矩阵 $\boldsymbol{R}$ 在标签矩阵等于 1 的位置处的值，$\Pr(r_{ij}=0)$为匹配相关矩阵 $\boldsymbol{R}$ 在标签矩阵等于 0 的位置处的值，α 为系数，计算模型为

$$\begin{cases}\alpha=\dfrac{|Y_{-}|}{|Y|}\\[2ex]1-\alpha=\dfrac{|Y_{+}|}{|Y|}\end{cases} \tag{12.19}$$

式中：$|Y|$，$|Y_{-}|$，$|Y_{+}|$分别为全部标签、正确匹配位置标签和错误匹配位置标签。

根据损失函数采用批训练方法，对样本集进行训练 100 轮，得到最终的孪生网络匹配模型 S_{net}。

采用小实时图和大基准图进行匹配实验，其中实时图为可见光图像，基准图为地理矢量图，在数据源上裁剪出对应的地理矢量图作为基准图和可见光图像作为实时图，匹配效果示例如图 12.17 所示。

地理矢量图是按矢量数据绘制存储的，其具有高度的概括性、存储空间小的优势，同等条件下存储相同范围的遥感影像所需空间更大，因此矢量地图具有遥感影像无法比拟的优点。相比于栅格图，地理矢量图具有三大优点：

（1）数据量小，预存基准图所需存储容量较小，更适合飞行器灵活运用。

（2）矢量图随时间、季节变化小，抗环境干扰能力好。

（3）矢量图的空间信息丰富，有无损变换的优点。

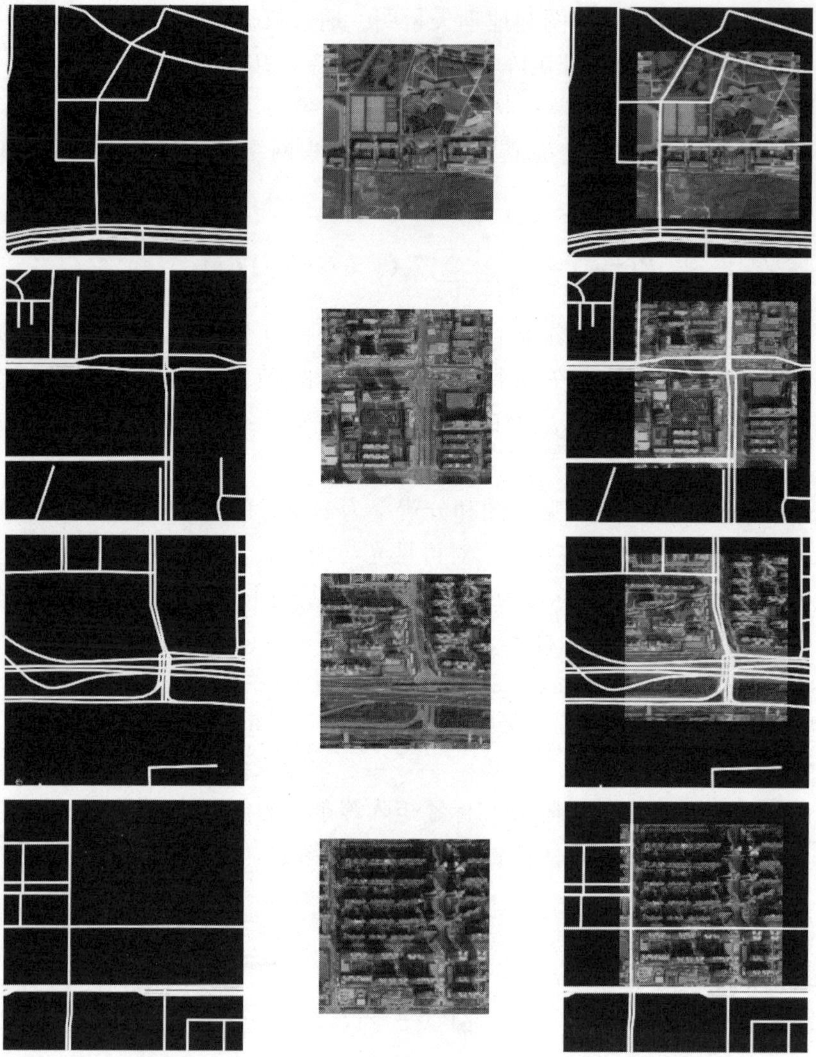

(a) 地理矢量基准图　　(b) 可见光实时图　　(c) 匹配结果

图 12.17　仿真结果示例

12.3　红外成像制导

12.3.1　红外寻的制导

红外成像制导利用目标和背景的热辐射温差，根据目标和背景的红外图像来实现自动导引，不但分辨率高、动态范围大、抗干扰能力强，而且具有自主捕获目标、自动决策和全天时工作的能力。另外，红外成像制导系统采用被动探测的工作方式，无需红外辐射源，所以隐蔽性也较好。因此，与可见光成像制导与雷达成像制导相比，红外成像制导是一种优势明显的制导手段。

红外成像制导的工作原理如图 12.18 所示，飞行器在飞行末段开启红外探测器，获取红外实时图像，根据需要采取自动目标识别方案或人在回路目标指示方案，对目标进行识别，然后转入目标跟踪阶段，并将目标信息传送给武器制导系统，引导飞行器向目标方向飞行，从而实现“看着打”的目的。

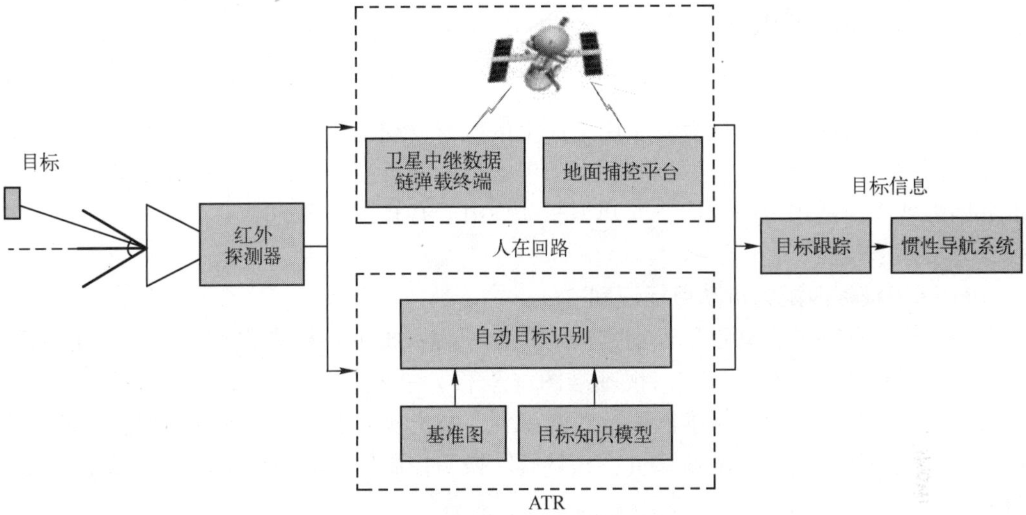

图 12.18　红外成像制导的工作原理

自动目标识别（automatic target recognition，ATR）与人在回路是目前红外成像制导技术的两大方向，在提高精导武器的突防能力、命中精度、对抗能力，增加打击与毁伤效果等方面发挥了重要作用，引起了各军事大国的重视。

ATR 是红外成像制导领域的关键技术之一，在末制导寻的阶段起着决定性作用，因此在末制导系统中具有重要的战略地位。红外传感器受到大气辐射、作用距离以及探测器噪声等影响，用其探测得到的目标在红外图像上多数呈现出低对比度低信噪比的特点，特别是在复杂地物背景的干扰下。正因如此，复杂背景下红外目标的自动识别一直是近年来的热门研究课题。

人在回路是指通过人工参与来观察、识别、锁定目标，操纵导弹攻击目标，通常还以导弹命中目标前传回的最后一帧图像来判断导弹的命中精度，评估杀伤效果。在复杂战场环境下，弹上自动目标识别系统受算法限制无法对目标进行有效识别时，数据链支持下的导弹在飞行末段可以通过数据链将目标实时图像回传到地面指控中心，在地面指控中心充分利用人的智能资源和强大的地面计算机资源，实现复杂环境下的目标识别与指示。该项技术已经成为解决精确制导武器探测、识别目标和提高命中精度的重要手段。

前视红外制导技术由最初的点源红外制导发展到今天，已经进入到比较成熟的第三代凝视焦平面阵列红外成像制导阶段。各军事大国纷纷投入巨资进行前视红外制导技术的研究，如美国在 2000 年到 2005 年期间，投资约 800 万美元进行基于 FLIR 的自动目标识别技术研究。另外，无论是旧型号改造还是新型号研制，末制导系统也正逐渐向前视红外成像制导倾斜，并将具有自动目标识别能力作为末制导系统的发展趋势。例如，

2004年9月装备美国海军的“战斧”IV型巡航导弹改用前视红外成像系统替换下视景象匹配系统，但导弹工作模式从全自主模式变为人在回路遥控模式。另外，随着红外器件性能的提高，红外成像系统的作用距离、图像分辨率和快速响应能力得到大大改进，可供处理的图像清晰度提高了许多倍。

12.3.2 红外目标识别

目前，前视红外自动目标识别算法主要分为两大类：基于模板匹配的自动识别与基于知识模型的自动识别，前者属于由下而上的数据驱动型，后者属于由上而下的知识驱动型。两类方法各有特点，数据驱动型不考虑目标的类型，直接对图像数据进行特征提取和匹配处理，适用范围较广，而知识驱动型由于有知识规则的限定，处理过程针对性强，算法效率较高。

1. 基于模板匹配的自动目标识别

基于模板匹配的自动目标识别方法的工作原理：根据目标高程、下视可见光图像、成像视角和距离等信息，制作前视基准图（模板）并装订到飞行器上，飞行器在末制导阶段对获取的实时图与基准图进行匹配识别，找出实时图中与基准图匹配的区域，获取目标位置与实时图中心的偏移量，并将其转换为控制信号驱动伺服机构，使光轴指向目标。

前视红外目标识别实际上是一个异源图像匹配问题。尤其是在飞行高度较低的导弹对高大建筑目标进行打击时，导引头视场为目标侧面图像。由于目标侧面的不同建筑物材质（如钢筋框架、砖混墙体、玻璃窗户等）具有不同的红外辐射特性，导致获取的实时图中目标侧面具有复杂的纹理特征，如图12.19所示。而在基准图制作中，由于目标侧面图像一般无从得到，因此基准图一般无侧面的纹理贴图，与实时图的纹理差别很大，给匹配带来较大困难，使其成为一个信息不完备情况下的求解问题。

图12.19　高大建筑物红外图

基于模板匹配的目标识别方法大都采用相关识别方法，采用灰度或边缘等特征，归一化积相关系数或Hausdorff距离等相似性测度，将相关矩阵主峰所在位置作为匹配位置。由于基准图和实时图存在较大差异，匹配点往往落在相关矩阵的次峰上，从而导致匹配失败。因此选取鲁棒的模板匹配方法和根据模板匹配结果确定最佳匹配位置是该类算法的关键所在。

2. 基于知识模型的自动目标识别

基于知识模型的自动目标识别方法针对目标红外特征或形状特征明显、相对背景有显著差异且背景较为简单的情况而设计。除了利用目标自身特性外，还利用从目标和背景信息中获得与目标所在位置有关的种种约束条件，进行自适应识别处理。这类算法不需要进行模板制备，降低了自动目标识别对数据保障条件的要求，但需要根据典型目标形状特性、红外特性和场景特性等先验知识，构建相应的目标知识模型，因此不同类型的典型目标需要研究不同的算法。

目前，该类算法在机场跑道、桥梁、雷达天线罩等典型目标的自动识别上得到了应用。上述目标在红外图像中的形状特征和场景特征与在其他类型的图像（可见光图像或 SAR 图像）中基本一致，红外特征非常显著。

如图 12.20（a）所示，机场跑道一般由两条具有一定距离的长直平行线组成，由于跑道一般由沥青或混凝土铺设而成，热容量较大，周围背景一般是稀疏的草地或土地，热容量较小。因此，跑道区域内的红外灰度值较为均匀，变化比较平稳，并且与两侧背景的红外灰度值具有明显差异。

如图 12.20（b）所示，雷达天线罩属于郊野类目标，一般处于山顶、半山腰或海边，周围环境基本是植被，天线罩一般采用玻璃钢等红外辐射较强的材质建造，因此与周围环境形成了较大的红外辐射差异，在图像中表现为高亮目标，与背景存在灰度的差异，目标内部区域的灰度比较均匀，其形状具有明显的圆形特征。

如图 12.20（c）所示，热电厂冷却塔一般成组出现，其主要功能是将挟带废热的冷却水在塔内与空气进行热交换，使废热从塔筒出口排入大气，冷却过的水由水泵再送回锅炉循环使用。因此，与背景相比，冷却塔内具有较高的温度，在根据温差成像的红外图像中表现为高亮目标，并且塔身灰度比较均匀，其形状一般具有双曲线特征。

(a) 机场跑道　　(b) 雷达天线罩　　(c) 电厂冷却塔

图 12.20　典型目标红外图像

在实际情况下，受光照强度、周围物体的热辐射、目标表面纹理等因素的影响，目标的红外辐射特性有时呈现为非均匀性，造成图像中目标与背景对应区域之间的边界存在不同程度的模糊。此外，由于背景物体的遮挡、向光部分的局部亮斑等影响，使得图像中目标几何形状发生变化，同时，场景中其他地物也可能造成干扰。因此，对目标进行基于知识模型的自动识别极具挑战性。

基于知识模型的自动目标识别方法在一定程度上克服了模板匹配的局限性，极大地推动了自动目标识别系统走向实用化的进程，但基于知识模型的自动目标识别系统的知识利用程度是很有限的，这类方法还存在以下困难：①可供利用知识源的辨别；②知识的验证；③适应新场景时知识的有效组织；④规则的明确表达和理解。未来复杂多变场景下的自动目标识别系统效能在很大程度上将依赖于问题知识和处理能力。大知识库的有效构造，空间/时间推理和层次化稳健推理等都是当前基于知识模型的自动目标识别研究中的关键问题。

12.3.3 红外目标跟踪

在实现对目标稳定识别的基础上，可以根据当前时刻的图像观测和目标位置信息选择能够对目标进行描述的特征，建立目标模型，通过对当前帧实时图和目标动态模型进行目标特征匹配实现典型目标的自动跟踪。由于不受实时图与基准图差异的影响，因此采用目标跟踪可以实现更加准确的目标定位。目标的自动识别与跟踪的流程如图 12.21 所示。

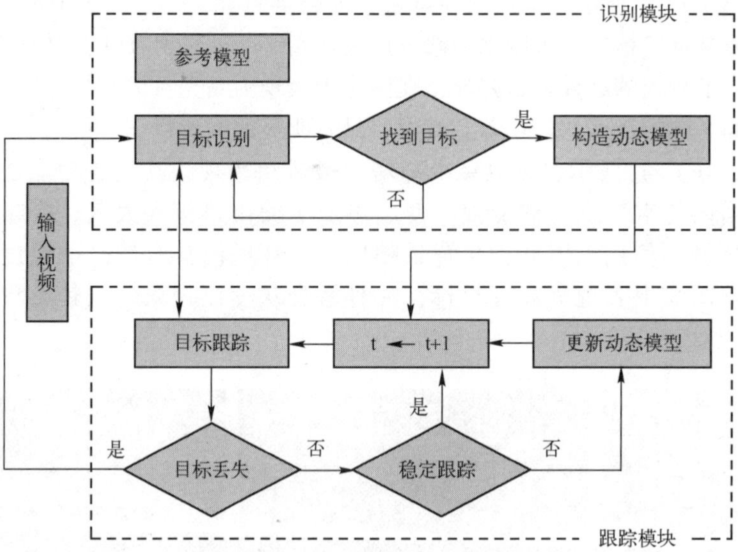

图 12.21　目标的自动识别与跟踪

目标跟踪的关键是建立目标模型和选择搜索策略。如果直接采用目标区域的灰度特征对目标建模，采用穷尽搜索方法，就是前节所述的基于灰度相关匹配的模板匹配算法。该算法运算量很大，很难满足实时跟踪的需要。

在目标模型的建立上，通过适当抽取目标特征并简化特征的维数可以减少运算量，并提高目标模型的可鉴别性。目标跟踪中常采用直方图特征、纹理特征、形状特征等构建目标模型。根据搜索策略选取的不同，目标跟踪方法包括概率性跟踪方法和确定性跟踪方法，前者以粒子滤波为代表，后者以核跟踪（又称均值漂移跟踪，mean-shift tracking，MS）为代表。核跟踪由于其简单易用和实时性好的特点，一经问世就成为目标跟踪领域的重要方法，并且在红外目标跟踪中得到了应用。该方法采用直方图来表示目标，采用 Bhattacharyya 系数来度量目标和候选目标的相似性，通过优化算法迭代得到均值漂移形式的目标位置向量。直方图特征包括灰度直方图、纹理直方图（以局部二值模式为典型代表，local binary pattern，LBP）、梯度方向直方图（histogram of gradients，HOG）等，上述直方图特征由于具有特征稳定、抗局部遮挡和计算量小的特点，在核跟踪中得到了广泛的运用。

红外成像制导的工作原理和工作环境决定了前视红外目标跟踪存在以下特点。

（1）实时图像为运动平台对固定目标或慢速移动目标成像所得，即在跟踪过程中目标所处背景几乎不发生变化或变化很小。运动平台可能导致相邻帧间目标位置偏差较大，弹目距离的变化可能导致相邻帧间目标尺度变化较大，上一波次的打击可能对目标造成局部遮挡，这些问题的存在对目标跟踪提出了严峻的挑战。

（2）红外图像是灰度图像，缺乏颜色信息，并且信噪比和对比度通常较低，形状和纹理等信息匮乏，并且目标可能位于复杂场景中，伪装目标和相似目标的存在可能对跟踪造成干扰，这些客观情况对目标模型的可鉴别性和跟踪算法的可靠性提出了更高的要求。

（3）飞行器运动速度较快，为保证制导信息的有效性，减小时延影响，前视红外目标跟踪算法要求具有较高的实时性，这对算法的复杂性进行了一定程度的限制。

12.4　SAR 成像制导

12.4.1　SAR 制导原理

SAR 景象匹配导航作为惯性导航系统的辅助系统，可实现全天候、全天时、高精度、高度自主的导航。SAR 景象匹配辅助导航系统原理如图 12.22 所示。该类制导系统以区域地貌为目标特征，利用飞行器载高分辨率成像雷达实时获取导弹飞向目标沿途景象图，并与机载计算机中预先存储的参考图（主要为星载 SAR 影像或星载可见光影像）相比较，用于确定飞行器位置，得到导弹相对于预定弹道的纵向和横向偏差，从而将导弹引向目标。由于图像匹配定位的精度很高，因此可以利用这种精确的位置信息来消除惯性导航系统长时间工作的累计误差，以提高导航定位的精度和自主性。在前侧视的情形下，SAR 景象匹配辅助导航系统还具有提供目标信息的能力，从而可以实现自主的精确打击。

在实时图成像阶段，除了图 12.22 所示的侧视摆扫成像方式以外，环扫成像也是一种常用的成像方式，能在短时间内快速探测飞行路径下大面积环状区域的地面覆盖物。由于环状成像区域可以有效地减小各种误差对定位的影响，因此是一种非常实用的成像模式。图 12.23 所示为环扫 SAR 的工作示意图以及图像示意图。雷达载体在以速度 v 运动的同时，雷达天线绕地垂线以角速度 ω 匀速扫描，从而形成近似环状的扫描区域。在雷达飞行方向的前下方和后下方区域，由于发生方位向和距离向的严重耦合，从而造成环扫 SAR 成像存在成像盲区。环扫 SAR 在信号积累过程中，通常利用多普勒波束锐化技术（doppler beam sharpening，DBS）对回波信号进行分批成像处理。DBS 属于 SAR 的非聚焦模式，是合成孔径雷达的一种。DBS 运用 Doppler 分辨理论，对接收到的回波信号进行算法上的处理，将一个波束等效地分割成若干个子波束，从而提高了实孔径图像的方位向分辨率。

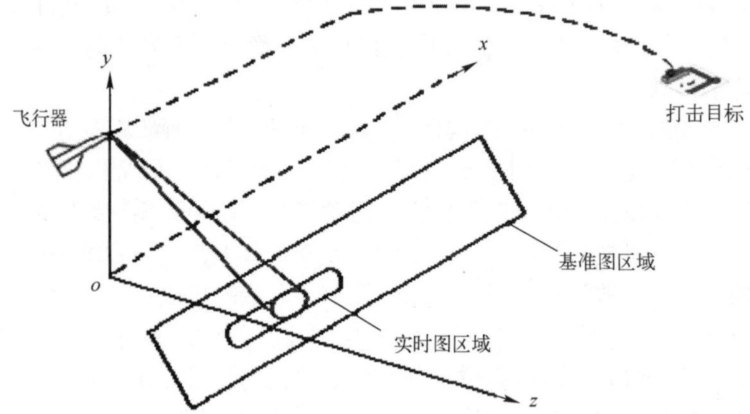

图 12.22　弹载 SAR 景象匹配制导原理

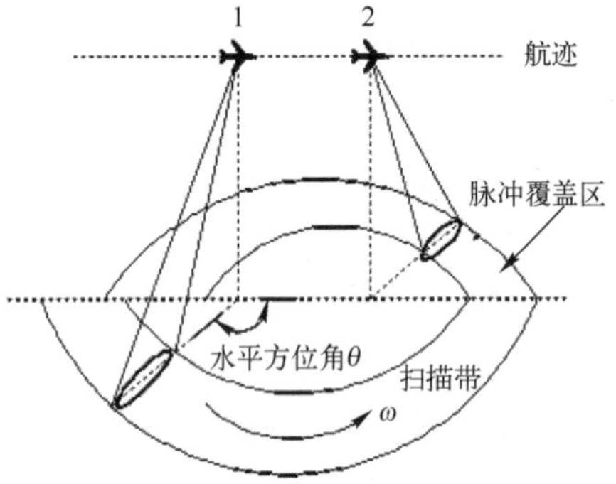

(a) 环扫示意图

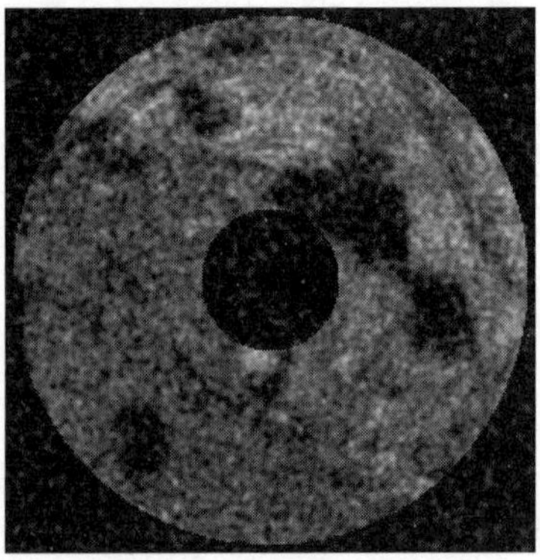

(b) 图像示意图

图 12.23　环扫 SAR

SAR 景象匹配所用的参考图源主要为星载 SAR 影像或星载可见光影像。

SAR 景象匹配导航的功能框图如图 12.24 所示。INS 输出的位置和航向信息，用来计算 SAR 的当前视区（field of view，FOV）和定位参数。SAR 信号处理机利用这些参数进行成像和运动补偿处理，得到初始实时图。然后利用 FOV 信息在数字高程模型（digital elevation model，DEM）数据库中找到与实时图对应的 DEM 数据，对实时图进行预处理，得到几何校正的实时图。接着在参考图数据库中利用 FOV 信息找到与实时图对应的参考图，并进行匹配处理。根据匹配结果，反推导弹位置，并与当前惯性导航信息相融合，计算出 INS 的位置、航向误差。最后，将此导航信息反馈给惯性导航系统，进行导航误差校正。

SAR 景象匹配导航利用目标区的图像信息进行导航，导航精度取决于实时图质量、基准图精度和匹配方法性能等，这些因素相辅相成、缺一不可。尽管一些研究成果已经验证了 SAR 技术对提高导弹命中精度的有效性，但对处于复杂地形中的攻击目标，还存在一些技术难点：①复杂地形下弹载 SAR 实时图几何畸变较大；②复杂地形下 SAR

基准图制备难度较大；③导航的特殊应用场合对景象匹配方法性能要求较高。SAR 景象匹配导航技术的发展将大幅降低精确制导武器的圆概率误差（circular error probability，CEP），提高精确制导武器对复杂地形条件的适应性，以及在现代作战环境下的突防能力和实战能力。

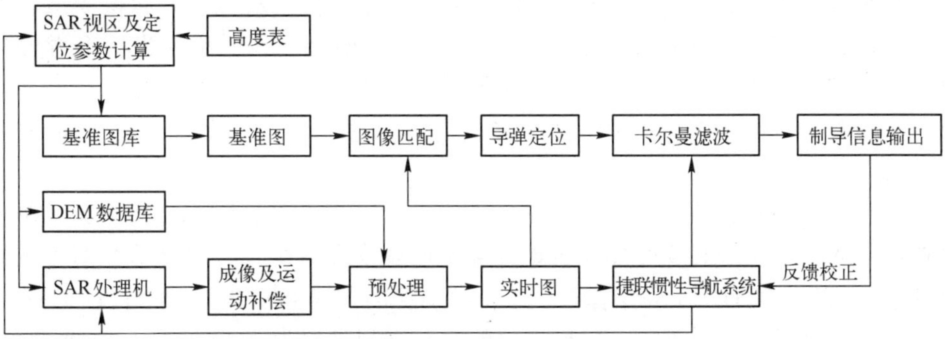

图 12.24　SAR 景象匹配导航功能框图

12.4.2　SAR 图像匹配

SAR 实时图与参考图的精确匹配是进行后续导航的前提，也是图像匹配辅助导航的关键环节。景象匹配与图像处理中的图像配准相比较，都是将同一场景的不同时间、不同条件，不同传感器获得的图像进行匹配，从本质上讲，两者所面临的问题相同，但是由于其任务和应用的特殊性，景象匹配更侧重于匹配实时性和匹配可靠性。由于不同的传感器，不同的分辨率、不同的入射角以及不同的天气条件等因素，用来匹配的 SAR 实时图与 SAR 参考图可能存在较大的差异。当参考图选用异源图像（如可见光卫星影像）时，这种差异会更加明显。为满足远距离、高精度的导航要求，SAR 图像匹配方法的选取非常重要。

由于景象匹配特殊的应用背景和当前的硬件条件所限，SAR 成像制导中的 SAR 图像匹配技术主要存在以下问题。

（1）实时图与基准图获取时成像视角、图像分辨率和灰度属性等存在较大差异，要求匹配方法具有较高的鲁棒性。并且，为了保证成功匹配，实时图必须包含足够多的显著地物特征，使得实时图与基准图的尺寸都比较大，要求匹配算法具有较好的实时性。因此，需要针对鲁棒性和实时性要求，研究相应的 SAR 图像匹配策略。

（2）目前的研究主要集中在 SAR 图像匹配上，很少有匹配算法对不同目标区域与场景的适应性研究。实际应用中，为了提高景象匹配精度，需要根据具体导航任务所限定的典型目标区域与场景选择合适的匹配算法，因此匹配算法的适应性评估对于提高算法的实用化具有重要意义。

12.4.3　SAR 平台定位

如前所述，由于 SAR 成像方式与光学传感器成像方式有较大的差异，采用侧视和运动方式成像，因此在获得景象匹配信息以后，需要根据 SAR 的成像特性对成像时刻的 SAR 平台进行定位。由于合成孔径雷达属于侧视距离成像，SAR 平台的底点不会落在所成像的图像内，景象匹配获取到同名像点后，通过参考图所附带的地理信息编码，即可得到实时图上匹配点的高斯坐标或经纬度坐标。匹配点的空间位置与 SAR 平台的空间位置存在侧视成像的几何关系，通过侧视角的反算可以得到 SAR 平台的近似空间位置，进而求取出飞行器的速度。

SAR 成像过程中，在某个方位时刻 t_i，发射一个线性调频脉冲，并接受该脉冲的回波。经成像处理后，该脉冲回波对应于 SAR 图像中的一行，称其为一个方位门或一条距离线。在正侧视成像的条件下，利用方位时刻 t_i 对应的距离线上 N 个控制点的空间位置信息和斜距信息，采用最小二乘平差的方法，可以估计 t_i 时刻 SAR 平台的空间位置。

设 SAR 平台获取的实时图 $F(i,j)$ 的大小为 $M\times N$，其方位向的采样数为 M，距离向的采样数为 N。通过 SAR 实时图与带地理编码的基准图匹配，并结合基准图对应的地形数据，可以获取实时图上每个像素点 $F(i,j)$ 对应的大地坐标 $X(i,j)=(x(i,j),y(i,j),z(i,j))$。假设在某方位时刻 t_n，SAR 平台的真实空间坐标为 $X_S(t_n)=(X_S(t_n),Y_S(t_n),Z_S(t_n))$，SAR 平台与该方位门内控制点之间的空间位置关系如图 12.25 所示。

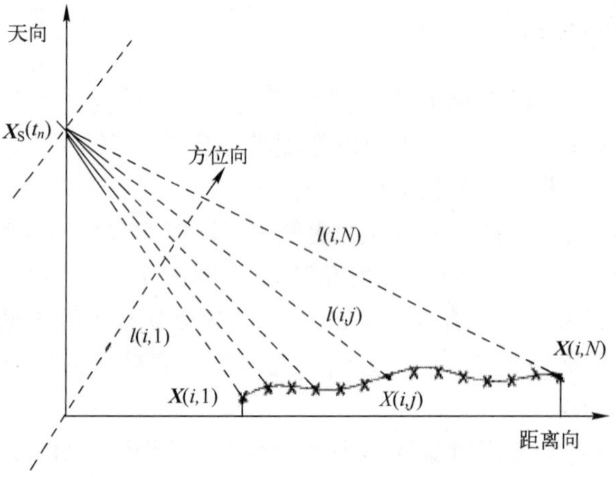

图 12.25　SAR 平台与某方位门内控制点之间的空间位置关系

在飞行过程中，惯性导航系统会给出 SAR 平台在每一时刻的近似位置信息 $X_{S0}(t_n)=(X_{S0}(t_n),Y_{S0}(t_n),Z_{S0}(t_n))$，这个位置与 SAR 平台的实际位置相比会有一定的误差，在短时间内，该误差可看作常值，有

$$
\begin{aligned}
X_S(t_n)&=X_{S0}(t_n)-\Delta X\\
Y_S(t_n)&=Y_{S0}(t_n)-\Delta Y\\
Z_S(t_n)&=Z_{S0}(t_n)-\Delta Z
\end{aligned}
\tag{12.20}
$$

式中：$(\Delta X,\Delta Y,\Delta Z)$ 为惯性导航系统的常值误差。

则图像中 $(i,j)_n$ 点在 t_n 时刻到雷达的距离为

$$
R_n=\sqrt{(X_n(i,j)-X_{S0}(t_n)+\Delta X)^2+(Y_n(i,j)-Y_{S0}(t_n)+\Delta Y)^2+(Z_n(i,j)-Z_{S0}(t_n)+\Delta Z)^2}
\tag{12.21}
$$

若设：

$$
\begin{aligned}
X_S(t_n) &= X_{S0}(t_n) - \delta X \\
Y_S(t_n) &= Y_{S0}(t_n) - \delta Y \\
Z_S(t_n) &= Z_{S0}(t_n) - \delta Z
\end{aligned} \tag{12.22}
$$

式中：$(X_S(t_n), Y_S(t_n), Z_S(t_n))$ 为 t_k 时刻惯性导航的近似值，也是最小二乘迭代的初值。

对 R_n 以 $(X_S(t_n), Y_S(t_n), Z_S(t_n))$ 为中心用泰勒级数展开并忽略高次项，得

$$
R_n = R_{n0} + \left(\frac{\partial R_n}{\partial X_{S0}}\right)_0 \cdot \delta X + \left(\frac{\partial R_n}{\partial Y_{S0}}\right)_0 \cdot \delta Y + \left(\frac{\partial R_n}{\partial Z_{S0}}\right)_0 \cdot \delta Z \tag{12.23}
$$

式中

$$
\begin{aligned}
\left(\frac{\partial R_n}{\partial X_{S0}}\right)_0 &= \frac{1}{R_{n0}}(X_n(i,j) - X_{S0}(t_n)) = k_n \\
\left(\frac{\partial R_n}{\partial Y_{S0}}\right)_0 &= \frac{1}{R_{n0}}(Y_n(i,j) - Y_{S0}(t_n)) = l_n \\
\left(\frac{\partial R_n}{\partial Z_{S0}}\right)_0 &= \frac{1}{R_{n0}}(Z_n(i,j) - Z_{S0}(t_n)) = m_n
\end{aligned} \tag{12.24}
$$

$$
R_{n0} = [(X_n(i,j) - X_{S0}(t_n))^2 + (Y_n(i,j) - Y_{S0}(t_n))^2 + (Z_n(i,j) - Z_{S0}(t_n))^2]^{1/2} \tag{12.25}
$$

则实时图中匹配点 $(i,j)_n$ 在 t_n 时刻到雷达距离的线性化表达式为

$$
R_n = R_{n0} + k_n \cdot \delta X + l_n \cdot \delta Y + m_n \cdot \delta Z \tag{12.26}
$$

此即为线性化后的距离量测方程。

SAR 在成像过程中会记录以下参数：成像中心时间信息、距离向和方位向分辨率、距离向和方位向有效像元数、中心点斜距、图像有效区域中心点多普勒值、像平面投影高度信息、成像等效速度等。在正侧视成像的情况下，SAR 平台在地面的投影也将和该距离线上控制点在一条直线上。根据以上参数，可以推算出该方位门内各个控制点到 SAR 平台的斜距 $\boldsymbol{R}_n$。

由上述量测方程得到的误差方程的向量形式为

$$
\boldsymbol{F} = \boldsymbol{R}_n - \boldsymbol{R}_{n0} = \Delta \boldsymbol{R} \tag{12.27}
$$

代入上述误差方程中，并写成如下矩阵形式：

$$
\begin{bmatrix} k_1 & l_1 & m_1 \\ k_2 & l_2 & m_2 \\ \vdots & & \vdots \\ k_N & l_N & m_N \end{bmatrix} \cdot \begin{bmatrix} \delta_X \\ \delta_Y \\ \delta_Z \end{bmatrix} = \begin{bmatrix} R_{10} - R_1 \\ R_{20} - R_2 \\ \vdots \\ R_{n0} - R_n \end{bmatrix} \tag{12.28}
$$

可简化为

$$
\underset{N\times 3}{\boldsymbol{A}} \cdot \underset{3\times 1}{\delta \boldsymbol{G}} = \underset{N\times 1}{\boldsymbol{L}} \tag{12.29}
$$

在多控制点的 SAR 平台定位方法中，为了使方程组的解更接近于真实值，也就是使定位的精度更高，需要足够的地面控制点，以获得足够的信息，应用经典的最小二乘法求解方程组，这时的误差方程为

$$
\underset{N\times 1}{\boldsymbol{v}} = \underset{N\times 3}{\boldsymbol{A}} \cdot \underset{3\times 1}{\delta \boldsymbol{G}} - \underset{N\times 1}{\boldsymbol{L}} \tag{12.30}
$$

其相应的最小二乘解为

$$\underset{3\times1}{\delta \boldsymbol{G}}=(\underset{3\times NN\times3}{\boldsymbol{A}^{\mathrm{T}}\boldsymbol{A}})^{-1}\underset{3\times NN\times1}{\boldsymbol{A}^{\mathrm{T}}L} \tag{12.31}$$

在选取地面控制点时，考虑到地形起伏对 SAR 实时图成像的影响，尽可能选取地形高度近似相等的控制点。

12.5 导引的基本理论

寻的导引是在导弹对目标主动或被动探测，获得导弹与目标相对关系的条件下，根据一定的控制规律，使导弹按规定的方式接近目标的制导方法。

12.5.1 基本运动模型

在导引过程中，弹目相对运动关系是研究导引方法的基础，一般以导弹质心为中心首先建立弹目坐标系，坐标系原点取导弹质心 o，ox 轴、oy 轴、oz 轴分别与导弹发射惯性系 ox_{a}轴、oy_{a}轴、oz_{a}轴平行，弹目关系如图 12.26 所示。

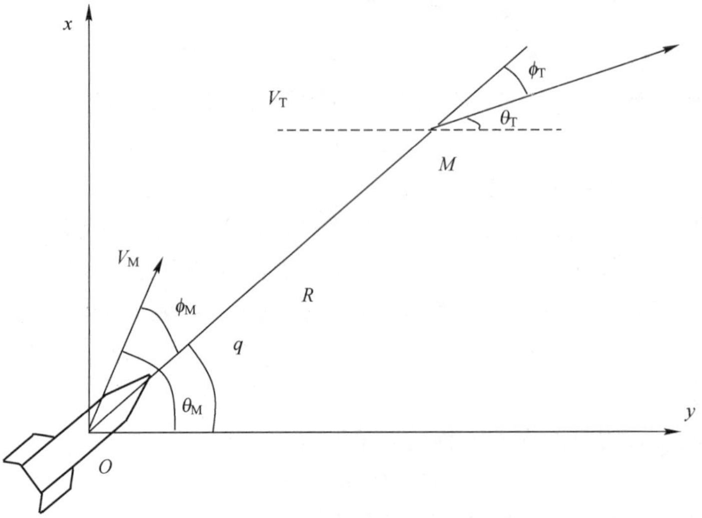

图 12.26 弹目在纵平面内的相对运动关系

R 表示导弹与目标之间的相对距离，oM 称为目标瞄准线，简称目标线或瞄准线。

q 表示目标瞄准线与攻击平面内基准线 ox 之间的夹角，称为目标线方位角或视角，从基准线逆时针转向目标线为正。

θ_{M}表示导弹速度矢量与 ox 之间的夹角，当攻击平面为铅垂直面时，为弹道倾角，当攻击平面为水平面时，为弹道偏角。ϕ_{M}表示导弹速度矢量与目标线之间的夹角，称为导弹前置角，速度矢量逆时针转向目标线为正。

θ_{T}表示目标速度矢量与 ox 之间的夹角。ϕ_{T}表示目标速度矢量与目标线之间的夹角，称为目标前置角。

通过分析可知，弹目距离的变化率等于导弹速度矢量和目标速度矢量在弹目连线上的分量代数和，而弹目连线的角度变化率则等于导弹速度矢量和目标速度矢量在垂直于

弹目连线上的分量代数和除以弹目距离，因此导弹和目标在纵平面内的相对运动关系可描述为

$$\begin{cases}\dot{R}=-\nu_{\mathrm{M}}\cos\phi_{\mathrm{M}}+\nu_{\mathrm{T}}\cos\phi_{\mathrm{T}}\\ R\dot{q}=\nu_{\mathrm{M}}\sin\phi_{\mathrm{M}}-\nu_{\mathrm{T}}\sin\phi_{\mathrm{T}}\\ \phi_{\mathrm{M}}=\theta_{\mathrm{M}}-q\\ \phi_{\mathrm{T}}=\theta_{\mathrm{T}}-q\end{cases} \tag{12.32}$$

式中：θ_{M}为导弹速度方向，q 为导弹与目标的视线方向。

由于寻的导弹的飞行弹道还取决于所用的制导律，因此还必须加入制约导弹飞行的导引律，用于描述被约束的导弹运动参数$\dot{\theta}_{\mathrm{M}}$、$\dot{q}$、$\phi_{\mathrm{M}}$等。不同的导引律将反映出不同的导弹运动轨迹。在开展导引方法的前期研究时，可以首先求出导弹的速度变化规律，研究时将速度当作时间的已知函数，这样可以在不考虑动力学方程的情况下，通过解算运动学方程组开展研究。运动学方程组的求解同样可以采用图解法、解析法和数值积分法，但图解法和解析法必须在特定条件下经过一定的简化处理后才能应用，随着导弹和目标运动越来越复杂，计算精度要求越来越高，目前主要采用数值积分法。

12.5.2　基本概念

机动性是指导弹在单位时间内改变飞行速度大小和方向的能力，它表征了导弹对弹道的操纵能力。如果要攻击活动目标，特别是攻击空中的机动目标，导弹必须具有良好的机动性。导弹的机动性可以用切向和法向加速度来表征，但人们通常用过载矢量的概念来评定导弹的机动性。

1. 过载 n

过载是指作用在导弹上除重力之外的所有外力的合力 N 与导弹重量 G 的比值。过载越大，说明导弹的机动性能越好。

$$n=N/G=N/mg \tag{12.33}$$

将过载投影到速度坐标系和弹道坐标系，有

$$\begin{bmatrix}n_{xc}\\ n_{yc}\\ n_{zc}\end{bmatrix}=\frac{1}{G}\begin{bmatrix}P\cos\alpha\cos\beta-X\\ P\sin\alpha+Y\\ -P\cos\alpha\sin\beta+z\end{bmatrix} \tag{12.34}$$

$$\begin{bmatrix}n_{x\mathrm{T}}\\ n_{y\mathrm{T}}\\ n_{z\mathrm{T}}\end{bmatrix}=\frac{1}{G}\begin{bmatrix}P\cos\alpha\cos\beta-X\\ P(\sin\alpha\cos\gamma_{\mathrm{c}}+\cos\alpha\sin\beta\sin\gamma_{\mathrm{c}})+Y\cos\gamma_{\mathrm{c}}-Z\sin\gamma_{\mathrm{c}}\\ -P(\sin\alpha\sin\gamma_{\mathrm{c}}+\cos\alpha\sin\beta\cos\gamma_{\mathrm{c}})+Y\sin\gamma_{\mathrm{c}}+Z\cos\gamma_{\mathrm{c}}\end{bmatrix} \tag{12.35}$$

其中沿速度方向的过载 n_{xc}称为切向过载，垂直于速度方向的 n_{yc}、n_{zc}称为法向过载。也有的将在弹道平面内的 n_{yc}称为法向过载，而垂直于弹道平面的 n_{zc}称为横向过载。若导弹在铅垂面内飞行，则其曲率转弯半径为

$$\rho_y=\frac{V^2}{g(n_{y\mathrm{T}}-\cos\theta)} \tag{12.36}$$

若导弹在水平面内飞行，则其曲率转弯半径为

$$\rho_z = \frac{V^2 \cos\theta}{g n_{zT}} \tag{12.37}$$

切向过载越大，导弹改变速度大小的能力越大；法向过载越大，导弹改变速度方向，也就是弹道方向的能力越大，转弯半径越小。

将过载投影到弹体坐标系，沿导弹纵轴方向的过载称为纵向过载，垂直于导弹纵对称轴的过载称为横向过载。

2. 需用过载

需用过载是指导弹按给定的弹道飞行时所需要的法向过载，用 n_R 表示。需用过载必须满足导弹的战术技术要求，例如，导弹要攻击机动性强的空中目标，则导弹按一定的导引规律飞行时必须具有较大的法向过载（需用过载）；另一方面，从设计和制造的观点来看，为防止弹体结构破坏、保证弹上仪器和设备的正常工作以及减小导引误差，希望需用过载在满足导弹战术技术要求的前提下越小越好。

3. 极限过载

在给定飞行速度和高度的情况下，导弹在飞行中所能产生的过载取决于攻角、侧滑角及操纵机构的偏转角。当攻角达到临界值 α_L 时，对应的升力系数达到最大值 $C_{y\max}$，这是一种极限情况。若使攻角继续增大，则会出现“失速”现象。攻角或侧滑角达到临界值时的法向过载称为极限过载 n_L。以纵向运动为例，相应的极限过载可写为

$$N_L = \frac{1}{G}(P\sin\alpha_L + C_{y\max} q s) \tag{12.38}$$

4. 可用过载

当操纵面的偏转角为最大时，导弹所能产生的法向过载称为可用过载 n_P。它表征着导弹产生法向控制力的实际能力。若要使导弹沿着导引规律所确定的弹道飞行，那么，在这条弹道的任一点上，导弹所能产生的可用过载都应大于需用过载。

极限过载 n_L>可用过载 n_P>需用过载 n_R

在实际飞行过程中，各种干扰因素总是存在的，导弹不可能完全沿着理论弹道飞行，因此，在导弹设计时，必须留有一定的过载余量，用以克服各种扰动因素导致的附加过载。

12.5.3 导引分类

根据导弹和目标的相对运动关系，导引方法可分为以下几种。

（1）按导弹速度矢量与目标线（又称视线，即导弹-目标连线）的相对位置分为追踪法（导弹速度矢量与视线重合，即导弹速度方向始终指向目标）和常值前置角法（导弹速度矢量超前视线一个常值角度）。

（2）按目标线在空间的变化规律分为平行接近法（目标线在空间平行移动）和比例导引法（导弹速度矢量的转动角速度与目标线的转动角速度成比例）。

（3）按导弹纵轴与目标线的相对位置分为直接法（两者重合）和常值方位角法（纵轴超前一个常值角度）。

(4) 按制导站-导弹连线和制导站-目标连线的相对位置分为三点法(两连线重合)和前置量法(又称角度法或矫直法,制导站-导弹连线超前一个角度)。

12.6 追踪法和平行导引法

12.6.1 追踪法

追踪法是指拦截导弹的速度矢量始终指向目标的一种导引方法。通过制导系统,拦截导弹航向基本上保持沿着导弹与目标的视线方向,该方法要求导弹前置角 $\phi_M = 0$,即

$$\phi_M = \theta_M - q = 0 \tag{12.39}$$

由于各种干扰因素的影响,导弹的速度矢量不可能完全指向目标,形成一个误差角 ϕ_M。它表示在某一瞬间导弹的实际速度方向与导引规律要求的方向间的差异,ϕ_M可由弹上设备进行测量,并产生相应的控制指令,使导弹沿减小误差的方向飞行,以实现 $\phi_M = 0$,从而进入“追踪法”导引律所要求的飞行轨迹,直至命中目标。其运动模型可简化为

$$\begin{cases} \dot{R} = -\nu_M + \nu_T \cos\phi_T \\ R\dot{q} = -\nu_T \sin\phi_T \\ \phi_T = \theta_T - q \end{cases} \tag{12.40}$$

当方程中的某个参数保持常值时,会产生不同的拦截弹道。偏置追踪法使导弹指向目标前方一个固定的角度,偏置追踪法使得拦截弹速度矢量的指向超前于目标一个常值角,纯撞击法则是控制导弹按直线航迹命中目标,如图 12.27 所示。

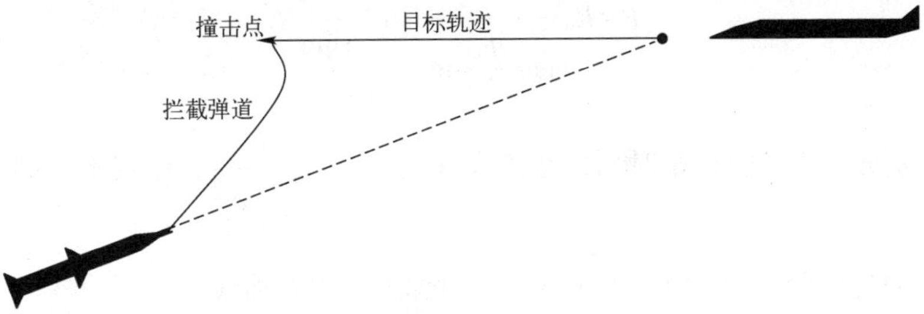

图 12.27 追踪法

若目标做等速直线运动,导弹做等速度大小运动,取 ox 为平等于目标运动轨迹时,则其相对运动关系如图 12.28 所示。

此时有 $\theta_T = 180°$,$\phi_T = 180° - q$,则运动模型可简化为

$$\begin{cases} \dot{R} = -v_M + v_r \cos q \\ R\dot{q} = -v_r \sin q \end{cases} \tag{12.41}$$

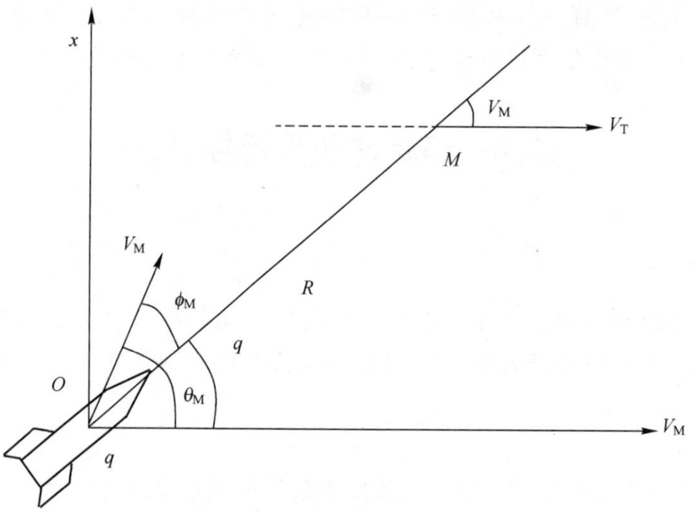

图 12.28　目标做等速直线运动时弹目关系

由于上述模型中$\dot{q}$与 q 始终符号相反，使得$|q|$向减小的方向发展，即导弹总是绕到目标后方命中目标。两式相除，得

$$\frac{\mathrm{d}R}{R}=\frac{-V_\mathrm{M}+V_\mathrm{T}\cos q}{-\nu_\mathrm{T}\sin q}\mathrm{d}q=\frac{\dfrac{V_\mathrm{M}}{V_\mathrm{T}}-\cos q}{\sin q}\mathrm{d}q \tag{12.42}$$

令 $p=\dfrac{V_\mathrm{M}}{V_\mathrm{T}}$为速度比，当目标做等速直线运动，导弹做等速度大小运动时，速度比为常数。积分得

$$R=R_0\frac{\tan^p\dfrac{q}{2}\sin q_0}{\tan^p\dfrac{q_0}{2}\sin q}=c\,\frac{\tan^p\dfrac{q}{2}}{\sin q} \tag{12.43}$$

式中：R_0，q_0分别为导引初始时刻的距离和视角，$c=R_0\dfrac{\sin q_0}{\tan^p\dfrac{q_0}{2}}$，给定不同的视角 q，可由方程解出对应的距离 R，由此即可画出相对弹道（追踪曲线）。

若速度比 $p>1$，且 $q\to 0$，则 $R\to 0$；

若速度比 $q=1$，且 $q\to 0$，则 $R\to R_0\dfrac{\sin q_0}{\tan^p\dfrac{q_0}{2}}$；

若速度比 $q<1$，且 $q\to 0$，则 $R\to\infty$ 。

说明只有在导弹速度大于目标速度时才可能命中目标，若导弹速度等于或小于目标速度，由导弹与目标之间将保持固定的距离或相距越来越远，不能命中目标。

本处设过载为所有合外力所产生的加速度与引力加速度之比，则导弹在飞行控制过程中的法向加速度为

$$a_n=\nu_M\frac{dq}{dt}=\frac{-\nu_M\nu_T\sin q}{R} \tag{12.44}$$

代入式（12.43），则法向过载大小为

$$n=\left|\frac{-\nu_M\nu_T\sin q}{gR_0\dfrac{\tan^p\dfrac{q}{2}\sin q_0}{\tan^p\dfrac{q_0}{2}\sin q}}\right|=\frac{4\nu_M\nu_T}{gR_0}\left|\frac{\tan^p\dfrac{q_0}{2}}{\sin q_0}\cos^{(p+2)}\frac{q}{2}\sin^{(2-p)}\frac{q}{2}\right| \tag{12.45}$$

当导弹命中目标时，$q\to0$，则

当 $p<2$ 时，$\lim\limits_{q\to0}n=\infty$；

当 $p=2$ 时，$\lim\limits_{q\to0}n=\dfrac{4\nu_M\nu_T}{gR_0}\left|\dfrac{\tan^p\dfrac{q_0}{2}}{\sin q_0}\right|$；

当 $p>2$ 时，$\lim\limits_{q\to0}n=0$。

综合两个分析可知，只有当速度比 $1<p\leqslant2$ 时，导弹才可能命中目标。

追踪法是最早提出的一种导引方法，技术上实现追踪法导引比较简单，当导弹速度矢量没有指向目标，制导系统就会形成控制指令，以消除偏差，实现追踪法导引。由于导弹的绝对速度始终指向目标，相对速度总是落后于目标线，不管从哪个方向发射，导弹总是要绕到目标的后面去命中目标，这样导致导弹的弹道较弯曲（特别是在命中点附近），需用法向过载较大，要求导弹要有很高的机动性。因此追踪法存在两个基本缺点：导弹与目标距离越来越近时，导弹所需要的机动变得越来越剧烈；同时要求导弹速度必须远远大于目标速度（$1<p\leqslant2$）。当目标试图规避，导弹在最后时刻的角速度需求将可能超出导弹性能，从而造成大的脱靶量。追踪法主要应用于对付移动的目标，如迎头来袭的飞机或从一点直接对着飞机后面发射的导弹。

12.6.2　平行接近法

在导弹飞向目标的过程中，目标线在空间保持平行移动的导引方法称为平等接近法。其导引方程为

$$\frac{dq}{dt}=0 \tag{12.46}$$

根据式（12.46）描述目标线始终平行移动，因此只要确定目标在任意时刻的位置，就可以通过导弹初始位置与目标初始位置所构成的视线作该时刻的平行视线，再根据导弹速度确定该时刻导弹位移，由于位移必须位于该时刻的平行视线上，因此就可以确定出该时刻的导弹位置，如图 12.29 所示。

由式（12.32）第二式得

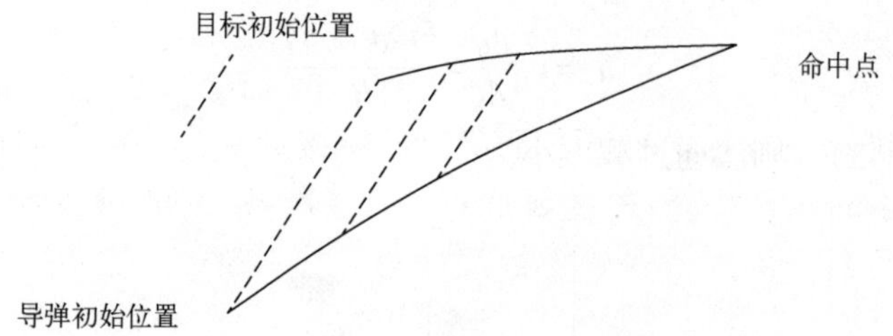

图 12.29　平行接近法弹道示意图

$$\sin\phi_{\mathrm{M}}=\frac{v_{\mathrm{T}}}{v_{\mathrm{M}}}\sin\phi_{\mathrm{T}}=\frac{1}{p}\sin\phi_{\mathrm{T}} \tag{12.47}$$

$$\sin\phi_{\mathrm{M}}=v_{\mathrm{T}}\sin\phi_{\mathrm{T}} \tag{12.48}$$

即导弹速度在垂直于视线方向的分量与目标在垂直于视线方向的分量始终相等，因此导弹与目标的相对速度始终沿着视线方向。运动方程为

$$\begin{cases}\dot{R}=-\nu_{\mathrm{M}}\cos\phi_{\mathrm{M}}+\nu_{\mathrm{T}}\cos\phi_{\mathrm{T}}\\ \nu_{\mathrm{M}}\sin\phi_{\mathrm{M}}=\nu_{\mathrm{T}}\sin\phi_{\mathrm{T}}\\ \phi_{\mathrm{M}}=\theta_{\mathrm{M}}-q\\ \phi_{\mathrm{T}}=\theta_{\mathrm{T}}-q\\ \dfrac{\mathrm{d}q}{\mathrm{d}t}=0\end{cases} \tag{12.49}$$

由于

$$\nu_{\mathrm{M}}\dot{\phi}_{\mathrm{M}}\cos\phi_{\mathrm{M}}=\nu_{\mathrm{T}}\dot{\phi}_{\mathrm{T}}\cos\phi_{\mathrm{T}} \tag{12.50}$$

设攻击是在铅垂面内，$q=\phi_{\mathrm{M}}+\theta_{\mathrm{M}}=\phi_{\mathrm{T}}+\theta_{\mathrm{T}}$为常数，则

$$\dot{\phi}_{\mathrm{M}}=-\dot{\theta}_{\mathrm{M}},\quad \dot{\phi}_{\mathrm{T}}=-\dot{\theta}_{\mathrm{T}} \tag{12.51}$$

式（12.50）可改写为

$$\frac{V_{\mathrm{M}}\dot{\theta}_{\mathrm{M}}}{V_{\mathrm{T}}\dot{\theta}_{\mathrm{T}}}=\frac{\cos\phi_{\mathrm{T}}}{\cos\phi_{\mathrm{M}}} \tag{12.52}$$

由于导弹速度 V_{M} 恒大于目标速度 V_{T}，由式（12.41）第二式知 $\phi_{\mathrm{T}}>\phi_{\mathrm{M}}$，则 $\cos\phi_{\mathrm{M}}>\cos\phi_{\mathrm{T}}$，因此

$$v_{\mathrm{M}}\dot{\theta}_{\mathrm{M}}<v_{\mathrm{T}}\dot{\theta}_{\mathrm{T}} \tag{12.53}$$

同时，由于 $q=\phi_{\mathrm{M}}+\theta_{\mathrm{M}}=\phi_{\mathrm{T}}+\theta_{\mathrm{T}}$为常数，$\phi_{\mathrm{T}}>\phi_{\mathrm{M}}$，则有 $\theta_{\mathrm{M}}>\theta_{\mathrm{T}}$，即

$$\cos\theta_{\mathrm{M}}<\cos\theta_{\mathrm{T}} \tag{12.54}$$

由图（12.28）可知导弹与目标的法向过载分别为

$$\begin{cases}n_{y\mathrm{M}}=\dfrac{\nu_{\mathrm{M}}\dot{\theta}_{\mathrm{M}}+g\cos\theta_{\mathrm{M}}}{g}\\ n_{y\mathrm{T}}=\dfrac{\nu_{\mathrm{T}}\dot{\theta}_{\mathrm{T}}+g\cos\theta_{\mathrm{T}}}{g}\end{cases} \tag{12.55}$$

考虑式（12.53）和式（12.54）可知

$$n_{yM} < n_{yT} \tag{12.56}$$

即导弹法向过载小于目标法向过载，因此采用平行接近导引方法时，导弹机动性可以小于目标的机动性，从这个意义上讲，平行接近法是一种很好的导引方法，但从式（12.50）可知需用过载计算时要求制导系统在每一瞬时都要精确地测量目标及导弹的速度和前置角，以严格保待平行接近法的导引关系，难以实施，且由于发射偏差或干扰的存在，不可能绝对保证导弹的相对速度始终指向目标，因此，平行接近法很难实现。

12.7　比例导引法

12.7.1　比例导引法原理

在平行接近导引过程中，制导系统力图使导弹视线角速率为 0，但由于对测量信息要求高、偏差干扰等影响难以实现，因此提出使导弹速度转动速率与视线角速率成比例的一种导引方法，即比例导引法。

$$\frac{d\theta_M}{dt} - K\frac{dq}{dt} = 0 \tag{12.57}$$

式中：K 为比例系数或导航比，正实数（无量纲）。

积分得 $\theta_M - \theta_{M0} - K(q - q_0) = 0$

若 $K=1$，且导弹初始弹道倾角 θ_{M0} 等于视线角 q_0，即得到式（12.31）：前置角 $\phi_M = \theta_M - q = 0$，这就是追踪法；

若 $K=1$，且 $q_0 = \theta_{M0} - \phi_{M0}$，得到 $q = \theta_M - \phi_{M0}$，对比式（12.32）第二式有 $\phi_M = \phi_{M0}$ 为常值，此即为常值前置角导引法；

若 $K \to \infty$，式（12.57）成立必须 $\frac{dq}{dt} \to 0$，由式（12.46）知其为平行接近法。

由此可知，比例导引的导航比 K 在$(1, \infty)$范围内，因此是介于追踪法与平行接近法的一种导引方法，其弹道性质必介于二者之间。

导弹与目标运动学方程组为

$$\begin{cases} \dot{R} = -v_M\cos\phi_M + v_T\cos\phi_T \\ R\dot{q} = v_M\sin\phi_M - v_T\sin\phi_T \\ \phi_M = \theta_M - q \\ \phi_T = \theta_T - q \end{cases} \tag{12.58}$$

对式（12.58）第二式求导得

$$\begin{aligned} \dot{R}\dot{q} + R\ddot{q} &= \dot{\phi}_T v_T\cos\phi_T - \dot{\phi}_M v_M\cos\phi_M \\ &= (\dot{\theta}_T - \dot{q})v_T\cos\phi_T - (\dot{\theta}_M - \dot{q})v_M\cos\phi_M \end{aligned} \tag{12.59}$$

将式（12.57）代入，得

$$\dot{R}\dot{q} + R\ddot{q} = v_T\dot{\theta}_T\cos\phi_T - Kv_M\dot{q}\cos\phi_M - (-v_M\cos\phi_M + v_T\cos\phi_T)\dot{q} \tag{12.60}$$

考虑式（12.58）第一式，得

$$2\dot{R}\dot{q}+R\ddot{q}=v_{T}\dot{\theta}_{T}\cos\phi_{T}-Kv_{M}\dot{q}\cos\phi_{M} \tag{12.61}$$

或写为

$$\ddot{q}+(\dot{q}/R)(2\dot{R}+Kv_{M}\cos\phi_{M})=(1/R)v_{T}\dot{\theta}_{T}\cos\phi_{T} \tag{12.62}$$

由此得到比例导引模型为

$$\begin{cases}\dot{R}=-v_{M}\cos\phi_{M}+v\cos\phi_{T}\\ \ddot{q}+(\dot{q}/R)(2\dot{R}+Kv_{M}\cos\phi_{M})=(1/R)v_{T}\dot{\theta}_{T}\cos\phi_{T}\\ \dot{\theta}_{M}=K\dot{q}\\ \phi_{M}=\theta_{M}-q\\ \phi_{T}=\theta_{T}-q\end{cases} \tag{12.63}$$

若目标沿直线航迹运动，则其弹道倾角速率$\dot{\theta}_{T}=0$，同时为了让$\dot{q}\to 0$，必须使$\ddot{q}$和$\dot{q}$具有不同的符号，即始终使$\dot{q}$在数值上趋向于0，由式（12.62），得

$$2\dot{R}+Kv_{M}\cos\phi_{M}>0 \tag{12.64}$$

一般情况下，导弹速度与视线角形成的前置角位于$(-\pi/2,\pi/2)$之间，即$\cos\phi_{M}>0$，导航比有

$$K>-2\dot{R}/v_{M}\cos\phi_{M} \tag{12.65}$$

设$K'(K'>2)$为有效导航比，则上式可写为

$$K=-K\dot{R}/v_{M}\cos\phi_{M} \tag{12.66}$$

导弹法向过载为

$$a_{ny}=v_{M}\dot{\theta}_{M} \tag{12.67}$$

代入式（12.57），得

$$a_{ny}=v_{M}K\dot{q} \tag{12.68}$$

其中导航比K可由式（12.66）给出，法向加速度指令就可以由导弹速度、导引头测量得到的视线角产生。

将式（12.66）代入式（12.68），得

$$a_{ny}=\frac{K'v_{c}\dot{q}}{\cos\phi_{M}} \tag{12.69}$$

其中，$v_{c}=-\dot{R}$，称为接近速度。

12.7.2 比例导引系数的选取

由上述讨论可知，比例系数K的大小，直接影响弹道特性，影响导弹能否命中目标，因此，如何选择合适的K值，是需要研究的一个重要问题。K值的选择不仅要考虑弹道特性，还要考虑导弹结构强度所允许承受的过载，以及制导系统能否稳定工作等因素。

1. $\dot{q}$收敛的限制

$\dot{q}$收敛使导弹在接近目标的过程中目标线的旋转角速度不断减小，弹道各点的需用

法向过载也不断减小，$\dot{q}$收敛的条件为

$$K>-2\dot{R}/v_{\mathrm{M}}\cos\phi_{\mathrm{M}} \tag{12.70}$$

2. 可用过载的限制

$\dot{q}$收敛条件限制了比例系数 K 的下限。但是，这并不是意味着 K 值可以取任意大。如果 K 取得过大，则由 $a_{\mathrm{ny}}=v_{\mathrm{M}}K\dot{q}$可知，即使$\dot{q}$值不大，也可能使需用法向过载值很大。导弹在飞行中的可用过载受到最大舵偏角的限制，若需用过载超过可用过载，则导弹便不能沿比例导引弹道飞行。因此，可用过载限制了 K 的最大值（上限）。

3. 制导系统的要求

如果比例系数 K 选得过大，那么外界干扰信号的作用会被放大，这将影响导弹的正常飞行。由于$\dot{q}$的微小变化将会引起 θ_{M}的很大变化，因此，从制导系统稳定工作的角度出发，K 值的上限值也不能选得太大。

比例导引对参数变化敏感，因此导航比选择时既要考虑制导前期尽可能快地跟踪目标的机动，又要考虑制导噪声的影响（噪声将引起不必要的机动加速度），因此有效导航比通常取 $3\leqslant K'\leqslant 5$。

第 13 章　地 形 匹 配

地形匹配导航在现在军事技术中占据十分重要的地位，已从航海航空的航行保障手段，发展成提供飞行器位置、速度与时间信息的精确导航手段，在精确制导武器系统中得到了广泛的应用。地形匹配导航由于具有较强的抗干扰能力、较高的导航定位精度和较好的隐蔽性，因而成为惯性导航的有益补充，能够有效地提高精确制导武器的总体制导精度。

13.1　地形匹配原理

地形匹配技术是一项识别地形特征的技术，它的识别依据是：在地球陆地任何位置的局部范围内，以某一位置为起点，沿着任一方向的地形高程序列（或称地形高程剖面）都具有其独有的特征，并且，这一特征在这个位置附近的一个区域内是唯一的。地形高程序列特征在一个局部范围内的独特性和唯一性，就好像一个人的指纹具有独特性和唯一性一样。这种典型的地形特征可以用来确定飞行器所在的地理位置，作为惯性导航的一种辅助手段，修正惯性导航系统的导航信息，消除惯性导航系统的积累误差，提高导航精度，此即为地形匹配导航的基本原理，如图 13.1 所示。该技术又称为地形辅助惯性导航（terrain aided navigation，TAN），简称地形匹配，通过测量飞行器飞行路径正下方的地形高度，并与存储的参考高程地图进行比较，从而得到飞行器的位置信息。

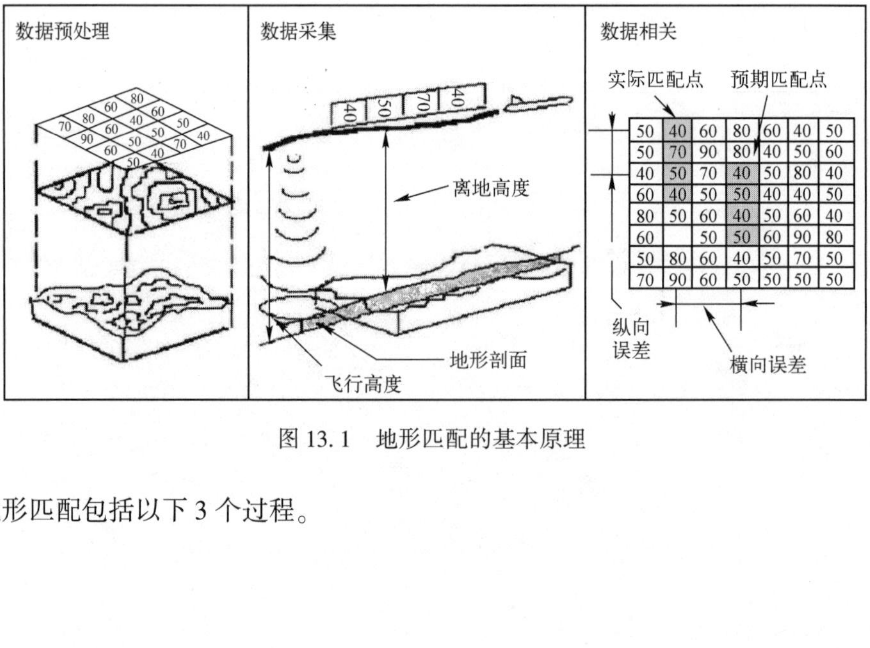

图 13.1　地形匹配的基本原理

地形匹配包括以下 3 个过程。

1. 数据预处理

数据预处理主要指制作地形高程数字地图。高程图的原始数据可以从大地测量实测记录、等高线地形图、航空或航空摄影像对等数据源取得，该地图本质上是地形高度关于地理位置（经度和纬度）的函数。分析地形特征，按准则选择出适用于地形匹配的匹配区，并把匹配区按任务要求生成数据文件，在飞行器发射前加载到制导计算机。

2. 实时数据采集

当飞行器按预定规划航线飞越匹配区时，制导计算机主控程序发出地形匹配指令，利用雷达高度表测量飞行器正下方的海拔高度值，同时利用气压高度表等设备测量飞行器离地高度值，海拔高度和离地高度之差便是地形高度，一系列地形高就构成了地形匹配的实时高程序列。

雷达高度表，又称无线电测高机，通常由接收天线、发射天线、指示系统和收发信号处理机等组成，用于测量飞行器与地面之间的垂直距离。雷达高度表测量过程与大气条件无关，它利用超高频无线电波从发射天线发射到地面，并由地面返回接收天线，根据测量电波所经历行程的时间推算出从发射天线到地面的实际高度。根据测量原理的不同，雷达高度表可分为脉冲调制型和连续波调制型两种。脉冲调制型雷达高度表是将电磁波脉冲信号发射到地球表面，通过测量回波信号相对于发射脉冲的延迟时间，从而求得高度；连续型雷达高度表工作时，发射一个频率随时间变化的信号，接收到的回波信号具有与飞行器离地高度相一致的时间延迟。由于发射与接收信号的差拍频率输出是延迟时间的函数，因此也是高度的函数。雷达高度表可用于测量零高度至卫星高度的距离范围，测量精度由测量时间系统的精度和信号带宽决定，可达到10~30cm量级。

气压值随着高度的上升而降低，气压高度表正是根据这一原理通过测量飞行器所在高度的大气压力，从而间接测量出飞行高度。随着微机电技术的不断发展，以硅阻压力传感器为基础的数字式气压高度表已广泛应用于小型飞行器以及无人机等飞行器中。气压高度表的参考面为海平面，其性能直接依赖于大气压力、大气压力梯度，以及传感器的设计。由于平均海平面上的压力随地域和季节而急剧变化，并且压力梯度呈现出非线性和可变性，因而气压高度表的参考面和测量单位是不固定的，测量精度也不会很高。

3. 匹配定位

在地形数据采集到足够完成一次准确配准的高程序列（一个实测地形剖面）以后，地形匹配系统开始在匹配区中进行搜索匹配，找出与实测地形剖面相匹配的基准地形剖面。因为基准地形剖面的地理坐标是已知的，配准的基准序列就可以用来确定导弹在地理坐标系中的位置，与惯性导航定位数据相比计算出定位的纵向误差和横向误差，并完成对惯性导航误差的修正。在基准地图中可能有多个地理位置的地形高度与实测的地形高度位相近，在相似的地形和平坦地形区域更是如此。因此，一个地形高度的实时测量值便可能和多个地理位置的地形高度相近。为了从多个地理位置中确定真正的匹配位置，就需要沿着飞行路径连续测量飞行器正下方的地形高度。通过这些地形高度的测量位序列和来自INS的导航信息，比如带有误差的飞行器位置、速度和方向信息，就有可能排除错误的地理位置、确定飞行器地理位置唯一的估计值。

13.2 基准图制备

基准图是地形匹配技术的基础，为地形匹配提供基准地形数据库，其精度和分辨率等指标对导航性能起到至关重要的作用。

13.2.1 数字高程地图

数字地图就是存储在计算机中数字化了的地图，是通过对地形高度的离散采样并量化后得到的，采样距离称为网格距离，网格距离通常为50~200 m。实际应用中，根据所在点的经纬度，读取周围若干点的高程值，采用曲面拟合差值，即可得到所在点的高程值。数字地图采用二维平面坐标，通常采用WGS-84大地坐标系。

地形高度匹配系统采用的基准地形数据库为数字高程地图（digital elevation map, DEM）。DEM以离散分布的平面点上的高程数据来模拟连续分布的地形表面，是地表形态的数字描述，地面按照一定格网形式有规则地排列，点的平面坐标 X，Y 可由起始原点推算而无需记录，这样地表形态只用点的高程表示。DEM主要有两种表示形式，即格网DEM和不规则三角网DEM（常称为TIN）。两种DEM数据的表示形式如图13.2所示。

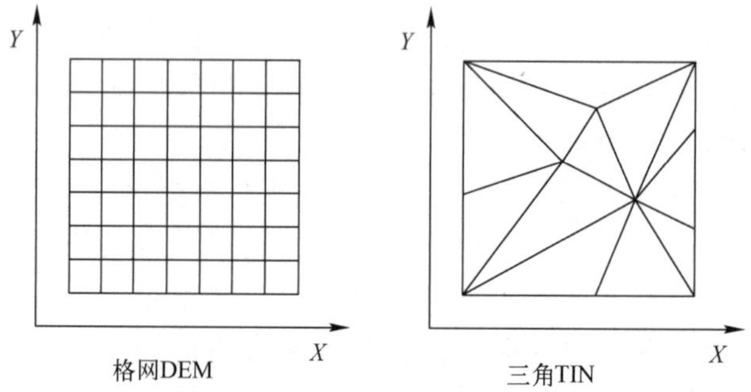

图13.2 DEM数据形式

格网DEM数据简单，以矩阵方式排列，与遥感数据的存储形式类似，这种矩形格网DEM存储量最小（还可进行压缩存储），便于使用且容易管理，是目前使用最广泛的一种形式。其缺点是有时不能准确地表示地形的结构与细部，导致基于DEM描绘的等高线不能准确地表示地貌，并且格网高程是原始采样的内插值，内插过程将损失高程精度，较适合于中小比例尺DEM的构建，而且在地形平坦地区存在较大的数据冗余。

为了能较好地顾及地貌特征点和线，以便真实地表示复杂的地形表面，较理想的数据结构是将按地形特征采集的点按一定规则连接成覆盖整个区域且互不重叠的三角形，构成一个由不规则三角网（triangulated irregular network, TIN）表示的DEM，称为三角网DEM。但是，TIN的数据量大，数据结构较复杂，因而使用和管理也比较复杂。

目前，DEM 数据的获取手段主要有以下几种。

（1）野外实测获取：利用自动记录的测距经纬仪在野外实测，以获取数据点坐标和高程。

（2）对地形图数字化后获取：主要采用的仪器有手扶跟踪数字化器、扫描数字化器和半自动跟踪数字化器。

（3）采用摄影测量的方法：利用立体像对生成 DEM 后内插得到。

（4）采用干涉雷达技术获取：该方法充分利用了雷达回波信号所携带的相位信息，其原理是通过两副天线同时观测（单轨道双天线模式）或两次平行的观测（单天线重复轨道模式），获得同一区域的重复观测数据（复数影像对），综合起来形成干涉，得到相应的相位差，结合观测平台的轨道参数等提取高程信息，可以获取高精度、高分辨率的地面高程信息。

数字高程地图的性能一般由地图大小、网格距离（或者网格尺寸）、线误差（linear error probable，LEP）和圆误差（circular error probable，CEP）等指标决定。如图 13.3 所示，线误差 LEP 代表了数字高程地图地形垂直方向的精度，圆误差 CEP 代表了数字高程地图地形平面位置的精度。

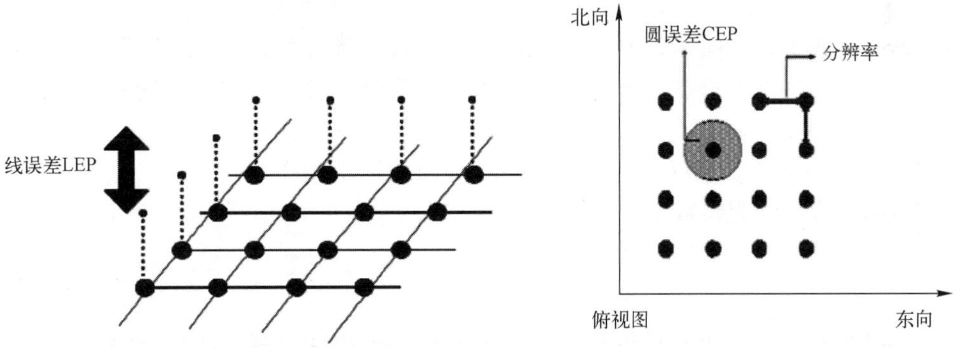

图 13.3　数字高程地图的线误差 LEP 和圆误差 CEP

13.2.2　地形匹配区域的选择

地形匹配研究表明，匹配系统的匹配概率和匹配精度与地形的选择有很大的关系。换句话说，要提高地形辅助导航系统的可靠性和准确性，必须仔细地挑选适合的地形匹配区。由于地形辅助导航中，地形的特征参数是影响定位精度的重要因素，它主要包括了反映地形总体起伏、平均光滑度和地形变化快慢的参数信息。如地形高程序列的标准差、地形粗糙度和相关长度等。

从前面的分析可以知道，地形匹配系统并不是在任何地形上都可以工作，由于地形匹配是利用地形的独特性，即适合使用地形匹配技术进行 INS 修正的地形区域中任意给定剖面不能与该地图中的其他剖面相似。另外，对于相同的相关匹配算法，选择的匹配地图，会有不同的匹配概率和匹配精度，只有当地形匹配的概率在 95%以上的时候在工程上应用才有意义。所以我们在确定好整个飞行区域数字地图的分辨率和精度等指标的基础上，必须将地形匹配地图选择作为整个地形匹配系统的一个重要部分予以精心的准备，而其中的主要研究工作是确定作为地形匹配区选择准则，并依据这个准则评价给定地形是否适合于匹配。

由地形匹配原理可知，为了确保地形匹配系统有效工作，需要飞行器飞越一些有明显地形特征（独特性较强）的区域。所谓有明显地形特征（独特）的区域指的是：

（1）地形必须有起伏，即不能太平坦。

（2）地形不能相似。

（3）地形要连续，即不能突变。

通常地形适配区的选择有以下主要步骤：

（1）根据地形类型来进行粗选，如平原、丘陵、山区等。

（2）通过计算地形的有关特征参数进行精选。

（3）通过模拟仿真试验，做最后的选择。

常用的基于地形统计模型的算法有地形高程标准差、粗糙度、系统总噪声标准差综合选择法、地形坡度标准差选择法、地形信息分析法等，基于航迹规划的代价函数最优化选择法等。

地形数据一般采用格网矩阵的方式存储，设某地形区域的经纬度跨度为 $M \times N$ 网格，$h(i,j)$ 为网格点坐标为 (i,j) 处的地形值。为了分析局部地形的统计特征，定义了大小为 $m \times n$ 的局部计算窗口，用来计算局部地形区域的各个统计参数。当计算窗口的中心在整个区域全部网格点上移动一遍后，就可以得到整个地形区域的各个局部的统计特征值。地形特征参数定义如下。

（1）地形标准差。它反映的是地形高程偏离地形平均高程的范围，是反映地形整体起伏剧烈程度的宏观参数。

$$\sigma = \sqrt{\frac{1}{m(n-1)}\sum_{i=1}^{m}\sum_{j=1}^{n}[h(i,j) - \bar{h}]^2}, \quad \bar{h} = \frac{1}{mn}\sum_{i=1}^{m}\sum_{j=1}^{n}h(i,j) \tag{13.1}$$

（2）粗糙度。粗糙度是单位平面上地形表面积大小的度量。粗糙度越大，单位平面上地形的表面积越大，地形局部起伏越剧烈；粗糙度越小，单位平面上地形的表面积越小，地形局部起伏越平缓。经度方向的绝对粗糙度 r_λ 和纬度方向的绝对粗糙度 r_ϕ 分别定义为

$$r_\lambda = \frac{1}{n(m-1)}\sum_{i=1}^{m-1}\sum_{j=1}^{n}|h(i,j) - h(i+1,j)| \tag{13.2}$$

$$r_\phi = \frac{1}{m(n-1)}\sum_{i=1}^{m}\sum_{j=1}^{n-1}|h(i,j) - h(i,j+1)| \tag{13.3}$$

（3）局部地形相关系数。经度方向的相关系数反映了经度方向的地形剖面在纬度方向上的相关程度，影响经度方向的地形匹配；同理，纬度方向的相关系数反映了纬度方向的地形剖面在经度方向上的相关程度，影响纬度方向的地形匹配。经度方向和纬度方向的相关系数 R_λ 和 R_ϕ 分别定义为

$$R_\lambda = \frac{1}{n(m-1)\sigma^2}\sum_{i=1}^{m-1}\sum_{j=1}^{n}[h(i,j) - \bar{h}][h(i+1,j) - \bar{h}] \tag{13.4}$$

$$R_\phi = \frac{1}{m(n-1)\sigma^2}\sum_{i=1}^{m}\sum_{j=1}^{n-1}[h(i,j) - \bar{h}][h(i,j+1) - \bar{h}] \tag{13.5}$$

（4）局部地形坡度。坡度 S 定义为地形曲面上一点处的法线方向和垂直方向的夹角，它可以由地形区域在经度方向和纬度方向的变化率 S_λ 和 S_ϕ 来确定：

$$S_\lambda=\frac{1}{6}[h(i+1,j+1)+h(i+1,j)+h(i+1,j-1)-h(i-1,j-1)-h(i-1,j)-h(i-1,j+1)] \tag{13.6}$$

$$S_\phi=\frac{1}{6}[h(i-1,j+1)+h(i,j+1)+h(i-1,j+1)-h(i-1,j-1)-h(i,j-1)-h(i+1,j-1)] \tag{13.7}$$

$$S=\arctan\left(\sqrt{S_\lambda^2+S_\phi^2}\right) \tag{13.8}$$

13.3　地形匹配算法

地形辅助导航系统的基本思想出自同一来源，但是采用不同的概念来处理就导出不同的算法。由于地形辅助导航系统本身是偏重于软件的系统，因此算法本身就成为系统先进性及适应性的重要因素。比较典型的算法包括地形轮廓匹配算法（TERCOM）和 Sandia 惯性地形辅助导航算法（SITAN）。

13.3.1　TERCOM 算法

地形轮廓匹配算法（TERCOM）是美国 E-System 公司于 20 世纪 70 年代开始研制，并于 20 世纪 90 年代成功使用的一种导航方法。“战斧”巡航导弹就采用了 TERCOM 系统，据称其定位精度可以保持在 10~300m，通常情况下为 100m 左右。

1. 基本原理

TERCOM 算法的基本原理如图 13.4 所示。

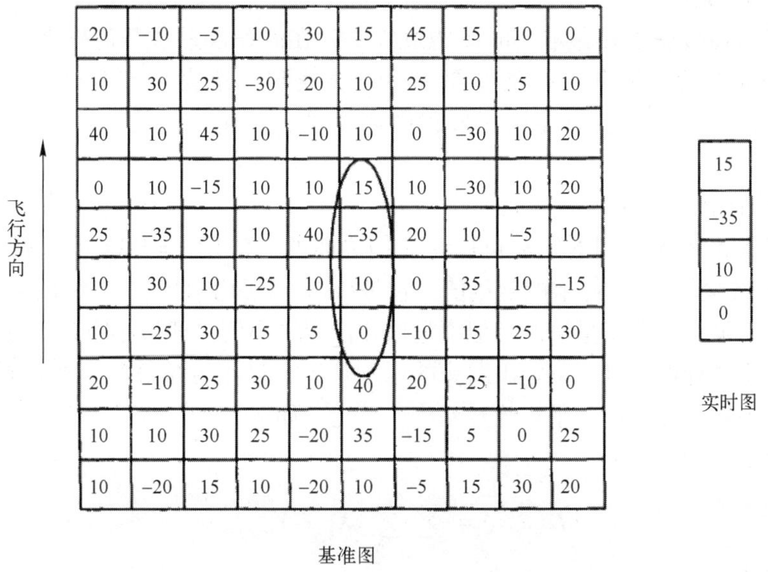

图 13.4　TERCOM 算法原理图

当飞行器飞越某块已经数字化的地形时，机载雷达高度表测量得到飞行器离地面的相对高度 H_r，同时气压式高度表与惯性系统相综合测得飞行器的绝对高度（或海拔高度）H，地形高度 H_t 即为

$$H_t = H - H_r \tag{13.9}$$

当飞行器飞行一段时间后，即可测得其真实飞行轨迹下的一串地形高程序列（地形高程剖面）。将测得的地形轮廓数据与预先存储的数字地图进行相关分析，找出一条与实测高程序列相同的路径，此时该高程序列具有相关峰值，对应点即被确定为飞行器的估计位置。利用该估计位置可以对惯性系统进行修正。

TERCOM 系统组成如图 13.5 所示。

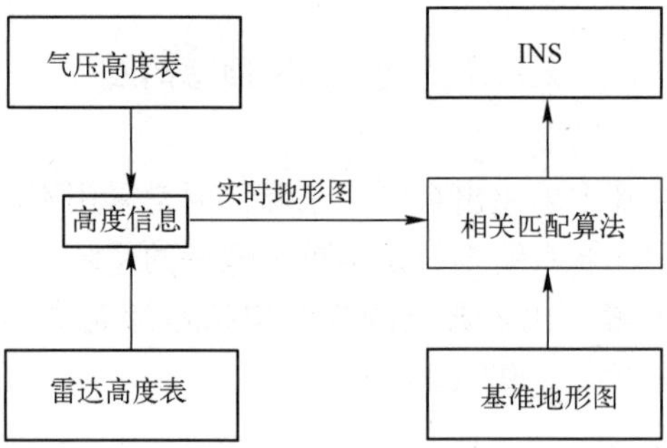

图 13.5　TERCOM 系统组成

理论上，若不存在任何基准图制备和实时测量误差，则可以在基准图中找到与实时图完全相同的数据带。然而在实际系统中，由于基准图制备误差和测量噪声的存在，不可能在基准图和实时图中找出完全相同的两条数据带，因此需要采用相关匹配算法来找出最近似的两条。

2. 相似性度量

由于飞行器传感器在摄取实时图的过程中存在测量误差、几何失真、变换误差以及地图制备误差等，因此，在基准图中不可能找到一个完全与实时图一致的子图，所以两图之间的匹配比较只能用相似程度来度量。下面介绍几种常用的相似性度量算法。

1）最小距离度量法

地形矢量 $\boldsymbol{X}$ 和 $\boldsymbol{Y}$ 之间的距离可以用它们之间的差矢量 $\boldsymbol{e} = \boldsymbol{Y} - \boldsymbol{X}$ 的范数表示，其中 $D(u,v)$ 表示试验位置 (u,v) 上的度量值，它是 (u,v) 平面上的一个二维函数，当两幅图像相匹配时，最小距离度量法的相似度量值才出现极小值，即最小距离度量法具有最小值性质，利用这种性质可以确定出图像的匹配位置，最小度量算法主要包括绝对差法、平方差法、平均平方差法、平均绝对差法，其定义如下。

绝对差法：

$$D(u,v) = \sum_{i=0}^{n-1} \sum_{j=0}^{n-1} | X_{ij} - Y_{i+u,j+v} | \tag{13.10}$$

平方差法：

$$D(u,v)=\sum_{i=0}^{n-1}\sum_{j=0}^{n-1}(X_{ij}-Y_{i+u,j+v})^2 \tag{13.11}$$

平均平方差法：

$$D(u,v)=\frac{1}{n^2}\sum_{i=0}^{n-1}\sum_{j=0}^{n-1}(X_{ij}-Y_{i+u,j+v})^2 \tag{13.12}$$

平均绝对差法：

$$D(u,v)=\frac{1}{n^2}\sum_{i=0}^{n-1}\sum_{j=0}^{n-1}|X_{ij}-Y_{i+u,j+v}| \tag{13.13}$$

2）相关度量法

地形矢量 $\boldsymbol{X}$ 和 $\boldsymbol{Y}$ 之间的夹角 θ 可以用来度量这两个地形之间的相似度，则得到图像匹配的相关度量法。在已知目标模板的情况下，相关度量法是十分有效的。为了便于计算，通常利用夹角余弦来定义相似度，当两幅图像匹配时，相关度量法的度量值才出现极大值，即相关度量法具有最大值性质，利用这种性质可以确定出图像的匹配位置。相关度量法主要包括积相关法和最大互相关算法，其定义如下

积相关法：

$$R(u,v)=\frac{1}{n^2}\sum_{i=0}^{n-1}\sum_{j=0}^{n-1}X_{ij}Y_{i+u,j+v} \tag{13.14}$$

最大互相关法：

$$R(u,v)=\frac{\dfrac{1}{n^2}\sum_{i=0}^{n-1}\sum_{j=0}^{n-1}X_{ij}Y_{i+u,j+v}}{\sqrt{\dfrac{1}{n^2}\sum_{i=0}^{n-1}\sum_{j=0}^{n-1}X_{ij}^2}\sqrt{\dfrac{1}{n^2}\sum_{i=0}^{n-1}\sum_{j=0}^{n-1}Y_{i+u,j+v}^2}} \tag{13.15}$$

其中，X_{ij} 和 $Y_{i+u,j+v}$ 定义如下（x 和 y 分别为实时图和基准图的原始象素值）

$$X_{ij}=x_{ij}-\frac{1}{n^2}\sum_{k=0}^{n-1}\sum_{l=0}^{n-1}x_{kl} \tag{13.16}$$

$$Y_{i+u,j+v}=y_{i+u,j+v}-\frac{1}{n^2}\sum_{k=0}^{n-1}\sum_{l=0}^{n-1}y_{k+u,l+v} \tag{13.17}$$

3. 算法特点

TERCOM 算法的特点如下。

（1）可以实现全天候、全季节工作。

（2）制导精度较高，约为 10~300m。

（3）由于它的辐射信号是唯一向下的，飞行器能很快飞出干扰机的干扰范围，而且不受人工地形地貌的影响，所以抗干扰能力强。

（4）每次需要采集多点后才匹配，所以属于后验估计，实时性差。

（5）每次飞行前需规划出飞行轨迹以确定基准图的范围，任务规划与装订时间长，机动性不好，并且在定位过程中不能进行机动飞行。

（6）高程数据采样间隔和实时图采样数据对系统定位精度有较大影响。

（7）由于是以固定间隔来采集数据，因此速度必须是已知的。

（8）在数据带内对航向误差较敏感，一般应在 2°以内。

巡航导弹可以事前规划使之飞经一条预定的带状路线，所以，TERCOM 技术是适合于巡航导弹的导航定位算法，同时定位区域范围小，可以存储小面积的高分辨率的地形数据。与其他组合导航相比，该系统没有增加大的硬件，除了地形匹配相关算法外，上述硬件均可用现有机（弹）载设备加以扩充。由于其成本较低，而导航精度却能提高近一个数量级，因此 TERCOM 辅助导航技术具有良好的性价比和强大的生命力。

13.3.2 SITAN 算法

Sandia 惯性地形辅助导航（SITAN）系统是 20 世纪 70 年代中期由美国 Sandia 实验室最先提出来的，并成功地进行了飞行实验。它是一种利用扩展卡尔曼滤波器（EKF）和局部地形线性化技术实现递归算法的惯性地形辅助导航技术。它要求存储全工作区域的地形数据，以适应有人/无人驾驶的飞机出于机动飞行的考虑随时可能更改航线的需要。

1. 基本原理

SITAN 算法的原理如图 13.6 所示。当飞行器飞越航线上的地形匹配区域时，惯性系统推算出水平位置、速度、姿态等导航信息，根据位置信息可在数字地图上找到地形高程，而惯性系统输出的绝对高度与地形高程之差为飞行器的相对高度的估计值，它与无线电高度表实测相对高度之差就是卡尔曼滤波器的量测值。由于地形的非线性特性导致了量测方程的非线性，采用地形随机线性化算法可以实时地获得地形斜率，得到线性化的量测方程；结合惯性系统的误差状态方程，经卡尔曼滤波递推算法可得到导航误差状态的最佳估计值，采用输出校正可以修正惯性导航系统的导航状态，从而获得最佳导航状态。当系统沿着其预定航线机动飞行时，以上过程迭代进行，一旦满足了初始工作状态要求，导航系统就能获得连续的修正而达到最佳导航状态。

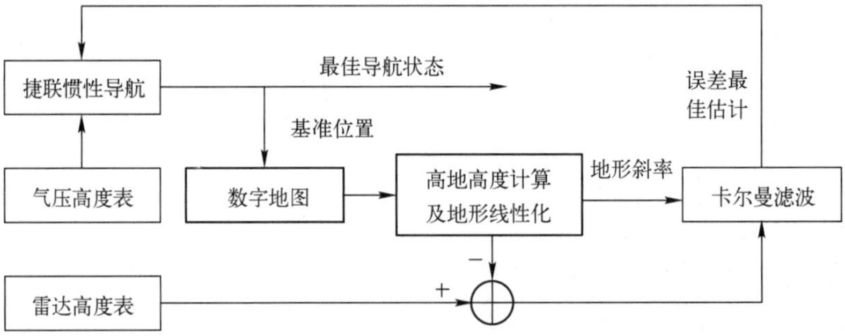

图 13.6　SITAN 算法原理图

2. 地形线性化

SITAN 算法的关键问题在于建立系统的线性状态空间模型。由于 INS 的误差方程在平台误差角为小角度时近似是线性的，因此选取 INS 的各种误差作为系统状态矢量，就可建立线性的状态方程。量测方程的建立则相对较为复杂，由于地形的非线性特性，量测方程本质上是非线性的，而卡尔曼滤波仅适用于线性系统，因此需要进行线性化处理。SITAT 采用地形线性化技术来实现这一过程。

地形线性化技术就是在拟合区域内用平面方程 $f(x,y)$ 来代替地形的曲面 $h(x,y)$，如式（13.18）所示。

$$f(x,y)=a+h_x(x-\hat{x})+h_y(x-\hat{y}) \tag{13.18}$$

式中：$(\hat{x},\hat{y})$ 为惯性导航系统提供的飞行器位置估计值；$f(x,y)$ 为地形高度的线性表达式；a 为地形在 $(\hat{x},\hat{y})$ 点的平面值；h_x,h_y 分别为地形在 x，y 方向上的斜率。a，h_x，h_y 为地形平面方程的参数。

将式（13.18）离散化，得到

$$f(k_x,k_y)=a+h_x(k_x-i)+h_y(k_y-j) \tag{13.19}$$

式中：(k_x,k_y) 为 (x,y) 位置坐标的序列数；(i,j) 为 $(\hat{x},\hat{y})$ 坐标的序列数；d 为数字地图的网格距离。

地形线性化的过程即实时地计算地形平面参数 a，h_x，h_y 以及地形线性化误差。为使得拟合平面在统计意义上足够准确地描述地形的变化趋势，对拟合区域 Ω 的大小需要进行合理的选取，选取的原则是使其与导航位置的不确定性成正比。由于在卡尔曼滤波过程中可由滤波误差协方差矩阵实时获得误差的均方根 σ_x 和 σ_y，所以通常将 Ω 取为边长与 σ_x 和 σ_y 成正比的矩形区域（如 $5\sigma_x\times5\sigma_y$），使其大小具有自适应性。

目前主要有 6 种地形线性化方法：一阶泰勒展开法、九点拟合法、全平面拟合法、改进的全平面拟合法、平均切线法、两组拟合法。各方法的优劣程度可用地形拟合方差、地形拟合误差正态性、计算时间、导航终点圆概率误差、导航终点误差的均方差、收敛距离 6 项指标来衡量。其中，两组拟合法在精度、收敛距离、计算时间、地形拟合误差的正态性上均有较好的表现，具有综合最佳的指标。

3. 算法特点

与 TERCOM 算法相比，SITAN 算法具有以下优点。

（1）SITAN 对 INS 的修正是实时连续的，而 TERCOM 属于批处理算法，实时性差。

（2）SITAN 可提供较全面的修正信息，对位置误差、速度误差和姿态误差都可以实现修正，而 TERCOM 仅能修正位置误差。

（3）SITAN 每间隔一定时间就定位一次，飞行器可以在飞行过程中任意改变飞行路线，从而大大提高了机动能力，而 TERCOM 一般要求飞行器在获取地形剖面期间做非机动飞行。

（4）SITAN 对于航向误差不敏感，而 TERCOM 耐航线偏差的能力较弱。

（5）SITAN 有较强的抗干扰能力，在低信噪比条件下的精度优于 TERCOM。

SITAN 算法的缺点主要体现在以下几个方面。

（1）对初始定位精度有较高的要求，如果初始位置误差过大，滤波器可能发散，因此系统的初始定位误差在一定程度上限制了该算法的使用范围。

（2）要求地形梯度变化适中，当地形梯度变化过于剧烈时，地形不能满足线性化假设，定位精度将下降甚至发散。

（3）对地形线性化方法敏感，不同的线性化方法将导致不同的导航定位精度，若线性化方法采用不当，定位精度将下降。

上述缺点是 SITAN 算法使用的主要障碍。究其根源，主要在于对地形作线性化处理。地形线性拟合会带来以下不利影响：①地形线性化一定在载体运动轨迹附近进行，特别是初始位置不确定性要足够小，这样才能近似地表示整个不确定区域内的地形，如果位置误差过大，重要的地形变化就会被平滑掉，使地形斜率下降，线性拟合误差增加；②在地形梯度变化剧烈的区域，线性拟合误差可能比测量噪声大得多，特别是地形很陡峭时地形斜率可能出现正负变化，拟合误差更是难以估量。因此，将线性拟合误差简单地近似为高斯白噪声，就可能导致系统出现很大的模型偏差，使得滤波的性能下降甚至直接发散。因此，为提高 SITAN 算法的性能，需要尽量减少或屏蔽掉地形线性化带来的影响。

第 14 章　制导误差的计算方法

导弹制导系统的目标是消除干扰对落点的影响，确保以一定的精度命中目标。但是由于制导方法的不完善、制导测量工具存在误差以及其他因素影响，使得导弹存在射击误差。

射击误差的计算可以采用误差传递函数解析式计算的方法，也可以采用数值计算方法，其中误差传递函数法在推导过程中必须要做大量的简化才能得到，因此其计算误差相对较大，一般仅用作总体设计阶段进行理论分析用。数值计算方法是将各种影响因素模型化，将其加入弹道计算模型，建立干扰弹道计算模型，通过数值积分的方法解算得到，具有较高的计算精度，本书重点介绍数值计算方法。

14.1　干扰因素分析

理论上，当给定导弹发射条件、飞行条件，如发射点位置、目标点位置及地球物理条件、气象条件、导弹物理条件等标准弹道条件，即可通过解算导弹运动微分方程，得到一条理论弹道（标准弹道），导弹在由标准弹道给定的装订诸元制导控制下飞行，就能以一定的精度命中目标。然而，导弹真实的飞行条件与标准弹道条件有差别，标准弹道的微分方程也是在标准条件下通过简化处理后建立的，因此导弹并不能准确命中目标。这些导弹实际飞行条件与标准条件的差异称为干扰因素，射击误差即是在干扰因素模型化的基础上进行计算的。

14.1.1　主动段干扰因素

1. 初值误差

对于陆基导弹，指发射点位置定位误差；对海基和空基导弹除发射点定位误差外，还应该考虑载体的速度测定误差，这将造成发射初速度的计算误差。

2. 初始对准误差

对于采用惯性制导的弹道导弹，主要是指制导系统在建立发射惯性坐标系时的误差，包括初始调平误差和瞄准误差。初始调平误差是指导弹建立的坐标系与当地水平面不重合误差，有初始俯仰角误差 $\Delta\phi_0$ 和初始偏航角误差 ψ_0。而瞄准误差则是指由外部方位基准传递到弹上方位基准，或由导弹自对准所造成的瞄准误差。这两类误差描述了导弹制导坐标系与理论发射（惯性）坐标系的偏离程度，它将直接影响导弹在后续飞行过程中的导航结果的计算，造成导航计算误差，从而引起制导误差。

3. 导弹物理条件误差

导弹的几何尺寸、气动力和气动力矩系数、全弹质量、发动机安装等在实际条件下会偏离标准值。在计算标准弹道时，导弹物理条件往往采用理论值或平均值作为标准值，而每发导弹的实际参数与标准值都存在差异，导致标准弹道与实际弹道的偏离。

4. 发动机特性误差

发动机推力、秒耗量偏离标准值也将导致标准弹道与实际弹道的偏离。

5. 大气条件误差

导弹实际飞行时的大气参数（大气密度、温度、压强及风速等）与标准条件的偏离称为大气条件误差。标准弹道计算时大气条件往往采用标准大气模型，且一般不考虑大气风的影响，与实际大气参数和风场有差异。

6. 重力异常及垂线偏差

标准弹道计算时，采用给定的参考椭球体模型，而实际地球内部质量分布极为复杂，地球外形也非标准椭球体，因此标准弹道计算时所采用的引力模型存在误差。

同时，导弹发射时以当地的铅垂线为基准建立物理的发射坐标系，而标准弹道计算时则采用的椭球体铅垂线作为基准建立发射坐标系，二者之间同样存在差异。

7. 制导系统误差

弹道导弹引入制导系统的目的是控制导弹质心运动，使导弹以一定的精度命中目标，然而制导系统的引入也产生了制导误差，包括制导方法误差和制导工具误差。

方法误差：导弹在飞行过程中受非制导系统干扰因素的影响，产生作用在导弹上的干扰力和干扰力矩，这些干扰理论上可以通过制导系统消除，但由于受工程应用条件的限制，制导方法常需要进行简化处理，使得这些干扰仍然会造成一定的落点偏差，这类误差称为方法误差。随着制导方法的完善，制导方法误差占总误差的比例越来越小。

工具误差：制导系统的引入需要导航系统为其提供导弹飞行的状态参数，而状态参数的获得需要测量系统提供测量数据，需要计算工具进行计算，测量和计算系统的引入不可避免地带来新的误差因素，如加速度计、陀螺仪、弹载计算机等造成的误差，这些误差将直接造成导弹落点偏差。这类误差称为制导工具误差。其中，由于弹载计算机性能的逐渐完善，计算工具所带来的误差越来越小。而工具误差中的惯性测量系统所造成的误差则是最为主要的误差，它占总误差的70%~80%。

8. 后效冲量误差

制导系统根据导弹状态参数确定导弹能够以一定的精度命中目标时，发出发动机关机指令，关机装置的不准确性也将造成额外的误差。液体火箭发动机在接到制导系统发出的关机指令后，其推力逐渐减小为零；固体火箭发动机通过打开反推喷管建立反向推力，当反向推力大于等于正向推力时，即认为发动机实现了“关机”控制。从这两种关机实现过程我们可以看出，从制导系统发出关机指令到实现关机控制，往往存在一个过程，这个过程中的推力称为后效推力，而由后效推力产生的导弹落点偏差则称为后效误差。

通常大型液体发动机通过主推力提前关机、小推力实现准确关机的方式实现关机控制，大大减小了后效误差。而固体火箭则采用小推力发动机对后效误差进行修正，以减小后效误差。

14.1.2 自由段干扰因素

导弹在自由段飞行时处于无动力的真空飞行状态，期间的干扰因素则主要指实际引力与标准引力模型的误差。

14.1.3　再入段干扰因素

现代弹道导弹弹头再入前均要进行再入零攻角控制，使导弹以零攻角（或小攻角）状态再入，同时采用自旋再入控制，因此标准弹道计算时通常认为导弹在再入段飞行只受空气阻力作用。但是，导弹再入飞行时往往由于再入攻角不为零、弹头外形不对称、质心与弹头对称轴不重合、烧蚀不对称、大气风等因素产生附加升力、侧滑力和力矩，引起落点偏差；同时，由于弹头外形与理论外形不一致（气动力参数偏差）、实际大气参数差异还引起阻力计算偏差；最后还有引力计算偏差，这些偏差将引起的导弹落点偏差称为再入误差。

14.2　主要误差分类

导弹武器的射击误差决定了武器的命中精度，对误差源的分析是研究导弹落点偏差、命中精度的基础，因此只有通过建立误差模型和计算，认清各项误差源对落点影响的机理，才能更好地掌握导弹落点的散布特性，从而找到合适可行的作战使用精度评定方法，充分发挥导弹武器的效能。同时也为武器装备的发展与作战运用提供可靠的依据。

众所周知，影响弹道导弹命中精度的误差因素很多，约有 100 多种。不同精度的导弹需要考虑的误差因素也不同，精度要求越高考虑的误差因素也越多。人们根据导弹飞行阶段和误差产生的物理背景的不同，误差有不同的分类方法。按导弹飞行弹道分类可分为主动段误差、自由段误差和再入段误差。按制导系统分类时又可分为制导误差和非制导误差。制导误差又分为制导方法误差和制导工具误差，而非制导误差则包括后效冲量误差、再入误差、初始对准误差、初始条件误差和地球形状及引力异常引起的误差等，如表 14.1 所列。

表 14.1　误差源分类

误差源	制导误差	工具误差	陀螺仪	比例误差
				零漂
				一次项
				动态误差
				安装误差
			加速度表	比例误差
				零位误差
				一次项
				动态误差
				安装误差
			初始对准误差	姿态标定误差
				方位瞄准误差
			其他误差	

续表

误差源	制导误差	方法误差	起飞重量偏差
			推力偏差
			推力偏心
			推力偏斜
			气动力系数偏差
			风场等
			计算机误差
			其他误差
	非制导误差	再入误差	
		后效冲量误差	
		初始定位误差	
		初始条件误差	
		地球重力异常误差	
		其他误差	

14.2.1 制导工具误差

由制导器件的不精确引起的制导误差称为工具误差。弹道导弹的精度，在很大程度上由主动段的制导精度决定。随着制导方案的不断完善，制导方法误差已经小到几十米，可以不考虑。而制导工具误差对于惯性导航的弹道导弹来说，在众多误差源中不仅呈现出相对稳定的特性，而且对落点的影响占整个落点偏差的 70%~80%。因此，惯性导航系统的工具误差对精度的影响是本节讨论的重点。

1. 惯性仪表误差

弹道导弹一般采用惯性测量装置作为制导系统的敏感元件。惯性测量系统是导弹角运动和线运动的敏感装置，它的性能将直接影响导弹的命中精度，其功能主要如下。

（1）角运动和线运动信息的获取。

（2）发射点初始姿态的测定（$\Delta\phi_0$、ψ_0）。

惯性测量系统主要由 2 个双自由度动力调谐陀螺仪（或 3 个单自由度陀螺仪）和 3 个石英摆式挠性加速度计组成。导弹起飞前，由地面发控系统供电，惯性导航系统开始工作，同时为导航坐标系提供水平和方位基准。导弹起飞后，惯测系统中的加速度计直接测量导弹质心运动的视加速度矢量在弹体坐标系（捷联惯性导航系统）或发射惯性坐标系（平台惯性导航系统）三轴上的分量；陀螺仪各敏感轴直接测量导弹绕质心转动的角速度矢量在弹体坐标系三轴上的分量（平台惯性导航系统直接测量导弹弹体相对发射惯性坐标系的姿态角信号）。这种由惯性系统对导弹运动的线速度和角速度测量误差造成的射击误差称为制导工具误差。

惯组的工具误差直接影响导弹控制系统的制导精度。首先，陀螺仪的漂移，引起平台的漂移，给制导基准惯性坐标系基准带来误差。陀螺仪造成的平台漂移和加速度计测量得到的线运动参数测量误差，使得弹上计算机计算出的导弹轨迹参数偏离实际弹道，即产生位置和速度计算误差。位置偏差和速度偏差将带入导引方程和关机方程，引起推力终止特征量计算误差，从而造成射击误差。

制导工具误差中与动力学环境无关的误差项称为静态误差，与动力学环境有关的误差称为动态误差。由于无法确定导弹飞行中惯测组合工作的动力学环境，因此，对动态误差的研究和分析是一件非常困难的事情。

2. 初始对准误差

初始对准误差分为初始姿态标定误差和瞄准误差。

导弹起飞 0 秒时，弹体坐标系（惯性导航平台的台体坐标系）与惯性坐标系不可能重合，即存在初始姿态角误差 $\Delta\phi_0$、ψ_0、γ_0。其中初始俯仰角误差和初始偏航角误差 $\Delta\phi_0$、ψ_0 由惯组系统中的法向加速度计和横向加速度计分别测得并在发射前进行标定，称初始姿态标定。瞄准方位角 γ_0 由瞄准系统提供。在捷联惯性导航系统中，导弹控制系统根据初始对准结果，计算四元数初值，建立作为导航惯性坐标基准的数学平台。在平台惯性导航系统中，初始对准直接决定台体坐标系，即测量基准。初始对准误差的存在必将直接影响导航计算的惯性坐标基准，由此产生制导误差。

初始姿态标定误差和瞄准误差属随机误差，其分布特性服从正态分布规律。

14.2.2　制导方法误差

导弹的制导方法是根据战术指标要求，当前的制导技术和计算机技术发展水平确定的。对于摄动制导，制导方法误差是由发动机关机方程、横法向导引方程中忽略高阶项的舍入误差和计算机字长有限的截断误差等造成的落点偏差。

在外干扰作用下，导弹状态依靠控制系统适时进行测量和控制补偿，由于制导方法的近似，补偿的不完善，补偿后的残余误差即为制导方法误差。当补偿大于干扰影响时，称为过补偿；反之，当补偿小于干扰的影响时，则形成欠补偿。过补偿和欠补偿都会引起落点偏差。一般情况下，制导方法误差占整个制导误差的 25%~35%，随着弹载计算机的高速发展和制导方案的不断完善，方法误差在整个制导误差中所占的比重越来越小，为 10%~20%。

方法误差属于随机误差，各干扰量所造成的方法误差相互独立且服从正态分布。

14.2.3　非制导误差

本节主要分析非制导误差中的再入误差和发射点、目标点定位误差产生的落点偏差。

1. 再入误差

头体分离后，弹头依靠在主动段获得的速度做惯性飞行，飞到目标区上空 70~80km 处时开始再入大气层。再入飞行过程中，弹头受气动力的作用，由于标准弹道的再入段是按标准大气模型计算气动力的，而目标区上空的实际大气参数与标准大气存在差异，同时弹头因烧蚀作用使气动外形发生变化，因此产生再入误差。引起再入误差的主要误差源有大气密度偏差、气动力系数偏差、再入攻角、风场等。

2. 发射点、目标点定位误差

地地弹道导弹定型前的飞行试验，通常是在固定发射阵地和目标区进行的，发射点位置和目标点位置事先已经过精确的大地测量被确定，定位误差仅有几米，其影响可不考虑。战时若采用有依托、预有准备的机动作战模式，发射点位置也可用同样方法精确测定。若采用无依托、任意机动发射作战模式，发射点位置就无法事先精确提供，只能用精度不高的测量方法快速地确定而存在定位误差。因此发射点定位误差的存在必然引起落点偏差。

靶场试验时的目标点位置是经过精确测量的，其定位精度很高，而战时由于无法进入目标区对目标进行精确测量，一般只能通过航片卫片等方式获取目标点的基本信息，并由目标保障部门经处理后才能确定，因此，目标也必然存在定位误差，目标点定位误差将直接影响导弹射击精度。

14.3 导弹落点偏差的解析计算法介绍

各种因素对导弹落点偏差的影响计算主要有两种方法：一是通过建立误差传递函数，通过解析计算求得导弹落点偏差，这种方法称为解析法，也称环境函数法；另一种是通过建立标准弹道与干扰弹道模型，通过数值积分的方法分别计算标准弹道与干扰弹道的落点坐标，通过对比两个落点坐标计算出落点偏差，这种方法称为弹道求差法。

弹道导弹的解算是在给定的初值状态下，通过解算非线性微分方程组的过程，由于弹道计算的非线性性，在解析法计算过程中，往往需要忽略很多因素，或者采用有限阶线性展开式近似替代非线性方程等方法，对数学模型进行简化和线性化，才能得到解析计算模型。下面以捷联惯性导航误差传播模型的推导为例，说明解析计算模型的简化处理过程。

环境函数法是一种不考虑制导和控制系统作用而仅与标准弹道特性有关的计算方法，这种方法的优点是分析简单，在系统方案设计前就可以计算出惯性器件造成的制导误差，可为系统设计和精度分配提供参考数据。本节介绍的环境函数法的特点在于可以直接积分来逐项计算各误差源产生的射程偏差和横向偏差，然后求均方和。

14.3.1 环境函数法假设

作如下假设：

(1) 导弹始终沿标准弹道飞行，弹道上的重力加速度偏差为零。

由导航方程可知，弹道的速度偏差包括两部分：

$$\Delta V(t)=\Delta V_{\mathrm{W}}(t)+\Delta V_{\mathrm{g}}(t) \tag{14.1}$$

$$\begin{cases}\Delta V_{\mathrm{W}}(t)=\int_0^t[\dot{W}(t)-\overline{\dot{W}}(t)]\mathrm{d}t\\ \Delta V_{\mathrm{g}}(t)=\int_0^t[g(t)-\bar{g}(t)]\mathrm{d}t\end{cases} \tag{14.2}$$

式中：$\overline{W}(t)$为标准弹道上惯性系内的视加速度；$g(t)$为引力加速度。

因此当忽略引力偏差时，$\Delta V(t)=\Delta V_{\mathrm{W}}(t)$。

（2）不考虑测速误差对关机、导引控制的影响。

由于不考虑控制系统作用，因此断开了关机、导引通道，各次关机均按标准弹道关机时间关机，这就忽略了由于存在关机、导引控制而产生的 3 个通道（俯仰、偏航、滚动）的交互影响；忽略了关机时间偏差造成的速度偏差；忽略了由于导引控制使弹道偏离标准弹道飞行所产生的误差。因此，计算工具误差时不加入关机、导引方程。

（3）不考虑全弹姿态稳定回路的控制作用。

由于漂移角 $\alpha(\alpha_x,\alpha_y,\alpha_z)$ 是小角度，假设认为平台坐标系漂移是相对弹体坐标系的漂移。

“环境函数法”的以上假设限制导弹沿标准弹道飞行，因此计算工具误差时只与标准弹道的特性有关，不论哪种惯性器件的误差均换算成加速度表的测速误差，并把此测速误差当作弹道偏差。

14.3.2　环境函数模型

以平台惯性系统误差传播函数为例，推导环境函数的一般表达式。

由于方位瞄准、加速度计测量以及陀螺仪的漂移等原因，使得加速度计视速度输出与视速度真值之间存在一个偏差，在一阶近似下，有

$$\Delta W=W-W^{*}=\boldsymbol{SC} \tag{14.3}$$

式中：ΔW 为视速度输出与真值之差；W 为加表视速度输出；W^{*} 为视速度真值；$\boldsymbol{C}$ 为误差系数列矢量；$\boldsymbol{S}$ 为环境函数矩阵。

由式（14.3）推出，对应于误差系数 $C_l(l=1,2,\cdots,m)$ 的环境函数为

$$S_{il}=\left.\frac{\partial\Delta W_i}{\partial C_l}\right|_{C=0} \tag{14.4}$$

式中：$i=x,y,z$。

1. 加速度表误差系数对应的环境函数

不失一般性，设加速度表的误差模型为

$$\Delta\dot{W}_{i\mathrm{A}}=C_{i\mathrm{A}}f_{i\mathrm{A}} \tag{14.5}$$

式中：$\Delta\dot{W}_{i\mathrm{A}}$ 为输出与输入之差；$C_{i\mathrm{A}}$ 为对应于环境因素 $f_{i\mathrm{A}}$ 的误差系数；$f_{i\mathrm{A}}$ 为环境因素。

对应于 $C_{i\mathrm{A}}$ 的环境函数为

$$S_{ij\mathrm{A}}=\sigma_{ij}\int_0^t f_{j\mathrm{A}}(\tau)\,\mathrm{d}\tau \tag{14.6}$$

式中：$j=x,y,z$；

$\sigma_{ij}=\begin{cases}0 & (i\neq j)\\ 1 & (i=j)\end{cases}$。

2. 平台误差系数对应的环境函数

不失一般性，设平台的误差模型为

$$\phi_i=c_{i\mathrm{p}}f_{i\mathrm{p}} \tag{14.7}$$

式中：ϕ_i为平台关于i轴的角偏差；c_{ip}为对应于环境因素f_{ip}的误差系数；f_{ip}为环境因素。

对应于c_{jp}的环境函数为

$$S_{ijp}=-\varepsilon_{ijk}\int_0^t f_{jp}\dot{W}_k\mathrm{d}\tau \tag{14.8}$$

式中：$k=x,y,z$；

$$\varepsilon_{ijk}=\begin{cases}1 & (i,j,k\text{ 全不相同且构成右手系})\\ -1 & (i,j,k\text{ 全不相同且构成左手系})\\ 0 & (\text{其他})\end{cases}$$

为了推导式（14.8），分析一下对于c_{xp}各轴输出与输入的关系。平台关于x轴的角偏差相当于绕x轴逆时针转一角度$\phi_x=c_{xp}f_{xp}$，此时平台台体坐标系的关系如图14.1所示。图中$O\text{-}X_pY_pZ_p$为平台台体坐标系，$O\text{-}X_gY_gZ_g$为惯性坐标系。此时视加速度输出与输入的关系为

$$\begin{aligned}\Delta\dot{W}_x&=0\\ \Delta\dot{W}_y&=\phi_x\dot{W}_z\\ \Delta\dot{W}_z&=-\phi_x\dot{W}_y\end{aligned} \tag{14.9}$$

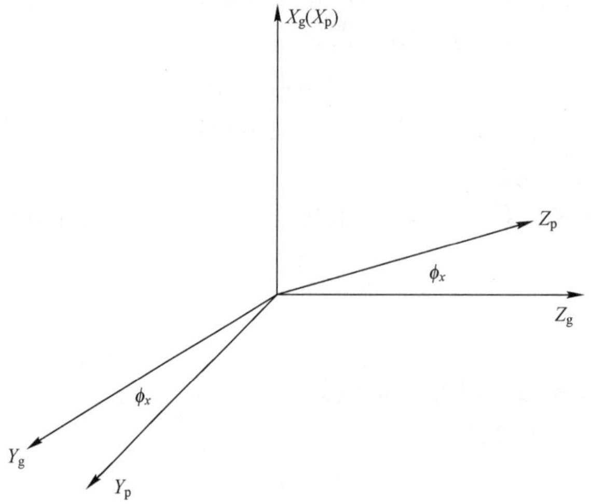

图14.1　平台角偏差ϕ_x

因此对应于c_{xp}的环境函数为

$$\begin{aligned}S_{xxp}&=0\\ S_{yxp}&=\int_0^t f_{xp}\dot{W}_z\mathrm{d}\tau\\ S_{zxp}&=-\int_0^t f_{xp}\dot{W}_y\mathrm{d}\tau\end{aligned} \tag{14.10}$$

对于c_{yp}、c_{zp}有类似于式（14.10）所表示的环境函数，从而得到式（14.8）。

3. 陀螺漂移误差系数对应的环境函数

不失一般性，设陀螺漂移误差模型为

$$\dot{\alpha}_{iG}=C_{iG}f_{iG} \tag{14.11}$$

式中：$\dot{\alpha}_{iG}$为 i 陀螺的漂移；C_{iG}为 i 陀螺对应于环境因素 f_{iG}的漂移误差系数；f_{iG}为环境因素。

对应于 C_{iG}的环境函数为

$$S_{ijG}=-\varepsilon_{ijk}\int_0^t\left[\int_0^\tau f_{jG}\mathrm{d}\lambda\right]\dot{W}_k\mathrm{d}\tau \tag{14.12}$$

推导式（14.12）的方法与推导式（14.8）的方法相同。

对于惯性导航平台系统工具误差模型，利用式（14.6）、式（14.8）、式（14.12）可推导出各系数对应的环境函数具体表达式，列于表 14.2 中。

表 14.2　各系数对应的环境函数

序　号	误差系数	S_{xi}	S_{yi}	S_{zi}
1	D_{01}	0	$\int_0^t \tau\dot{W}_z\mathrm{d}\tau$	
2	D_{02}	$-\int_0^t \tau\dot{W}_z\mathrm{d}\tau$	0	$\int_0^t \tau\dot{W}_x\mathrm{d}\tau$
3	D_{03}	$\int_0^t \tau\dot{W}_y\mathrm{d}\tau$	$-\int_0^t \tau\dot{W}_x\mathrm{d}\tau$	0
4	D_{11}	0	$\int_0^t \dot{W}_z W_y\mathrm{d}\tau$	$-\int_0^t \dot{W}_y W_x\mathrm{d}\tau$
5	D_{12}	$-\int_0^t \dot{W}_z W_y\mathrm{d}\tau$	0	$\int_0^t \dot{W}_x W_y\mathrm{d}\tau$
6	D_{13}	$\int_0^t \dot{W}_y W_z\mathrm{d}\tau$	$-\int_0^t \dot{W}_x W_z\mathrm{d}\tau$	0
7	D_{21}	0	$\int_0^t W_z\dot{W}_z\mathrm{d}\tau$	$-\int_0^t W_z\dot{W}_y\mathrm{d}\tau$
8	D_{22}	$-\int_0^t W_z\dot{W}_z\mathrm{d}\tau$	0	$\int_0^t W_z\dot{W}_x\mathrm{d}\tau$
9	D_{23}	$\int_0^t W_y\dot{W}_y\mathrm{d}\tau$	$-\int_0^t W_y\dot{W}_x\mathrm{d}\tau$	0
10	D_{31}	0	$\int_0^t \dot{W}_z\int_0^\tau \dot{W}_x\dot{W}_z\mathrm{d}\tau\mathrm{d}t$	$-\int_0^t \dot{W}_y\int_0^\tau \dot{W}_x\dot{W}_z\mathrm{d}\tau\mathrm{d}t$
11	D_{32}	$-\int_0^t \dot{W}_z\int_0^\tau \dot{W}_y\dot{W}_z\mathrm{d}\tau\mathrm{d}t$	0	$\int_0^t \dot{W}_x\int_0^\tau \dot{W}_y\dot{W}_z\mathrm{d}\tau\mathrm{d}t$
12	D_{33}	$\int_0^t \dot{W}_y\int_0^\tau \dot{W}_z\dot{W}_y\mathrm{d}\tau\mathrm{d}t$	$-\int_0^t \dot{W}_x\int_0^\tau \dot{W}_z\dot{W}_y\mathrm{d}\tau\mathrm{d}t$	0
13	C_{01}	t	0	0
14	C_{02}	0	t	0
15	C_{03}	0	0	T
16	C_{11}	W_x	0	0
17	C_{12}	0	W_y	0
18	C_{13}	0	0	W_z

14.3.3 工具误差引起的落点偏差计算

上节给出了环境函数的具体推导过程，为了方便后面计算工具误差，这里按照惯性导航平台的模型推导出环境函数法计算工具误差的相关公式。

1. 坐标基准误差计算

根据各陀螺仪在平台上的安装定向，经过适当简化得出与过载有关的误差模型为

$$\begin{cases}\dot{\alpha}_{xp}=D_{01}+D_{11}\dot{W}_x+D_{21}\dot{W}_z+D_{31}\dot{W}_x\dot{W}_z\\ \dot{\alpha}_{yp}=D_{02}+D_{12}\dot{W}_y+D_{22}\dot{W}_z+D_{32}\dot{W}_y\dot{W}_z\\ \dot{\alpha}_{zp}=D_{03}+D_{13}\dot{W}_z+D_{23}\dot{W}_y+D_{33}\dot{W}_z\dot{W}_y\\ \alpha_{xp}=\int_0^t\dot{\alpha}_{xp}\mathrm{d}t\\ \alpha_{yp}=\int_0^t\dot{\alpha}_{yp}\mathrm{d}t\\ \alpha_{zp}=\int_0^t\dot{\alpha}_{zp}\mathrm{d}t\end{cases}\tag{14.13}$$

由环境函数法的假设3可知平台坐标系的漂移量 α_{xp}、α_{yp}、α_{zp}较小，则$\dot{W}$沿惯性坐标系的分量$\dot{W}_x$、$\dot{W}_y$、$\dot{W}_z$与沿平台坐标系的分量$\dot{W}_{xp}$、$\dot{W}_{yp}$、$\dot{W}_{zp}$之间可用小角度转动的方向余弦关系表示为

$$\begin{bmatrix}\dot{W}_{xp}\\ \dot{W}_{yp}\\ \dot{W}_{zp}\end{bmatrix}=\begin{bmatrix}1 & -\alpha_{zp} & \alpha_{yp}\\ \alpha_{zp} & 1 & -\alpha_{xp}\\ -\alpha_{yp} & \alpha_{xp} & 1\end{bmatrix}\begin{bmatrix}\dot{W}_x\\ \dot{W}_y\\ \dot{W}_z\end{bmatrix}\tag{14.14}$$

因此造成的测速误差为

$$\begin{bmatrix}\Delta W_x\\ \Delta W_y\\ \Delta W_z\end{bmatrix}=\begin{bmatrix}0 & \alpha_{zp} & -\alpha_{yp}\\ -\alpha_{zp} & 0 & \alpha_{xp}\\ \alpha_{yp} & -\alpha_{xp} & 0\end{bmatrix}\begin{bmatrix}\dot{W}_x\\ \dot{W}_y\\ \dot{W}_z\end{bmatrix}\tag{14.15}$$

由环境函数法的假设可知，$\Delta V(t)=\Delta W(t)$

由于坐标基准产生误差引起的关机点速度偏差 $\Delta V_{gx}(t),\Delta V_{gy}(t),\Delta V_{gz}(t)$为

$$\begin{cases}\Delta V_{gx}(t)=\int_0^t(\alpha_{zp}\dot{W}_y-\alpha_{yp}\overline{\dot{W}_z})\mathrm{d}t\\ \Delta V_{gy}(t)=\int_0^t(-\alpha_{zp}\dot{W}_x+\alpha_{xp}\overline{\dot{W}_z})\mathrm{d}t\\ \Delta V_{gz}(t)=\int_0^t(\alpha_{yp}\dot{W}_x-\alpha_{xp}\overline{\dot{W}_y})\mathrm{d}t\end{cases}\tag{14.16}$$

由于坐标基准产生误差引起的关机点位置偏差 Δx_g，Δy_g，Δz_g为

$$\begin{cases}\Delta x_{g}(t)=\int_{0}^{t}\Delta V_{gx}(t)\,\mathrm{d}t\\ \Delta y_{g}(t)=\int_{0}^{t}\Delta V_{gy}(t)\,\mathrm{d}t\\ \Delta z_{g}(t)=\int_{0}^{t}\Delta V_{gz}(t)\,\mathrm{d}t\end{cases}\tag{14.17}$$

2. 加速度表误差计算

同样由环境函数法的假设可知，$\Delta V(t)=\Delta W(t)$

由于加速度表误差引起的关机点速度偏差 $\Delta V_{ax}(t)$，$\Delta V_{ay}(t)$，$\Delta V_{az}(t)$为

$$\begin{cases}\Delta V_{ax}(t)=\int_{0}^{t}(C_{01}+C_{11}\dot{W}_{x})\,\mathrm{d}t\\ \Delta V_{ay}(t)=\int_{0}^{t}(C_{02}+C_{12}\dot{W}_{y})\,\mathrm{d}t\\ \Delta V_{az}(t)=\int_{0}^{t}(C_{03}+C_{13}\dot{W}_{z})\,\mathrm{d}t\end{cases}\tag{14.18}$$

由于加速度表误差引起的关机点位置偏差 Δx_{a}，Δy_{a}，Δz_{a}为

$$\begin{cases}\Delta x_{a}(t)=\int_{0}^{t}\Delta V_{ax}(t)\,\mathrm{d}t\\ \Delta y_{a}(t)=\int_{0}^{t}\Delta V_{ay}(t)\,\mathrm{d}t\\ \Delta z_{a}(t)=\int_{0}^{t}\Delta V_{az}(t)\,\mathrm{d}t\end{cases}\tag{14.19}$$

由式（14.16）~式（14.19）可知由陀螺和加速度表引起的关机点的总的视加速度偏差为

$$\begin{cases}\Delta\dot{W}_{x}=\alpha_{zp}\dot{W}_{y}-\alpha_{yp}\dot{W}_{z}+C_{01}+C_{11}\dot{W}_{x}\\ \Delta\dot{W}_{y}=\alpha_{xp}\dot{W}_{z}-\alpha_{zp}\dot{W}_{x}+C_{02}+C_{12}\dot{W}_{y}\\ \Delta\dot{W}_{z}=\alpha_{yp}\dot{W}_{x}-\alpha_{xp}\dot{W}_{y}+C_{03}+C_{13}\dot{W}_{z}\end{cases}\tag{14.20}$$

因此造成的关机点的总的速度和位置偏差为

$$\begin{cases}\Delta V_{x}=\int_{0}^{t}(\alpha_{zp}\dot{W}_{y}-\alpha_{yp}\dot{W}_{z}+C_{01}+C_{11}\dot{W}_{x})\,\mathrm{d}t\\ \Delta V_{y}=\int_{0}^{t}(\alpha_{xp}\dot{W}_{z}-\alpha_{zp}\dot{W}_{x}+C_{02}+C_{12}\dot{W}_{y})\,\mathrm{d}t\\ \Delta V_{z}=\int_{0}^{t}(\alpha_{yp}\dot{W}_{x}-\alpha_{xp}\dot{W}_{y}+C_{03}+C_{13}\dot{W}_{z})\,\mathrm{d}t\end{cases}\tag{14.21}$$

$$\begin{cases}\Delta x=\int_{0}^{t}\Delta V_{x}\mathrm{d}t\\ \Delta y=\int_{0}^{t}\Delta V_{y}\mathrm{d}t\\ \Delta z=\int_{0}^{t}\Delta V_{z}\mathrm{d}t\end{cases}\tag{14.22}$$

对式（14.21）由起飞时刻积分至主动段关机时刻，可得关机点的速度偏差量为

$$\Delta V_x(t_k)=D_{03}\int_0^{t_k}\dot{W}_y t\mathrm{d}t-D_{02}\int_0^{t_k}\dot{W}_z t\mathrm{d}t+D_{13}\int_0^{t_k}\dot{W}_y W_z\mathrm{d}t+D_{23}\int_0^{t_k}\dot{W}_y W_y-D_{12}\int_0^{t_k}\dot{W}_z W_y\mathrm{d}t$$

$$-D_{22}\int_0^{t_k}\dot{W}_z W_z\mathrm{d}t+D_{33}\int_0^{t_k}\dot{W}_y\int_0^{t}\dot{W}_z\dot{W}_y\mathrm{d}\tau\mathrm{d}t-D_{32}\int_0^{t_k}\dot{W}_z\int_0^{t}\dot{W}_y\dot{W}_z\mathrm{d}\tau\mathrm{d}t+C_{01}t_k+C_{11}W_x(t_k)$$

$$\Delta V_y(t_k)=D_{01}\int_0^{t_k}\dot{W}_z t\mathrm{d}t-D_{03}\int_0^{t_k}\dot{W}_x t\mathrm{d}t+D_{11}\int_0^{t_k}\dot{W}_z W_y\mathrm{d}t+D_{21}\int_0^{t_k}\dot{W}_z W_z\mathrm{d}t-D_{13}\int_0^{t_k}\dot{W}_x W_z\mathrm{d}t$$

$$-D_{23}\int_0^{t_k}\dot{W}_x W_y\mathrm{d}t+D_{31}\int_0^{t_k}\dot{W}_z\int_0^{t}\dot{W}_x\dot{W}_z\mathrm{d}\tau\mathrm{d}t-D_{33}\int_0^{t_k}\dot{W}_x\int_0^{t}\dot{W}_z\dot{W}_y\mathrm{d}\tau\mathrm{d}t+C_{02}t_k+C_{12}W_y(t_k)$$

$$\Delta V_z(t_k)=D_{02}\int_0^{t_k}\dot{W}_x t\mathrm{d}t-D_{01}\int_0^{t_k}\dot{W}_y t\mathrm{d}t+D_{12}\int_0^{t_k}\dot{W}_x W_y\mathrm{d}t+D_{22}\int_0^{t_k}\dot{W}_x W_z\mathrm{d}t-D_{11}\int_0^{t_k}\dot{W}_y W_x\mathrm{d}t$$

$$-D_{21}\int_0^{t_k}\dot{W}_y W_z\mathrm{d}t+D_{32}\int_0^{t_k}\dot{W}_x\int_0^{t}\dot{W}_y\dot{W}_z\mathrm{d}\tau\mathrm{d}t-D_{31}\int_0^{t_k}\dot{W}_y\int_0^{t}\dot{W}_x\dot{W}_z\mathrm{d}\tau\mathrm{d}t+C_{03}t_k+C_{13}W_z(t_k)$$

（14.23）

由式（14.23）可见，关机时刻速度误差是各误差系数与一系列积分的乘积。这些积分如 $\int_0^{t_k}\dot{W}_y t\mathrm{d}t$，$\int_0^{t_k}\dot{W}_z\mathrm{d}t$，$\int_0^{t_k}\dot{W}_y W_z\mathrm{d}t$ 等根据标准弹道的视加速度分量算出，与误差源无关，因此称为环境函数。

求出工具误差引起关机点速度和坐标的偏差（相对于惯性坐标系）ΔV_x、ΔV_y、ΔV_z、Δx、Δy、Δz，利用散布公式

$$\begin{cases}\Delta L=\dfrac{\partial L}{\partial V_x}\Delta V_x+\dfrac{\partial L}{\partial V_y}\Delta V_y+\dfrac{\partial L}{\partial V_z}\Delta V_z+\dfrac{\partial L}{\partial x}\Delta x+\dfrac{\partial L}{\partial y}\Delta y+\dfrac{\partial L}{\partial z}\Delta z\\ \Delta H=\dfrac{\partial H}{\partial V_x}\Delta V_x+\dfrac{\partial H}{\partial V_y}\Delta V_y+\dfrac{\partial H}{\partial V_z}\Delta V_z+\dfrac{\partial H}{\partial x}\Delta x+\dfrac{\partial H}{\partial y}\Delta y+\dfrac{\partial H}{\partial z}\Delta z\end{cases} \quad (14.24)$$

计算出落点的射程偏差 ΔL 和横向偏差 ΔH。

通过平台惯性误差传播模型的推导，我们可以清楚地看到，当遇到非线性计算模型时，往往采用其线性展开式进行近似替代，如利用小角度的一阶展开替代三角函数。同时在模型的推导过程中，还忽略了由于导航参数的变化对控制系统的影响，而控制系统的反馈又直接影响导弹的速度、位置和姿态，进而反过来影响导弹受力情况和后续的飞行状态。

由此可见，解析计算法虽然计算时的运算量小，这种方法在计算机技术相对落后的年代，计算量小有着极大的优势，同时解析法也是分析问题机理的一种良好工具。但由于其在推导过程中所做的简化处理和近似替代处理等，都将直接影响计算的精度。随着计算机技术的不断发展，当计算能力不再是制约因素时，计算精度则成为我们考虑的核心问题。目前在弹道导弹精度分析中，越来越多地采用弹道求差法，因此在后续的章节中，主要以弹道求差法的介绍为主。

14.4 数值计算方法

数值计算方法计算的基础是各种干扰因素的模型化，由于干扰因素繁多、干扰的影

响机理各不相同，因此干扰模型必须是在对干扰机理分析基础上建立的，具体问题要具体分析，干扰模型的建立在相关文献中多有描述，本书不再一一分析。

弹道求差法是一种数值计算方法，其核心是在建立的标准弹道模型和干扰弹道模型的基础上，通过对比标准弹道与干扰弹道落点求取落点偏差，并通过蒙特卡罗等统计分析方法分析计算射击精度。

14.4.1　弹道方程组的解算方法

无论是标准弹道方程组还是干扰弹道方程组，都是变系数非线性常微分方程组，而且许多变系数值又不是以解析式表示，而是以数表或图线的形式给出的，因此，只能用数值积分的方法求其数值解，无法求出解析解。

常微分方程组的数值积分方法很多，但在弹道计算中，根据弹道方程组的特性和对弹道计算精度的要求，经常采用龙格-库塔法、阿达姆斯法以及龙格库塔转阿达姆斯法（或称预报校正法）等数值积分方法。

1. 龙格-库塔法

若给定的一阶常微分方程组的初值问题为

$$\begin{cases} y_1'=f_1(t,y_1,y_2,\cdots,y_m), \quad y_1(t_0)=y_{10} \\ y_2'=f_2(t,y_1,y_2,\cdots,y_m), \quad y_2(t_0)=y_{20} \\ \quad\vdots \\ y_m'=f_m(t,y_1,y_2,\cdots,y_m), \quad y_m(t_0)=y_{m0} \end{cases} \tag{14.25}$$

则解此初始问题的四阶龙格-库塔积分法的数学计算式为

$$y_{ij+1}=y_{ij}+\frac{h}{6}(K_{1i}+2K_{2i}+2K_{3i}+K_{4i}) \tag{14.26}$$

其中

$$\begin{cases} K_{1i}=f_i(t_j,y_{1j},y_{2j},y_{3j},\cdots,y_{mj}) \\ K_{2i}=f_i(t_j+\frac{h}{2},y_{1j}+\frac{h}{2}K_{11},\cdots,y_{mj}+\frac{h}{2}K_{1m}) \\ K_{3i}=f_i(t_j+\frac{h}{2},y_{1j}+\frac{h}{2}K_{21},\cdots,y_{mj}+\frac{h}{2}K_{2m}) \\ K_{4i}=f_i(t_j+h,y_{1j}+hK_{31},\cdots,y_{mj}+hK_{3m}) \end{cases} \tag{14.27}$$

式中：y_i是第 i 个因变量 y_i在第 $t_{i+1}=t_i+h$ 点处的近似值，h 为积分步长。

在实际弹道计算中，当然也可采用 6 阶、8 阶、16 阶或更高阶的龙格-库塔积分方法。但经验表明，其计算精度并不比 4 阶龙格-库塔积分方法提高多少，有时甚至出现相反的结果。

2. 阿达姆斯预报校正法

若给定的一阶常微分方程初值问题为

$$
\begin{cases}
y_1'=f_1(t,y_1,y_2,\cdots,y_m), & y_1(t_0)=y_{10}\\
y_2'=f_2(t,y_1,y_2,\cdots,y_m), & y_2(t_0)=y_{20}\\
\vdots\\
y_m'=f_m(t,y_1,y_2,\cdots,y_m), & y_m(t_0)=y_{m0}
\end{cases}
\tag{14.28}
$$

则取在一个具有较好稳定区域内的公式作为预报，用阿达姆斯公式作为校正的阿达姆斯预报校正公式为

预报公式：

$$\bar{y}_{i,j+1}=y_{ij}+[55f_{ij}-59f_{i,j-1}+37f_{i,j-2}-9f_{i,j-3}]h/24 \tag{14.29}$$

校正公式：

$$y_{i,j+1}=y_{ij}+[9f_{i,j+1}+19f_{i,j}-5f_{i,j-1}+f_{i,j-2}]h/24 \tag{14.30}$$

其中

$$
\begin{cases}
f_{ik}=f_i(t_k,y_{1k},y_{2k},\cdots,y_{mk})\\
f_{i,j+1}=f_i(t_{j+1},\bar{y}_{1,j+1},\bar{y}_{2,j+1},\cdots,\bar{y}_{m,j+1})
\end{cases}
$$

由上述可知，龙格-库塔积分方法容易起步，但计算量较大，尤其是当采用高阶龙格-库塔积分法时，其计算量就更大；阿达姆斯积分法（或预报校正法）虽然不易起步，但其计算速度快。因此，求解像导弹主动段运动微分方程组这样庞大的初值问题时，一般是先采用易起步的龙格-库塔法“造表头”（计算前四步值），尔后转用计算速度较快的阿达姆斯积分法。

14.4.2 弹道求差法

将互为独立的各种干扰分别计入标准弹道方程中以建立其干扰弹道微分方程组，利用数值积分法求解干扰弹道，其落点与标准弹道落点之差，就是各干扰量产生的落点偏差，因此这种方法称为“求差法”。

数值积分的“求差法”是指在给定初始条件下，应用数值积分方法分别求解标准弹道微分方程组和干扰弹道微分方程组，以获得标准弹道参数值和实际弹道参数值，实际弹道参数值减去标准弹道参数值之差，便为干扰作用下所产生的弹道参数偏差。具体说来，若

$$
\begin{cases}
\tilde{x}=f_i(\tilde{t},\tilde{x}_i)\\
\dot{x}_i=f_i(t,x_i,\lambda_j)
\end{cases}
\quad (i=1,2,\cdots;j=1,2,\cdots) \tag{14.31}
$$

分别表示标准弹道方程组和干扰弹道方程组（λ_j为第j种干扰量）时，则在给定初始条件和干扰量下分别解得关机点标准弹道参数$\tilde{x}_i(\tilde{t}_k)$以及射程$\tilde{L}(\tilde{t}_c)$、干扰弹道参数 $x_{ij}(t_k)$以及射程 $L_j(t_c)$

$$\tilde{x}_i(\tilde{t}_k)\tilde{L}(\tilde{t}_c)$$

$$x_{ij}(t_k)L_j(t_c)$$

那么，第j种干扰量 λ_j及其单位干扰量引起的弹道参数偏差及射程偏差为

$$\begin{cases}\Delta x_{ij}(t_k)=x_{ij}(t_k)-\tilde{x}_i(\tilde{t}_k)\\ \Delta L_j(t_c)=L_j(t_c)-\tilde{L}(\tilde{t}_c)\end{cases} \tag{14.32}$$

$$\begin{cases}\Delta\bar{x}_{ij}(t_k)=\dfrac{1}{\lambda_j}\Delta x_{ij}(t_k)\\ \Delta\bar{L}_j(t_c)=\dfrac{1}{\lambda_j}\Delta L_j(t_c)\end{cases} \tag{14.33}$$

所有干扰 $\lambda_j(j=1,2,\cdots,m)$ 引起的总弹道参数偏差及总射程偏差为

$$\begin{cases}\Delta x_i=\sum\limits_{j=1}^{m}\Delta x_{ij}(t_k)\\ \Delta L(t_c)=\sum\limits_{j=1}^{m}\Delta L_j(t_c)\end{cases}\quad(i=1,2,\cdots,n) \tag{14.34}$$

“求差法”是解算干扰弹道方程组的行之有效的一种方法，其优点是无论干扰量多大或多小，均可精确计算。

14.4.3　落点偏差的计算方法

由于导弹运动中受各种内外干扰作用，使得实际飞行弹道偏离标准弹道，偏离结果即是落点偏差。

如图 14.2 所示，M_t 为实际弹道落点，M_b 为标准弹道落点，由该两点经纬度便可确定导弹落点纵向偏差 ΔL（实际落点与目标间圆弧在射面方向的分量）和落点横向偏差 ΔH（实际落点与目标间圆弧在垂直射面方向的分量）。

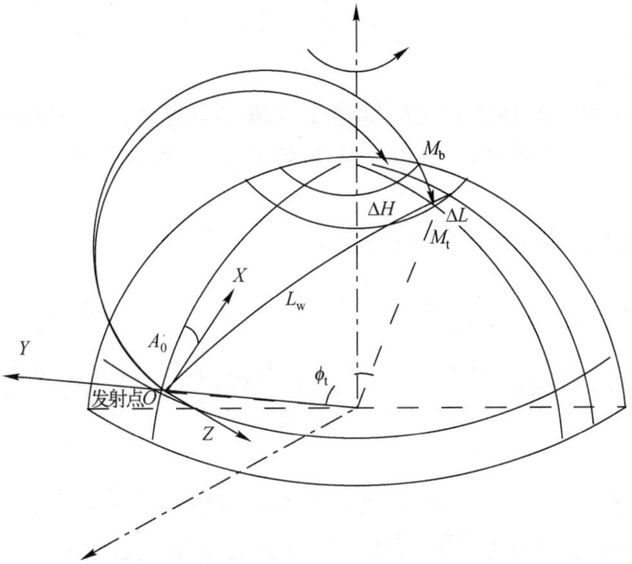

图 14.2　弹道导弹落点偏差

落点偏差的计算可直接利用球面上实际落点与预计落点间几何关系确定，也可直接利用主动段终点弹道参数计算。

1. 落点偏差的精确计算

若导弹射程远或对落点偏差的计算要求精度高，可将地球视为椭球体，利用贝塞尔或巴乌曼大地解算方法解算。模型请查阅相关教材，这里不再赘述。

2. 几何关系法近似计算落点偏差

当导弹射程不大时，可以将导弹视为圆球体，对落点偏差进行近似计算。设对应实际弹道落点和标准弹道落点的经纬度分别为(λ_t、B_t)和(λ_b、B_b)，发射点经纬度为(λ_f、B_f)。

由下式可计算发射点与标准落点之间射程角 ϕ_b（射程角即落点的地心矢径与发射点地心矢径之间的夹角），有

$$\cos\phi_b=\sin B_b\sin B_f+\cos B_b\cos B_f\cos(\lambda_b-\lambda_f) \tag{14.35}$$

落点相对发射点的方位角即落点方位角 ψ_b 为

$$\begin{aligned}\sin\psi_b&=\cos B_b\sin(\lambda_b-\lambda_f)/\sin\phi_b\\ \cos\psi_b&=(\sin B_b-\cos\phi_b\sin\phi_f)/(\sin\phi_b\cos\phi_f)\end{aligned} \tag{14.36}$$

同样，可求得实际弹道落点的射程角 ϕ_t和方位角 ψ_t。

若视地球为半径为 R_0圆球，则可求得导弹的实际射程 L 及导弹落点纵向偏差 ΔL、横向偏差 ΔH，有

$$\begin{aligned}L&=R_0\phi_t\\ \Delta L&=R_0(\phi_t-\phi_b)\\ \Delta H&=R_0\sin\phi_t\sin(\psi_t-\psi_b)\end{aligned} \tag{14.37}$$

3. 利用主动段终点弹道参数计算落点偏差

对于仅有主动段制导的弹道导弹，其落点完全取决于导弹主动段终点参数，因此，根据扰动所引起的主动段终点偏差便可计算导弹落点偏差。具体来说该类方法又有两种算法：

一种是分别利用标准弹道和实际弹道主动段终点参数，利用椭圆理论和弹道解析法，分别解算标准弹道和实际弹道，从而解算落点偏差，该方法精度高，但计算复杂。

另一种方法是根据摄动理论，利用公式

$$\begin{aligned}\Delta L&=\frac{\partial L}{\partial \nu_x}\Delta\nu_x+\frac{\partial L}{\partial \nu_y}\Delta\nu_y+\frac{\partial L}{\partial \nu_z}\Delta\nu_z+\frac{\partial L}{\partial x}\Delta x+\frac{\partial L}{\partial y}\Delta y+\frac{\partial L}{\partial z}\Delta z+\frac{\partial L}{\partial t}\Delta t\\ \Delta H&=\frac{\partial H}{\partial \nu_x}\Delta\nu_x+\frac{\partial H}{\partial \nu_y}\Delta\nu_y+\frac{\partial H}{\partial \nu_z}\Delta\nu_z+\frac{\partial H}{\partial x}\Delta x+\frac{\partial H}{\partial y}\Delta y+\frac{\partial H}{\partial z}\Delta z+\frac{\partial H}{\partial t}\Delta t\end{aligned} \tag{14.38}$$

计算。

式中：Δv_α，$\Delta\alpha$，$\Delta t(\alpha=x,y,z)$为实际弹道主动段终点弹道参数相对标准弹道主动段终点弹道参数之差；偏导数$\frac{\partial H}{\partial v_\alpha}$、$\frac{\partial H}{\partial \alpha}$、$\frac{\partial H}{\partial t}$为射程偏差误差系数，其物理意义为单位运动参数偏差引起的落点偏差大小。

参考文献

[1] 李天文. GPS 原理及应用 [M]. 3 版，北京：科学出版社，2015.

[2] 李征航，黄劲松. GPS 测量与数据处理 [M]. 武汉：武汉大学出版社，2024.

[3] 鲜勇. 机动发射导弹陆基定位系统/SINS 组合制导系统设计与建模 [D]. 西安：第二炮兵工程大学，2007.

[4] 李刚. 地地导弹陆基导航站/惯性组合导航建模与仿真 [D]. 西安：第二炮兵工程大学，2011.

[5] 赵琳，丁继成，马雪飞. 卫星导航原理及应用 [M]. 西安：西北工业大学出版社，2011.

[6] 让-马利·佐格. GPS 卫星导航基础 [M]. 北京：航空工业出版社，2011.

[7] 李亮，杨福鑫，姚曜. GPS 卫星测量技术篇 [M]. 哈尔滨：哈尔滨工程大学出版社，2024.

[8] 周广涛，邵剑波，韩少卫. SVD 可观测度分析方法的改进及组合导航中的应用 [J]. 哈尔滨工业大学学报，2020，52 (4)：52-57.

参考文献

[1] [illegible]
[2] [illegible]
[3] [illegible]
[4] [illegible]
[5] [illegible]
[6] [illegible]
[7] [illegible]
[8] [illegible]